普通高等教育"十二五"规划教材

加 热 炉

（第4版）

主　编　王　华
副主编　李本文　饶文涛　王仕博

U0316011

北　京
冶金工业出版社
2020

内 容 提 要

全书分为基础理论和工艺实践两部分，共 11 章。基础理论部分，力求说理论证准确，着重其指导性，不追求理论的深度，主要介绍了燃料及燃烧、气体力学、传热原理、金属加热工艺、加热炉的生产率和热效率、加热炉的基本结构等内容。工艺实践部分，尽可能接近我国当前加热炉的实际与技术水平，在介绍工业生产实际中常用的均热炉、连续加热炉、锻造室状炉、热处理炉和电加热炉的基础上，对蓄热式加热炉、真空炉等新型炉型也做了详细介绍；还将富氧燃烧技术、烟气余热回收技术、计算流体力学技术（CFD）在加热炉中的应用等具有前瞻性的新技术作为单独一章重点介绍，力求教材内容与生产实际紧密结合。某些章后还附有习题，利于学生学习。

本书为高等学校材料加工专业教学用书，也可供相关专业的师生、工程技术人员学习参考。

图书在版编目（CIP）数据

加热炉/王华主编 . —4 版 . —北京：冶金工业出版社，2015.9
（2020.8 重印）

普通高等教育"十二五"规划教材

ISBN 978-7-5024-7029-6

Ⅰ. ①加…　Ⅱ. ①王…　Ⅲ. ①热处理炉—高等学校—教材
Ⅳ. ①TG155.1

中国版本图书馆 CIP 数据核字（2015）第 198774 号

出　版　人　陈玉千
地　　　址　北京市东城区嵩祝院北巷 39 号　邮编 100009　电话　（010）64027926
网　　　址　www.cnmip.com.cn　电子信箱　yjcbs@cnmip.com.cn
责任编辑　高　娜　宋　良　美术编辑　吕欣童　版式设计　孙跃红
责任校对　王永欣　责任印制　李玉山
ISBN 978-7-5024-7029-6
冶金工业出版社出版发行；各地新华书店经销；河北京平诚乾印刷有限公司印刷
1983 年 6 月第 1 版；1996 年 10 月第 2 版；2007 年 4 月第 3 版；
2015 年 9 月第 4 版，2020 年 8 月第 4 次印刷
787mm×1092mm　1/16；20.5 印张；491 千字；309 页
45.00 元
冶金工业出版社　投稿电话　（010）64027932　投稿信箱　tougao@cnmip.com.cn
冶金工业出版社营销中心　电话　（010）64044283　传真　（010）64027893
冶金工业出版社天猫旗舰店　yjgycbs.tmall.com
（本书如有印装质量问题，本社营销中心负责退换）

第 4 版前言

《加热炉》最初是作为金属压力加工专业的辅助课程被列入原冶金工业部 1977 年教材工作会议制订的教学出版规划中的，第 1 版《加热炉》教材由昆明工学院的蔡乔方教授主编，许季光、王治季、邓正蜀等参与编写，东北工学院、北京钢铁学院、西安冶金建筑学院、武汉钢铁学院、马鞍山钢铁学院、江西冶金学院、上海冶金专科学校、重庆大学、河北矿冶学院等有关教师提出了宝贵的意见，于 1983 年正式出版，作为金属压力加工专业教学用书。在当时，仅限于介绍面向钢铁行业的加热炉的使用情况，供学生掌握加热炉热工知识，了解轧钢和锻压车间各类典型加热炉的特点，能正确选择炉型和加热工艺参数，能分析、判断钢在加热过程中出现缺陷的原因并提出避免缺陷的办法。

随着我国工业的快速发展，钢铁压力加工和有色金属压力加工专业合并为一个专业，已使用了十余年的主要面向钢铁压力加工专业的第 1 版《加热炉》已不能满足教学要求。昆明工学院的蔡乔方教授等作者对第 1 版进行了修订，除了根据我国工业发展的实际情况对内容进行适当增删以外，还增加了与有色金属压力加工相关的"电加热炉"一章，于 1996 年 10 月出版了《加热炉》第 2 版。

第 2 版《加热炉》教材出版后的十余年间，广泛应用于"材料科学与工程"、"材料成形与控制工程"以及其他相关专业的教学，期间我国金属加热与热处理技术的发展以及广大读者对本书的关注，都要求对教材及时改进更新。昆明理工大学蔡乔方教授以及夏家群副教授、姚刚副教授对第 2 版进行了修订，对已淘汰技术加以删除，对公认比较成熟的新技术、新设备适当吸收，形成第 3 版《加热炉》，并于 2007 年 4 月出版发行。

时至今日，我国金属加热与热处理技术取得了长足的进步，新技术、新设备不断涌现，广大读者也期待着教材的再次更新。昆明理工大学的王华教授、大连理工大学的李本文教授、上海宝钢研究院的饶文涛教授级高工等作为蔡乔方教授培养的研究生，延续师长的学术传承，在总结多年来冶金节能减排领域研究工作成果的基础上，结合大量实地调研与资料收集工作，对教材再次进行修订。本次修订的主要原则和工作是：

（1）对全书基本框架结构做了适当调整，全书内容分为 11 章。耐火材料不再作为单独一章，适当删减后作为炉子结构的一部分并入第 6 章；蓄热式加热炉并入连续式加热炉一章。

（2）新增"加热炉相关新技术"作为单独一章，介绍了富氧燃烧技术、烟气余热回收技术等加热炉领域的新技术及相关设备，并介绍了计算流体力学技术（CFD）在加热炉中的应用。

（3）订正了第 3 版中一些不当表述和公式错误。

本书由昆明理工大学王华教授担任主编，大连理工大学李本文教授、上海宝钢研究院饶文涛教授级高工和昆明理工大学王仕博博士担任副主编。李本文教授参与了第 3、第 4 和第 11 章的编写工作，饶文涛教授级高工参与了第 6、第 7、第 9 和第 11 章的编写工作，昆明理工大学姚刚副教授参与了第 1 和第 5 章的编写工作，王仕博博士参与了第 2、第 8 和第 10 章的编写以及全书的校订工作。

由于编者水平所限，书中的错误和疏漏之处诚望读者指正。

编　者

2015 年 5 月

第3版前言

本书第2版巳历时10年,最初是为轧钢专业编印的教材,现广泛应用于"材料科学与工程"、"材料成形与控制工程"以及相关的专业,高校同行及读者对本书也十分关注。

近10年,我国金属压力加工行业的金属加热与热处理技术有了一定进展,因此对教材也要求及时改进更新。本书的修订原则主要是:

1. 全书的基本架构不作重大改变,篇幅尽可能不动,文字及插图作必要的改动。

2. 根据我国压延行业现有技术水平,对巳淘汰的技术加以删除,如老式格子砖蓄热式炉;对公认比较成熟的内容适当吸收,例如近年新兴的高温蓄热式炉技术、连铸机的结晶器等,从基本知识的层面给予适当阐述。

3. 第2版有个别内容阐述不准确或冗余,这次也给予校正。

昆明理工大学的夏家群副教授和姚刚副教授为修订进行了大量调查研究及资料收集工作,并参与了各章节的修订。

希望读者在使用本书后,继续不吝赐教,给予指证,以期在未来的重印和修订时,使之更加完善。

编 者
2006年10月

第2版前言

本书第1版出版至今已经10余年，作为教材曾在全国冶金院校普遍使用。由于科学技术的发展和教学改革的进展，书中的某些内容需要作相应的改动。本书是根据各校在使用过程中反馈的宝贵意见和建议进行修订的。

这次修订的主要原则是：

1. 全书框架结构基本不动，篇幅作适当压缩。根据近年来我国工业发展的实际，对某些内容进行适当增删；同时根据教学实践的经验，对一些章节作了改写。对第1版中一些不准确的提法和个别错误也作了订正。

2. 由于专业调整，钢铁压力加工与有色金属压力加工合并为一个专业，第1版主要是为钢铁压力加工专业编写的，现在必须兼顾有色金属压力加工的需要，为此在内容上增加了一些与有色金属有关的部分，特别是有色金属加热采用电炉的较多，所以专门增加了"电炉加热"一章（第12章）。各校各专业在使用中可根据自己的专业方向与特点，在讲授时具体掌握取舍。

3. 按规定采用法定计量单位。

4. 一些设备和部件由于还没有国家标准的统一型号，这次修订暂时不动。

参加第2版修订工作的有蔡乔方、王治季、邓正蜀。北京科技大学、中南工业大学和昆明冶金专科学校等校的教师参加了第2版的审稿工作。

希望各校在使用本书后，继续提出宝贵的意见，以便进一步加以完善。

编　者
1994 年 8 月

第 1 版前言

"加热炉"是金属压力加工专业的辅助课程，通过本课程的学习，使学生掌握加热炉热工基础知识，了解轧钢和锻压车间各类典型加热炉的特点，能正确选择炉型和加热工艺参数，能分析、判断钢在加热过程中出现缺陷的原因并提出避免缺陷的办法。

本书是根据冶金部 1977 年教材工作会议制订的教学计划和由北京钢铁学院、东北工学院、中南矿冶学院、西安冶金建筑学院、昆明工学院和重庆大学六院校所拟定的"加热炉"课程教学大纲（草案）编写的，供金属压力加工专业学生使用。本书初稿编成后，1980 年在内部印行，有二十余所院校曾经试用。1981 年底又召开了部分有关院校参加的审稿会，就试用情况提出了修改意见。根据这些意见对本书内容作了修改。

作为教学用书，本书力求内容简明扼要。全书共分 11 章，可供 60 学时使用。各校可根据教学计划的学时安排，选择讲授。

本书单位以国际单位制为主，但鉴于我国正处在向国际单位制过渡的阶段，特别是在有些工厂和设计单位仍采用工程单位制的情况下，本书有些地方也用了工程单位制，或将两种单位并列。

本书由蔡乔方主编，许季光参加了初稿第 3 章的编写工作，王治季参加了初稿第 5 章、第 7 章的编写工作，邓正蜀参加了思考题和习题的编选。全书初稿由东北工学院宁宝林、陈世海主审，鞍山钢铁学院参加了审稿工作。修改时，东北工学院、北京钢铁学院、西安冶金建筑学院、武汉钢铁学院、马鞍山钢铁学院、江西冶金学院、上海冶金专科学校、重庆大学、河北矿冶学院等有关教师提出了宝贵的意见。

由于编者水平有限，因此本书缺点和错误在所难免，恳切希望读者批评指正。

编　者
1982 年 4 月

目　录

绪　言

在金属热轧加工生产中，必须将金属锭或坯加热到一定的温度，使它具有一定的可塑性，然后才能进行轧制。即使采用冷轧工艺，也往往需要对金属先进行热处理。为了加热金属，就需要依据产品、产能及金属热特性，使用各种类型的加热炉。

生产中对加热炉的要求是：

（1）生产率高。在保证质量的前提下，物料加热速度越快越好，这样可以提高加热炉的生产率，减少炉子座数或缩小炉子尺寸。快速加热还能降低金属的烧损和单位燃料消耗，节约维护费用。一般用单位生产率即炉底强度 $[kg/(m^2 \cdot h)]$ 的高低来评价一座炉子工作的优劣。例如，推钢式连续加热炉的炉底强度为 $600 \sim 800kg/(m^2 \cdot h)$，步进式加热炉为 $700 \sim 900kg/(m^2 \cdot h)$，先进的连续加热炉可达 $1000kg/(m^2 \cdot h)$。

（2）加热质量好。金属的轧制质量与金属加热质量有密切的关系。加热时物料出炉温度应符合工艺要求，断面上温度分布均匀，金属烧损率低，防止过烧和表层脱碳的现象。

（3）燃料消耗低。加热炉能耗占轧钢厂能量消耗的 $10\% \sim 15\%$，节省燃料对降低成本和节约能源都有重大意义。一般用单位燃料消耗量来评价炉子的工作效率，如每 $1kg$ 钢消耗的燃料量（kg）或热量（kJ）。

（4）炉子寿命长。由于高温作用和机械磨损，炉子不可避免会有损坏，必须定期进行检修。应尽可能延长炉子的使用寿命，降低修炉的费用。

（5）劳动条件好。要求炉子的机械化及自动化程度高，操作条件好，安全卫生，对环境无污染。

以上五个方面是对加热炉的总体要求，在对待具体炉子时，应辩证地看待各项指标之间的关系。提高生产率、提高加热质量和降低燃料消耗量一般是统一的，但有时则有主有次。例如，一些加热炉过去强调有较高的生产率，但随着能源资源短缺问题的突出，节能减排压力增大，则更多的是着眼于节能，而适当降低炉子热负荷和生产率。

目前我国的一些轧钢厂，生产上的薄弱环节常常在加热炉上，因此学习与掌握好加热炉的基础知识是十分必要的。

1 燃料及燃烧

目前黑色、有色冶金及压延工业所用的燃料都是碳质燃料。碳质燃料根据其物态，可以分为固体燃料、液体燃料和气体燃料。根据来源又可以分为天然燃料和加工燃料。天然燃料（如煤炭和石油）直接燃烧在经济上不合算，在技术上也不合理，应当开展综合利用，把天然燃料首先作为化工原料，提取一系列重要产品。现代冶金联合企业主要是使用各类加工燃料。

一些主要碳质燃料的分类见表1-1。

表 1-1　碳质燃料的一般分类

燃料的物态	来源	
	天 然 燃 料	加 工 燃 料
固体燃料	木柴、泥煤、褐煤、烟煤、无烟煤	木炭、焦炭、粉煤、型煤、型焦
液体燃料	石油	汽油、煤油、柴油、重油、焦油、水煤浆
气体燃料	天然气	高炉煤气、焦炉煤气、发生炉煤气、水煤气、石油裂化气、转炉煤气

1.1　燃料的一般性质

1.1.1　燃料的化学组成

自然界中的固体燃料和液体燃料，都是由有机物和无机物两部分所组成。有机物是由碳、氢、氧及少量的氮、硫等构成。这些复杂的有机化合物的成分分析十分困难，所以一般只测定碳、氢、氧、氮、硫的元素百分含量，与燃料的其他特性配合起来，帮助人们判断燃料的性质和进行燃烧计算。燃料的无机物部分主要是水分和矿物质——灰分。

气体燃料由 CO、H_2、CH_4、C_2H_4、C_nH_m、CO_2、N_2、O_2、H_2S、H_2O 等简单的化合物或单质混合组成，其中主要的可燃成分是 CO、H_2、CH_4、C_2H_4、C_nH_m、H_2S 等，CO_2、N_2、O_2、H_2O 等是不可燃成分。

固体燃料和液体燃料的元素组成用质量分数表示，如 $w(C)$、$w(H)$、$w(O)$、$w(N)$、$w(S)$ 等。

燃料中的水分和灰分分别以符号 $w(W)$ 及 $w(A)$ 表示。在工程计算中，常用质量百分数如 $w(C)_%$ 参与计算，须注意 $w(C)_% = 100 \times w(C)$。

1.1.1.1　碳

碳是固体燃料和液体燃料中最主要的热能来源。碳在燃烧时与空气中的氧化合生成 CO_2，同时放出大量的热。

$$C + O_2 \longrightarrow CO_2, \quad \Delta_r H_m^{\ominus} = 33915 \text{（kJ/kg）}$$

燃料不完全燃烧时，碳与氧生成 CO。

$$C + \frac{1}{2}O_2 \xrightarrow{\quad\quad} CO, \qquad \Delta_r H_m^{\ominus} = 10258 \ (\text{kJ/kg})$$

1.1.1.2 氢

氢也是燃料中重要的可燃成分。氢燃烧时生成水蒸气，同时放出大量的热。

$$H_2 + \frac{1}{2}O_2 \xrightarrow{\quad\quad} H_2O(g), \qquad \Delta_r H_m^{\ominus} = 119915 \ (\text{kJ/kg})$$

固体燃料和液体燃料中的氢与碳、氧、硫结合成各种化合物状态存在，与碳、硫结合的氢可以燃烧；与氧结合的氢形成了燃料内的水分，不仅降低了燃料可燃成分的比例，而且蒸发时还要消耗热量。这种水分在干燥时不能除去，只有在高温下分解时才能被除掉。

1.1.1.3 氧

氧是燃料中有害的组成部分，因为在固体燃料及液体燃料中，它与碳、氢等可燃成分结合，呈化合物状态存在。所以作为燃料使用时它不仅不参与燃烧，反而约束了一部分可燃成分。

1.1.1.4 氮

氮是惰性物质，燃烧时一般不参加反应而进入烟气中。在温度高和含氮量高的情况下，将产生较多的氮氧化物（NO_x），造成大气污染。

1.1.1.5 硫

硫是燃料中有害的杂质。燃料中有机硫和黄铁矿硫在空气中燃烧都能生成二氧化硫。呈硫酸盐状态存在的硫不能燃烧，燃烧时进入灰分。

有机硫及黄铁矿硫燃烧时虽然能够产生一定热量（10468kJ/kg），但 SO_2 腐蚀金属设备，会使钢材表面烧损增加，严重影响钢的加热质量，并且污染环境造成公害。所以冶金燃料中的硫含量一般均有限制，在选用时必须加以考虑。

1.1.1.6 水分

燃料中的水分是有害的成分。它的存在降低了可燃成分的比例，在燃烧时要吸收大量热而蒸发，而且对燃料的运输和加工都不利。

煤中水分的含量波动范围很大，不同炭化程度的煤，水分含量相差也很大，见表 1-2。

表 1-2 不同炭化程度煤的水分含量

煤的种类	泥炭	褐煤	烟煤	无烟煤
原始煤水分含量/%	60～90	30～60	4～15	2～4
空气干燥后水分含量/%	40～50	10～40	1～8	1～2

原始煤中水分含量比较高是由于煤在开采、洗选、运输、贮存过程中，表面吸附了大量水分。这些水分在空气中风干时即可除去，称为外部水分。其余水分吸附在煤的小毛细管中，并以物理化学方式与煤质相连接，需要加热到 102～105℃ 才能除去，称为内在水分。此外煤的矿物质中还常有少量结晶水，只有在更高温度下才能除去。

1.1.1.7 灰分

煤中的灰分高，相对可燃成分的比例就减少，而燃烧时灰分本身的加热和分解还要吸收热量；灰分高的煤往往容易夹杂烧不透的可燃物，造成燃料的损失；清灰也是很繁重的劳动。所以灰分的多少是衡量燃料经济价值的重要指标。

除了灰分的含量之外，在衡量固体燃料的质量时，还必须考虑灰分的熔点。灰分熔点太低时，容易在炉栅上结成大块，影响通风，清灰除渣也困难。所以一般要求灰分的软化温度不低于1200℃。

1.1.2 燃料组成的表示方法

固体燃料和液体燃料的分析结果表示为各元素组成的质量百分数，但由于燃料中水分和灰分含量波动很大，往往受季节、运输和贮存条件的影响而变动。同一种煤由于取样时条件不同，甚至同一实验条件如采用的分析基准不同，表示的结果也不相同。所以固体燃料和液体燃料的元素分析值必须标明所采用的基准，否则就没有意义。国家标准中基于不同的分析基准规定的成分表达方式有五种：空气干燥基成分、收到基成分、干燥基成分、干燥无灰基成分和干燥矿物质基成分。冶金燃料常用以下三种成分：

收到基成分反映了燃料在实际应用时的组成，有的资料称之为应用基组分或工作基组分，包括全部 C、H、O、N、S 和灰分（A）、水分（W），以上述组成的总和为100%，即

$$w(C_{ar}) + w(H_{ar}) + w(O_{ar}) + w(N_{ar}) + w(S_{ar}) + w(A_{ar}) + w(W_{ar}) = 100\% \quad (1-1)$$

式中，$w(C_{ar})$、$w(H_{ar})$、$w(O_{ar})$… 分别代表 C、H、O…这些组成在收到成分（as reserved）中的质量分数。

燃料中的水分受外界条件影响很大，因此应用成分常常不能正确反映燃料的本性。为了便于比较，常以 C、H、O、N、S、A 六个组分的总和为100%，即水分不计在内，这样各成分所占的质量分数称为燃料的干燥成分，即

$$w(C_d) + w(H_d) + w(O_d) + w(N_d) + w(S_d) + w(A_d) = 100\% \quad (1-2)$$

灰分往往受到运输和贮存条件的影响而波动。为了更确切地反映燃料的性质，有时还采用无水无灰的基准，以这种方式表达的质量百分组成，称为燃料的干燥无灰基成分（dry ash free），即

$$w(C_{daf}) + w(H_{daf}) + w(O_{daf}) + w(N_{daf}) + w(S_{daf}) = 100\% \quad (1-3)$$

各成分和基准的关系如图1-1所示。

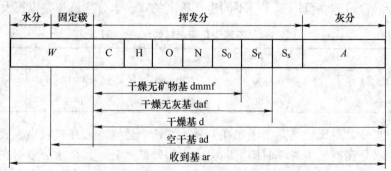

图 1-1 燃料各成分与基准的关系

上述几种元素分析值的表示方式之间可以相互换算。由于任何一个组成成分在试样中所占的绝对含量相同，不同表示方式中各成分只是所占相对的百分数有差别，因此很容易找到它们的换算关系。各成分进行换算的换算系数见表1-3。

表 1-3　固体燃料及液体燃料成分的换算系数（GB 483—2007）

已知成分	要换算的成分			
	空气干燥基(ad)	收到基(ar)	干燥基(d)	干燥无灰基(daf)
空气干燥基(ad)	1	$\dfrac{100 - w(W_{ar})_\%}{100 - w(W_{ad})_\%}$	$\dfrac{100}{100 - w(W_{ad})_\%}$	$\dfrac{100}{100 - (w(W_{ad})_\% + w(A_{ad})_\%)}$
收到基(ar)	$\dfrac{100 - w(W_{ar})_\%}{100 - w(W_{ad})_\%}$	1	$\dfrac{100}{100 - w(W_{ar})_\%}$	$\dfrac{100}{100 - (w(W_{ar})_\% + w(A_{ar})_\%)}$
干燥基(d)	$\dfrac{100 - w(W_{ad})_\%}{100}$	$\dfrac{100 - w(W_{ar})_\%}{100}$	1	$\dfrac{100}{100 - w(A_d)_\%}$
干燥无灰基(daf)	$\dfrac{100 - (w(W_{ad})_\% + w(A_{ad})_\%)}{100}$	$\dfrac{100 - (w(W_{ar})_\% + w(A_{ar})_\%)}{100}$	$\dfrac{100 - w(A_d)_\%}{100}$	1

例 1-1　已知煤的下列成分，将其换算为应用成分：

$$w(C_{daf}) = 83.38\%, \quad w(H_{daf}) = 4.92\%, \quad w(O_{daf}) = 9.87\%, \quad w(N_{daf}) = 1.12\%,$$
$$w(S_{daf}) = 0.71\%; \quad w(A_d) = 11.23\%; \quad w(W_{ar}) = 7.65\%$$

解　由表 1-3 可求出灰分的收到基成分为

$$w(A_{ar}) = \frac{100 - w(W_{ar})_\%}{100} \times w(A_d) = \frac{100 - 7.65}{100} \times 11.23\% = 10.37\%$$

再根据 $w(W_{ar})$ 和 $w(A_{ar})$ 和表 1-3 的换算系数求其他元素的成分

$$w(C_{ar}) = \frac{100 - (w(A_{ar})_\% + w(W_{ar})_\%)}{100} \times w(C_{daf}) = \frac{100 - (10.37 + 7.65)}{100} \times 83.38\%$$
$$= 0.8198 \times 83.38\% = 68.35\%$$

同理可得：

$$w(H_{ar}) = 0.8198 \times 4.92\% = 4.03\%$$

$$w(O_{ar}) = 0.8198 \times 9.87\% = 8.10\%$$

$$w(N_{ar}) = 0.8198 \times 1.12\% = 0.92\%$$

$$w(S_{ar}) = 0.8198 \times 0.71\% = 0.58\%$$

工业上为了对煤作出工艺评价，合理利用煤炭资源，还经常采用工业分析的方法。工业分析包括测定煤的水分、灰分、挥发分和固定碳。水分、灰分和挥发分用定量法测定，固定碳用差余法算出（GB/T 212—2008，煤的工业分析方法）。

将煤放在坩埚内，在隔绝空气的条件下，以（815 ± 10）℃的温度加热 7min，煤热分解后逸出的一些气态产物，称为燃料的挥发分，以符号 $V\%$ 表示。煤在逸出挥发分以后的残留物质就是焦炭，其中的可燃部分称为固定碳（F. C%），焦炭燃烧后留下的是灰分。（A%）因此有

$$F.C\% = 100\% - (A + W + V)\%$$

挥发分高的煤容易着火，火焰比较长。几种煤的挥发分产率见表 1-4。

表 1-4　几种煤的挥发分产率

煤 的 种 类	泥 煤	褐 煤	烟 煤	无烟煤
挥发分产率/%	>70	>40	10 ~ 55	<10

气体燃料由一些简单的气体成分混合组成，它的化学组成的表示法就是用各种单一气

体的体积分数。包括水分在内的称为"湿成分"，不包括水分的成分称为"干成分"，即

$$\left.\begin{array}{l}\varphi(CO^{湿}) + \varphi(H_2^{湿}) + \varphi(CH_4^{湿}) + \cdots + \varphi(CO_2^{湿}) + \varphi(N_2^{湿}) + \varphi(O_2^{湿}) + \varphi(H_2O^{湿}) = 100\% \\ \varphi(CO^{干}) + \varphi(H_2^{干}) + \varphi(CH_4^{干}) + \cdots + \varphi(CO_2^{干}) + \varphi(N_2^{干}) + \varphi(O_2^{干}) = 100\%\end{array}\right\}$$

$$(1-4)$$

　　气体燃料的水分含量一般等于在某温度下的饱和水蒸气量。当温度变化时，饱和水蒸气含量也发生变化。所以 $\varphi(H_2O^{湿})$ 只是气体燃料在一定温度下的水分含量，在分析结果中要注明温度。但湿成分又是实际应用时的成分，在计算时常常需要进行干湿成分的换算，如

$$\varphi(CO^{湿}) = \varphi(CO^{干}) \times \frac{100 - \varphi(H_2O^{湿})_\%}{100} \qquad (1-5)$$

式中，$\varphi(H_2O^{湿})$ 为水蒸气的体积分数含量。

　　其余成分均照此类推。

　　用上式换算时需要知道某温度下水分含量 $\varphi(H_2O^{湿})$，一般资料上能查到的是 $1m^3$ 干气体在某温度所能吸收的饱和水蒸气的质量，即 $g_{H_2O}^{干}(g/m^3)$。在进行干成分与湿成分的换算时，需要先把 $g_{H_2O}^{干}$ 换算成该温度下的 $\varphi(H_2O^{湿})$，其换算关系如下：

$$\varphi(H_2O^{湿}) = \frac{0.00124 g_{H_2O}^{干}}{1 + 0.00124 g_{H_2O}^{干}} \times 100\% \qquad (1-6)$$

式中，0.00124 为标准状况下每克水蒸气的体积；$g_{H_2O}^{干}$ 的数据见附表2。

　　例1-2　某天然气的干燥成分为 $\varphi(CH_4^{干}) = 90.80\%$，$\varphi(C_2H_6^{干}) = 5.78\%$，$\varphi(C_3H_8^{干}) = 1.59\%$，$\varphi(CO_2^{干}) = 0.40\%$，$\varphi(N_2^{干}) = 1.43\%$，求25℃时的湿成分。

　　解　由附表2查出25℃时的饱和水蒸气量 $g_{H_2O}^{干} = 26.0 g/m^3$。根据式（1-6）得：

$$\varphi(H_2O^{湿}) = \frac{0.00124 \times 26.0}{1 + 0.00124 \times 26.0} \times 100\% = 3.12\%$$

所以　　　　$\varphi(CH_4^{湿}) = \varphi(CH_4^{干}) \times \frac{100 - \varphi(H_2O^{湿})}{100} = 90.80\% \times \frac{100 - 3.12}{100}$

$$= 90.80\% \times 0.9688 = 87.96\%$$

$$\varphi(C_2H_6^{湿}) = 5.78\% \times 0.9688 = 5.60\%$$

$$\varphi(C_3H_8^{湿}) = 1.59\% \times 0.9688 = 1.54\%$$

$$\varphi(CO_2^{湿}) = 0.40\% \times 0.9688 = 0.39\%$$

$$\varphi(N_2^{湿}) = 1.43\% \times 0.9688 = 1.39\%$$

$$\varphi(CH_4^{湿}) + \varphi(C_2H_6^{湿}) + \varphi(C_3H_8^{湿}) + \varphi(CO_2^{湿}) + \varphi(N_2^{湿}) + \varphi(H_2O^{湿})$$

$$= 87.96\% + 5.60\% + 1.54\% + 0.39\% + 1.39\% + 3.12\% = 100\%$$

1.1.3　燃料的发热量

　　单位质量或体积的燃料完全燃烧后所放出的热量称为燃料的发热量。燃料的发热量是评价燃料质量的一项重要指标。燃料的发热量越高，经济价值也越大。

固体燃料和液体燃料发热量的单位是 kJ/kg；气体燃料发热量的单位是 kJ/m^3。

由于燃料中含有水分，燃料中的氢及碳氢化合物燃烧后也会生成水，因此燃烧产物中必定有水存在。水以气态或液态存在时，发热量的值也有所不同。当燃烧产物的温度冷却到使其中的水蒸气冷凝成为 0℃ 的水时，所放出的热量称为燃料的高位发热量，用 Q_{gr} 表示。当燃烧产物中的水分不是呈液态，而是呈 20℃ 的水蒸气存在时，由于扣除了水分的汽化热而使发热量降低，这时得到的热量称为燃料的低位发热量，用 Q_{net} 表示。在实际燃烧过程中，低位发热量比较有意义，计算采用得较多。

高位发热量与低位发热量之间的换算关系如下[❶]：

水在恒压下由 0℃ 的水变为 20℃ 蒸汽的汽化热近似地为 2512kJ/kg，设每 100kg 燃料中的氢为 Hkg，水为 Wkg，则燃烧后总的水质量为 $(9H+W)$ kg，故高位发热量与低位发热量之间的差额为

$$2512(9H+W)(\text{kJ}/100\text{kg}) = 25.12(9H+W) \quad (\text{kJ/kg}) \tag{1-7}$$

$$\text{或} \qquad Q_{gr} = Q_{net} + 25.12(9H+W) \quad (\text{kJ/kg}) \tag{1-8}$$

$$Q_{net} = Q_{gr} - 25.12(9H+W) \quad (\text{kJ/kg}) \tag{1-9}$$

燃料的发热量可以用热量计直接测定，也可以根据燃料的元素分析值或工业分析值用计算来确定。常用的利用元素分析值计算发热量的公式为门捷列夫公式：

$$Q_{net,ar} = 339.1w(\text{C}_{ar}) + 1256w(\text{H}_{ar}) - 108.9(w(\text{O}_{ar}) - w(\text{S}_{ar})) -$$
$$25.12(9w(\text{H}_{ar}) + w(\text{W}_{ar})) \quad (\text{kJ/kg}) \tag{1-10}$$

式中　$w(\text{C}_{ar})$，$w(\text{H}_{ar})$，…——燃料中各元素成分的质量分数，%；

　　　339.1，1256，…——各成分的发热值，kJ/kg。

利用燃料的工业分析值计算发热量的公式很多，大都是利用统计方法得出的经验公式，这类公式常常带有地区性。

气体燃料是一些独立存在的可燃成分所组成，每种可燃成分的发热量可以精确测定。所以只需把各可燃成分的发热量加起来即可，其计算公式为

$$Q_{net} = 127.7\varphi(\text{CO}^{湿}) + 107.6\varphi(\text{H}_2^{湿}) + 358.8\varphi(\text{CH}_4^{湿}) +$$
$$599.6\varphi(\text{C}_2\text{H}_4^{湿}) + \cdots \quad (\text{kJ/m}^3) \tag{1-11}$$

式中　$\varphi(\text{CO}^{湿})$，$\varphi(\text{H}_2^{湿})$，…——气体燃料中各成分的体积分数，%；

　　　127.7，107.6，…——各成分的发热值，kJ/m^3。

各种燃料的发热量差别很大，如果要比较各炉子的能耗，单讲质量是不确切的。为了便于比较，人为地规定了一个"标准燃料"的概念。每 1kg 标准燃料的发热量定为 29.3MJ（相当于 7000kcal），这样就可以把各种燃料折算为标准燃料。

1.2　加热炉常用燃料

常用于加热炉的燃料有煤、重油、天然气、高炉煤气及焦炉煤气、发生炉煤气等。

---

❶　燃料燃烧计算中的气体均为标准状态（即 1.01325×10^5Pa，0℃ 条件下）。

1.2.1 煤

各种煤都是古代的植物经过在地下长期炭化形成的。根据炭化程度的不同，煤又分为褐煤、烟煤、无烟煤等。炭化程度越高，煤中的水分、挥发分就越少，固定碳越多。

褐煤是泥煤进一步炭化的产物。它的外观呈褐色或褐黑色，挥发分很高，可达 45%~55%。褐煤的发热量较低，化学反应性强，在空气中可以氧化或自燃，风化后容易碎裂，在炉内受热破碎严重。褐煤可以作为气化原料和化工原料，冶金厂有时用来烧锅炉或低温炉子。

烟煤是工业用煤中最主要的一种。烟煤比褐煤炭化更完全，水分和挥发分进一步减少，固定碳增加。低发热量一般在 23000 ~29300kJ/kg。

无烟煤是炭化程度最完全的煤，其中挥发分很少。无烟煤化学反应性较差，热稳定性差，受热以后很容易爆裂。无烟煤由于挥发分少，燃烧时火焰很短，不适合直接作为工业燃料。

为了评价煤的工业价值并合理利用资源，各国都有一套煤的分类标准，我国现行的以炼焦煤为主的煤分类方案（GB/T 5751—2009）将煤分为无烟煤、贫煤、瘦煤、焦煤、肥煤、气煤、弱黏结性煤、不黏结性煤、长焰煤和褐煤等十四大类。

我国工业燃料中煤仍占首位，特别是中小型厂的加热炉目前直接以煤作为燃料的为数还不少。

1.2.2 重油

加热炉上所用的液体燃料主要是重油。重油是石油加工的产品。原油经过加工，提炼了汽油、煤油、柴油等轻质产品以后，剩下的分子量较大的油就是重油，也称渣油。根据原油加工过程的不同，所得的重油还有常压重油、减压重油和裂化重油之分。

各地重油的元素分析值差别不大，其可燃成分的平均值范围大致如下：

$$w(C_{daf})\quad 85\%~88\% \qquad\qquad w(H_{daf})\quad 10\%~13\%$$
$$w(N_{daf})+w(O_{daf})\quad 0.5\%~1\% \qquad\qquad w(S_{daf})\quad 0.2\%~1\%$$

重油主要是碳氢化合物，杂质很少。一般重油的低发热量为 40000 ~42000kJ/kg。重油作为工业炉燃料，有下列几种重要特性。

1.2.2.1 黏度

黏度是表示流体流动时内摩擦力大小的物理指标。黏度的高低对重油的运输和雾化有很大影响，所以对重油的黏度有一定的要求。

黏度的表示方法很多，如动力黏度、运动黏度、恩氏黏度等。我国工业上表示重油黏度通用的是恩氏黏度（°E），它是用恩格拉黏度计测得的数据，本身没有特殊的物理意义。重油的牌号是指在 50℃时，该重油黏度的°E 值，例如 60 号重油是指该重油在 50℃时的恩氏黏度为 60°E。

为了保证重油的雾化质量，在喷嘴前重油的黏度一般应为 5 ~12°E。黏度过高时，油从油罐输向喷嘴困难，雾化不良，点火困难，造成燃烧不好。提高重油的温度可以显著地降低它的黏度，所以要保持重油的黏度适宜，必须对重油进行预热。预热的温度随重油的牌号和油烧嘴的型式而异，可根据实验来确定。

1.2.2.2 闪点和着火点

重油加热时表面会产生油蒸气，随着温度的升高，油蒸气越来越多，并和空气相混合，当达到一定温度时，火种一接触油气混合物便发生闪火现象。这一引起闪火的最低温度称为重油的闪点。再继续加热，产生油蒸气的速度更快，此时不仅闪火而且可以连续燃烧，这时的温度叫燃点，燃点一般比闪点高 7~10℃。继续提高重油温度，即使不接近火种油蒸气也会发火自燃，这一温度叫重油的着火点，通常约在 500~600℃。如炉内温度低于着火点，则燃烧不好。

闪点是用闪点测定仪测定的。由于闪点测定仪有"开口"与"闭口"之分，所以闪点的数值也有"开口"与"闭口"之分。一般重油的开口闪点在 80~130℃。

闪点、燃点和着火点关系到用油的安全。闪点以下油没有着火的危险，所以储油罐的加热温度必须控制在闪点以下。

1.2.2.3 残碳率

使重油在隔绝空气的条件下加热，将蒸发出来的油蒸气烧掉，剩下的残碳以质量百分比表示就叫残碳率。我国重油的残碳率一般在 10% 左右。

残碳率高时，可以提高火焰的黑度，有利增强火焰的辐射能力，这是有利的一面；但残碳多时会在油烧嘴口上积炭结焦，造成雾化不良，影响油的正常燃烧。

1.2.2.4 水分

重油含水分过高着火不良，降低燃烧温度，火焰不稳定。所以限制重油的水分在 2% 以下。但为加温降低黏度及雾化重油往往采用蒸汽直接加热，因而使重油含水量大大增加。一般应在储油罐中用沉淀的办法使油水分离而脱去。

1.2.2.5 重油的标准

工业常用重油标准共有四个牌号，即 20、60、100、200 号四种。各牌号重油的分类指标见表 1-5。国家标准（GB 25989—2010 炉用燃料油）和石油化工行业标准（SH/T 0356—1996 燃料油）对燃料用油有不同的划分。

表 1-5 重油的分类标准

指　标	牌　号			
	20	60	100	200
恩氏黏度/°E，80℃时不大于	5.0	11.0	15.5	
100℃时不大于				5.5~9.5
闪点（开口）/℃，不低于	80	100	120	130
凝固点/℃，不高于	15	20	25	36
灰分/%	0.3	0.3	0.3	0.3
水分/%	1.0	1.5	2.0	2.0
硫分/%	1.0	1.5	2.0	3.0
机械杂质/%	1.5	2.0	2.5	2.5

1.2.3　天然气

天然气是直接由地下开采出来的可燃气体，是一种工业经济价值很高的气体燃料。它的主要成分是甲烷（CH_4），含量一般在80%~98%，还有少量重碳氢化合物及 H_2、CO 等可燃气体，不可燃成分很少，所以发热量很高，大多都在33500~46000kJ/m^3。

天然气是一种无色、稍带腐烂臭味的气体，密度约0.73~0.80kg/m^3，比空气轻。天然气容易着火，着火温度范围在640~850℃之间，与空气混合到一定比例（容积比为4%~15%），遇到明火会立即着火或爆炸。天然气燃烧时所需的空气量很大，每1m^3天然气需9~14m^3空气，燃烧火焰光亮，辐射能力强，因为燃烧时甲烷及其他碳氢化合物分解析出大量固体碳粒。

由于天然气含惰性气体很少，发热量高，可以作长距离输送，是优良的冶金炉燃料，同时又是优良的民用燃料和化工原料，可以制取化肥、塑料、橡胶、药品、染料等，因此要根据国家天然气产区的能源平衡做统筹的考虑，使能源得到最合理的分配与使用。

1.2.4　钢铁厂副产煤气

1.2.4.1　高炉煤气

高炉煤气是高炉炼铁的副产物。高炉每消耗1t焦炭可以得到3800~4000m^3的高炉煤气。高炉煤气含有大量的 N_2 和 CO_2，所以发热量比较低，通常只有3350~4200kJ/m^3。高炉煤气由于发热量低，燃烧温度也较低，火焰的辐射能力弱，在加热炉上单独使用有困难，往往须与焦炉煤气混合使用，或在燃烧前将煤气与空气预热。高炉煤气是钢铁联合企业内数量很大的副产品，所以被作为一项重要的能源。

高炉煤气的成分（干成分）大致如下：

$\varphi(CO)$	$\varphi(H_2)$	$\varphi(CH_4)$	$\varphi(CO_2)$	$\varphi(N_2)$
22%~31%	2%~3%	0.3%~0.5%	10%~19%	57%~58%

现代高炉往往采用富氧鼓风和高压炉顶技术，采用富氧鼓风时，高炉煤气的 CO 和 H_2 升高，而 N_2 含量降低，所以煤气的发热量相应提高。采用高压炉顶技术时，随着炉顶压力的升高，煤气中 CO 略有降低，而 CO_2 相应升高，所以煤气的发热量也稍有下降。高炉出来的煤气含有大量水分和灰尘，含水量50~80g/m^3，含尘量60~80g/m^3。这种煤气在运输与使用上都很不便，必须进行认真的脱水与除尘。

1.2.4.2　焦炉煤气

焦炉煤气是炼焦的副产物。每炼制1t焦炭可得400~450m^3焦炉煤气。焦炉煤气的主要可燃成分是 H_2、CH_4、CO、C_2H_4 等，此外还有 H_2S、焦油、氨、苯等，还有不可燃的 CO_2、N_2 和水分。由于煤气中含有许多重要化工原料，所以在作为燃料以前应在焦化厂中处理，回收各种化工产品，并除去煤气中的水分、灰分、硫分等。

焦炉煤气的干成分大致如下：

$\varphi(H_2)$	$\varphi(CH_4)$	$\varphi(C_2H_4)$	$\varphi(CO)$	$\varphi(CO_2)$	$\varphi(O_2)$	$\varphi(N_2)$
55%~60%	24%~28%	2%~4%	6%~8%	2%~4%	0.4%~0.8%	4%~7%

由于焦炉煤气内的主要可燃成分是发热量高的 H_2 和 CH_4，并且含有焦油物质，所以焦炉煤气的发热量为 16000~18800kJ/m³。如果煤的挥发分高，焦炉煤气中 CH_4 等的含量将增高，煤气的发热量也将增高。焦炉煤气由于含 H_2 高，所以黑度小，较难预热。同时密度只有 0.4~0.5kg/m³，比其他煤气轻，火焰的刚性差，往上飘。

1.2.4.3 高炉-焦炉混合煤气

在钢铁联合企业里，可以同时得到大量高炉煤气和焦炉煤气。焦炉煤气与高炉煤气产量的比值大约为 1:10，单独使用焦炉煤气从企业总的能量分配看是不合理的。所以在企业里可以利用不同比例的高炉煤气和焦炉煤气配成各种发热量的混合煤气，其发热量为 5900~9200kJ/m³，供企业内各种冶金炉作为燃料。

高炉煤气与焦炉煤气的发热量分别为 $Q_{高}$ 和 $Q_{焦}$，要配成发热量为 $Q_{混}$ 的混合煤气，可用下式计算。设焦炉煤气在混合煤气中的百分比为 x，则高炉煤气的百分比为 $(1-x)$，所以有

$$Q_{混} = xQ_{焦} + (1-x)Q_{高}$$

整理上式，得

$$x = \frac{Q_{混} - Q_{高}}{Q_{焦} - Q_{高}} \tag{1-12}$$

1.2.4.4 发生炉煤气

发生炉煤气是以固体燃料为原料，在煤气发生炉中制得的煤气，这个热化学过程叫固体燃料的气化。

根据工艺过程的不同，发生炉煤气可以分为：空气煤气、空气-蒸汽煤气、水煤气等。作为加热炉燃料的主要是空气-蒸汽煤气，通常泛指的发生炉煤气就是指这一种。图 1-2 是在发生炉中制造煤气的原理示意图。

原料自上方连续加入发生炉内，空气与蒸汽从下部送入。空气与蒸汽通过灰渣层被预热后继续上升，空气中的氧与炽热的焦炭在氧化层发生燃烧反应，并放出大量的热。

$$C + O_2 = CO_2, \Delta_r H_m^\ominus = 406900 \text{（J/mol）}$$

当气体上升时，生成的 CO_2 在还原层又被炽热的焦炭还原为 CO，并吸收一定热量。

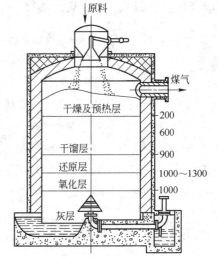

图 1-2 发生炉制造煤气原理示意图

$$CO_2 + C = 2CO, \Delta_r H_m^\ominus = -160700 \text{（J/mol）}$$

总的来看，以上两个反应式可以表达为

$$2C + O_2 = 2CO, \Delta_r H_m^\ominus = 246200 \text{（J/mol）}$$

这是放热反应，因此发生炉的温度将不断升高。为了在生产中控制反应温度，所以鼓风中同时鼓入蒸汽，蒸汽在炉内与炽热焦炭相遇时，发生还原反应。

$$H_2O + C \Longrightarrow H_2 + CO, \Delta_r H_m^{\ominus} = -118720 \text{（J/mol）}$$

$$2H_2O + C \Longrightarrow CO_2 + 2H_2, \Delta_r H_m^{\ominus} = -75240 \text{（J/mol）}$$

$$CO + H_2O \Longrightarrow CO_2 + H_2, \Delta_r H_m^{\ominus} = -43580 \text{（J/mol）}$$

由于这几个反应都是吸热反应，因此降低了空气鼓风时过高的炉温，而且生成了可燃气体 CO 和 H_2，增加了煤气的发热量。

气体从还原层上升，再经过干馏层和干燥层后由上部排出。发生炉出来的煤气含有大量水分、焦油和灰尘。如加热炉距离发生炉很近，为了利用煤气的物理热，可以直接使用热煤气，只需在干式除尘器中粗洗即可使用。如要输送或储存的煤气，则要建立洗涤装置，降低煤气中的水分、焦油和含尘量。加热炉和热处理炉较多地是使用经过净化的冷煤气。

各种发生炉煤气成分的举例见表 1-6。

表 1-6　各种发生炉煤气的成分

煤气名称	组 成 成 分/%						$Q_{net,ar}$/kJ·m^{-3}
	H_2	CO	CO_2	N_2	CH_4	O_2	
空气煤气	2.6	10	14.7	72.0	0.5	0.2	3770~4600
空气-蒸汽煤气	13.5	27.5	5.5	52.8	0.5	0.2	5020~5230
水煤气	48.4	38.5	6.0	6.4	0.5	0.2	10050~11300

1.2.5　液化石油气及液化天然气

液化石油气（Liquefied Petroleum Gas，简称 LPG）是以气井喷出的天然气，或石油精炼和石油化工企业的副产燃气为原料，经过蒸馏、分离而得到的以碳分子数 3 和 4（C_3 和 C_4）的烃为主要成分的可燃混合气体，主要组分是丙烷（C_3H_8）（超过 95%）和丁烷（C_4H_{10}），其他包括丙烯（C_3H_6）、丁烯（C_4H_8）等。丙烷的发热量为 91300kJ/m^3，丁烷的发热量为 118700kJ/m^3，所以液化石油气是一种高热值的燃气。

液化天然气（Liquefied Natural Gas，简称 LNG）是天然气经净化处理（脱除 CO_2、硫化物、烃、水等杂质）后，在常压下深冷至 -162℃，由气态变成液态，称为液化天然气，主要成分是甲烷。液化天然气的体积量为同量气态天然气体积的 1/625，质量为同体积水的 45% 左右。

近来这两种优质气体燃料在综合要求较高的加热炉中使用范围在扩大。

1.2.6　加热炉用燃料的选择原则

一般来讲，以电能为能源优于燃料为能源。因为电炉构造简单、便于启动、炉温较易控制、加热工件质量好、几乎没有污染。但是我国的实际情况是许多地区电能供应紧缺，而价格又高，所用的电气设备都比较昂贵。加热炉的功率都比较大，看准了电能的优点，选用电能之后，本行业的投资可能是减少了，而实际上，生产运行成本较高，并把投资转嫁到电厂投资上。因此需要顾全大局，统筹考虑。一般大、中型加热炉不宜采用电作为能源，而优先倾向于选择燃料。只是在要求温度控制准确、成品质量高的情况下，才选用电炉，如高级合金钢的冶炼和热处理等。

　　燃烧固体燃料虽有资源及热量的利用效率不高、运输量大、燃烧过程不易调节、不易实现自动化、加热质量较差、炉型结构受燃烧条件的限制较大、劳动强度大、环境易受污染等一系列缺点，但在非联合的冶金企业及中小型的冶金和机械厂中，对于加热炉热工制度要求不高的小型加热炉，在目前的条件下仍可考虑使用，且价格低廉。当燃料消耗量较大时，应考虑机械化措施，从而改善劳动强度及燃烧质量，同样也改善了操作环境。

　　如果将固体燃料制成粉煤进行燃烧，可使燃烧效率及燃烧温度大为提高，并为劣质煤在较高温度的加热炉上的应用开辟了前景。然而制造粉煤需要有一套昂贵而且构造较复杂的专门设备，并且总体上对环境的污染较为严重。基于人们对环境保护的日益重视，国际社会也逐步对各国的用煤方式做了严格的限制，以求降低燃料燃烧对环境的污染程度。

1.2.6.1　液体燃料

　　液体燃料尤其是原油，是宝贵的化工原料，将其直接燃烧不但不合理，而且是一种浪费。目前加热炉所用燃料油主要是重油，也有相当一部分使用渣油及柴油。

　　使用液体燃料，燃烧时温度波动小，炉温高，调节范围易于实现自动控制，可控性比煤要好。另外，油烧嘴安装灵活，可以安装在加热炉的各个部位，满足不同的工艺要求。由于液体燃料发热量高，灰分少，热量利用好，贮存输送方便，因此得到了广泛应用。

　　但是液体燃料燃烧时雾化动力消耗大，噪声大，价格较贵，且调节、控制系统较复杂，尤其要特别注意的是安全防火。选择时要注意硫、矾含量，因其氧化物对金属具有较强的腐蚀性。

1.2.6.2　气体燃料

　　气体燃料是最理想的加热炉燃料，在加热炉燃烧工艺中显示出来的优越性是固体燃料和液体燃料所不能比拟的。它除了具有液体燃料的主要优点之外，还具有以下优点：

　　（1）按需要可配制成一定热值的煤气，价格较液体燃料低，输送方便。

　　（2）空气消耗系数低，燃烧完全程度高，容积热负荷高，燃烧过程易于调节，易于实现自动控制。

　　（3）煤气可以预热，有利于提高炉温，燃烧后无黑烟，无积灰，环境干净，设备简单。

　　（4）可以在炉外完成空气与煤气的混合以强化燃烧。

　　（5）对不同加热工艺的适应性好，可以满足不同的温度要求和火焰长度的要求。

　　使用气体燃料的缺点是：

　　（1）长距离输送和贮存困难，适用范围受限制，煤气供应有赖于气源情况。

　　（2）除了钢铁联合企业有高炉、焦炉煤气或具有天然气源的地区之外，采用人造气体燃料需要专门设备。

　　（3）有些煤气成分波动较大对自动控制不利。

　　（4）要特别注意煤气中毒和煤气爆炸问题。

　　由于钢铁厂煤气供应的波动较大，当波动范围不能满足工业炉生产要求时，可部分用重油补充，这时工业炉上应当装设油气两用烧嘴。如煤气热值较低，炉温不能满足加热工艺要求时，可采用预热空气和煤气，还可分段分别采用煤气和重油两种燃料，以提高炉温，但这样管路系统就较为复杂。

重油燃烧热量较为集中，调节的灵敏度较差，对某些要求温度均匀、控制精确的部位或工业炉，可用煤气或油和煤气混合燃烧。此外，某些低温炉（如干燥炉）的热源可以用各种燃料的燃烧产物，也可以用由高温炉出来的废气，这样，同时也提高了高温炉的余热利用。

总之，燃料的选择应因时因地制宜，各种因素要综合考虑，选定的燃料应当在主要方面满足加热炉的要求，并做到技术上合理、经济上合算。

1.3　燃烧计算

为了合理利用燃料及相关设备选型，需要掌握燃料燃烧的若干热工参数和进行燃烧计算。燃料燃烧的计算内容包括：

（1）燃料的应用（湿）成分的低发热量（$Q_{net,ar}$）。

（2）单位燃料进行完全燃烧的空气需要量（L_n）。

（3）单位燃料完全燃烧后的燃烧产物生成量（V_n）。

（4）燃烧产物成分及其密度（ρ）的计算。

（5）理论燃烧温度的计算和实际燃烧温度的计算。

燃烧计算的目的是为加热炉设计提供必要的参数。计算燃料的发热量可以在加热炉的总热量消耗确定的情况下，求出总的燃料消耗量。计算空气需要量的目的在于有效而合理地控制燃烧过程，为正确选用合适的燃烧设备和供风管道系统、设计燃烧装置提供必要的依据。燃烧产物生成量及其密度的计算是设计烟道、烟囱系统，选用引风机等必不可少的依据。由燃烧产物成分的计算可以进行炉气黑度的计算，进而可做传热计算。理论燃烧温度是计算炉温的重要原始数据之一。据此判断是否满足工艺所需的加热温度，为选择燃烧方法作参考，供确定空气及燃料的预热温度时所用。

燃烧过程是很复杂的，为了使计算简化，在燃烧计算中做如下几项假定：

（1）气体的体积都按标准状态（0℃和$1.01325 \times 10^5 Pa$）计算，一切气体在标准状态下每1kmol的体积都是22.4m^3。

（2）在计算中不考虑热分解的产物。

（3）空气的组成只考虑O_2和N_2，按表1-7的比例计算。

表1-7　空气的组成

空气的组成		1kg 氧相当	1m^3 氧相当
质量	容积	质量	容积
氧 23%	氧 21%	空气 4.31kg	空气 4.76m^3
氮 77%	氮 79%	氮 3.31kg	氮 3.76m^3

在进行燃烧计算时，常常要用到以下两个基本概念：

（1）完全燃烧和不完全燃烧。燃料中的可燃物质和氧进行了充分的燃烧反应，燃烧产物中已不存在可燃物质，称为完全燃烧。如燃料中的碳全部氧化生成CO_2，而不存在CO。

不完全燃烧又有两种情况：

1）化学不完全燃烧。燃料中的可燃成分由于空气不足或燃料与空气混合不好，而没能得到充分反应的燃烧，叫化学不完全燃烧。如烟气中存在 CO 等可反应成分。

2）机械不完全燃烧。燃料的部分可燃成分没有参加或进行燃烧反应就损失了的燃烧过程，叫机械不完全燃烧。如灰渣带走的未燃碳，炉栅漏下的煤，管道漏掉的重油或煤气。

（2）空气消耗系数。燃料燃烧时所需的氧气通常是由空气供给的。根据化学反应方程式计算的每 1kg 或 $1m^3$ 燃料完全燃烧时所需要的空气量，叫理论空气需要量。由于空气供给不足或燃料与空气的混合不好，会造成化学不完全燃烧。因此，为了保证燃料的完全燃烧，所供给的空气量实际上都大于理论的空气需要量。令 L_n 代表实际供给空气量，L_0 代表理论空气需要量，则二者的比值就称为空气消耗系数并用 n 表示，即

$$n = \frac{L_n}{L_0} \qquad (1-13)$$

空气消耗系数的大小与燃料种类、燃烧方法、燃烧装置的结构及其工作好坏都有关。各类燃料空气消耗系数的经验数据如下：

固体燃料 $n = 1.20 \sim 1.50$

液体燃料 $n = 1.15 \sim 1.25$

气体燃料 $n = 1.05 \sim 1.15$

1.3.1 固体燃料和液体燃料完全燃烧的分析计算

固体燃料和液体燃料的主要可燃成分是碳和氢，还有少量的硫也可以燃烧。在计算空气需要量和燃烧产物量时，是根据各可燃元素燃烧的化学反应式来进行的。例如

$$C \ + \ O_2 \ =\!=\!=\ CO_2$$

12kg   32kg   44kg

1kmol   1kmol   1kmol

计算时一种方法是按质量（kg）计，即 12kg 碳与 32kg 氧化合生成 44kg 二氧化碳；另一种是按千摩尔（kmol）计，即 1kmol 碳与 1kmol 氧化合，生成 1kmol 二氧化碳。这两种表示法在实际计算中都采用，但后者显然比较简单，所以在运算中，往往先把质量换算为千摩尔再进行计算。

具体的计算方法和步骤可以通过表 1-8 来说明。

表 1-8 每 100kg 固、液体燃料的燃烧反应

各组成物含量		反应方程式（千摩尔比例）	燃烧时所需氧的千摩尔数	燃烧产物的千摩尔数				
收到成分	千摩尔数			CO_2	H_2O	SO_2	N_2	O_2
$w(C_{ar})$	$w(C_{ar})\%$ /12	$\begin{array}{c} C + O_2 =\!=\!= CO_2 \\ 1 : 1 \ : \ 1 \end{array}$	$w(C_{ar})\%$ /12	$w(C_{ar})\%$ /12				
$w(H_{ar})$	$w(H_{ar})\%$ /2	$\begin{array}{c} H_2 + \frac{1}{2}O_2 =\!=\!= H_2O \\ 1 : \frac{1}{2} : 1 \end{array}$	$1/2 \times$ $w(H_{ar})\%$ /2		$w(H_{ar})\%$ /2			

各组成物含量		反应方程式（千摩尔比例）	燃烧时所需氧的千摩尔数	燃烧产物的千摩尔数				
收到成分	千摩尔数			CO_2	H_2O	SO_2	N_2	O_2
$w(S_{ar})$	$w(S_{ar})\%$ /32	$S + O_2 \Longrightarrow SO_2$ $1:1\ :\ 1$	$w(S_{ar})\%$ /32			$w(S_{ar})\%$ /32		
$w(O_{ar})$	$w(O_{ar})\%$ /32	助燃,消耗掉	$-w(O_{ar})\%$ /32					
$w(N_{ar})$	$w(N_{ar})\%$ /28	不燃烧,到烟气中					$w(N_{ar})\%$ /28	
$w(W_{ar})$	$w(W_{ar})\%$ /18	不燃烧,到烟气中			$w(W_{ar})\%$ /18			
$w(A_{ar})$		不燃烧,无气态产物						

100kg 燃料燃烧所需氧的千摩尔数

$$\frac{w(C_{ar})\%}{12} + \frac{w(H_{ar})\%}{4} + \frac{w(S_{ar})\%}{32} - \frac{w(O_{ar})\%}{32}$$

1kg 燃料燃烧所需氧的体积数

$$\frac{22.4}{100}\left(\frac{w(C_{ar})\%}{12} + \frac{w(H_{ar})\%}{4} + \frac{w(S_{ar})\%}{32} - \frac{w(O_{ar})\%}{32}\right) \quad (m^3/kg)$$

燃烧产物体积 /$m^3 \cdot kg^{-1}$

理论空气需要量

$$L_0 = \frac{4.76 \times 22.4}{100}\left(\frac{w(C_{ar})\%}{12} + \frac{w(H_{ar})\%}{4} + \frac{w(S_{ar})\%}{32} - \frac{w(O_{ar})\%}{32}\right) \quad (m^3/kg)$$

$0.79L_0$

实际空气需要量

$$L_n = nL_0 \quad (m^3/kg)$$

过剩空气量

$$\Delta L = L_n - L_0 = (n-1)L_0 \quad (m^3/kg)$$

$0.79(n-1)L_0$ $0.21(n-1)L_0$

根据表 1-8 的分析，可得出各有关燃烧参数的计算公式

（1）空气需要量。

$$L_0 = \frac{4.76 \times 22.4}{100}\left(\frac{w(C_{ar})\%}{12} + \frac{w(H_{ar})\%}{2} + \frac{w(S_{ar})\%}{32} - \frac{w(O_{ar})\%}{32}\right) \quad (m^3/kg) \quad (1-14)$$

$$L_n = nL_0 (m^3/kg) \quad (1-15)$$

（2）燃烧产物量。

$n = 1$ 时的理论燃烧产物量为：

$$V_0 = \frac{22.4}{100}\left(\frac{w(C_{ar})\%}{12} + \frac{w(H_{ar})\%}{2} + \frac{w(S_{ar})\%}{32} + \frac{w(N_{ar})\%}{28} + \frac{w(W_{ar})\%}{18}\right) + 0.79L_0 \quad (m^3/kg)$$

$$(1-16)$$

$n > 1$ 时的实际燃烧产物量为：

$$V_n = V_0 + (n-1)L_0 \quad (m^3/kg) \quad (1-17)$$

（3）燃烧产物成分。

各成分的体积分数为：

$$\varphi(CO_2') = \frac{\dfrac{22.4}{100} \times \dfrac{w(C_{ar})_\%}{12}}{V_n} \times 100\%$$

$$\varphi(H_2O') = \frac{\dfrac{22.4}{100} \times \left(\dfrac{w(H_{ar})_\%}{2} + \dfrac{w(W_{ar})_\%}{18}\right)}{V_n} \times 100\%$$

$$\varphi(SO_2') = \frac{\dfrac{22.4}{100} \times \dfrac{w(S_{ar})_\%}{32}}{V_n} \times 100\%$$

$$\varphi(N_2') = \frac{\dfrac{22.4}{100} \times \dfrac{w(N_{ar})_\%}{28} + 0.79L_0}{V_n} \times 100\%$$

$$\varphi(O_2') = \frac{0.21(n-1)L_0}{V_n} \times 100\%$$

(1-18)

（4）燃烧产物密度。

当不知燃烧产物成分时，可根据质量守恒定律（参加燃烧反应的原始物质的质量应等于燃烧反应生成物的质量），用下式计算：

$$\rho_0 = \frac{\left(1 - \dfrac{w(A_{ar})_\%}{100}\right) + 1.293L_n}{V_n} \quad (kg/m^3)$$

(1-19)

当已知燃烧产物的成分时，燃烧产物的密度为

$$\rho_0 = \frac{44\varphi(CO_2')_\% + 18\varphi(H_2O')_\% + 64\varphi(SO_2')_\% + 28\varphi(N_2')_\% + 32\varphi(O_2')_\%}{22.4 \times 100} \quad (kg/m^3)$$

(1-20)

式中　$\varphi(CO_2')_\%$, $\varphi(H_2O')_\%$, $\cdots$——燃烧产物中各成分的体积百分数，%。

例 1-3　已知烟煤的成分：$w(C_{ar}) = 56.7\%$，$w(H_{ar}) = 5.2\%$，$w(S_{ar}) = 0.6\%$，$w(O_{ar}) = 11.7\%$，$w(N_{ar}) = 0.8\%$，$w(A_{ar}) = 10.0\%$，$w(W_{ar}) = 15.0\%$。当 $n = 1.3$ 时，试计算完全燃烧时的空气需要量、燃烧产物量、燃烧产物的成分和密度。

解　（1）空气需要量

$$L_0 = \frac{4.76 \times 22.4}{100}\left(\frac{56.7}{12} + \frac{5.2}{4} + \frac{0.6}{32} - \frac{11.7}{32}\right) = 6.05 \quad (m^3/kg)$$

$$L_n = 1.3 \times 6.05 = 7.87 \quad (m^3/kg)$$

（2）燃烧产物量

$$V_0 = \frac{22.4}{100}\left(\frac{56.7}{12} + \frac{5.2}{2} + \frac{0.6}{32} + \frac{0.8}{28} + \frac{15}{18}\right) + 0.79 \times 6.05 = 6.62 \quad (m^3/kg)$$

$$V_n = 6.62 + (1.3 - 1) \times 6.05 = 8.44 \quad (m^3/kg)$$

（3）燃烧产物成分

$$\varphi(CO_2') = \frac{\dfrac{22.4}{100} \times \dfrac{56.7}{12}}{8.44} \times 100\% = 12.54\%$$

$$\varphi(H_2O') = \frac{\dfrac{22.4}{100} \times \left(\dfrac{5.2}{2} + \dfrac{15}{18}\right)}{8.44} \times 100\% = 9.11\%$$

$$\varphi(SO_2') = \frac{\dfrac{22.4}{100} \times \dfrac{0.6}{32}}{8.44} \times 100\% = 0.05\%$$

$$\varphi(N_2') = \frac{\dfrac{22.4}{100} \times \dfrac{0.8}{28} + 0.79 \times 7.87}{8.44} \times 100\% = 73.74\%$$

$$\varphi(O_2') = \frac{0.21 \times (1.3 - 1) \times 6.05}{8.44} \times 100\% = 4.52\%$$

（4）燃烧产物密度

$$\rho_0 = \frac{(1 - 0.1) + 1.293 \times 7.89}{8.44} = 1.32 \quad (kg/m^3)$$

（5）当考虑空气湿度时的计算

$$L_0^{湿} = L_0^{干}(1 + 0.00124 g_{H_2O}^{干}) \quad (m^3/kg) \tag{1-21}$$

$$V_0^{湿} = V_0^{干} + 0.00124 g_{H_2O}^{干} L_0^{干} \quad (m^3/kg) \tag{1-22}$$

$$V_n^{湿} = V_0^{湿} + (n - 1)L_0^{湿} \quad (m^3/kg) \tag{1-23}$$

$$\varphi(H_2O') = \frac{\dfrac{22.4}{100}\left(\dfrac{w(H_{ar})\%}{2} + \dfrac{w(W_{ar})\%}{18}\right) + 0.00124 g_{H_2O}^{干} L_n^{干}}{V_n^{湿}} \times 100\% \tag{1-24}$$

其余的各参数根据计算公式依此类推。

1.3.2　气体燃料完全燃烧的分析计算

已知气体燃料的湿成分

$$\varphi(CO^{湿}) + \varphi(H_2^{湿}) + \varphi(CH_4^{湿}) + \cdots + \varphi(CO_2^{湿}) + \varphi(N_2^{湿}) + \varphi(O_2^{湿}) + \varphi(H_2O^{湿}) = 100\%$$

气体燃料的燃烧计算方法与固体燃料、液体燃料的燃烧计算相似，而且更为简便。因为任何气体每 1kmol 的体积为 22.4m³，所以参加燃烧反应的各气体与燃烧生成物之间的摩尔数之比，就是其体积比。例如：

$$CO + 1/2O_2 \longrightarrow CO_2$$
$$1mol \quad : \quad 0.5mol \quad : \quad 1mol$$
$$1m^3 \quad : \quad 0.5m^3 \quad : \quad 1m^3$$

因此，气体燃料的燃烧计算可以直接根据体积比进行计算。其计算步骤用表 1-9 说明。

表 1-9 每 100m³ 气体燃料的燃烧反应

湿成分	反应方程式 (体积比例)	需 O_2 体积/m³	燃烧产物体积/m³				
			CO_2	H_2O	SO_2	N_2	O_2
$\varphi(CO^{湿})$	$CO + 1/2 O_2 = CO_2$ $1 : 0.5 : 1$	$0.5\varphi(CO^{湿})_\%$	$\varphi(CO^{湿})_\%$				
$\varphi(H_2^{湿})$	$H_2 + 1/2 O_2 = H_2O$ $1 : 0.5 : 1$	$0.5\varphi(H_2^{湿})_\%$		$\varphi(H_2^{湿})_\%$			
$\varphi(CH_4^{湿})$	$CH_4 + 2O_2 = CO_2 + 2H_2O$ $1 : 2 : 1 : 2$	$2\varphi(CH_4^{湿})_\%$	$\varphi(CH_4^{湿})_\%$	$2\varphi(CH_4^{湿})_\%$			
$\varphi(C_mH_n^{湿})$	$C_mH_n + (m+n/4)O_2$ $= mCO_2 + n/2 H_2O$ $1 : (m+n/4) : m : \dfrac{n}{2}$	$(m+n/4)$ $\varphi(C_mH_n^{湿})_\%$	$m\varphi(C_mH_n^{湿})_\%$	$n/2\,\varphi(C_mH_n^{湿})_\%$			
$\varphi(H_2S^{湿})$	$H_2S + 3/2 O_2 = SO_2 + H_2O$ $1 : 3/2 : 1 : 1$	$\dfrac{3}{2}\varphi(H_2S^{湿})_\%$		$\varphi(H_2S^{湿})_\%$	$\varphi(H_2S^{湿})_\%$		
$\varphi(CO_2^{湿})$	不燃烧,到烟气中		$\varphi(CO_2^{湿})_\%$				
$\varphi(SO_2^{湿})$	不燃烧,到烟气中				$\varphi(SO_2^{湿})_\%$		
$\varphi(O_2^{湿})$	助燃,消耗掉	$-\varphi(O_2^{湿})_\%$					
$\varphi(N_2^{湿})$	不燃烧,到烟气中					$\varphi(N_2^{湿})_\%$	
$\varphi(H_2O^{湿})$	不燃烧,到烟气中			$\varphi(H_2O^{湿})_\%$			

100m³ 燃料燃烧所需氧的体积数

$$\left[\frac{1}{2}\varphi(CO^{湿})_\% + \frac{1}{2}\varphi(H_2^{湿})_\% + 2\varphi(CH_4^{湿})_\% + \left(m+\frac{n}{4}\right)\varphi(C_mH_n^{湿})_\% + \right.$$
$$\left. \frac{3}{2}\varphi(H_2S^{湿})_\% - \varphi(O_2^{湿})_\%\right] \quad (m^3)$$

理论空气需要量

$$L_0 = \frac{4.76}{100}\left[\frac{1}{2}\varphi(CO^{湿})_\% + \frac{1}{2}\varphi(H_2^{湿})_\% + 2\varphi(CH_4^{湿})_\% + \left(m+\frac{n}{4}\right)\varphi(C_mH_n^{湿})_\% + \right.$$
$$\left. \frac{3}{2}\varphi(H_2S^{湿})_\% - \varphi(O_2^{湿})_\%\right] \quad (m^3/m^3) \qquad 0.79L_0$$

实际空气需要量

$$L_n = nL_0 \quad (m^3/m^3)$$

过剩空气量

$$\Delta L = L_n - L_0 = (n-1)L_0 \quad (m^3/m^3) \qquad 0.79(n-1)L_0 \qquad 0.21(n-1)L_0$$

（1）空气需要量。

$$L_0 = \frac{4.76}{100}\left[\frac{1}{2}\varphi(CO^{湿})_\% + \frac{1}{2}\varphi(H_2^{湿})_\% + 2\varphi(CH_4^{湿})_\% + \right.$$

$$\left.\left(m + \frac{n}{4}\right)\varphi(C_mH_n^{湿})_\% + \frac{3}{2}\varphi(H_2S^{湿})_\% - \varphi(O_2^{湿})_\%\right] \quad (m^3/m^3) \tag{1-25}$$

$$L_n = nL_0 \quad (m^3/m^3) \tag{1-26}$$

（2）燃烧产物量。

$$V_0 = \frac{1}{100}\left[\varphi(CO^{湿})_\% + \varphi(H_2^{湿})_\% + 3\varphi(CH_4^{湿})_\% + \left(m + \frac{n}{2}\right)\varphi(C_mH_n^{湿})_\% + \varphi(CO_2^{湿})_\% + \right.$$

$$\left. 2\varphi(H_2S^{湿})_\% + \varphi(N_2^{湿})_\% + \varphi(SO_2^{湿})_\% + \varphi(H_2O^{湿})_\%\right] + 0.79L_0 \tag{1-27}$$

$$V_n = V_0 + (n-1)L_0 \quad (m^3/m^3) \tag{1-28}$$

（3）燃烧产物成分。

各成分的体积分数为：

$$\varphi(CO_2') = \frac{\left(\varphi(CO^{湿})_\% + \varphi(CH_4^{湿})_\% + m\varphi(C_mH_n^{湿})_\% + \varphi(CO_2^{湿})_\%\right)\frac{1}{100}}{V_n} \times 100\%$$

$$\varphi(H_2O') = \frac{\left(\varphi(H_2^{湿})_\% + 2\varphi(CH_4^{湿})_\% + \frac{n}{2}\varphi(C_mH_n^{湿})_\% + \varphi(H_2S^{湿})_\% + \varphi(H_2O^{湿})_\%\right)\frac{1}{100}}{V_n} \times 100\%$$

$$\varphi(SO_2') = \frac{\left(\varphi(H_2S^{湿})_\% + \varphi(SO_2^{湿})_\%\right)\frac{1}{100}}{V_n} \times 100\%$$

$$\varphi(N_2') = \frac{\varphi(N_2^{湿})_\%\frac{1}{100} + 0.79L_n}{V_n} \times 100\%$$

$$\varphi(O_2') = \frac{0.21(n-1)L_0}{V_n} \times 100\%$$

$$\tag{1-29}$$

（4）燃烧产物的密度。

在已知燃烧产物成分的条件下，气体燃料燃烧产物的密度可按式（1-20）计算。在已知气体燃料湿成分时，也可按下式计算：

$$\rho_0 = \left[\left(28\varphi(CO^{湿})_\% + 2\varphi(H_2^{湿})_\% + 16\varphi(CH_4^{湿})_\% + 28\varphi(C_2H_4^{湿})_\% + \cdots + \right.\right.$$

$$\left.\left. 44\varphi(CO_2^{湿})_\% + 28\varphi(N_2^{湿})_\% + 18\varphi(H_2O^{湿})_\%\right)\frac{1}{22.4 \times 100} + 1.293L_n\right]/V_n \quad (kg/m^3)$$

$$\tag{1-30}$$

式中 $\varphi(CO^{湿})_\%, \varphi(H_2^{湿})_\%, \cdots$——气体燃料中各成分的体积百分数，%。

例 1-4　已知发生炉煤气的湿成分：$\varphi(CO^{湿}) = 29.0\%$，$\varphi(H_2^{湿}) = 15.0\%$，$\varphi(CH_4^{湿}) = 3.0\%$，$\varphi(C_2H_4^{湿}) = 0.6\%$，$\varphi(CO_2^{湿}) = 7.5\%$，$\varphi(N_2^{湿}) = 42.0\%$，$\varphi(O_2^{湿}) = 0.2\%$，$\varphi(H_2O^{湿}) = 2.7\%$。在 $n = 1.05$ 的条件下完全燃烧。计算煤气燃烧所需的空气量、燃烧产物量、燃烧产物成分和密度。

解　（1）空气需要量

$$L_0 = \frac{4.76}{100}[0.5 \times 15.0 + 0.5 \times 29.0 + 2 \times 3.0 + 3 \times 0.6 - 0.2] = 1.41 \quad (m^3/m^3)$$

$$L_n = 1.05 \times 1.41 = 1.48 \quad (m^3/m^3)$$

（2）燃烧产物生成量

$$V_0 = \frac{1}{100}[15.0 + 29.0 + 3 \times 3.0 + 4 \times 0.6 + 7.5 + 42.0 + 2.7] + 0.79 \times 1.41 = 2.19 \quad (m^3/m^3)$$

$$V_n = 2.19 + 0.05 \times 1.41 = 2.26 \quad (m^3/m^3)$$

（3）燃烧产物成分

$$\varphi(CO_2') = \frac{(29.0 + 3.0 + 2 \times 0.6 + 7.5)\frac{1}{100}}{2.26} \times 100\% = 18.00\%$$

$$\varphi(H_2O') = \frac{(15.0 + 2 \times 3.0 + 2 \times 0.6 + 2.7)\frac{1}{100}}{2.26} \times 100\% = 11.02\%$$

$$\varphi(N_2') = \frac{\frac{42}{100} + 0.79 \times 1.48}{2.26} \times 100\% = 70.32\%$$

$$\varphi(O_2') = \frac{0.21 \times (1.05 - 1) \times 1.41}{2.26} \times 100\% = 0.66\%$$

（4）燃烧产物密度

当已知燃烧产物成分时密度的计算为：

$$\rho_0 = \frac{44 \times 18 + 18 \times 11.02 + 28 \times 70.32 + 32 \times 0.66}{22.4 \times 100} = 1.33 \quad (kg/m^3)$$

1.3.3　燃烧温度的计算

燃烧时燃烧产物所能达到的温度称为燃料的燃烧温度。燃烧产物所含的热量，可以由燃烧过程的热平衡求出。根据能量守恒，燃料燃烧时燃烧产物的热量收入和热量支出应当相等。由热量收支关系可以建立热平衡方程式，根据热平衡方程式即可求出燃烧温度。

1.3.3.1　燃烧过程中热量收入

在燃烧过程中，热量的收入项包括：

（1）燃料燃烧的化学热 $Q_{net,ar}$。

（2）燃料带入的物理热 $Q_{燃}$。

（3）空气带入的物理热 $Q_{空}$。

1.3.3.2　燃烧过程中热量支出

热量的支出项包括:

(1) 燃烧产物包含的热量 $t_理 V_n c$。在简单的理想情况下，没有热量消耗与损失，燃烧产物所得到的热量都用以提高自身的温度，这时的燃烧温度称为理论燃烧温度 $t_理$。V_n 是燃烧产物的体积 (m^3/kg 或 m^3/m^3)；c 为燃烧产物的平均热容量 ($kJ/(m^3 \cdot ℃)$)。

(2) 由于燃烧产物的热分解而损失的热量 $Q_解$。燃烧产物中的部分 CO_2 和 H_2O 在约 2000℃高温下要发生热分解，消耗一部分热量，即

$$CO_2 \longrightarrow [CO] + [O] - Q_解$$

$$H_2O \longrightarrow [H] + [OH] - Q_解$$

因此，可以建立燃烧过程的热平衡方程式如下:

$$Q_{net,ar} + Q_燃 + Q_空 = t_理 V_n c + Q_解$$

$$t_理 = \frac{Q_{net,ar} + Q_燃 + Q_空 - Q_解}{V_n c} \tag{1-31}$$

理论燃烧温度是燃料能完全燃烧，而没有其他热支出时，燃烧产物所能达到的最高温度。但是，在实际的燃烧条件下，由于向周围介质散失的热量和燃料不完全燃烧造成的损失，实际燃烧温度比理论燃烧温度低得多。

因为热损失，特别是不完全燃烧的热损失从理论上计算很困难，所以不可能进行实际燃烧温度的理论计算。通过对各类炉子长期实践，总结出炉子的理论燃烧温度与实际燃烧温度的比值大体波动在一个范围内，即

$$t_实 = \eta t_理 \tag{1-32}$$

式中，系数 η 称为炉温系数。加热炉和热处理炉的炉温系数经验数据如表 1-10 所示。

表 1-10　η 的经验数值

炉　　型	炉温系数 η
室状加热炉	0.75 ~ 0.80
连续加热炉	
炉底强度 200 ~ 300kg/($m^3 \cdot h$)	0.75 ~ 0.80
炉底强度 500 ~ 600kg/($m^3 \cdot h$)	0.70 ~ 0.75
均热炉	0.68 ~ 0.73
热处理炉	0.65 ~ 0.70

理论燃烧温度的计算方法中比较简便的是利用 i-t 图 (图 1-3)。此法精确性差一些，但应用较普遍。先求出燃烧产物的总热含量 i，再从图表上查出理论燃烧温度。

由式 (1-31) 可得

$$ct_理 = \frac{Q_{net}}{V_n} + \frac{Q_燃}{V_n} + \frac{Q_空}{V_n} - \frac{Q_解}{V_n}$$

式中，$ct_理 = i$，指 $1m^3$ 燃烧产物的热含量，它包括:

$$i_化 = \frac{Q_{net}}{V_n}$$

$$i_燃 = \frac{Q_燃}{V_n} = \frac{c_燃\, t_燃}{V_n}$$

$$i_空 = \frac{Q_空}{V_n} = \frac{L_n c_空\, t_空}{V_n}$$

式中，$i_化$、$i_燃$、$i_空$分别代表$1m^3$燃烧产物中由于燃料化学热、燃料物理热、空气物理热所带入的热量。$c_燃$、$c_空$和$t_燃$、$t_空$分别代表燃料与空气的平均比热和温度。

燃烧产物在高温下热分解所造成的热损失与燃烧温度有关，而燃烧温度是未知数，因此$Q_解$的计算需要先假设燃烧温度进行估算。使用i-t图表时，一般可不进行这一计算，所以：

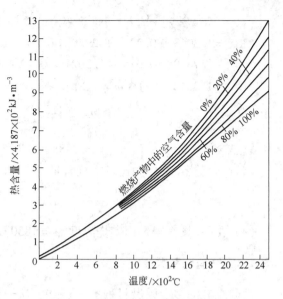

图1-3 求理论燃烧温度的i-t图

$$i = i_化 + i_燃 + i_空 \tag{1-33}$$

燃烧温度还与燃烧产物中的过剩空气量有关，在利用i-t图时，必须求出燃烧产物中过剩空气的百分含量$V_L\%$，即

$$V_L = \frac{L_n - L_0}{V_n} \times 100\% \tag{1-34}$$

根据式（1-33）和式（1-34）求出i值和$V_L\%$值，从i-t图的横坐标上查到所求的理论燃烧温度值。然后可根据式（1-32）确定实际燃烧温度。

例1-5 求例1-4条件下，空气预热到300℃，煤气预热到200℃时的理论燃烧温度。

解 由例1-4已知

$L_0 = 1.41 m^3/m^3$；$V_0 = 2.19 m^3/m^3$；$L_n = 1.48 m^3/m^3 (n = 1.2)$；$V_n = 2.26 m^3/m^3$

（1）求煤气的低发热量由式（1-11），得

$Q_{net} = 127.7 \times 29.0 + 107.6 \times 15.0 + 358.8 \times 3.0 + 599.6 \times 0.6 = 6754$ （kJ/m^3）

（2）求燃烧产物热含量

$$i_化 = \frac{Q_{net}}{V_n} = \frac{6754}{2.26} = 2988 \quad (kJ/m^3)$$

根据附表3，查得300℃时空气的平均热容量为$1.3147 kJ/(m^3 \cdot ℃)$

$$i_空 = \frac{L_n c_空\, t_空}{V_n} = \frac{1.48 \times 1.3147 \times 300}{2.26} = 258.3 \quad (kJ/m^3)$$

根据附表3，查得200℃时煤气各成分的平均热容量为

煤气成分	c_{CO}	c_{H_2}	c_{CH_4}	$c_{C_2H_4}$	c_{CO_2}	c_{N_2}	c_{O_2}	c_{H_2O}
平均热容量/$kJ \cdot (m^3 \cdot ℃)^{-1}$	1.3063	1.2979	1.7585	2.2818	1.7878	1.3021	1.3356	1.5240

由煤气各成分的百分含量，可以算出煤气的平均热容量

$$c_燃 = c_{CO} \times \varphi(CO) + c_{H_2} \times \varphi(H_2) + c_{CH_4} \times \varphi(CH_4) + c_{C_2H_4} \times \varphi(C_2H_4) +$$

$$c_{CO_2} \times \varphi(CO_2) + c_{N_2} \times \varphi(N_2) + c_{O_2} \times \varphi(O_2) + c_{H_2O} \times \varphi(H_2O)$$

$$= 1.3063 \times 0.29 + 1.2979 \times 0.15 + 1.7585 \times 0.03 + 2.2818 \times 0.006 +$$

$$1.7878 \times 0.075 + 1.3021 \times 0.42 + 1.3356 \times 0.002 + 1.5240 \times 0.027$$

$$= 1.3648 \quad [kJ/(m^3 \cdot ℃)]$$

$$i_{燃} = \frac{c_{燃} t_{燃}}{V_n} = \frac{1.3648 \times 200}{2.26} = 121 \quad (kJ/m^3)$$

总热含量 $i = i_化 + i_空 + i_燃 = 2988 + 258.3 + 121 = 3367.3$ （kJ/m³）

（3）求燃烧产物中的过剩空气含量

$$V_L = \frac{L_n - L_0}{V_n} \times 100\% = \frac{1.48 - 1.41}{2.26} = 3.1\%$$

（4）由 i-t 图查得理论燃烧温度 $t_理 = 1850℃$。

1.3.4 空气消耗系数

过剩空气的多少因燃料种类、燃烧方法、炉子及燃烧装置的构造而异。过剩空气太多，会降低燃烧温度和增加钢的氧化与脱碳。因此，在燃烧情况好的烟气中不完全燃烧产物和过剩空气量都较少。应该在尽可能小的空气消耗系数下，保证燃料的完全燃烧，避免过剩空气量过多或空气供给量不足。控制适当的空气消耗系数直接与节约能源有关。

空气消耗系数可以根据经验选定，由于多种原因（如燃料量波动、漏风漏气、计量不准等），炉内实际的情况与规定的数值往往有出入。所以有时要根据测得的燃烧产物成分来计算空气消耗系数，再按计算结果去调整空气供给量。

空气消耗系数的计算方法较多，常用的有氮平衡法和氧平衡法，前者适用于在空气中的燃烧，后者还可用于富氧空气中的燃烧。现介绍用氮平衡法计算 n 值的步骤。

烟气的干成分为：

$$\varphi(CO_2') + \varphi(CO') + \varphi(H_2') + \varphi(CH_4') + \varphi(N_2') + \cdots + \varphi(O_2') = 100\%$$

式中，氧含量包括两部分，一部分是过剩空气中的氧 $\varphi(O_2'^过)$；另一部分是由于 CO、H_2、CH_4 等的不完全燃烧，而未利用的氧 $\varphi(O_2'^未)$，即

$$\varphi(O_2') = \varphi(O_2'^过) + \varphi(O_2'^未) \tag{a}$$

式中
$$\varphi(O_2'^未) = 0.5\varphi(CO') + 0.5\varphi(H_2') + 2\varphi(CH_4') + \cdots \tag{b}$$

令 $L_过$ 代表过剩空气量，$L_过 = L_n - L_0$，故

$$n = \frac{L_n}{L_0} = \frac{L_n}{L_n - L_过} = \frac{1}{1 - \dfrac{L_过}{L_n}} \tag{c}$$

过剩空气中的氧量 $\varphi(O_2'^过) \cdot V_n = 0.21 L_过$

或
$$L_过 = \frac{\varphi(O_2'^过) \times V_n}{0.21} \tag{d}$$

建立氮的平衡关系为：

烟气中的氮量 = 空气带进的氮量 + 燃料中的氮量

其中

$$烟气中的氮量 = \varphi(N_2') \cdot V_n$$
$$空气带进的氮量 = 0.79 L_n$$
$$燃料中的氮量 = \varphi(N_燃)_\%$$

即

$$\varphi(N_2') \cdot V_n = 0.79 L_n + \varphi(N_燃)_\%$$

或

$$L_n = \frac{\varphi(N_2') \cdot V_n - \varphi(N_燃)_\%}{0.79} \tag{e}$$

将式（d）、式（e）代入式（c）

$$n = \frac{1}{1 - \dfrac{L_过}{L_n}} = \frac{1}{1 - \dfrac{\varphi(O_2'^过) \times V_n}{0.21} \times \dfrac{0.79}{\varphi(N_2') \times V_n - \varphi(N_燃)_\%}}$$

$$= \frac{1}{1 - \dfrac{79}{21} \times \dfrac{\varphi(O_2'^过)}{\varphi(N_2') - \dfrac{\varphi(N_燃)_\%}{V_n}}} \tag{f}$$

式中，V_n 和燃烧产物成分有一定关系。现分析如下：

燃烧产物中

$$V_{RO_2} = V_n(\varphi(CO_2')_\% + \varphi(SO_2')_\% + \varphi(CO')_\% + \varphi(CH_4')_\% + \cdots) \times \frac{1}{100}$$

$$\varphi(RO_2') = \varphi(CO_2') + \varphi(SO_2')$$

$$V_n = \frac{V_{RO_2}}{(\varphi(RO_2')_\% + \varphi(CO')_\% + \varphi(CH_4')_\% + \cdots) \times \dfrac{1}{100}} \tag{g}$$

将式（a）、式（b）、式（g）代入式（f），得

$$n = \frac{1}{1 - \dfrac{79}{21} \times \dfrac{\varphi(O_2') - 0.5\varphi(CO') - 0.5\varphi(H_2') - 2\varphi(CH_4') - \cdots}{\varphi(N_2') - \dfrac{\varphi(N_燃')_\%(\varphi(RO_2')_\% + \varphi(CO')_\% + \varphi(CH_4')_\% + \cdots)}{V_{RO_2} \times 100}}} \tag{1-35}$$

1.4 气体燃料的燃烧

气体燃料与固体燃料和液体燃料相比，其燃烧过程简单，容易控制，炉内温度、压力、气氛容易调节；与空气容易混合，用较小的空气消耗系数即可以实现完全燃烧；煤气可以预热，能得到较高的燃烧温度；并且输送方便，燃烧时劳动强度小。

1.4.1 气体燃料的燃烧过程

气体燃料的燃烧是一个复杂的物理过程与化学过程的综合。整个燃烧过程可以视为混合、着火、反应三个彼此不同又有密切联系的阶段，它们是在极短时间内连续完成的。

1.4.1.1 煤气与空气的混合

要实现煤气中可燃成分的氧化反应，必须使可燃物质的分子能和空气中氧分子接触，

即使煤气与空气均匀混合。煤气与空气的混合是一种物理扩散现象，这个过程比燃烧反应过程本身慢得多。在煤气与空气分别通过烧嘴送入燃烧室的情况下，决定煤气燃烧速度的主要因素是煤气与空气的混合速度。研究煤气烧嘴时，必须了解煤气与空气两个射流混合的规律和影响因素。混合的均匀程度基本上取决于煤气与空气相互扩散的速度。要强化燃烧过程必须改善混合的条件，提高混合的速度。

改善混合条件的途径有：

（1）使煤气与空气流形成一定的交角，这是改善混合最有效的方法之一。由于二者相交，它不是扩散，而是机械的搅动占了主导地位。一般说来，两股气流的交角越大，混合越快。显然，在煤气与空气流动速度很慢，并成为平行的层流流动时，其相互的扩散很慢，混合所经历的路径很长。在燃烧高发热量煤气时，所需的空气量大，均匀混合更困难一些，这时在烧嘴上安设旋流导向装置，造成气流强烈的旋转运动，有利于混合。

（2）改变气流的速度。在层流情况下，混合完全靠扩散作用，与绝对速度的大小无关。在紊流状态下，气流的扩散大大加强，混合速度也增大。实验证明，在流量不变的情况下，采用较大的流速可以使混合改善。但改变两股气流的相对速度，使两股气流速度的比值增大，有利于混合的改善，而且混合速度仅与速度比有关，而与绝对速度无关。

（3）缩小气流的直径。气流流股的直径越大，混合越困难。如果把气流分成许多细股，可以增大煤气与空气的接触面积，有利于加快混合速度。许多烧嘴的结构都是基于这一点，把气流分割为若干细股，或采用扁平流股，使煤气与空气的混合条件改善。

1.4.1.2　煤气与空气混合物的着火

煤气与空气的混合物达到一定浓度时，加热到一定温度才能着火燃烧。反应物质开始正常燃烧所必要的最低温度叫着火温度。

各种气体燃料与空气混合物的着火温度如下：

焦炉煤气	550～650℃	高炉煤气	700～800℃
发生炉煤气	700～800℃	天然气	750～850℃

在开始点火时，需要一火源把可燃气体与空气的混合物点燃。这一局部燃烧反应所放出的热，把周围可燃物又加热到着火温度，从而使火焰传播开来。在可燃混合物的燃烧过程中，火焰好像一层一层地向前推移，火焰锋面连续向前移动，这种现象叫火焰的传播。火焰前沿向前推移的速度叫火焰传播速度。各种可燃气体的火焰传播速度是靠实验方法测定的。火焰传播速度的概念对燃烧装置的设计与使用是很重要的，因为要保持火焰的稳定性，必须使煤气与空气喷出的速度与该条件下的火焰传播速度相适应。否则如果喷出速度超过火焰传播速度，火焰就会发生断火（或脱火）而熄灭；反之，如果喷出速度小于火焰传播速度，火焰会回窜到烧嘴内，出现回火现象。

当可燃混合物中燃料浓度太大或太小时，即使达到了正常的着火温度，也不能着火或不能保持稳定的燃烧。燃料浓度太小时，着火以后发出的热量不足以把邻近的可燃混合物加热到着火温度；燃料浓度太大时，相对空气的比例不足，也不能达到稳定的燃烧。要保持稳定的燃烧，必须使煤气处于一定的浓度极限范围。着火浓度极限与煤气的成分有关，也和气体的预热温度有关，如果煤气与空气预热到较高温度，则浓度极限范围将加宽。在正常燃烧时炉膛内温度很高，可以保证燃烧稳定地进行。

1.4.1.3　空气中的氧与煤气中的可燃物完成化学反应

空气与煤气的混合物加热到着火温度以后，就产生激烈的氧化反应，这就是燃烧。化学反应的速度和反应物质的温度有关，温度越高，反应速度越快。和混合速度与加热相比，燃烧反应本身的速度是很快的，实际上是在一瞬间完成的。对整个燃烧进程起最直接影响的是煤气与空气的混合过程。

根据煤气与空气在燃烧时混合情况的不同，气体燃料的燃烧方法（包括燃烧装置）分为两大类，即有焰燃烧法和无焰燃烧法。

1.4.2　有焰燃烧

有焰燃烧主要的特点是煤气与空气预先不经混合，各以单独的流股进入炉膛，边混合边燃烧，混合与燃烧两个过程是在炉内同时进行的。如果燃料中含有碳氢化合物，容易热分解产生固体碳粒，因而可以看到明亮的火焰，所以火焰实际表示了可燃质点燃烧后燃烧产物的轨迹。碳粒的存在能提高火焰的辐射能力，对于炉气的辐射传热有利。能否看到"可见"的火焰，不仅与混合条件有关，也要看煤气中是否含有大量可分解的碳氢化合物，如果没有这些碳氢化合物，采用"有焰燃烧"时的火焰实际上是轮廓不明显的。

有焰燃烧法的主要矛盾是煤气与空气的混合，混合得越完善，则火焰越短，燃烧在较小的火焰区域内进行，火焰的温度比较高。当煤气与空气的混合不好，则火焰拉长，火焰温度较低。可以通过调节火焰来控制炉内的温度分布。有焰燃烧法不存在"回火"的火焰稳定性问题。

由于煤气和空气流股是分别进入烧嘴和炉膛的，因此可以把煤气与空气预热到较高的温度而不受着火温度的限制，有利于用低热值煤气获得较高的燃烧温度和充分利用废气余热节约燃料，同时预热温度越高，着火越容易。但是，由于是边混合边燃烧，混合条件不好时容易造成化学不完全燃烧。所以有焰燃烧法的空气消耗系数比无焰燃烧高。

现代对环保的重视，要求烟气的 NO_x 减少，为此应注意调整一、二次空气的比例与速度。空气消耗系数增大时，氧的浓度增大，因此燃烧完全，火焰长度缩短。但是空气消耗系数达到一定值以后，火焰长度基本保持不变，而且会影响氮氧化合物的生成。

在实践中，改变火焰长度的办法主要是从改变混合条件着眼，即喷出的速度、喷口的直径、气流的交角以及机械搅动等。改善煤气和空气的混合条件，其主要途径是强化燃烧和组织火焰，如将煤气和空气的流动形成相交射流，以加强机械掺混作用；将煤气分成多股细流以增大煤气和空气的接触面积；增大煤气与空气的相对速率；增大煤气和空气之间的动量比以及采用旋转射流来加强混合等。这些影响因素就是设计和调节烧嘴的依据。

气体燃料的燃烧装置称为烧嘴。有焰烧嘴的结构形式主要根据煤气的种类、火焰长度、燃烧强度来决定。加热炉常用的烧嘴形式有套管式烧嘴、涡流式烧嘴、扁缝涡流式烧嘴、环缝涡流式烧嘴、平焰烧嘴、火焰长度可调烧嘴、高速烧嘴、自身预热烧嘴、低 NO_x 烧嘴等。需要注意的是，选用燃烧器时不能只根据火焰的长短来定，而必须重视火焰形状及其温度分布能否满足工艺的要求，以及燃烧器负荷调节范围能否满足炉子的要求等。

1.4.2.1　套管式烧嘴

套管式烧嘴的结构如图 1-4 所示。

烧嘴的结构是两个同心的套管，煤气由内套管流出，空气自外套管流出。煤气与空气平行流动，所以混合较慢，是一种长火焰烧嘴。它的结构简单，气体流动的阻力小，所要求的煤气与空气的压力比其他烧嘴都低。

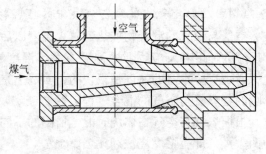

图 1-4　套管式烧嘴

1.4.2.2　低压涡流式烧嘴：（DW-Ⅰ型）

低压涡流式烧嘴的结构如图 1-5 所示。它的特点是煤气与空气在烧嘴内部就开始混合，并在空气通道内安装有涡流叶片，使空气发生旋转，所以混合条件较好，火焰较短。要求煤气的压力不高，但因为空气通道的涡流叶片增加了阻力，因此所需空气压力比套管式烧嘴大。当空气预热时，烧嘴的结构不变，但烧嘴的燃烧能力有所降低。

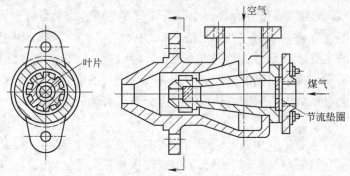

图 1-5　低压涡流式（DW-Ⅰ型）烧嘴

1.4.2.3　扁缝涡流式烧嘴（DW-Ⅱ型）

扁缝涡流式烧嘴的结构如图 1-6 所示。这种烧嘴的特点是在煤气通道内安装一个锥形的煤气分流短管，空气则自煤气管壁上的若干扁缝沿切线方向进入混合管。空气与煤气在混合管内就开始混合，混合条件较好，火焰较短。适用于发生炉煤气和混合煤气，扩大缝隙后，也可用于高炉煤气。由于火焰较短，这种烧嘴主要用在要求短火焰的场合，如大型锻造室状炉及热处理炉。

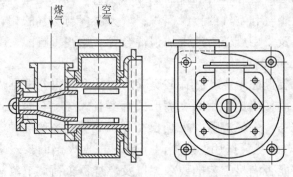

图 1-6　扁缝涡流式（DW-Ⅱ型）烧嘴

1.4.2.4　环缝涡流式烧嘴

环缝涡流式烧嘴的结构如图1-7所示。这也是一种混合条件较好的有焰烧嘴，但是煤气要干净，否则容易堵塞。这种烧嘴主要用来烧混合煤气和净发生炉煤气。当煤气喷口缩小后，也可以烧焦炉煤气和天然气。这种烧嘴有一个圆柱形煤气分流短管，煤气经过喷口的环状缝隙进入烧嘴头，空气从切线方向进入空气室，经过环缝出来在烧嘴头与煤气相遇而混合。

1.4.2.5　平焰烧嘴

一般烧嘴都是直流火焰，有时希望火焰不要直接冲向被加热物，一般烧嘴就难以满足要求，此时可采用平焰烧嘴。平焰烧嘴气流的轴向速度很小，得到的是径向放射的扁平火焰，火焰不直接冲击被加热物，而是靠烧嘴砖内壁和扁平火焰辐射加热。平焰烧嘴的示意图如图1-8所示。煤气由直通管进入，空气从切线方向进入，造成旋转气流，空气与煤气在进入烧嘴砖以前有一小段混合区，进入烧嘴砖后可以迅速燃烧。烧嘴砖的张角呈90°～120°扩张的圆锥形，这样沿烧嘴砖表面形成负压区，将火焰引向砖面而向径向散开，形成圆盘状与烧嘴砖平行的扁平火焰，提高了火焰的辐射面积，径向的温度分布比较均匀。

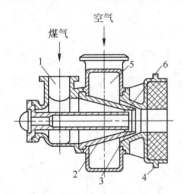

图1-7　环缝涡流式烧嘴

1—煤气入口；2—煤气喷口；3—环缝；
4—烧嘴头；5—空气室；6—空气环缝

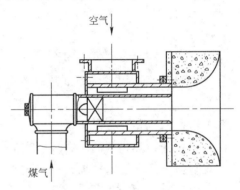

图1-8　平焰烧嘴示意图

平焰烧嘴应用比较广泛，用作连续加热炉或锻造室状炉的炉顶烧嘴，也用于罩式退火炉和台车式炉上。使用效果表明，平焰烧嘴比轴流式供热有更均匀的温度分布和热流分布，金属的烧损量小。

1.4.2.6　火焰长度可调烧嘴

生产实践中有时需要通过调节火焰长度来改变炉内的温度分布。图1-9是一种可调焰烧嘴的示意图，一次煤气是轴向煤气，二次煤气是径向煤气，通过调节一次及二次煤气量和空气量，可以改变火焰的长度。

1.4.2.7　高速烧嘴

将高速气流喷射加热技术用于金属加热与热处理上可采用高速烧嘴。煤气与空气按一定比例在燃烧筒内流动混合，经过内筒壁点火源的电火花点火而燃烧，混合气体在筒内燃烧80%～95%，其余在炉膛内完全燃烧。大量热气体以100～300m/s的高速喷出，强烈的气流扰动在炉内产生强烈的对流传热。此外，如果在燃烧室出口或燃烧坑道的后半部供给可以调节的二次空气还可以实现烟气温度的调节。根据它的用途，可将高速烧嘴分为两类：

（1）用于快速加热的高速不调温烧嘴。这种烧嘴不加二次风，空气消耗系数变动不大，烟气温度的调节幅度较小。

（2）用于热处理炉及干燥炉的高速调温烧嘴。这种烧嘴带有二次风，空气消耗系数调节范围很大，从而使烟气温度可以根据加热工艺要求在很大范用内变动。如图1-10所示。

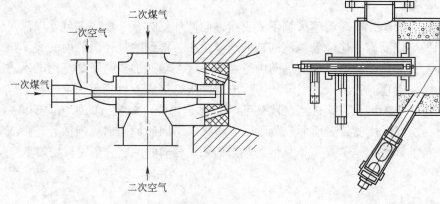

图 1-9　可调焰烧嘴示意图　　　　　图 1-10　高速烧嘴示意图

高速烧嘴特别适用于快速加热（对流冲击加热）炉、低温处理炉以及各种窑炉和干燥炉。

1.4.2.8　天然气烧嘴

天然气由于发热量很高，燃烧所需空气量比例较大，所以多采用喷射式烧嘴，利用喷射作用吸入二次空气（二次空气可预热至 300～400℃）。图1-11 为半喷射式天然气烧嘴的结构图。天然气喷出速度达 247m/s，与一次空气混合后的速度可达 30m/s，吸入二次空气后的混合物喷出速度仍有 25m/s。通过调节一、二次空气的比例可调节火焰的长度。

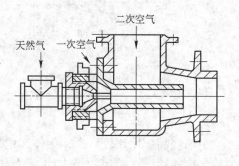

图 1-11　半喷射式天然气烧嘴

1.4.3　无焰燃烧

如果将煤气与空气在进行燃烧以前预先混合再进入炉内，燃烧过程要快得多。由于较快地进行燃烧，碳氢化合物来不及分解，火焰中没有或很少游离的碳粒，看不到明亮的火焰，或者火焰很短。这种燃烧方法称为无焰燃烧。无焰燃烧器的原理如图1-12 所示。

煤气以高速由喷口 1 喷出，空气由吸入口 3 被煤气流吸入，因为煤气喷口的尺寸已定，煤气量加大时，煤气流速增大，吸入的空气量也按比例自动增加。空气调节阀 2 可以沿烧嘴轴线方向移动，用来改变空气吸入量，以便根据需要调节过剩空气量。煤气与空气在混合管 4 内进行混合，然后进入一段扩张管 5，它的作用是使混合气体的静压加大，以便提高喷射效率。混合气体由扩张管出来进入喷头 6，喷头是收缩形，以保持较大的喷出

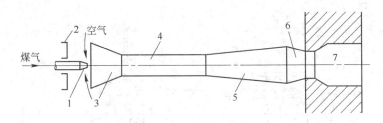

图 1-12 无焰燃烧烧嘴示意图

1—煤气喷口；2—空气调节阀；3—空气吸入口；4—混合管；
5—扩张管；6—喷头；7—燃烧坑道

速度，防止回火现象。最后混合气体被喷入燃烧坑道 7，坑道的耐火材料壁面保持很高的温度，混合气体在这里迅速被加热到着火温度而燃烧。

无焰燃烧的主要特点是：

（1）只需较少的过剩空气（$n = 1.03 \sim 1.05$），就能保证完全燃烧。

（2）由于过剩空气量少，燃烧温度比有焰燃烧高，高温区集中。

（3）没有"可见的火焰"，火焰辐射能力不及同温度下有焰燃烧。

（4）由于煤气与空气要预先混合，所以不能预热到过高的温度，否则要发生回火现象，一般限制在混合后温度不超过 $400 \sim 450℃$。

（5）煤气与空气的混合需要消耗动力，喷射式无焰烧嘴的空气是靠煤气的喷射作用吸入的，煤气则要较高的压力，必须有煤气加压设备。

（6）无焰烧嘴的燃烧强度大，燃烧空间热强度可达 $(42 \sim 167) \times 10^6 kJ/(m^3 \cdot h)$。每个烧嘴的燃烧能力受到回火及尺寸过长等限制而不能过大。所以使用无焰烧嘴的炉子，烧嘴数量比有焰烧嘴多，同时燃烧坑道在炉墙上占的位置大。

无焰烧嘴在我国已有定型系列，下面简介两种常见的喷射式烧嘴的结构和性能。

1.4.3.1 冷风喷射式烧嘴

冷风喷射式烧嘴适用于冷煤气冷空气或热煤气冷空气的场合，由于没有空气管道，所以也叫单管喷射式烧嘴。空气是被高速的煤气带入的，煤气压力越高，带入的空气量越多，烧嘴的燃烧能力越大。这种烧嘴用来烧 $3770 \sim 9200 kJ/m^3$ 的低发热量煤气，煤气在烧嘴前的压力为 $5000 \sim 20000 Pa$，煤气发热量越高，所需的空气量越多，煤气压力也越大。

冷风喷射式无焰烧嘴分为直头和弯头两种。弯头烧嘴比较紧凑，但煤气的阻力比直头烧嘴稍大，故应适当提高煤气压力。图 1-13 为直头冷风喷射式烧嘴的结构图。

1.4.3.2 热风喷射式烧嘴

图 1-14 为热风喷射式烧嘴的结构图。这种烧嘴可用于有空气预热的炉子。因为有热空气管道，所以又称双管喷射式烧嘴。

使用热风喷射式烧嘴时，应当注意不使预热温度过高，如果煤气与空气的混合气体超过了燃料的最低着火温度，就会在烧嘴内部着火。所以煤气预热温度限制在 300℃ 以下，空气预热温度限制在 500℃ 以下。燃烧含碳氢化合物高的煤气，还要考虑到预热温度过高会使碳氢化合物热分解，产生的碳粒将堵塞喷口。其次，热的混合气体使火焰传播速度提高，因此要相应提高混合气体的出口速度，以免发生回火现象，为此要提高煤气的压力。

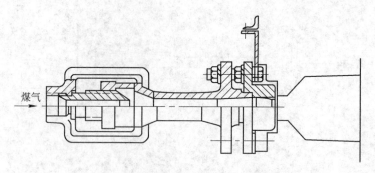

图 1-13   直头冷风喷射式无焰烧嘴

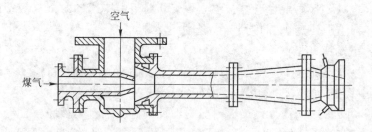

图 1-14   热风喷射式无焰烧嘴

1.5   液体燃料的燃烧

1.5.1   重油的燃烧过程

1.5.1.1   重油的雾化

和煤气一样，燃烧必须具备使液体燃料质点能和空气中的氧接触的条件。为此，重油燃烧前必须先进行雾化，以增大其和空气接触的面积。重油雾化是借某种外力的作用，克服油本身的表面张力和黏性力，使油破碎成很细的雾滴。这些雾滴颗粒的直径大小不等，在 $10 \sim 200 \mu m$ 左右，为了保证良好的燃烧，小于 $50 \mu m$ 的油雾颗粒应占 85% 以上。实验结果表明，油雾颗粒燃烧所需的时间与颗粒直径的平方成正比。颗粒太大，燃烧时产生大量黑烟，燃烧不完全。油雾颗粒的平均直径是评价雾化质量的主要指标。

常用的雾化方法有三种，即低压空气雾化、高压空气（或蒸汽）雾化、油压雾化。影响雾化效果的因素有以下几点：

（1）重油温度。提高重油温度可以显著降低油的黏度，表面张力也有所减小，可以改善油的雾化质量。要保证重油在油烧嘴前的黏度不高于 $5 \sim 12^\circ E$。

（2）雾化剂的压力和流量。低压油烧嘴和高压油烧嘴都是用气体作雾化剂的。雾化剂以较大的速度和质量喷出，依靠气流对油表面的冲击和摩擦作用进行雾化。当外力大于油的黏性力和表面张力时，油就被击碎成细的颗粒；此时的外力如仍大于油颗粒的内力时，油颗粒将继续碎裂成更细的微粒，直到油颗粒表面上的外力和内力达到平衡为止。

雾化剂的相对速度（即雾化剂流速与重油流速之差）和雾化剂的单位消耗量对雾化质量

的影响比较明显。实践表明,雾化剂的相对速度与油颗粒直径成反比。当油烧嘴出口断面一定时,增大雾化剂压力,意味着雾化剂的流量增加,流速加大,使雾化质量得到改善。但单位油量耗用的雾化剂究竟以多少为宜要具体分析,当雾化剂用量达到一定量后,再增加流量对雾化质量的作用就不大了。如果用高压气体作雾化剂,成本较高,耗量过多更没有必要。

重油掺水乳化的燃烧是国内外都很重视的重油燃烧技术。实践中发现含水 10% ~15% 的重油,对燃烧效率没有什么影响,而当油和水充分搅拌形成油水乳化液后,反而有利于改善油的雾化质量。因为均匀稳定的油水乳化液中,油颗粒表面上附着一些小于 $4\mu m$ 的水颗粒,在高温下这些水变成蒸汽,蒸汽压力将油颗粒击碎成更细的油雾,即第二次雾化。由于雾化的改善,用较小的空气消耗系数便能得到完全燃烧。国内经验表明,采用乳化油燃烧后,化学性不完全燃烧可以降低 1.5% ~2.2%,火焰温度不仅没有下降,反而提高了 20℃ 左右。由于过剩空气量的减少,使燃烧烟气中的 NO_x 含量降低,减少了大气污染。乳化油燃烧的关键是乳化的质量,如不能得到均匀的乳化液,则不能达到改进燃烧过程的目的。制造乳化液的方法主要有三种,即机械搅拌法、气体搅拌法和超声波法。

(3)油压。采用气体雾化剂,油压不宜过高。因油压过高,雾化剂来不及对油流股起作用使之雾化。低压油烧嘴的油压在 $10^5 Pa$ 以下,高压油烧嘴可到 $5 \times 10^5 Pa$ 左右。但机械雾化油烧嘴是靠油本身以高速喷出,造成油流股的强烈脉动而雾化的,所以要求有较高的油压,约在 $(10 \sim 20) \times 10^5 Pa$ 之间。

(4)油烧嘴结构。常采用适当增大雾化剂和油流股的交角,缩小雾化剂和油的出口断面(使断面成为可调的),使雾化剂造成流股的旋转流动等措施,来改善雾化质量。

1.5.1.2 加热与蒸发

重油的沸点只有 200 ~300℃,而着火温度在 600℃ 以上,因此油在燃烧前先变为油蒸气,蒸汽比液滴容易着火,为了加速重油燃烧,应使油更快地蒸发。

1.5.1.3 热解和裂化

油和油蒸气在高温下与氧接触,达到着火温度就可以立即燃烧。但如果在高温下没有与氧接触,组成重油的碳氢化合物就会受热分解,生成碳粒,即

$$C_n H_m \xrightarrow{\text{加热}} nC + \frac{m}{2} H_2$$

重油燃烧不好时,往往见到冒出大量黑烟,就是因为在火焰中含有大量固体碳粒。没有来得及蒸发的油颗粒,如果在高温下没有与氧接触,会发生裂化。结果一方面产生一些分子量较小的气态碳氢化合物,一方面剩下一些固态的较重的分子。这种现象严重时,会在油烧嘴中发生结焦现象。为了避免这种现象的发生,应当尽力提高雾化质量。

1.5.1.4 油雾与空气的混合

与气体燃料相同,油雾与空气的混合也是决定燃烧速度与质量的重要条件。在雾化与蒸发都良好的情况下,混合就起着更重要的作用。但油与空气的混合比煤气与空气的混合更困难,因而不像煤气燃烧那样容易得到短火焰和完全燃烧。如混合不好,火焰将拉得很长,或者造成不完全燃烧,炉子大量冒黑烟,而炉温升不上去。

油雾与空气混合的规律与煤气相仿。例如使油雾与空气流股成一定交角,使空气产生旋转流动,增大空气流股的相对速度等。实际上影响混合最关键的因素还是雾化的质量。

对于低压油烧嘴，雾化剂本身又是助燃用的空气，所以雾化与混合两个过程是同时进行的。凡是影响雾化质量的因素也就影响混合的进程。在实际生产中，控制重油的燃烧过程，就是通过调节雾化与混合条件来实现的。

1.5.1.5 着火燃烧

油蒸气及热解、裂化产生的气态碳氢化合物，与氧接触并达到着火温度时，便激烈地完成燃烧反应。这种气态产物的燃烧属于均相反应，是主要的；其次，固态的碳粒、石油焦在这种条件也开始燃烧，属于非均相反应。作为一个油颗粒来说，受热以后油蒸气从油滴内部向外扩散，外面的氧向内扩散，两者混合达到适当比例（$n \approx 1.0$）时，被加热到着火温度便着火燃烧。在火焰的前沿面上温度最高，热不断传给邻近的油颗粒，使火焰扩展开来。

由于重油燃烧时不可避免地热解与裂化，火焰中游离着大量碳粒，使火焰呈橙色或黄色，这种火焰比不发亮光的火焰辐射能力强。为了提高火焰的亮度和辐射能力，可以向不含碳氢化合物的燃料中加入重油作为人工增碳剂，这种方法叫火焰增碳。

燃烧的各环节是互相联系又互相制约的，一个过程不完善，重油就不能顺利燃烧，一个过程不能实现，火焰就会熄灭。例如当调节油烧嘴时，突然将油量加大，而未及时调节雾化剂量和空气量，则由于大量油喷入炉内而得不到很好雾化与混合，因而不能立即着火，这时火焰就会脱离油烧嘴，出现脱火现象。这些喷入的油大量蒸发，油蒸气逐渐与空气混合到着火的浓度极限，温度又达到着火温度时，会发生突然着火，像爆炸一样。

重油的燃烧装置（油烧嘴又称喷嘴）的形式很多。按雾化方法的不同，加热炉常用的油烧嘴有三类：低压油烧嘴、高压油烧嘴、机械油烧嘴。各类油烧嘴都应具有以下基本要求：有较大的调节范围；在调节范围内保证良好的雾化质量和混合条件，燃烧稳定；火焰长度和火焰张角能适应炉子生产的要求；结构简单、轻便，容易安装和维修；调节方便。

各种油烧嘴的特性如表 1-11 所示。

表 1-11　各种油烧嘴的特性

项　目	油 烧 嘴 的 形 式			
	低压空气雾化	高压压缩空气雾化	高压蒸汽雾化	转杯式机械雾化
雾化剂种类	空气	压缩空气	蒸汽	转速 3000 ~ 5000r/min
雾化剂压力/Pa	2000 ~ 30000	$(3 \sim 8) \times 10^5$	$(2 \sim 12) \times 10^5$	
雾化剂消耗量	$(75\% \sim 100\%) L_0$	每 1kg 油 0.6 ~ 1.0kg	每 1kg 油 0.5 ~ 0.8kg	
油压/Pa	0.3 ~ 0.8	外混式 $(0.4 \sim 1) \times 10^5$	内混式约 6×10^5	$(0.5 \sim 1) \times 10^5$
雾化剂速度/m·s^{-1}	50 ~ 100	300 ~ 400	300 ~ 400	
重油黏度/°E	3 ~ 5，最大 8	4 ~ 6，最大 15	4 ~ 6，最大 15	2.5 ~ 5，最大 8
助燃空气供给方式	一般不另行供给	部分另行供给	全部另行供给	部分另行供给
空气消耗系数	1.1 ~ 1.15	1.2	1.25	
空气最高预热温度/℃	300	800	800	
调节比	1:5	(1:6) ~ (1:10)	(1:6) ~ (1:10)	1:4
雾化及燃烧性能	雾化好，火焰较短	火焰较长；形状易控制	火焰较长	火焰短而宽
燃油量/kg·h^{-1}	2 ~ 300	10 ~ 1500	10 ~ 1500	10 ~ 1000
应用范围	加热炉、热处理炉	加热炉	加热炉	加热炉、热处理炉

1.5.2 低压油烧嘴

低压油烧嘴是由鼓风机供给的空气作雾化剂，风压一般为 5000～8000Pa。由于雾化剂的压力低，喷出的速度比较小。为了保证雾化质量，必须使用较多的雾化剂，通常把大部或全部助燃空气用作雾化剂。这样油蒸气与空气的混合比较好，与高压油烧嘴相比，空气消耗系数略低，火焰较短。但却限制了烧嘴的燃烧能力和空气预热温度，因为风压低，如果燃烧能力设计得太大，则喷口断面必须很大，雾化质量不能保证。限制空气预热温度是因为全部空气通过烧嘴，当温度太高时，导致管内重油结焦，造成烧嘴堵塞。

低压油烧嘴的优点是：雾化剂压力低，雾化成本低；操作中噪声不大；燃烧过程易于调节，雾化效果好，火焰较短；维护简单。缺点是：外形尺寸较大；燃烧能力较小；空气预热温度受限制。目前我国多数燃油加热炉使用的油烧嘴都是采用低压雾化的。

常用的低压油烧嘴有以下几种形式。

1.5.2.1 低压直流油烧嘴

低压直流油烧嘴的结构如图 1-15 所示。这是一种结构比较简单的油烧嘴。它的空气出口断面可以调节，当油量增减时，空气量也要随之增减。如果空气出口断面不变，雾化质量就要变坏。当油量减小时只要将滑套前移，就可以缩小空气出口断面，使风量减少。这种烧嘴的油压为 $(0.5～0.8)×10^5$ Pa，空气压力为 $(0.3～1)×10^5$ Pa。火焰长度波动于 1～4m，火焰刚性比其他低压油烧嘴好，火焰张角约 20°～30°。

1.5.2.2 K 型低压旋流油烧嘴

K 型低压旋流油烧嘴的结构如图 1-16 所示。这种油烧嘴在空气喷出口前有涡流叶片，使空气与油流股成 75°～90° 相交，可以改善雾化，火焰较短，火焰张角约 75°～90°。空气出口断面不能调节，但由于空气成旋转运动，雾化质量在规定范围内仍然较好。油压为 $(0.5～0.8)×10^5$ Pa，空气压力为 $(0.3～0.7)×10^4$ Pa。

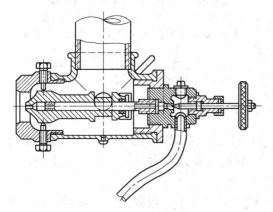

图 1-15　低压直流油烧嘴

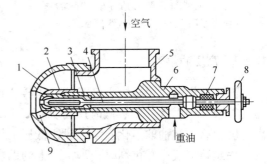

图 1-16　K 型低压旋流油烧嘴
1—喷嘴帽；2—空气喷头；3—油分配器；4—针形阀；
5—外壳；6—喷油管；7—密封填料；
8—手轮；9—涡流叶片

1.5.2.3 B 型比例调节油烧嘴

B 型比例调节油烧嘴的结构如图 1-17 所示。为了实现油烧嘴的自动调节，必须采用比例调节机构，即在调节油量的同时，烧嘴能自动保持油量和空气量的比例不变。空气分三级与重油流股相遇，以加强雾化和混合。空气量的改变是靠改变二级和三级空气的喷口断面，当转动操纵杆 6 时，可以使风嘴 12 前后移动。向后移动时，内层与外层风嘴之间和风嘴与油嘴旋塞 3 之间的出口面积增加，这样就增加了二次空气与三次空气的流量。油量调节手柄 8 与空气调节盘 11 是用螺旋 9 连接的，当转动手柄 8 时，油嘴旋塞 3 上的油槽可通过面积改变，油量随之改变。与此同时风嘴 12 也前后移动，达到改变空气量的目的。如果将操纵杆 6 与温度调节系统连接，就可自动调节油量和空气量。这种烧嘴雾化质量较好，可以得到短火焰，烧嘴的调节比大。缺点是结构复杂，加工困难，油嘴旋塞容易堵塞，所以喷嘴前应有油过滤器，使用维护比较麻烦。要求油压为 $0.4 \times 10^5 \mathrm{Pa}$，空气压力为 $(0.4 \sim 1.2) \times 10^4 \mathrm{Pa}$。这种烧嘴已实现高温全热风的改进形式。

1.5.2.4　F 型油压自动调节油烧嘴

F 型油烧嘴吸收了其他低压油烧嘴的优点，可以利用油压使油量和空气量自动按比例调节，调节比为 1:6。空气压力保持在 6.9kPa 左右，雾化粒度为 $50 \sim 80 \mu\mathrm{m}$，燃烧性能良好，一般可节油 10%~15%。F 型油烧嘴的结构如图 1-18 所示。

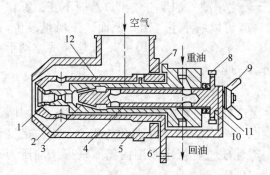

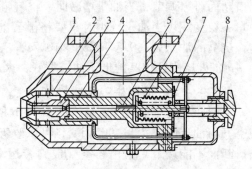

图 1-17　B 型比例调节油烧嘴

1—一次空气入口；2—二次空气入口；3—油嘴旋塞；
4—回油通路；5—离合器连接；6—操纵杆；
7—导向销；8—调节油量手柄；9—螺旋；
10—油量调节盘；11—空气调节盘；12—风嘴

图 1-18　F 型油压自动调节油烧嘴

1—壳体；2—空气喷头；3—油喷头；4—油缸；
5—柱塞；6—波纹管；7—弹簧；8—比例调节手柄

1.5.3　高压油烧嘴

高压油烧嘴是用压缩空气或蒸汽作雾化剂的。用压缩空气作雾化剂时，烧嘴前的压力为 $(3 \sim 8) \times 10^5 \mathrm{Pa}$，用蒸汽时压力为 $(2 \sim 12) \times 10^5 \mathrm{Pa}$。在这样大的压力下，雾化剂的喷出速度很高，重油的雾化质量一般比低压油烧嘴好。

用压缩空气作雾化剂时，90% 以上的助燃空气要另外供给；用蒸汽作雾化剂时，全部空气都要鼓风机供给。和低压油烧嘴相比，油雾与空气的混合条件要差一些，故高压油烧嘴的空气消耗系数较大，火焰也较长。

采用蒸汽雾化，会影响燃烧温度，水蒸气量过大，还会对加热金属质量发生不良影响。但因为蒸汽比压缩空气成本低，所以用蒸汽的比较多，两者在结构上没有什么区别。

高压油烧嘴的能力波动范围很大，调节倍数一般为 4 ~ 8 倍，高的可达 10 倍。火焰长度达 6 ~ 7m，火焰张角较窄，要得到短火焰必须在烧嘴结构上改善混合条件。高压油烧嘴适于要求火焰长、热负荷大、调节范围大的大型加热炉。

高压油烧嘴的优点是：重油雾化质量高；空气预热温度不受限制；设备结构紧凑，生产率高；火焰的方向性强；自动调节容易。其缺点是：雾化消耗的能量大，雾化成本高；燃料与空气的混合不如低压油烧嘴，火焰长，此外噪声较大；使用不及低压油烧嘴普遍。

从雾化的特点来看，高压油烧嘴分为外混式与内混式两类。

1.5.3.1　GW-Ⅰ型外混式高压油烧嘴

GW-Ⅰ型烧嘴的结构如图1-19所示。高压雾化剂通过出口通道的导向涡流叶片，产生强烈的旋转气流，再利用雾化剂和油的压力差引起的速度差进行雾化，雾化质量较好。外混式油烧嘴的雾化剂与重油是在离开烧嘴后才开始接触，混合的条件较差，为此可使用内混式高压油烧嘴。

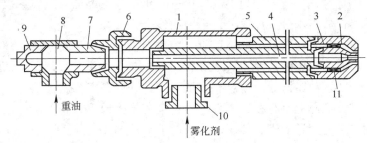

图 1-19　GW-Ⅰ型高压油烧嘴

1—喷嘴体；2—喷油嘴；3—喷嘴盖；4—喷嘴内管；5—喷嘴外管；6—管接头；
7—螺旋接套；8—三通；9—塞头；10—衬套；11—导向涡流叶片

1.5.3.2　GN-Ⅰ型内混式高压油烧嘴

GN-Ⅰ型烧嘴的结构如图1-20所示。内混式油烧嘴的特点是油喷口位于雾化剂管内部，并有一段混合管。雾化剂提前并在一段距离内和重油流股相遇，改善了雾化质量，油颗粒在气流中的分布更均匀，所以火焰比外混式油烧嘴的火焰短。此外，由于油管喷口处在雾化剂管的里面，可以防止由于炉膛辐射热的影响，使重油在喷口处裂化而结焦堵塞。

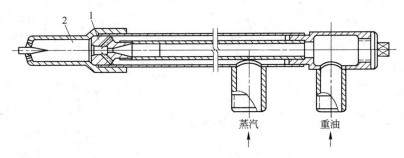

图 1-20　GN-Ⅰ型内混式高压油烧嘴

1—喷头；2—混合管

1.5.4　机械雾化油烧嘴

机械雾化油烧嘴的特点是不用雾化剂。有一种是利用高压的重油通过小孔喷出，因为油的喷出速度很高，并产生高速旋转，由于离心力的作用而雾化。这种油烧嘴因为流速决定于油压，也叫油压式油烧嘴。还有一种是靠高速旋转的杯把重油甩出去，也是由于离心力的作用而雾化，叫转杯式油烧嘴。

机械雾化油烧嘴的优点是：不需要雾化剂，动力消耗少；设备简单，操作方便；预热温度不受限制；没有噪声。其缺点是：雾化颗粒直径比高压或低压油烧嘴都大；燃烧能力小的烧嘴由于出口孔径小，容易堵塞。在加热炉上应用不及低压或高压油烧嘴广泛。

1.6　固体燃料的燃烧

1.6.1　块煤的层状燃烧

块煤的层状燃烧过程与发生炉内煤的气化过程相仿。当煤加入燃烧室以后，受到热气流的作用，在预热带放出水分和挥发分，干馏的残余物（焦炭）向下进入还原带。空气从炉栅下面鼓入，在氧化层与碳发生燃烧反应，生成 H_2O、CO_2 和少量 CO。CO_2 及 H_2O 在通过还原带时被碳还原，生成的 CO 及 H_2 及干馏产生的挥发物继续在煤层上面燃烧。

图 1-21 是从下面鼓风时，层状燃烧沿煤层高度气体成分变化的曲线。

当煤层很薄时，实际上不存在还原带，煤完全燃烧生成 CO_2 和 H_2O。只有当煤层较厚时，氧化带上面才有一个还原带，使燃烧生成的 CO_2 及 H_2O 的一部分被还原成 CO 及 H_2，即在煤层上面存在较多的不完全燃烧产物，在炉膛内可以继续燃烧。这就是薄煤层与厚煤层燃烧的不同。厚煤层燃烧又称半煤气燃烧法。

在要求高温的炉膛中，宜采用厚煤层燃烧法。燃料在燃烧室内是不完全燃烧，此时助燃的空气只是一部分从燃烧室下部送入，称为一次空气。烟气中还有许多可燃性气体及挥发物，为了使这部分可燃物在炉膛内燃烧，需要在煤层上部再送入一部分助燃的空气，称为二次空气。

加热炉烧煤的燃烧室分为人工加煤和机械加煤两类。

人工加煤燃烧室构造简单，包括炉栅、燃烧室、挡火墙、灰坑等部分，如图 1-22 所示。

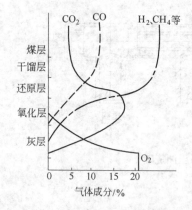

图 1-21　层状燃烧气体成分的变化

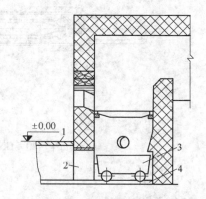

图 1-22　人工加煤燃烧室
1—活动盖板；2—出灰门；3—渣车；4—轨道

（1）炉栅。它的作用是支撑着燃料层，并使一次空气均匀通过炉栅的缝隙送入燃料层。炉栅一般是水平放置的，半煤气化燃烧室的炉栅也有斜放的。为了防止煤灰堵塞，炉栅缝隙是上小下大的，面积占炉栅面积的 26%~32%。炉栅面积可由下式来确定：

$$A = \frac{B}{q_F} \tag{1-36}$$

式中，A 为炉栅面积，m^2；B 为燃料消耗量，kg/h；q_F 为炉栅强度，kg/$(m^2 \cdot h)$，见表 1-12。

表 1-12 炉栅强度　　　　　　　　　　　　　　　　　　　　[kg/$(m^2 \cdot h)$]

煤的种类	强制鼓风		自然通风		半煤气化燃烧	
	人工加煤	机械加煤	人工加煤	机械加煤	人工加煤	机械加煤
无烟煤	60~100	100~200	30~75	60~100	80~195	130~260
烟 煤	70~150	100~200	30~75	80~150	90~195	200~350
褐 煤	150~200	200~300	100~150	100~175	260~390	260~450
焦 炭	150 左右	200 左右	75 左右	—	195 左右	260 左右

（2）燃烧室空间。燃烧室空间的容积是按照容积热强度计算的，其公式为：

$$V = \frac{Q_{\mathrm{net,ar}} \cdot B}{q_V} \tag{1-37}$$

式中，V 为燃烧室空间容积，m^3；q_V 为燃烧室的容积热强度，kJ/$(m^3 \cdot h)$。q_V 是一个经验数据，与煤质及操作有关，如烧烟煤的加热炉，$q_V = (250 \sim 335) \times 10^4 [\mathrm{kJ/(m^3 \cdot h)}]$。

燃烧室长度一般不超过 2m，否则加煤及出渣困难。

人工加煤燃烧室的构造简单，但它有许多缺点：

（1）加煤操作不连续，是间歇性的，燃烧过程不稳定，刚加入新的煤后，此时需要大量空气帮助燃烧，空气不足就产生大量黑烟。到下一次加煤前，挥发分和固定碳快烧完，空气又显得过剩。由于二次空气不可能随时调节，所以燃烧过程波动很大，炉温也随之波动。如果采用阶梯式炉栅的半煤气化燃烧室，可以使燃烧过程比较稳定。

（2）劳动条件差，劳动强度大，特别当煤质差时操作更为繁重。

（3）空气消耗系数大，还很难保证完全燃烧。易造成机械性不完全燃烧。

鉴于人工加煤燃烧的上述缺点，这种燃烧方式应逐步淘汰。但我国一些小型企业短期内还不可能以煤的转化燃料代替直接燃烧，因此将人工加煤改造为机械加煤方式是一条可行的途径。目前加热炉使用的机械加煤方法有往复炉排、链式炉排、振动炉排和绞煤机等。

1.6.2 煤粉燃烧

鉴于块煤的层状燃烧存在许多缺点，煤粉燃烧法引起了人们的重视。煤粉燃烧是把煤磨到一定的细度（一般为 0.05~0.07mm），用空气输送，喷入炉膛内进行燃烧的方法。

煤粉的制备系统视规模大小分为两种类型。对于大厂，炉子多，规模较大，采用集中的煤粉制备系统，并有一套干燥、分离、输送系统。如果规模不大，又比较分散，最好采用分散式的磨煤系统，一套磨煤机只供一座炉子使用，煤粉从磨煤机出来直接由空气输送到炉内燃烧。在加热炉上所用的分散式煤粉机主要是锤击式和风扇磨式煤粉机。

输送煤粉的空气称为一次空气，其余助燃的空气称为二次空气。一次空气量一般占燃烧所需空气量的20% ~30%。大型炉子上有时为了得到长火焰，助燃空气全部作为一次空气供给。煤粉火焰的长度取决于燃烧时间，而燃烧时间与煤粉的细度及挥发分含量有关。

煤粉与空气混合物的喷出速度又取决于火焰传播速度，为了防止回火，喷出速度必须大于火焰传播速度。一般情况下煤粉与空气混合物的喷出速度为10 ~45m/s。

煤粉的燃烧装置是煤粉烧嘴。图1-23是一种套管涡流式煤粉烧嘴的结构。

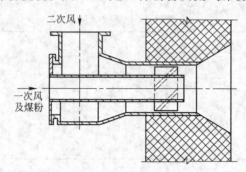

图1-23 套管涡流式煤粉烧嘴

煤粉与空气的混合物有发生爆炸的可能性，所以在煤粉的制备、输送、贮存和燃烧时，都要考虑安全技术问题。煤的粒度越细、挥发分含量越高、与空气的混合物温度越高，爆炸的危险性越大。应严格控制煤粉与空气混合物的温度，一般应小于70℃。其次要避免与火种接近，在输送管道上应安置防爆门。

加热炉燃烧煤粉时，炉子排渣和排烟收尘是两个重要问题，煤灰若大量落入炉内，污染产品，排入大气，污染环境。根据煤渣灰分熔点和排渣区域的温度，落入炉内的煤灰可以选择固态出渣或液态出渣方式。灰分熔点低，有液态出渣的可能。加热段温度高，可以采用固态出渣，也可以采用液态出渣。而预热段采取固态出渣，并可装置链式活动炉底，以便出渣。

就燃烧过程而论，煤粉燃烧法优于层状燃烧法，主要的优点是：燃料与空气混合接触的条件好，可以在较小的空气消耗系数下，得到完全燃烧；可以利用各种劣质煤；二次空气可以预热到较高的温度；燃烧过程容易控制和调节；劳动条件也较好。其缺点是：在加热炉上使用粉煤，煤灰落在金属表面上，轧制时容易造成表面的缺陷；粉尘多，造成环境的污染。

习　题

1-1　已知某加热炉用粉煤作燃料，原煤成分为：$w(C_{daf}) = 82\%$，$w(H_{daf}) = 7\%$，$w(N_{daf}) = 1\%$，$w(S_{daf}) = 1\%$，$w(O_{daf}) = 9\%$，$w(A_d) = 10\%$，$w(W_{ar}) = 5\%$。燃烧时空气消耗系数 $n = 1.2$，一次空气量为20%，其预热温度为110℃；二次空气量为80%，其预热温度为500℃。炉子的炉温系数 $\eta = 0.75$。试计算：(1) 燃料的应用成分；(2) 煤粉的低发热量；(3) 粉煤燃烧的空气需要量；(4) 燃烧产物量及燃烧产物成分和密度；(5) 实际燃烧温度。
($Q_{net} = 29067$ kJ/kg；$L_n^{湿} = 9.34$ m³/kg；$V_n^{湿} = 9.80$ m³/kg；$\rho_0 = 1.31$ kg/m³；$t_实 = 1530$℃)

1-2　已知发生炉煤气的干成分为：$\varphi(CO)=29.8\%$，$\varphi(H_2)=15.4\%$，$\varphi(CH_4)=3.08\%$，$\varphi(C_2H_4)=$ 0.62%，$\varphi(CO_2)=7.71\%$，$\varphi(O_2)=0.21\%$，$\varphi(N_2)=43.18\%$。煤气从23℃预热到200℃，空气预热到300℃，燃烧的空气消耗系数 $n=1.1$。求：（1）煤气的发热量；（2）空气需要量；（3）燃烧产物量；（4）燃烧产物的成分和密度；（5）理论燃烧温度。

　　（$Q_{net}=6730kJ/m^3$；$L_n=1.55m^3/m^3$；$V_n=2.19m^3/m^3$；$\rho_0=1.33kg/m^3$；$t_{理}=1900℃$）

1-3　已知重油的成分为：$w(C_{ar})=85\%$，$w(H_{ar})=11.3\%$，$w(O_{ar})=0.90\%$，$w(N_{ar})=0.5\%$，$w(S_{ar})=$ 0.2%，$w(A_{ar})=0.1\%$，$w(W_{ar})=2.0\%$。为了降低重油的黏度，燃烧前将重油加热到90℃，喷嘴用空气作雾化剂，空气消耗系数 $n=1.2$，空气预热到400℃。试计算：（1）重油的低发热量；（2）重油燃烧的空气需要量；（3）燃烧产物量；（4）燃烧产物的成分和密度；（5）理论燃烧温度。

　　（$Q_{net}=40340kJ/kg$；$L_n=12.65m^3/kg$；$V_n=13.32m^3/kg$；$\rho_0=1.3kg/m^3$；$t_{理}=2050℃$）

1-4　已知褐煤的成分为：$w(C_{daf})=66.35\%$，$w(H_{daf})=5.31\%$，$w(N_{daf})=1.81\%$，$w(S_{daf})=1.92\%$，$w(O_{daf})=24.61\%$，$w(A_d)=11.43\%$，$w(W_{ar})=12.08\%$。试计算：（1）褐煤的应用成分；（2）褐煤的低发热量；（3）当空气消耗系数 $n=1.3$ 时燃烧所需要的空气量；（4）燃烧产物量；（5）燃烧产物的密度；（6）理论燃烧温度。

　　（$Q_{net}=19550kJ/kg$；$L_n=6.64m^3/kg$；$V_n=7.17m^3/kg$；$l_0=1.32kg/m^3$；$t_{理}=1680℃$）

1-5　已知高炉煤气成分为：$\varphi(CO_2^{干})=10.5\%$，$\varphi(CO^{干})=28.6\%$，$\varphi(H_2^{干})=3.1\%$，$\varphi(CH_4^{干})=0.4\%$，$\varphi(H_2S^{干})=1.7\%$，$\varphi(N_2^{干})=55.7\%$，焦炉煤气成分为：$\varphi(CO_2^{干})=2.1\%$，$\varphi(CO^{干})=6.3\%$，$\varphi(H_2^{干})=55.6\%$，$\varphi(CH_2^{干})=21.4\%$，$\varphi(C_2H_4^{干})=2.0\%$，$\varphi(N_2^{干})=11.5\%$，$\varphi(O_2^{干})=1.1\%$。连续加热炉需要8374kJ/m³的煤气，试计算在大气温度28℃的条件下，高炉煤气与焦炉煤气的配比。

　　（焦炉煤气占37.6%，高炉煤气占62.4%）

1-6　燃烧粉煤的加热炉烟道内测得烟气的成分为：$\varphi(CO_2')=12.9\%$，$\varphi(H_2O')=10.8\%$，$\varphi(CO')=4.0\%$，$\varphi(CH_4')=0.4\%$，$\varphi(O_2')=1.1\%$，$\varphi(N_2')=70.8\%$。校核这时燃烧的空气消耗系数（燃料含氮量可忽略不计）。

　　（注意首先转换为干成分，$n\approx0.91$）

2 气体力学

以燃料为热源的加热炉，都是依靠燃料燃烧后生成的气态燃烧产物，在其流动过程中把热能传递给被加热金属，然后烟气通过余热利用装置和排烟系统排至大气中。燃烧所用的空气和气体燃料的输送，也涉及气体的流动。这些问题的解决，都要掌握必要的气体力学知识。炉子气体力学是研究炉子系统气体平衡和运动规律的科学，它的特点是气体温度较高，温度和密度的变化较大，而且在气体流动过程中伴随着热交换。

2.1 气体及其物理性质

研究气体的平衡与运动规律，应首先对气体的主要物理性质有所了解。

气体与液体都是分子内聚力很小，容易产生变形和流动的流体，它们平衡与运动的规律都是彼此相同或相似的。气体与液体之间有共同点，但也有一些差异：一般液体被视为不可压缩的，而气体是可以压缩的。在加热炉内，由于相对压力很小，为了使问题简化，可以认为炉气是不可压缩的，只有类似气体通过高压喷嘴这类问题，才考虑其密度的变化。其次，气体体积与温度成正比，而液体体积几乎不随温度变化。液体在容器中有一个自由表面，而气体则充满所在的整个容器。尽管气体与液体的性质有这些相异之点，我们在研究气体力学的基本规律时，仍可从水力学得到不少启发。

2.1.1 连续介质的概念

任何流体都是由无数分子组成的，分子与分子之间是有空隙的。因而，从微观角度看，流体并不是连续分布的物质。但是气体力学所研究的不是个别分子的微观运动，而是气体的宏观运动，只研究描述气体运动的某些宏观属性，如密度、速度、压力、温度等。由于这些属性都具有大量分子统计平均值的意义，从宏观角度看，可以不去考虑分子间存在的空隙，而把气体看作连续分布的介质。

按照气体连续介质的假设，尽管液体质点的体积极其微小，但仍包含了足够数量的分子。所研究的气体是由这些连续排列的流体质点组成的，质点与质点之间并无间隙。在充满连续介质的空间，气体的任一物理量 B 可以表达成空间坐标 (x, y, z) 及时间 τ 的连续函数 $B = B(x, y, z, \tau)$，而且是连续可微函数。这样，我们就有可能用数学解析的方法去研究气体的平衡和运动的规律了。

把气体作为连续介质来处理，对于大部分工程技术问题都是正确的，但个别情况除外，如激波、极稀薄的气体、高真空技术等。

2.1.2 密度和重度

单位体积气体所具有的质量，称为气体的密度，用符号 ρ 表示，即

$$\rho = \frac{m}{V} \tag{2-1}$$

式中 m——流体的质量，kg；

V——流体的体积，m^3。

密度的倒数称为比体积，用符号 v 表示，即

$$v = \frac{1}{\rho} \tag{2-2}$$

单位体积气体所具有的重量，称为气体的重度，用符号 γ 表示，即

$$\gamma = \frac{G}{V} \tag{2-3}$$

式中 G——气体的重量，N。

在重力场的条件下，密度和重度的关系为

$$\gamma = \rho g \tag{2-4}$$

式中 g——重力加速度，其值为 $9.81 m/s^2$。

在标准状态（$t = 0℃$，$P_0 = 1.013 \times 10^5 Pa$）下，空气的密度 $\rho_0 = 1.293 kg/m^3$，比体积 $v_0 = 0.773 m^3/kg$，重度 $\gamma_0 = 1.293 \times 9.81 = 12.67$（$N/m^3$）。

混合气体的密度可按各组成气体所占体积分数计算，即

$$\rho = \sum_{i=1}^{n} \rho_i \alpha_i \tag{2-5}$$

式中，ρ_i 为混合气体中各组分气体的密度，α_i 为混合气体中各组分气体的体积分数（$i = 1$，2，3，$\cdots$，n）。

2.1.3 气体的压缩性和膨胀性

气体在单位面积上所受的压力称为压强，习惯也称压力，即

$$p = \frac{F}{A} \tag{2-6}$$

式中 F——作用在气体表面上的力，N；

A——力的作用面积，m^2。

气体压力的计量单位为 Pa，还有大气压、毫米汞柱、毫米水柱等（非法定计量单位）。

大气压有物理大气压和工程大气压之分。

1 物理大气压 $= 760 mmHg = 10332 mmH_2O = 101325 Pa$；

1 工程大气压 $= 98066.5 Pa = 0.968$ 物理大气压；

$1 mmH_2O = 9.81 Pa$；

$1 mmHg = 133.32 Pa$。

压力根据所取的基准不同，分为绝对压力和相对压力。气体压力如果以绝对真空为起点计算，称为绝对压力，用 p 表示。气体压力如果以大气压为起点计算，称为相对压力，用 p_g 表示。一般压力表上的读数都是相对压力，指容器或管道内的绝对压力与周围大气压力之差，所以又称表压力。相对压力和绝对压力的关系可以用下式表达：

$$p_g = p - p_a \tag{2-7}$$

式中 p_a——大气压力。

绝对压力总是正值，而相对压力的值可正可负，这决定于绝对压力大于或小于当地大气压。

压力和温度的改变对气体密度和体积的影响，可以用气体状态方程来描述，在工程计算中，可近似地用理想气体状态方程来计算，即

$$pv = RT \qquad\qquad (2\text{-}8)$$

式中 p——气体的绝对压力，N/m^2 或 Pa；

　　　　v——比体积，m^3/kg；

　　　　R——气体常数，$N \cdot m/(kg \cdot K)$，对空气 $R = 287 N \cdot m/(kg \cdot K)$；

　　　　T——绝对温度，K。

设同一气体在标准状态时的状态方程为

$$p_0 v_0 = RT_0 \qquad\qquad (2\text{-}9)$$

联立式（2-7）、式（2-8）及式（2-2），可以求得气体 t℃时密度 ρ_t 与标准状态密度 ρ_0 之间的关系：

$$\rho_t = \rho_0 \frac{1}{1 + \beta t} \frac{p}{p_0} \qquad\qquad (2\text{-}10)$$

式中 β——气体的体积膨胀系数，$\beta = \dfrac{1}{273}$ /℃。

同理，可以求得气体 t℃时体积 V_t 与标准状态体积 V_0 之间的关系

$$V_t = V_0(1 + \beta t)\frac{p_0}{p} \qquad\qquad (2\text{-}11)$$

式（2-10）和式（2-11）常用于高海拔地区低压气体参数的计算。对于低海拔地区，因 $p \approx p_0$，上面二式可简化为

$$\left. \begin{array}{l} \rho_t = \dfrac{\rho_0}{1 + \beta t} \\[2mm] V_t = V_0(1 + \beta t) \end{array} \right\} \qquad\qquad (2\text{-}12)$$

若气体在压缩过程中，既不存在摩擦，又没有热量输入或输出，属于绝热可逆过程的压缩。这时绝对压力与密度的关系为

$$p/\rho^K = 常数 \qquad\qquad (2\text{-}13)$$

或　　　　　　$$\frac{T_2}{T_1} = \left(\frac{\rho_2}{\rho_1}\right)^{K-1} = \left(\frac{p_2}{p_1}\right)^{\frac{K-1}{K}} \qquad\qquad (2\text{-}14)$$

式中 K——气体的绝热指数，$K = \dfrac{C_p}{C_v}$，其中 C_p 为定压比热，C_v 为定容比热，所以 K 又称

　　　　　　比热比。K 值与气体种类有关，对于空气和双原子气体，$K = 1.4$；多原子气体，$K = 1.3$。

2.1.4　气体的黏性

如图 2-1 所示，当气体流过一固体表面时，在紧靠表面的地方，由于气体分子与表面的附着力大于气体分子间的内聚力，气体黏附在表面上，该处的流速为零。可以把平行流

动的气体看作一层层气体的平行移动，相邻两层气体则有相对运动，每一层气体一方面受到运动较快气层的牵引作用，另一方面又受到相邻的运动较慢气层的牵制作用，这是大小相等、方向相反的力。这种相互作用力称为气体的内摩擦力或黏性力，内摩擦力的大小体现了气体黏性的大小。牛顿在1686年提出了内摩

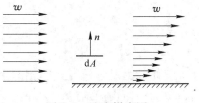

图 2-1 速度梯度图

擦定律。即黏性力与垂直于黏性力方向的速度梯度成正比，与接触面积成正比，牛顿内摩擦定律的数学表达式可写为

$$F = \mu \frac{\mathrm{d}w}{\mathrm{d}n} A \tag{2-15}$$

式中 F——黏性力（内摩擦力），N；

$\dfrac{\mathrm{d}w}{\mathrm{d}n}$——速度梯度，当速度梯度为零时，气体静止无黏性力，1/s；

A——接触面积，m^2；

μ——黏性系数，或称黏度，$Pa \cdot s$ 或 $N \cdot s/m^2$。

式（2-15）中出现的黏性系数，是一个决定于流体性质的比例系数。液体的黏度随温度的升高而降低，因为液体的黏性力主要是分子引力的作用，当温度升高后，分子间引力减小；气体的黏度随温度上升而增大，因为温度升高后，对黏性力起决定性作用的分子热运动加强了。各种常见气体在标准状态下的黏性系数值参看表2-1。

表 2-1 各种常见气体的 μ_0 和 C 值

气 体	$\mu_0 \times 10^5$ /Pa·s	C	气 体	$\mu_0 \times 10^5$ /Pa·s	C
空气	1.72	122	一氧化碳	1.65	102
氧	1.92	138	二氧化碳	1.38	250
氮	1.67	107	水蒸气	0.85	673
氢	0.85	75	燃烧产物	—	约170

气体黏度随温度变化的关系可用下列经验公式表示：

$$\mu = \mu_0 \left(\frac{273 + C}{T + C} \right) \left(\frac{T}{273} \right)^{3/2} \tag{2-16}$$

式中 T——气体的绝对温度，K；

C——常数，决定于气体的性质，其值参看表2-1。

工程计算中还常采用运动黏度 $\nu (m^2/s)$ 来表示黏度的大小，它与动力黏度 μ 的关系如下：

$$\nu = \frac{\mu}{\rho} \tag{2-17}$$

实际气体都是有黏性的，统称为黏性气体。但因为黏性的问题很复杂，影响因素较多，给研究气体运动的规律带来困难。为了使问题简化，引进了理想气体的概念。所谓理想气体，即黏性系数为零的气体（$\mu = 0$）。把实际气体在一定条件下，当作理想气体来处理，找出规律后再考虑黏性的因素加以修正，实践证明这是一种有效的方法。

2.2　气体静力学基础

气体静力学是研究气体相对平衡时的规律及其应用的。因为静止时黏性力不起作用，所以静力学所得的结论，对理想气体和实际气体都是适用的。

2.2.1　作用在气体上的力

作用在气体上的力，分为质量力和表面力两类。

2.2.1.1　质量力

质量力是作用在气体内每一质点上的力，它的大小与质量成正比。质量力一般有两种，一是重力，二是惯性力。重力是由重力场产生，惯性力则是由气体做直线加速运动或曲线运动引起的。惯性力的数值等于质量与加速度的乘积，其方向与加速度方向相反。

通常把单位质量气体所承受的质量力称为单位质量力。如作用在质量为 m 的气体上的惯性力为 F，则在加速度相反方向上的单位质量力（N/kg 或 m/s^2）为

$$\frac{F}{m} = \frac{ma}{m} = a$$

如果是重力 G，则在重力方向的单位质量力（N/kg 或 m/s^2）为

$$\frac{G}{m} = \frac{mg}{m} = g$$

用符号 X、Y、Z 来代表单位质量力在 x、y、z 三个坐标方向上的分力。

2.2.1.2　表面力

表面力指作用在气体表面上的力，与表面积的大小成正比。它是由与气体相接触的其他物体的作用产生的。表面力可分解为两种，一种是与表面垂直的法向力，如压力；另一种是与表面相切的剪力，如内摩擦力。静止的气体没有切向表面力。

2.2.2　气体平衡微分方程式

处于平衡状态的气体，从中取出任意一部分，则作用在上面力的总和为零，而且其所受表面力必与表面垂直，并且方向由外向内，否则必将有平行于表面的分力而使气体运动。

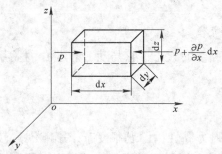

图 2-2　平衡状态的气体微元

如图 2-2 所示，从处于平衡状态的气体中取出一个微元六面体，其各边长分别为 dx、dy、dz，体积 $dV = dxdydz$。作用在微元体上的表面力只有压力，如作用在左侧面上各点的静压力为 p，由于压力是坐标的连续函数，即 $p = f(x, y, z)$，函数 f 按泰勒级数展开，取前两项，则得右侧面上各点的静压力为 $p + \frac{\partial p}{\partial x}dx$。

作用在微元体上的质量力在 x 轴方向上的投影为 $\rho dxdydzX$。其中 ρ 为气体的密度。根据平衡条件，作用在微元体上所有的力在 x 轴上的

投影总和必等于零，即

$$pdydz - \left(p + \frac{\partial p}{\partial x}dx\right)dydz + \rho dxdydzX = 0$$

化简得

$$-\frac{\partial p}{\partial x}dV + \rho dVX = 0$$

各项除以 ρdV 得

$$X - \frac{1}{\rho}\frac{\partial p}{\partial x} = 0$$

同理可得

$$\left.\begin{array}{l} X - \dfrac{1}{\rho}\dfrac{\partial p}{\partial x} = 0 \\[2mm] Y - \dfrac{1}{\rho}\dfrac{\partial p}{\partial y} = 0 \\[2mm] Z - \dfrac{1}{\rho}\dfrac{\partial p}{\partial z} = 0 \end{array}\right\} \tag{2-18}$$

这个方程式就是气体平衡方程式，它由欧拉（Euler）在 1775 年首先推导出来，所以又名欧拉平衡微分方程式，它表明了作用在平衡气体上的表面力和质量力平衡的关系。

2.2.3 气体静力学的基本方程式

气体平衡微分方程式是一种普遍规律，更具有实际意义的是研究质量力为重力的静止气体中压力分布的规律。如果重力是沿 z 轴的，则 $X = 0$，$Y = 0$，$Z = -g$。

因为重力的方向向下，与 z 轴的正方向相反，故加一负号。

将微分方程组（2-18）中各式分别乘以 dx、dy、dz 并相加，得

$$\rho(Xdx + Ydy + Zdz) = \frac{\partial p}{\partial x}dx + \frac{\partial p}{\partial y}dy + \frac{\partial p}{\partial z}dz$$

式的右边是压力 p 的全微分 dp，故上式可写为

$$dp = \rho(Xdx + Ydy + Zdz)$$

将重力在三个坐标轴上投影的值代入上式，得

$$dp = -\rho gdz$$

在常压或压力变化不大的情况（如炉内气体）下，密度可视为常数，则上式可写为：

$$d\left(gz + \frac{p}{\rho}\right) = 0$$

积分后得

$$gz + \frac{p}{\rho} = 常数 \tag{2-19}$$

或

$$z + \frac{p}{\rho g} = 常数 \tag{2-19a}$$

在静止气体中任取 1、2 两点，其静压力和垂直高度（距某一基准面）分别为 P_1、P_2 和 z_1、z_2，则上式可写为：

$$z_1 + \frac{p_1}{\rho g} = z_2 + \frac{p_2}{\rho g} = 常数 \tag{2-19b}$$

式（2-19）就是不可压缩气体静力学的基本方程式。

例 2-1 海拔 100m 的地方，大气压力应该是多少？

解　标准大气压为 101325Pa，是以海平面为基准的。标准状态下空气的密度为 1.293kg/m³。根据式（2-19），得

$$p_a = p_0 - \rho g z = 101325 - 1.293 \times 9.81 \times 100 = 100058 \quad (Pa)$$

2.2.4　气体静力学基本方程的物理意义

式（2-19）不仅表明沿高度上气体压力的分布，而且也代表静止气体中的能量平衡关系。p 代表单位体积气体具有的压力能，ρg 代表单位体积气体在高度 z 具有的位能。它们的单位可以表示为压力单位，也可以表示为能量单位。所以从能量守恒的观点，式（2-19）可以表达为：任何温度均匀的静止气体，沿其高度任一截面上，单位体积气体所具有的能量守恒。换言之，任一截面的压力能与位能之和为常数，其值的大小仅与基准面位置有关。

实际上，对于不可压缩的静止气体和液体，式（2-19）均可适用。现进一步分析绝对压力的分布规律。如图 2-3 所示，在密闭容器内盛有密度为 ρ 的静止液体，自由液面之上为绝对压力 p_f 的气体。设自由液面为确定高度 z 和深度 h 的基准面，z 向上为正，h 向下为正。若将式（2-19b）应用于自由液面上的某点（$z = h = 0$，$p = p_f$，）和深度为 h 的任意一点（$z = -h$），可得 h 处的绝对压力

$$p = p_f + \rho g h \tag{2-20}$$

上式表明，静止流体内任一点的绝对压力由两部分组成：一部分是自由液面上的绝对压力 P_f；另一部分是深度为 h 密度为 ρ 的流体柱所产生的压力 $\rho g h$；或者说，静止均质流体的绝对压力随深度增加呈直线增大。显然，深度（或高度）相同的各点，其绝对压力相同。

例 2-2　设两容器 A 和 B 位于同一高度，内部充满不同压力、密度为 ρ 的同一流体，且与 U 形管相连，管内测液密度为 ρ_1，液面高差为 h，试求 A、B 的压力差（见图 2-4）。

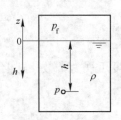

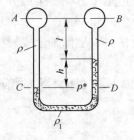

图 2-3　静止流体内任一点的绝对压力　　　　图 2-4　封闭容器内气体压差

解　设 A、B 容器内流体的绝对压力分别为 p_A、p_B，等压面 CD 的绝对压力为 p^*。

对 C、A 两点：$p^* = p_A + \rho g(l + h)$

对 D、B 两点：$p^* = p_B + \rho g l + \rho_1 g h$

两式相减，即得 A、B 的压力差 $p_A - p_B = (\rho_1 - \rho)gh$

若 A、B 内为密度较小的气体时，因 $\rho_1 \gg \rho$，$(\rho_1 - \rho) \approx \rho_1$，则

$$p_A - p_B = \rho_1 g h$$

当 U 形管右端直接与大气相通时（见图 2-5），U 形管内气体绝对压力 p 与大气压 p_a 之差为：

$$p - p_a = \rho_1 gh$$

此压差即为容器内气体的相对压力 p_g，其数值等于 U 形管内的液柱重量 $\rho_1 gh$，以上便是 U 形管测压计的测量原理。

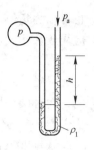

图 2-5　U 形管开口时的压差

2.2.5　两种气体相关时的静力平衡关系

加热炉上经常遇到的情况是，炉内或烟道系统内是密度较小的热气体，外面是密度较大的冷空气。这种热气体位于冷气体包围中，两者并存于相关的情况下，气体的静力平衡关系更有实际意义。现在分析这种情况下的平衡条件以及相对压力的分布规律。

如图 2-6 所示，容器内是密度为 ρ 的热气体，外面是密度为 ρ' 的冷空气，内、外气体都是静止的。将确定高度的基准面取在容器的顶部，高度 z 向上为正，对任意两个截面 1-1 和 1-2，可以写出其平衡方程式：

容器内：　$z_1 + \dfrac{p_1}{\rho g} = z_2 + \dfrac{p_2}{\rho g}$

容器外：　$z_1 + \dfrac{p_1'}{\rho' g} = z_2 + \dfrac{p_2'}{\rho' g}$

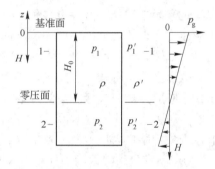

图 2-6　相异密度两种气体平衡压力

显然，式中的 z_1、z_2 均为负值。两式相减，则得

$$-z_1(\rho' - \rho)g + (p_1 - p_1')$$
$$= -z_2(\rho' - \rho)g + (p_2 - p_2')$$

式中，$(p_1 - p_1')$ 表示内、外气体的压力差，即为热气体的相对压力 P_g；假定把确定深度的基准面也取在容器顶部，深度 H 向下为正，显然，$H = -z$。以 $H = -z$ 和 $p_g = (p - p')$ 代入上式，得

$$H_1(\rho' - \rho)g + p_{g1} = H_2(\rho' - \rho)g + p_{g2} \tag{2-21}$$

上式就是密度不同的两种气体并存时的平衡方程式，各项所代表的都是能量差，即内部单位体积热气体所具有的能量与外面同体积大气所具有的能量差，这种相对能量称为压头。

2.2.5.1　位压头

位压头又称几何压头，是单位体积气体所具有的相对位能。对于高度为 z 或深度为 H 的内部热气体，其位压头为：

$$h_{位} = \rho g z - \rho' g z = H(\rho' - \rho)g \tag{2-22}$$

由式（2-22）可见，当空气温度一定时，位压头的大小取决于 H 和 ρ 两个因素。由阿基米德浮力原理可知，处于冷空气中的热气体具有上浮的能力，H 越大，上浮的趋势越大，即位置越低处的位压头越大；ρ 越小，即热气体的温度越高，气体上浮的能力也越大。因为位压头只是一种趋势，所以不能测量只能计算。

2.2.5.2　静压头

静压头是单位体积气体所具有的相对静压能，即同一高度上内、外气体静压力之差：

$$h_{静} = p - p' = p_g \tag{2-23}$$

由式（2-23）可见，气体在某点的静压头数值就等于该点的表压力。静压头可以为正值，也可以为负值。

应用压头概念，式（2-21）可以表示为：

$$h_{位1} + h_{静1} = h_{位2} + h_{静2} \quad 或 \quad h_{位} + h_{静} = 常数 \qquad (2-24)$$

由此可见，对于静止的相互作用的冷、热气体，任何截面上位压头与静压头的总和是相等的，而且两种形式的能量可以相互转换。

仍以图 2-6 为例，进一步分析静止热气体相对压力的变化规律。设深度 H_0 处为热气体的零压面（即热气体相对压力为零的面）。若将式（2-24）应用于零压面的某点（$H = H_0$，$p_g = 0$）和深度为 H、相对压力为 p_g 的任一点，则得

$$\left. \begin{array}{c} H_0(\rho' - \rho)g + 0 = H(\rho' - \rho)g + p_g \\ p_g = (H_0 - H)(\rho' - \rho)g \end{array} \right\} \qquad (2-25)$$

式（2-25）为静止热气体相对压力分布的关系式，它表明，任何点相对压力的数值等于零压面与该点的位压头之差。对于冷、热两种气体，由于 $\rho' > \rho$，即（$\rho' - \rho$）> 0，式中 p_g 的正负取决于（$H_0 - H$）值。式（2-25）表明，在零压面之上（$H_0 > H$），热气体的相对压力为正值（$p_g > 0$）；在零压面之下（$H_0 < H$），热气体的相对压力为负值（$p_g < 0$）；而且，如图 2-6 所示，热气体的相对压力只随深度增加呈直线下降。

由以上分析可知，当加热炉炉底平面的表压力为零时，则整个炉膛内的表压力为正压，这时通过炉门或缝隙会向外溢气；如果控制炉顶内表面的表压力为零时，则整个炉膛内的表压力为负压，这时冷空气将通过炉门或缝隙吸入炉内。在实际操作中，也可以根据上述现象判断炉内压力的大致情况，并通过调整抽力来改变零压面的高度。

例 2-3 设炉膛内的炉气温度为 1300℃，炉气在标准状态下的密度为 1.3kg/m³，炉外大气温度为 20℃。问当炉底表压力为零时，距炉底 2m 高处炉顶下面的表压力为多少？

解 当炉气温度为 1300℃时，炉气的密度为 $\rho = 1.3 \dfrac{1}{1 + \dfrac{1300}{273}} = 0.225$ （kg/m³）

20℃的空气密度为 $\rho' = 1.293 \dfrac{1}{1 + \dfrac{20}{273}} = 1.205$ （kg/m³）

将基准面取在炉顶，则炉底 $H_0 = 2$m，炉顶 $H = 0$m，代入式（2-25），得

$$p_g = (2 - 0) \times (1.205 - 0.225) \times 9.81 = 19.23 \quad (Pa)$$

2.3　气体动力学基础

2.3.1　基本概念

2.3.1.1　稳定流与非稳定流

气体的运动过程涉及许多物理参数，如流速 w、流量 G、压力 p、密度 ρ 等，如果在空间的各点上，这些物理量不随时间而改变（尽管不同的坐标点上这些量是不同的），这种流动叫稳定流，用数学关系式表达就是

$$\frac{\partial w}{\partial \tau} = 0; \quad \frac{\partial G}{\partial \tau} = 0; \quad \frac{\partial p}{\partial \tau} = 0; \quad \frac{\partial \rho}{\partial \tau} = 0; \quad \cdots$$

式中，w、G、p、ρ、τ 分别代表流速、重量流量、压力、密度和时间。如 $\dfrac{\partial u}{\partial \tau} \neq 0$，$u$ 代表某一物理量，则这种流动叫非稳定流。在实际工作中绝大多数流动属于非稳定流，而提出稳定流这一概念，主要是应用上的方便，因为多数非稳定流在一段时间内各物理量的平均值相对波动不大，可以视为是稳定的。只是在工作条件突然改变时，例如刚刚调节了闸阀以后，气流的许多物理参数都要发生变化。但这种不稳定也只是暂时的，很快便会趋于相对的稳定。非稳定流的规律十分复杂，我们将只讨论稳定流的问题。

2.3.1.2　流线、流管和流束

在流场中某一瞬间所做的一条空间曲线，在该线上各点在该瞬间的速度矢量都与此线相切，这条线称为流线。流线与流体质点运动的轨迹概念是不同的，轨迹（又称迹线）是表示一个质点在连续瞬间的速度方向，而流线是表示同一瞬间各点速度的方向。当稳定流动时这两者重合。图 2-7 表示流场的空间坐标，通过 1 点做流线时，固定某一瞬间不变，从 1 引出速度矢量 u_1，沿 u_1 取与点 1 相近的点 2，通过点 2 引出同一时间的速度矢量 u_2，再依此类推取点 3、点 4…，连接 1、2、3、4…，就可以得到一条折线。当 1、2、3…之间的距离趋近于零时，折线的极限将是一条光滑曲线，这条曲线就是在该瞬间通过点 1 的流线。

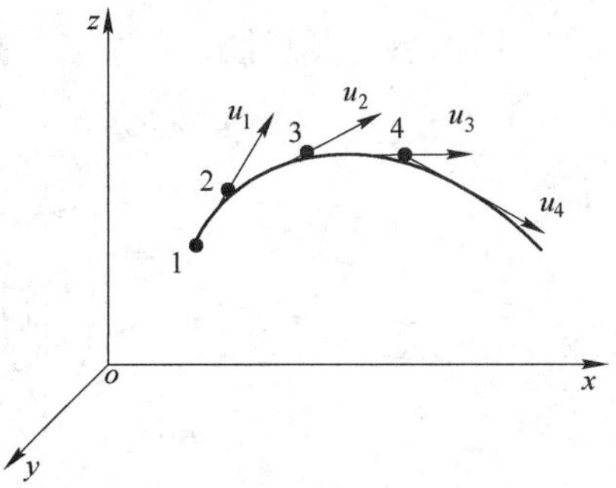

图 2-7　流线概念

在流场中任取一封闭曲线，经过曲线的每一点做流线，这些流线将组成一个管，称为流管。充满在流管中的全部流线族称为流束。由于流管的表面是由流线所围成，流线又不可能相交，所以在流管内的流体只能在流管内流动，不能穿过流管表面流进或流出。

2.3.1.3　流量和流速

单位时间内流经有效断面的流体量，称为流量。流量分为体积流量 q_V（m^3/s）、质量流量 q_m（kg/s）、重量流量 G（N/s），它们之间的关系如下：

$$\left.\begin{aligned} q_V &= \frac{G}{\rho g} = \frac{q_m}{\rho} \\ q_m &= \frac{\rho g}{g} q_V = \frac{G}{g} \\ G &= \rho g q_V = q_m g \end{aligned}\right\} \tag{2-26}$$

由于微小流束断面上的速度相同，则流过此微小流束的流量 dq_V 应等于流速 w（m/s）乘以微小流束有效断面积 dA 的积，即

$$dq_V = w dA$$

总的流量为

$$q_V = \int_A w dA \tag{2-27}$$

由于流体有黏性，任一有效断面上各点的速度是不一致的，在计算中往往是引用平均流速的概念，其定义为

$$\left.\begin{array}{l}\overline{w} = \dfrac{\displaystyle\int_A w\mathrm{d}A}{A} = \dfrac{q_{\mathrm{V}}}{A} \\[3mm] q_{\mathrm{V}} = \overline{w}A\end{array}\right\}$$ (2-28)

根据这个定义，平均流速与有效断面积 A 的乘积就是流量，通常平均流速也用 w 表示。平均流速与温度、压力的关系为

$$w_{\mathrm{t}} = w_0(1 + \beta t)\dfrac{p_0}{p}$$ (2-29)

式中，w_0、w_{t} 分别代表标准状态和实际状态的平均流速，m/s。

2.3.2　连续性方程式

气体运动的连续性方程式是质量守恒定律在气体力学上具体应用的一种形式。

2.3.2.1　一元稳定流的连续性方程

如图 2-8 所示为一段流束，在两任意断面 A_1 及 A_2 上取微小流束的有效断面 $\mathrm{d}A_1$ 及 $\mathrm{d}A_2$，速度为 w_1 及 w_2，密度为 ρ_1 及 ρ_2。由于是稳定流，流束的形状不变，同时由于流束的性质，即只有两端 $\mathrm{d}A_1$ 及 $\mathrm{d}A_2$ 有气体流入和流出。

图 2-8　流束

在单位时间内由 $\mathrm{d}A_1$ 流入的气体质量为 $\rho_1 w_1 \mathrm{d}A_1$，由 $\mathrm{d}A_2$ 流出的气体质量为 $\rho_2 w_2 \mathrm{d}A_2$。因此单位时间内流入和流出这段微小流束的气体质量的差值为

$$\mathrm{d}q_{\mathrm{m}} = \rho_1 w_1 \mathrm{d}A_1 - \rho_2 w_2 \mathrm{d}A_2$$

在稳定流动时，$\mathrm{d}q_{\mathrm{m}} = 0$，所以

$$\rho_1 w_1 \mathrm{d}A_1 = \rho_2 w_2 \mathrm{d}A_2$$ (2-30)

式（2-30）就是气体沿微小流束稳定流动时的连续性方程。

如果气体不可压缩，则密度值不变，即 $\rho_1 = \rho_2 = \rho$，则

$$w_1 \mathrm{d}A_1 = w_2 \mathrm{d}A_2$$ (2-31)

式（2-31）就是不可压缩气体沿微小流束稳定流动时的连续性方程。

对式（2-30）两端面沿整个截面 A_1 及 A_2 积分，则可得到整个流束的连续性方程：

$$\int_{A_1} \rho_1 w_1 \mathrm{d}A_1 = \int_{A_2} \rho_2 w_2 \mathrm{d}A_2 \quad \text{或} \quad \rho_1 \int_{A_1} w_1 \mathrm{d}A_1 = \rho_2 \int_{A_2} w_2 \mathrm{d}A_2$$

根据式（2-27），可知

$$\int_{A_1} w_1 \mathrm{d}A_1 = q_{\mathrm{V}_1}, \quad \int_{A_2} w_2 \mathrm{d}A_2 = q_{\mathrm{V}_2}$$

代入上式，得

$$\rho_1 w_1 A_1 = \rho_2 w_2 A_2$$ (2-32)

对于不可压缩气体，式（2-32）变为

$$w_1 A_1 = w_2 A_2$$ (2-33)

或写成

$$q_{V_1} = q_{V_2}$$

式（2-32）和（2-33）表明，气体做稳定流动时，流束任何截面上的质量流量或体积流量保持不变。

例 2-4 冷空气通过一段截面变化的圆形管道（见图 2-9），空气流量为 120kg/min，气流在 Ⅰ - Ⅰ 和 Ⅱ - Ⅱ 截面处的流速分别为 30m/s 和 10m/s，试计算 Ⅰ - Ⅰ 和 Ⅱ - Ⅱ 截面的管道直径。

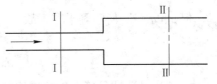

解 由题设已知 $q_m = 120\text{kg/min} = 2\text{kg/s}$

图 2-9 例 2-4 示意图

体积流量为

$$q_V = \frac{q_m}{\rho} = \frac{2}{1.293} = 1.55 \quad (\text{m}^3/\text{s})$$

在流动过程中，密度可视为不变，根据式（2-33）可得

$$A_1 = \frac{q_V}{w_1} = \frac{1.55}{30} = 0.0517 \quad (\text{m}^2)$$

所以 Ⅰ - Ⅰ 截面的管道直径为

$$d_1 = \sqrt{\frac{4A_1}{\pi}} = \sqrt{\frac{4 \times 0.0517}{3.1416}} = 0.256 \quad (\text{m})$$

同理可得

$$A_2 = \frac{q_V}{w_2} = \frac{1.55}{10} = 0.155 \quad (\text{m}^2)$$

$$d_2 = \sqrt{\frac{4A_2}{\pi}} = \sqrt{\frac{4 \times 0.155}{3.1416}} = 0.444 \quad (\text{m})$$

2.3.2.2 三元连续性方程（直角坐标）

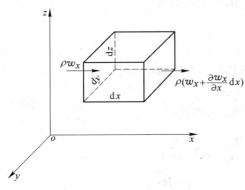

在充满气体的空间中取出一个微元六面体 dV，其边长分别为 dx、dy、dz，如图 2-10 所示。在 dτ 时间内，沿 x 轴方向通过六面体左侧流入六面体的气体质量为

$$\rho w_x \text{d}y\text{d}z\text{d}\tau$$

同一时间通过右侧流出六面体的气体质量为（设 ρ 为常数）：

$$\rho\left(w_x + \frac{\partial w_x}{\partial x}\text{d}x\right)\text{d}y\text{d}z\text{d}\tau$$

图 2-10 气体微元质量守恒

这样在 dτ 时间内，流入与流出的气体质量之差为

$$\rho \frac{\partial w_x}{\partial x}\text{d}x\text{d}y\text{d}z\text{d}\tau = \rho \frac{\partial w_x}{\partial x}\text{d}q_V\text{d}\tau$$

同理，在 y 轴和 z 轴方向上，流入与流出的气体质量之差为

$$\rho \frac{\partial w_y}{\partial y}\text{d}q_V\text{d}\tau \quad \text{和} \quad \rho \frac{\partial w_z}{\partial z}\text{d}q_V\text{d}\tau$$

因此，在 $d\tau$ 时间整个六面体流入与流出的气体质量之差为以上三项之和。按物质不灭定律和连续性条件，这一差值应等于零，即

$$\rho\left(\frac{\partial w_x}{\partial x} + \frac{\partial w_y}{\partial y} + \frac{\partial w_z}{\partial z}\right)dq_V d\tau = 0$$

但 ρ、dq_V、$d\tau$ 均不等于零，故

$$\frac{\partial w_x}{\partial x} + \frac{\partial w_y}{\partial y} + \frac{\partial w_z}{\partial z} = 0 \tag{2-34}$$

式（2-34）就是不可压缩流体的连续性微分方程式。这是一个运动学的方程，没有力的问题，故对黏性流体与理想流体都是适用的。

2.3.3　理想气体的运动微分方程式

前面导出了气体平衡方程式——式（2-18），这组方程表明气体在静止时，作用于气体上的力在三个坐标轴上的投影均为零。但当气体运动时，力的投影一般则不能为零。设微元体运动速度为 w，根据牛顿第二定律，力等于质量乘以加速度，即

$$\rho dx dy dz \frac{dw}{d\tau}$$

对三个坐标轴分别可得

$$\left.\begin{array}{l} X - \dfrac{1}{\rho}\dfrac{\partial p}{\partial x} = \dfrac{dw_x}{d\tau} \\[2mm] Y - \dfrac{1}{\rho}\dfrac{\partial p}{\partial y} = \dfrac{dw_y}{d\tau} \\[2mm] Z - \dfrac{1}{\rho}\dfrac{\partial p}{\partial z} = \dfrac{dw_z}{d\tau} \end{array}\right\} \tag{2-35}$$

式中，$\dfrac{dw_x}{d\tau}$、$\dfrac{dw_y}{d\tau}$、$\dfrac{dw_z}{d\tau}$ 为各坐标方向的分加速度。

由于气体是连续介质，质点的速度是坐标和时间的连续函数，即

$$w_x = f_x(x, y, z, \tau)$$

质点的加速度是速度的变化率，将上式对时间微分即可得出

$$\frac{dw_x}{d\tau} = \frac{\partial w_x}{\partial \tau} + \frac{\partial w_x}{\partial x}\frac{dx}{d\tau} + \frac{\partial w_x}{\partial y}\frac{dy}{d\tau} + \frac{\partial w_x}{\partial z}\frac{dz}{d\tau}$$

$$= \frac{\partial w_x}{\partial \tau} + w_x\frac{\partial w_x}{\partial x} + w_y\frac{\partial w_x}{\partial y} + w_z\frac{\partial w_x}{\partial z}$$

式中　　　$\dfrac{\partial w_x}{\partial \tau}$——时变加速度，表示速度随时间的变化所产生的加速度的大小；

$w_x\dfrac{\partial w_x}{\partial x} + w_y\dfrac{\partial w_x}{\partial y} + w_z\dfrac{\partial w_x}{\partial z}$——位变加速度，表示从一个空间点迁移到另一空间点速度变化所产生的加速度的大小。

将分加速度的表达式代入式（2-35），可得

$$
\left.
\begin{aligned}
X - \frac{1}{\rho}\frac{\partial p}{\partial x} &= \frac{\partial w_x}{\partial \tau} + w_x\frac{\partial w_x}{\partial x} + w_y\frac{\partial w_x}{\partial y} + w_z\frac{\partial w_x}{\partial z} \\
Y - \frac{1}{\rho}\frac{\partial p}{\partial y} &= \frac{\partial w_y}{\partial \tau} + w_x\frac{\partial w_y}{\partial x} + w_y\frac{\partial w_y}{\partial y} + w_z\frac{\partial w_y}{\partial z} \\
Z - \frac{1}{\rho}\frac{\partial p}{\partial z} &= \frac{\partial w_z}{\partial \tau} + w_x\frac{\partial w_z}{\partial x} + w_y\frac{\partial w_z}{\partial y} + w_z\frac{\partial w_z}{\partial z}
\end{aligned}
\right\}
\tag{2-36}
$$

式（2-35）和式（2-36）都是理想气体运动微分方程式的形式，又称欧拉运动微分方程式，它是牛顿第二定律在气体运动上的表达式。

2.3.4 理想气体的伯努利方程式

运动微分方程式必须积分后，才能用以解决实际问题。伯努利方程式就是欧拉运动微分方程式在稳定流动时的一个积分解。

在稳定流动时，$\frac{\partial w_x}{\partial \tau} = \frac{\partial w_y}{\partial \tau} = \frac{\partial w_z}{\partial \tau} = 0$，因此式（2-36）等号右边第一项均为零。将式（2-35）三个方程式分别乘以同一流线上相邻两点间的距离在各坐标轴上的投影 $\mathrm{d}x$、$\mathrm{d}y$、$\mathrm{d}z$，然后相加，得

$$
(X\mathrm{d}x + Y\mathrm{d}y + Z\mathrm{d}z) - \frac{1}{\rho}\left(\frac{\partial p}{\partial x}\mathrm{d}x + \frac{\partial p}{\partial y}\mathrm{d}y + \frac{\partial p}{\partial z}\mathrm{d}z\right)
$$

$$
= \frac{\mathrm{d}w_x}{\mathrm{d}\tau}\mathrm{d}x + \frac{\mathrm{d}w_y}{\mathrm{d}\tau}\mathrm{d}y + \frac{\mathrm{d}w_z}{\mathrm{d}\tau}\mathrm{d}z
$$

上式等号左边第二项括弧内是压力 p 的全微分，因为 $\frac{\partial p}{\partial \tau} = 0$，即

$$
\frac{\partial p}{\partial x}\mathrm{d}x + \frac{\partial p}{\partial y}\mathrm{d}y + \frac{\partial p}{\partial z}\mathrm{d}z = \mathrm{d}p
$$

因为 $\frac{\partial x}{\partial \tau} = w_x$，$\frac{\partial y}{\partial \tau} = w_y$，$\frac{\partial z}{\partial \tau} = w_z$

所以等号右边三项的和为

$$
\frac{\mathrm{d}w_x}{\mathrm{d}\tau}\mathrm{d}x + \frac{\mathrm{d}w_y}{\mathrm{d}\tau}\mathrm{d}y + \frac{\mathrm{d}w_z}{\mathrm{d}\tau}\mathrm{d}z = w_x\mathrm{d}w_x + w_y\mathrm{d}w_y + w_z\mathrm{d}w_z = \frac{1}{2}\mathrm{d}(w_x^2 + w_y^2 + w_z^2) = \mathrm{d}\left(\frac{w^2}{2}\right)
$$

如果作用在流体上的质量力仅为重力，则 $X = 0$，$Y = 0$，$Z = -g$，则运动微分方程式可写成如下形式

$$
-g\mathrm{d}z - \frac{1}{\rho}\mathrm{d}p = \mathrm{d}\left(\frac{w^2}{2}\right)
$$

$$
g\mathrm{d}z + \frac{1}{\rho}\mathrm{d}p + \mathrm{d}\left(\frac{w^2}{2}\right) = 0
$$

如果流体为不可压缩（$\rho = $ 常数），积分上式得：

$$
gz + \frac{p}{\rho} + \frac{w^2}{2} = 常数
\tag{2-37}
$$

式（2-37）就是不可压缩理想气体在稳定流动时的伯努利方程式。伯努利方程式实质上是能量转换与守恒定律在气体力学中的具体表达式，每一项都代表流动气体所具有的一

种能量，gz 和 $\dfrac{p}{\rho}$ 项的能量意义在气体静力学中已分析过。$\dfrac{w^2}{2}$ 则表示单位质量气体所具有的动能，只要对比物理学中动能 $= \dfrac{1}{2} \times$（质量）$\times$（速度）^{2}，便不难理解。所以伯努利方程式中的三项实际上是单位质量气体所具有的总机械能（位能、压力能、动能之和）。

对于同一微小流束上的任何两点 1 与 2，伯努利方程式可写为

$$z_1 + \frac{p_1}{\rho g} + \frac{w_1^2}{2g} = z_2 + \frac{p_2}{\rho g} + \frac{w_2^2}{2g}$$

即

$$\rho g z_1 + p_1 + \frac{\rho w_1^2}{2} = \rho g z_2 + p_2 + \frac{\rho w_2^2}{2} \tag{2-38}$$

2.3.5　黏性气体的运动微分方程式

前面是把气体看作理想气体，导出了欧拉运动微分方程式，但黏性的作用往往是不可忽视的，例如当气体沿着固体壁面流动时，在靠近壁面的附面层内，黏性不能忽略。

对于不可压缩的气流，在考虑黏性力（包括切应力和拉应力）的情况下，最终建立的运动微分方程式如下

$$\left.\begin{array}{l} X - \dfrac{1}{\rho}\dfrac{\partial p}{\partial x} + \dfrac{\mu}{\rho}\left(\dfrac{\partial^2 w_x}{\partial x^2} + \dfrac{\partial^2 w_x}{\partial y^2} + \dfrac{\partial^2 w_x}{\partial z^2}\right) = \dfrac{\mathrm{d}w_x}{\mathrm{d}\tau} \\[3mm] Y - \dfrac{1}{\rho}\dfrac{\partial p}{\partial y} + \dfrac{\mu}{\rho}\left(\dfrac{\partial^2 w_y}{\partial x^2} + \dfrac{\partial^2 w_y}{\partial x^2} + \dfrac{\partial^2 w_y}{\partial x^2}\right) = \dfrac{\mathrm{d}w_y}{\mathrm{d}\tau} \\[3mm] Z - \dfrac{1}{\rho}\dfrac{\partial p}{\partial z} + \dfrac{\mu}{\rho}\left(\dfrac{\partial^2 w_z}{\partial x^2} + \dfrac{\partial^2 w_z}{\partial y^2} + \dfrac{\partial^2 w_z}{\partial z^2}\right) = \dfrac{\mathrm{d}w_z}{\mathrm{d}\tau} \end{array}\right\} \tag{2-39}$$

式（2-39）又称纳维-斯托克斯（Navier-Stokes）方程（简写作 N-S 方程）。它和连续性方程合在一起，原则上说四个方程可以解出四个未知数（p、w_x、w_y、w_z），但在实际应用中，解这些方程在数学上仍是比较困难的，只有个别情况可以得出近似解。

2.3.6　实际流体的伯努利方程式

欧拉运动微分方程式积分以后得到伯努利方程式，但这时没有考虑黏性力的作用，而实际气体是有黏性的，这就需要对伯努利方程式进行修正。

由于黏性力表现为流动中的摩擦阻力，气体为了克服这些阻力，就会有部分机械能变为热能，成为不可恢复的能量损失。为此要在伯努利方程式的下游截面一侧增加一项单位重量气体损失的能量 h_w，即

$$\left.\begin{array}{l} z_1 + \dfrac{p_1}{\rho g} + \dfrac{w_1^2}{2g} = z_2 + \dfrac{p_2}{\rho g} + \dfrac{w_2^2}{2g} + h_w \\[3mm] \rho g z_1 + p_1 + \dfrac{\rho w_1^2}{2} = \rho g z_2 + p_2 + \dfrac{\rho w_2^2}{2} + \Delta p_w \end{array}\right\} \tag{2-40}$$

或

式中　Δp_w——单位体积气体损失的能量，$\Delta p_w = \rho g h_w$（Pa）。

上式就是实际气体流动的伯努利方程式，它也适用于液体流动的分析与计算。上式用

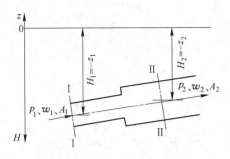

图 2-11　不同截面能量守恒

于计算时，高度的基准面通常取在系统的下面。

以上分析的是一种气体在流动过程中各种能量的关系，对于炉子系统，由于炉外大气对炉内气体的作用，因此还要分析炉内气体在大气影响下各种相对能量间的关系。

设图 2-11 的管道内流过的是密度为 ρ 的热气体，外面是密度为 ρ' 的静止大气。为方便起见，将高度 z 和深度 H 的两个基准面重合，并取在系统的上面，z 向上为正，H 向下为正。现在就 I - I、II - II 截面写出伯努利方程式如下：

管道内
$$\rho g z_1 + p_1 + \frac{\rho w_1^2}{2} = \rho g z_2 + p_2 + \frac{\rho w_2^2}{2} + \Delta p_{\mathrm{w}}$$

管道外 $\rho' g z_1 + p_1' = \rho' g z_2 + p_2'$（因为大气是静止的，故 $w_1' = w_2' = 0$）

两式相减，并注意 $H = -z$，$p_{\mathrm{g}} = p - p'$，可得

$$H_1(\rho' - \rho)g + p_{\mathrm{g}1} + \frac{\rho w_1^2}{2} = H_2(\rho' - \rho)g + p_{\mathrm{g}2} + \frac{\rho w_2^2}{2} + \Delta p_{\mathrm{w}} \qquad (2\text{-}41)$$

上式中的 $\frac{\rho w^2}{2}$ 是管内外气体的动能之差，即为单位体积热气体所具有的相对动能，称为动压头，用符号 $h_{动}$ 表示，$h_{动} = \frac{\rho w^2}{2}$（Pa）。上式若用压头表示，可表达为

$$h_{位1} + h_{静1} + h_{动1} = h_{位2} + h_{静2} + h_{动2} + \Delta p_{\mathrm{w}} \qquad (2\text{-}41\text{a})$$

式（2-41）就是冷、热两种气体并存时的伯努利方程式，又称气体的压头方程式。它表明，对于热气体管流，由于流动产生压头损失（Δp_{w}），气体的总压头（位压头、静压头和动压头三者之和）沿流程不断减少。在流动过程中，各种压头可以相互转换，但压头损失只能由动压头转换并转变为热能而损耗掉，损失的动压头则由静压头或位压头来补充。

式（2-41）常用于工业炉烟道、烟囱、热风管以及煤气管的分析与计算。由于实际气体在管道截面上的速度分布是不均匀的，为了简化计算，工程上通常用平均流速 w 来计算动压头，即 $w = \frac{q_{\mathrm{V}}}{A}$，式中 q_{V} 为气体的体积流量，A 为管道的流通截面。

例 2-5　某炉的热风管一端与换热器相连，另一端通往烧嘴（见图 2-12）。热风管垂直段高 10m，热空气平均温度为 400℃，车间空气温度为 20℃。I - I 截面处的静压头 $p_{\mathrm{g}1} = 250\mathrm{mmH_2O}$，II - II 截面处的静压头 $p_{\mathrm{g}2} = 200\mathrm{mmH_2O}$，求 I - I 至 II - II 这段热风管的压头损失。

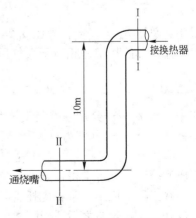

图 2-12　例 2-5 示意图

解　就 I - I 和 II - II 截面写出伯努利方程式

$$H_1(\rho' - \rho)g + p_{g1} + \frac{\rho w_1^2}{2} = H_2(\rho' - \rho)g + p_{g2} + \frac{\rho w_2^2}{2} + \Delta p_w$$

由于管径不变，$w_1 = w_2$，$\dfrac{\rho w_1^2}{2} = \dfrac{\rho w_2^2}{2}$

设基准面取在Ⅰ-Ⅰ截面的水平中心线，则 $H_1 = 0$，$H_2 = 10\text{m}$

根据题设的温度，求出密度 ρ' 及 ρ

$$\rho' = 1.293 \frac{1}{1 + \dfrac{20}{273}} = 1.2 \quad (\text{kg/m}^3)$$

$$\rho = 1.293 \frac{1}{1 + \dfrac{400}{273}} = 0.53 \quad (\text{kg/m}^3)$$

所以　　　$\Delta p_w = p_{g1} - p_{g2} - H_2(\rho' - \rho)g$

　　　　　　$= 250 \times 9.81 - 200 \times 9.81 - 10(1.20 - 0.53) \times 9.81 = 425 \quad (\text{Pa})$

由上例可见，摩擦损耗了一部分静压头，此外因为管内是热气体流动，它有上浮的趋势，当热气体自上而下流动时，会使一部分静压头转变成流动中所增加的位压头 $H_2(\rho' - \rho)g$。因此，可以得出这样的结论，当热气体自上而下流动时，位压头阻碍气体流动，会使气体的静压头降低；当热气体自下而上流动时，位压头起着帮助气体流动的作用，使静压头增加。这一点在安置热风管道时应予以注意。

2.3.7　伯努利方程的应用

伯努利方程应用得非常广泛，以下就有关流速、流量的测量为例，说明其应用。

2.3.7.1　皮托管

端部开口且弯成直角的测管（见图 2-13），叫皮托管。它的测量原理如下：直角管的一端开口 A 面向来流，另一端与 U 形管测压计相接。A 端形成一驻点，驻点处的压力 p_A 称为总压，即等于 A 点未放置皮托管时气流静压与动压之和。另一方面，驻点上游的 B 点未受测管影响，且和 A 点位于同一水平流线上，应用伯努利方程，则有

$$0 + \frac{p_B}{\rho} + \frac{w_B^2}{2} = 0 + \frac{p_A}{\rho} + 0$$

式中，总压 $p_A = \rho_1 g h_1$，静压 $p_B = \rho_1 g h_2$，p_B 由垂直于气流方向的测孔（静压管）测出。图中的总压和静压都是相对于大气压的表压值。故 B 点流速为

$$w_B = \sqrt{\frac{2(p_A - p_B)}{\rho}} = \sqrt{\frac{2g\rho_1(h_1 - h_2)}{\rho}} \tag{2-42}$$

式中　ρ，ρ_1——分别为被测气体和 U 形管测液的密度，kg/m^3；

　　　h_1，h_2——分别为总压和静压的测液液柱高度，m。

事实上，A 点测到的总压是与未受扰动的 B 点的总压相同的，因此，只要测得某点的总压和静压，就可求得该点的流速。

在工程应用中，常将皮托管和静压管组合成一件，如图 2-14 所示，环形静压管包围着皮托管，在管头之后适当距离的外壁四周有几个静压孔。将动压管的两个通路分别接于差压计的两端，此时测出的为总压与静压之差，即为测点的动压头，如图 2-13 所示，$h = h_1 - h_2$，故

$$w_B = \sqrt{\frac{2g\rho_1 h}{\rho}} \qquad (2-43)$$

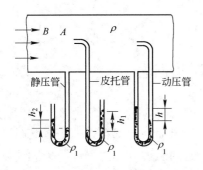

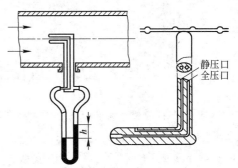

图 2-13　皮托管的三种压力测量　　　　　　图 2-14　皮托管和静压管的组合

2.3.7.2　文丘里管

文丘里管用于管道中的流量测量，它是由收缩段和扩张段所组成（见图 2-15）。在入口前的直管段截面 1-1 和截面 2-2 之间测得静压差，根据静压差和两个已知的截面积，就可以计算管道的流量。设 1-1、2-2 截面上的流速和截面积分别为 w_1、A_1 和 w_2、A_2，根据理想流体的伯努利方程

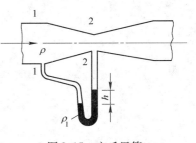

图 2-15　文丘里管

$$\frac{p_1}{\rho} + \frac{w_1^2}{2} = \frac{p_2}{\rho} + \frac{w_2^2}{2}$$

以及连续方程（2-33）　　　　　　$w_1 = \dfrac{A_2}{A_1} w_2$

得截面 2-2 上的流速为

$$w_2 = \sqrt{\frac{2(p_1 - p_2)}{\rho\left[1 - \left(\dfrac{A_2}{A_1}\right)^2\right]}} \qquad (2-44)$$

通过文丘里管的体积流量　　$q_V = A_2 \sqrt{\dfrac{2(p_1 - p_2)}{\rho\left[1 - \left(\dfrac{A_2}{A_1}\right)^2\right]}}$

如果静压差 $(p_1 - p_2)$ 用测液液柱高度 h 表示，$(p_1 - p_2) = (\rho_1 - \rho)gh$，以及考虑到流体黏性引起的流动损失，上式还应乘上修正系数 μ，故

$$q_V = \mu A_2 \sqrt{\frac{2gh(\rho_1 - \rho)}{\rho\left[1 - \left(\dfrac{A_2}{A_1}\right)^2\right]}} \qquad (2-45)$$

式中　μ——文丘里管的流量修正系数，其值由实验确定，一般 $\mu \approx 0.98$；

　　　h——U 形管测液的液柱高度，m；

　　ρ，ρ_1——分别为被测流体和 U 形管测液的密度，kg/m^3；

　A_1，A_2——分别为直管段和文丘里管喉部的流通截面，m^2。

当被测流体为气体时，因 $\rho_1 - \rho \approx \rho_1$，则有

$$q_V = \mu A_2 \sqrt{\dfrac{2gh\rho_1}{\rho\left[1 - \left(\dfrac{A_2}{A_1}\right)^2\right]}} \tag{2-46}$$

2.4　气体流动时的压头损失

气体由于有黏性，在流动过程中要产生阻力。一部分阻力是由于气体本身的黏性及其与管壁的摩擦所造成，称为摩擦阻力。而且这种阻力沿流动路程都存在，所以又叫沿程阻力。另一部分是由于气流方向的改变或速度的突变引起的阻力，称为局部阻力。气体流动要克服阻力，就必须做功，因此要消耗部分能量，造成压头损失。

在上一节讨论伯努利方程时，已经指出压头损失只产生在气体流动的时候，如果气体静止不动，就没有损失可言。所以压头损失的大小和气体的动压头成正比，即

$$\Delta p_w \propto \dfrac{\rho w^2}{2}$$

或

$$\left.\begin{array}{l} \Delta p_w = K\dfrac{\rho w^2}{2} \\[3mm] h_w = K\dfrac{w^2}{2g} \end{array}\right\} \tag{2-47}$$

如果式（2-47）中的速度 w 和密度 ρ 都用标准状态下的速度 w_0 和密度 ρ_0 来表示，则式（2-47）可改写为

$$\left.\begin{array}{l} \Delta p_w = K\dfrac{\rho_0 w_0^2}{2}(1 + \beta t)\dfrac{p_0}{p_t} \\[3mm] h_w = K\dfrac{w_0^2}{2g}(1 + \beta t)\dfrac{p_0}{P_t} \end{array}\right\} \tag{2-47a}$$

式中，K 称为阻力系数，它和气体流动的性质、管道的几何形状及表面状况等许多因素有关，除少数情况下可以进行理论分析外，大多数 K 值都是通过实验测定的。

2.4.1　流动的两种型态

英国科学家雷诺（O. Reynolds）1883 年通过一个著名的实验，发现了流体流动的两种不同型态，其装置原理如图 2-16 所示。水箱 1 中的水经由圆玻璃管 2 流出，速度可由阀 3 调节。在玻璃管的进口处有一股由墨水瓶 5 引出经细管 4 流出的墨水。开始，当水的流量不大时，2 中水的流速较小，墨水在水中成

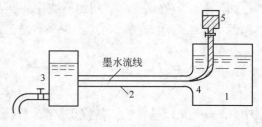

图 2-16　层流紊流实验

一直线，管中的水流都是沿轴向流动，这种流动称为层流。如果继续加大水的流量，由于管道截面不变，则玻璃管内水的流速增大。当达到某一流速时，墨水不能再保持直线运

动，开始发生脉动。流速继续增大，墨水将在前进的过程中很快与水混在一起，不再有明显的界限，显示流动的性质已发生改变，流体的质点已不是平行的运动，而是不规则紊乱的运动，这种流动型态称为紊流或湍流。

根据以不同的流体和不同的管径所获得的实验结果，证明支配流体流动性质的因素，除流体的流速 w 外，还有流体流过的管径 d、流体的密度 ρ、流体的黏度 μ。并且提出以上述四个因素所组成的无量纲特征数 $\dfrac{w\rho d}{\mu}$ 作为判定流动性质的依据，这个特征数称之为雷诺数，用符号 Re 表示，即

$$Re = \frac{\rho wd}{\mu} = \frac{wd}{\nu} \tag{2-48}$$

根据雷诺和许多研究工作者的实验，在截面为圆形表面光滑的管道中，$Re < 2100$ 时，流动是层流，而 $Re > 2300$ 时，流动是紊流。用人工的方法也可以使 Re 大于 2300 的情况下保持层流流动，但是这种层流不稳定，只要某处发生扰动，便立刻变成紊流。由层流转变为紊流往往经过一个过渡阶段，称为临界状态，$Re = 2300$ 叫做雷诺数的临界值。但这个临界值并不是固定不变的，而是与许多条件有关，特别是流体的入口情况和管壁的粗糙度等。例如当入口处是光滑的圆形入口时，Re 的临界值大约为 4000。

由于流动型态的不同，管内流体速度的分布情况也随之而异，如图 2-17 所示。层流时流体的速度沿管的断面按抛物面的规律分布，管中心的速度最大，沿抛物面渐近管壁，则速度逐渐减小以至于零，其平均速度为管中心最大速度的一半，即

$$\overline{w} = \frac{1}{2} w_{max}$$

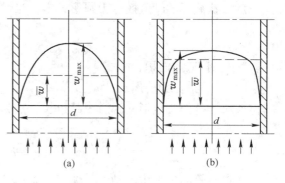

(a)   (b)

图 2-17 管内流速的分布
（a）层流；（b）紊流

圆管中紊流的速度分布也为一曲面，与抛物面相似，但顶端稍宽。由于在紊流中流体质点无规律的脉动，其速度在大小和方向上时时变化，我们只能取一定时间间隔的速度统计平均值作为平均流速。在十分稳定的紊流中，其平均速度与中心最大速度的关系为

$$\overline{w} = (0.82 \sim 0.86) w_{max}$$

2.4.2 边界层理论

实际流体由于具有黏性，当流体刚开始流过壁面时，紧贴表面的速度为零，在接近壁面处有一层速度急剧降低的薄层，层内流动保持层流状态，称为层流边界层。层内速度梯度很大，且接近于常数。层流边界层的厚度与流股核心的紊乱程度有关，紊动越激烈，边界层越薄，即边界层厚度与 Re 成反比。流体继续沿壁向前流动，边界层逐渐加厚，边界层内流体流动的性质开始转变为紊流，在此区域紊流程度不断增强，发展到完全的紊流流动，这时的边界层称为紊流边界层。但即使在紊流边界层中，在紧靠壁表面那一薄层中，

流动仍然保持层流，称为层流底层。在层流底层和紊流区之间又有一过渡层（见图2-18）。边界层的存在，对传热过程有重大的影响，以后将讨论这个问题。

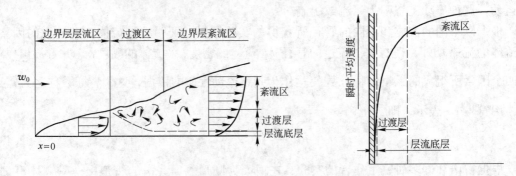

图2-18　靠近壁管区域内紊流的速度分布

上述速度分布情况是指流体的流动情况已趋稳定而言。流体在进入管道后须经过一定距离才能达到稳定。对于紊流，这一段流经的直管距离约为管道直径的 20～40 倍。同时上述速度分布规律，只是在等温状态下才是正确的，而且稳定不变。

如果流体流过的管道截面不是圆形，则上述雷诺数中的 d 需要用当量直径 $d_{当}$ 来代替，即把任意形状截面的管道换算为圆形管道。当量直径的计算公式如下：

$$d_{当} = \frac{4A}{S} \tag{2-49}$$

式中　A——管道截面积，m^2；
　　　S——管道截面的周长，m。

例如对于截面为矩形的管道，其边长分别为 a 和 b，则当量直径为

$$d_{当} = \frac{4ab}{2(a+b)} = \frac{2ab}{a+b}$$

又如在套管的环隙中流动的气体，若 d_1 为内管外径，d_2 为外管内径，则当量直径为

$$d_{当} = \frac{4(A_{外} - A_{内})}{S_{外} + S_{内}} = d_2 - d_1$$

当量直径的概念应用很广，不仅在决定雷诺数时，在其他热工计算中也常用到。

例 2-6　温度为 1100℃ 的热空气通过断面为 $(1.5 \times 1.0)\,m^2$ 的矩形管道，设空气标准状态的流速为 10m/s，管道内的流动属于层流还是紊流？

解　判断流动属于何种型态，需先计算 Re 值。对于高温气体

$$Re = \frac{\rho_t w_t d}{\mu_t} = \frac{w_0(1 + \beta t)\rho_0 \dfrac{1}{1 + \beta t} d}{\mu_t} = \frac{\rho_0 w_0 d}{\mu_t}$$

先求 1100℃ 时空气的黏度 μ_t，根据式（2-16）和表 2-1 有

$$\mu_t = \mu_0\left(\frac{273 + C}{T + C}\right)\left(\frac{T}{273}\right)^{3/2} = 0.0000172\left(\frac{273 + 122}{1373 + 122}\right)\left(\frac{1373}{273}\right)^{3/2}$$

$$= 0.00005125 \quad (\text{N} \cdot \text{s/m}^2)$$

$$\rho_0 = 1.293\,\text{kg/m}^3$$

由于管道断面不是圆形，根据式（2-49）折算为当量直径

$$d_{当} = \frac{2ab}{a+b} = \frac{2 \times 1.5 \times 1}{1.5 + 1} = 1.2 \quad (\text{m})$$

$$Re = \frac{1.2 \times 10 \times 1.293}{5.125 \times 10^{-5}} = 3.03 \times 10^5$$

Re 值远大于 2300，所以管内流动属于紊流。

2.4.3 摩擦阻力

气体在流动过程中，气体与管道壁摩擦以及气体内部由此造成的内摩擦作用，形成了对气体流动的阻力。为了保持气体以原有的速度流动，必须消耗气体所具有的机械能。现在考察气体在直管中的摩擦阻力，取一段直管进行受力的分析（见图2-19）。

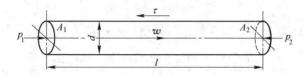

图 2-19　直管阻力的分析

作用在左端截面的力为 $p_1 A_1 = p_1 \dfrac{\pi d^2}{4}$，作用在右端截面的力为 $p_2 A_2 = p_2 \dfrac{\pi d^2}{4}$，管内气体与管壁的摩擦力 $F = \tau \pi dl$（τ 是单位面积上的摩擦力）。

由于作用于一个匀速运动系统上的外力之和为零，可写出力的平衡式为

$$p_1 \frac{\pi d^2}{4} + \left(-p_2 \frac{\pi d^2}{4} \right) + (-\tau \pi dl) = 0$$

或
$$(p_1 - p_2)d - 4\tau l = 0$$

另外，设 $\Delta p_{w摩}$ 为直管的摩擦阻力，由伯努利方程得 $p_1 - p_2 = \Delta p_{w摩}$，与上式联立，可得

$$\Delta p_{w摩} = \frac{4\tau l}{d} = \frac{4l}{\rho w^2/2} \frac{l}{d} \frac{\rho w^2}{2} = \frac{8\tau}{\rho w^2} \frac{l}{d} \frac{\rho w^2}{2}$$

令
$$\lambda = \frac{8\tau}{\rho w^2}$$

则
$$\Delta p_{w摩} = \lambda \frac{l}{d} \frac{\rho w^2}{2} \tag{2-50}$$

式（2-50）是摩擦阻力损失的计算公式，式中 λ 称为摩擦阻力系数，是雷诺数与管壁粗糙度的函数，其数值可由实验测定。

层流流动时的摩擦阻力系数与 Re 有下列关系：

$$\lambda = \frac{A}{Re} \tag{2-51}$$

对于圆形管道，式（2-51）中的常数 $A=64$；对于非圆形管道，常数 A 视管道截面形状而异，其数值如表 2-2 所示。

表2-2　非圆形管道的常数 A

管道截面形状	当量直径	常数 A
正方形，边长为 a	a	57
等边三角形，边长为 a	0.58a	53
环隙形，宽度为 b	2b	96
长方形，边长 a = 0.5b	1.33a	62

层流流体只有靠近管壁的一层与管壁接触，其速度为零。而整个流动系平行流动，气流核心部分并不与管壁接触，所以层流时不论管壁粗糙度如何，对摩擦阻力没有影响。

紊流时的摩擦阻力系数可以用下列公式

$$\lambda = \frac{A}{Re^n} \tag{2-52}$$

式中，n 和 A 都是根据实验确定的常数，与管壁的粗糙度有关，其值可由表2-3查出。

表2-3　不同管道的 A、n 和 λ 的数值

管　道	光滑的金属管道	表面粗糙的金属管道	砖砌管道
A	0.32	0.129	0.175
n	0.25	0.12	0.12
λ	0.025	0.035～0.045	0.05

加热炉上的气体输送基本上都是紊流，由于管径（或烟道截面）很大，管壁的粗糙度对摩擦阻力系数的影响不很大，所以以上公式计算结果具有足够的精确度。

例2-7　炉子的供风系统如图 2-20 所示。已知各段长度：$AB = 2\text{m}$，$BC = 5\text{m}$，$CD = 20\text{m}$，$DE = 2\text{m}$，$EF = 3\text{m}$。总风管 AB-CD 的直径 $D = 0.435\text{m}$，支管 DEF 的直径 $d = 0.25\text{m}$。空气温度 $t = 20℃$，标准状态空气流量 $q_{v_0} = 5335\text{m}^3/\text{h}$。管道是粗糙的金属

图 2-20　例2-7 炉子供风系统示意图

管道。当地大气压力为 600mmHg，求空气由 A 点流至 F 点的总摩擦阻力为多少（设管道的 $\lambda = 0.045$）？

解　先分别计算总管与分管中的摩擦阻力：

（1）总管 $ABCD$ 摩擦阻力的计算

总管截面积 $A_总$ 等于

$$A_总 = \frac{\pi D^2}{4} = \frac{3.14 \times 0.435^2}{4} = 0.149 \quad (\text{m}^2)$$

总管内空气的标准状态流速 $w_总$ 等于

$$w_总 = \frac{q_{v_0}}{3600 A_总} = \frac{5335}{3600 \times 0.149} = 9.95 \quad (\text{m/s})$$

所以总管的摩擦阻力为

$$\Delta p_{\text{w总}} = \lambda \frac{L_{\text{总}}}{D} \frac{\rho_0 w_{\text{总}}^2}{2} (1 + \beta t) \frac{p_0}{p_t}$$

$$= 0.045 \times \frac{2 + 5 + 20}{0.435} \times \frac{1.293 \times 9.95^2}{2} \times \left(1 + \frac{20}{273}\right) \times \frac{760}{600}$$

$$= 243.0 \quad (\text{Pa})$$

（2）支管 *DEF* 摩擦阻力的计算

支管截面积 $A_{\text{支}}$ 等于

$$A_{\text{支}} = \frac{\pi d^2}{4} = \frac{3.14 \times 0.25^2}{4} = 0.049 \quad (\text{m}^2)$$

设空气流入支管 *DEF* 及 *DGH* 的流量均等，则流经每边的标准状态流量为

$$\frac{1}{2} q_{v_0} = \frac{5335}{2} = 2667.5 \quad (\text{m}^3/\text{h})$$

则支管内空气的标准状态流速为

$$w_{\text{支}} = \frac{1/2 q_{v_0}}{3600 A_{\text{支}}} = \frac{2667.5}{3600 \times 0.049} = 15.12 \quad (\text{m/s})$$

支管的摩擦阻力为

$$\Delta p_{\text{w支}} = \lambda \frac{L_{\text{支}}}{d} \frac{\rho_0 w_{\text{支}}^2}{2} (1 + \beta t) \frac{p_0}{p_t}$$

$$= 0.045 \times \frac{2 + 3}{0.25} \times \frac{1.293 \times 15.12^2}{2} \times \left(1 + \frac{20}{273}\right) \times \frac{760}{600}$$

$$= 180.8 \quad (\text{Pa})$$

（3）由 *A* 至 *F* 的总摩擦阻力等于

$$\sum \Delta p_{\text{W摩}} = \Delta p_{\text{W总}} + \Delta p_{\text{W支}} = 243.0 + 180.8 = 423.8 \quad (\text{Pa})$$

2.4.4 局部阻力

气体流过管道除了沿程摩擦阻力以外，在流经转弯、扩张、收缩、阀门等处时，由于流速或方向突然发生变化，而造成气体与管壁的碰撞，及气体质点之间相互的冲撞，这时产生局部阻力。局部阻力造成的能量损失用式（2-47）计算，其中阻力系数 *K* 值从理论上推导是较困难的，除个别情况外，绝大多数局部阻力系数是通过实验方法确定的。

2.4.4.1 突然扩张

气体由截面积 A_1 的小管突然流入截面积 A_2 的大管（见图2-21）时，气体通过突然扩张的管道，由于惯性的作用，气体质点不可能突然转弯，这样就在死角处形成了漩涡区。漩涡区与气流主体之间有质量交换，主流中有新的质点进入漩涡区，漩涡区的气体不断被主流带走，在这个运动过程中要发生冲击和摩擦并消耗能量。在漩涡区内，气体由于自身的黏度，运动中要克服摩擦力也要消耗能量。此外，在窄管内的气流速度大，突然扩张以后气流速度减慢会发生冲撞，也要消耗一部分能量。综合这些原因，就不难理解为什么管道突然扩张时会产生局部阻力，引起压头的损失。

突然扩张的阻力系数 K 可以从理论上推导，与实验的结果也相符。其计算式为对应于速度 w_1 时（即采用小管中速度 w_1 时）

$$K = \left(1 - \frac{A_1}{A_2}\right)^2 \tag{2-53}$$

对应于速度 w_2 时（即采用大管中速度 w_2 时）

$$K = \left(\frac{A_2}{A_1} - 1\right)^2 \tag{2-54}$$

把突然扩张的管道改为逐渐扩张的管道，可以减小压头损失（见图 2-22）。这种管叫扩张管，工业上常用它来把动压头转变为静压头（降低流速）。

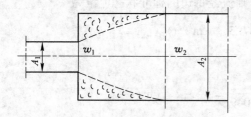 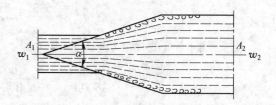

图 2-21　突然扩张的管道　　　　　图 2-22　逐渐扩张的管道

2.4.4.2　突然收缩

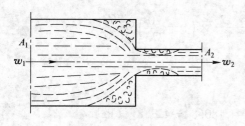

图 2-23　突然收缩的管道

当气流通过突然收缩的管道（见图 2-23），由于气流的突然变形，也将发生能量的损失。和上述突然扩张的情况一样，气流不是沿着收缩管道的断面流动，当进入窄管时，由于惯性的作用，气流将继续收缩到一个最小的截面，然后又开始扩张。由图 2-23 可见，在大管道的死角处和窄管开始的部位都出现漩涡区，这样就会由于摩擦作用和冲击引起压头损失。显而易见，如果管道突然收缩口的边缘不是尖锐的直角，而是改为圆滑的流线型，将大大减小所造成的压头损失。

突然收缩时的局部阻力系数 K 与两截面面积的比值 A_2/A_1 有关，其数值见表 2-4。

表 2-4　突然收缩时的局部阻力系数

A_2/A_1	0.01	0.1	0.2	0.3	0.4	0.5	0.6	0.7	0.8	0.9
K	0.45~0.5	0.44	0.42	0.38	0.34	0.29	0.25	0.20	0.15	0.07

如果把突然收缩的管道代之以逐渐收缩，这时压头损失将减小。

2.4.4.3　气流改变方向

气流改变方向时，在转弯处也产生局部阻力，如图 2-24 所示。这时压头的损失是由于气流与端壁的正面碰撞，损失了原有全部动压头；在转弯处产生漩涡也要消耗部分能量；转弯后有一个缩流，为了使气流能通过最小的缩流断面，就要增加动

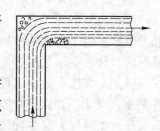

图 2-24　气流改变方向

能；通过缩流断面后发生冲击时还要损失一部分压头。

转弯造成局部阻力，其阻力系数 K 的数值可查表2-5。

表2-5 转弯阻力系数 K 的数值

转弯角度/(°)	阻力系数 K	
	光滑管壁	粗糙管壁
5	0.02	0.03
10	0.03	0.04
15	0.04	0.06
30	0.13	0.17
45	0.24	0.32
60	0.47	0.58
90	1.13	1.20

如果把直角改为圆角，可以显著减少压头损失，甚至使阻力小到可以忽略的程度。管道的弯曲度对 K 值的影响见表2-6，其中 R 表示转弯的曲率半径，d 表示管子的直径。

表2-6 90°圆弯的局部阻力系数 K

d/R	0.25	0.4	0.6	0.8	1.0	1.2	1.4
K	0.131	0.14	0.16	0.206	0.294	0.440	0.660

把一个急转90°角的管道改为两个45°的弯子（见图2-25），也可以减少局部阻力损失。或者在管道内安装导向叶片，这时的局部阻力系数只相当于没有叶片时的40%～60%。

2.4.4.4 三通管

管道系统还常有各种三通管（见图2-26），其阻力系数 K 值如图2-26所示。

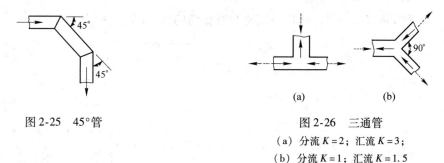

图2-25 45°管

图2-26 三通管
（a）分流 $K=2$；汇流 $K=3$；
（b）分流 $K=1$；汇流 $K=1.5$

2.4.4.5 闸阀

闸阀如图2-27所示，闸阀的阻力系数 K 值见表2-7。

其他一些比较复杂和特殊的局部阻力系数值需要参看专门的书籍或手册。

由上述可知，不论摩擦阻力或局部阻力，压头损失的大小和速度的平方成正比。为了减少压头损失，在不影响传热和其他工艺要求的前提下，

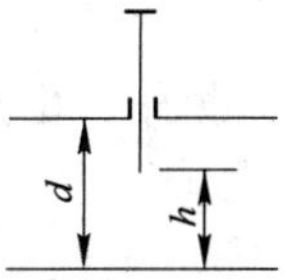

图2-27 闸阀

不要增大气体流速。

表 2-7　闸阀的局部阻力系数 K

$(d-h)/d$	0	1/8	2/8	3/8	4/8	5/8	6/8	7/8
K	0.00	0.07	0.26	0.81	2.06	5.52	17.0	97.8

2.4.5　管道计算

管道系统通常是由不同管段、阀件以及管件（如弯头、三通、异径管）等所组成的。根据不同的连接方式，它可以分为简单管道和复杂管道。前者是指串联管道和并联管道，计算比较简单；后者是指管网，计算比较麻烦，通常采用迭代方法。

管道计算的内容是求气体在管道中的流动损失、可能达到的流量和选用多大的管径等。计算目的是为选用风机、确定设备的布置等提供依据。下面介绍简单管道的计算方法。

2.4.5.1　串联管道

由不同直径管段依次首尾连接起来的管道，称为串联管道（见图 2-28）。当管道无泄漏时，串联管道各段的流量相等。

$$q_m = q_{m_1} = q_{m_2} = \cdots = \rho_1 q_{V_1} = \rho_2 q_{V_2} = \cdots \tag{2-55}$$

$$q_V = q_{V_1} = q_{V_2} = \cdots = w_1 A_1 = w_2 A_2 = \cdots \tag{2-55a}$$

另外，串联管道的总阻力等于各段阻力之和。

$$\sum h_W = \sum_{i=1}^{n} \left(h_{W摩i} + \sum h_{W局i} \right) = \sum_{i=1}^{n} \left[\left(\lambda_i \frac{l_i}{d_i} + \sum K_i \right) \frac{w_i^2}{2g} \right] \tag{2-56}$$

2.4.5.2　并联管道

不同管段并列连接而成的管道，称为并联管道（见图 2-29）。由于各支管在节点 A 和 B 分别具有相同的压力值，所以各支管具有相同的压力降

$$\Delta p_1 = \Delta p_2 = \cdots = \Delta p_{AB} \tag{2-57}$$

图 2-28　串联管道　　　　　　　　　　图 2-29　并联管道

由伯努利方程可知，各支管的压力降等于其阻力损失，因此各支管的阻力损失也相等

$$h_{w1} = h_{w2} = \cdots = h_{wAB} \tag{2-57a}$$

另外，由连续方程可知，并联管路的总流量等于各支管流量之和

$$q_m = q_{m_1} + q_{m_2} + \cdots + q_{m_n} = \sum_{i=1}^{n} q_{m_i} = \sum_{i=1}^{n} (\rho_i q_{V_i}) \tag{2-58}$$

对于不可压缩气体，有

$$q_V = \sum_{i=1}^{n} q_{V_i} \qquad (2\text{-}58a)$$

应用式（2-57）及式（2-58），就能求解并联管道问题。

2.5 气体的流出

冶金生产中有一些气体流出的现象，如气体通过孔口及缝隙的流出，炉门溢气等。解决气体的流出问题也是伯努利方程的具体应用。

气体的流出分两种情况：（1）流动的初始压力不大，气体可视为不可压缩的；（2）流动的初始压力较大，气体密度的变化不能忽略。

2.5.1 不可压缩气体的流出

如图 2-30 所示，密度为 ρ 的气体通过截面为 A 的小孔流出。由于惯性作用，气体流股会发生收缩，形成一个最小的截面，这种现象称为缩流。流股最小截面 A_2 与孔口截面 A 的比值称为缩流系数 ε，即

$$\varepsilon = \frac{A_2}{A} \qquad (2\text{-}59)$$

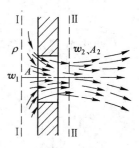

图 2-30 缩流

设 II - II 截面选在流股收缩的最小断面处，就 I - I 和 II - II 两个截面写出伯努利方程式：

$$\frac{p_1}{\rho} + \frac{w_1^2}{2} = \frac{p_2}{\rho} + \frac{w_2^2}{2}$$

由于容器很大，W_1 相对很小，可以认为 $W_1 \approx 0$；在截面 A_2 处速度最大，静压力最小，可认为 $P_2 = P_a$（大气压力），则可得流速和流量：

$$w_2 = \sqrt{\frac{2(p_1 - p_a)}{\rho}}$$

$$q_V = A_2 w_2 = A_2 \sqrt{\frac{2(p_1 - p_a)}{\rho}}$$

将式（2-59）代入上式，得到气体通过小孔的流量：

$$q_V = \varepsilon A \sqrt{\frac{2(p_1 - p_a)}{\rho}} \qquad (2\text{-}60)$$

如果气流通过的是一段边缘尖锐的管嘴（见图 2-31），这时在进入管嘴时产生突然收缩的局部阻力。忽略管嘴的摩擦阻力，就 I - I 和 III - III 两截面写出伯努利方程式

$$p_1 = p_a + \frac{\rho w_3^2}{2} + K\frac{\rho w_3^2}{2}$$

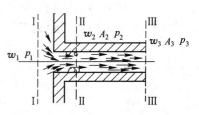

图 2-31 突然收缩产生的局部阻力

得
$$w_3 = \frac{1}{\sqrt{1+K}}\sqrt{\frac{2(p_1 - p_a)}{\rho}}$$

或
$$w_3 = \varphi\sqrt{\frac{2(p_1 - p_a)}{\rho}}$$

式中，$\varphi = \dfrac{1}{\sqrt{1+K}}$，称为速度系数。当入口处 $K = 0.5$ 时，$\varphi = 0.82$。

所以通过边缘尖锐的管嘴的实际流量为

$$q_V = \varphi A_3\sqrt{\frac{2(p_1 - p_a)}{\rho}} \tag{2-61}$$

如果将边缘尖锐的管嘴改为圆滑的入口（见图 2-32），阻力可以忽略，这时流量为

$$q_V = A_2\sqrt{\frac{2(p_1 - p_a)}{\rho}} \tag{2-62}$$

如果将图 2-32 的管嘴改为扩张管管嘴（见图 2-33），出口面积加大，流量将增加

$$q_V = A_3\sqrt{\frac{2(p_1 - p_a)}{\rho}} \tag{2-62a}$$

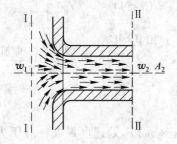

图 2-32　圆滑入口阻力可忽略

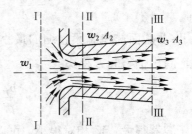

图 2-33　扩张管管嘴流量增加

各种不同形状的小孔和管嘴，缩流和阻力的情况也不同，但流量的公式可以通用下式，即

$$q_V = \mu A\sqrt{\frac{2(p_1 - p_a)}{\rho}} \tag{2-63}$$

式中　A——孔嘴出口截面积，m^2；

　　　μ——流量系数，$\mu = \varepsilon\varphi$，其数值均由实验确定，一般计算可用表 2-8 的数据。表中所谓薄墙，指气流最小截面在小孔外；厚墙指最小截面在小孔内（包括管嘴）。用孔口直径 d 和孔口长度（壁厚）l 的关系表示时，$l < (3.5 \sim 4.0)d$ 属于薄墙，否则属于厚墙。

表 2-8　流量系数

墙	μ	速度系数	缩流系数
薄墙	0.62	0.98	0.63
厚墙	0.82	0.82	1

上述气体通过孔口流出的一个实际应用是炉门的逸气。如图 2-34 所示，当炉门开启炉底面上的压力与大气压力相等时，炉内热气体就会外逸。沿炉门高度上，炉内压力逐渐大于炉外压力，不同高度其压力差不同，逸出的气体量也不同。

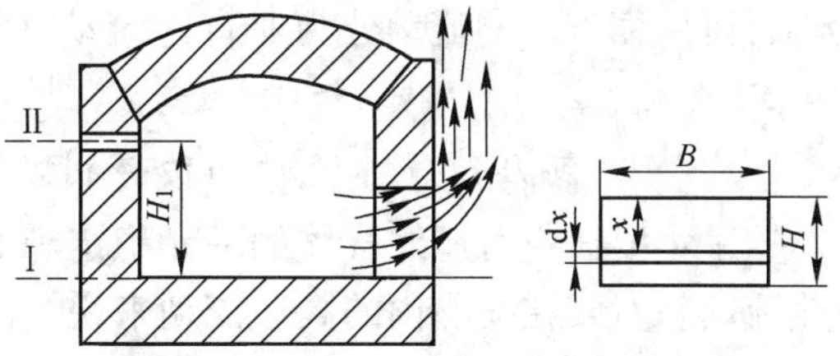

图 2-34　炉门的逸气

设炉门高为 H，宽为 B，在高度为 x 处取一薄层，厚为 dx，则该层面积为 Bdx。根据式（2-63），通过这个薄层的气体流量为

$$dq_V = \mu B dx \sqrt{\frac{2(p - p_a)}{\rho}}$$

式中　ρ——炉气的密度，kg/m^3；

　　　p——在高 x 处炉内的压力，其相对压力由式（2-25）得

$$p - p_a = x(\rho' - \rho)g$$

其中　ρ'——炉外空气密度，kg/m^3。代入上式得

$$dq_V = \mu B \sqrt{\frac{2g(\rho' - \rho)}{\rho}} x^{\frac{1}{2}} dx$$

以炉门高度为极限进行积分得

$$\int_0^V dq_V = \mu B \sqrt{\frac{2g(\rho' - \rho)}{\rho}} \int_0^H x^{\frac{1}{2}} dx$$

$$q_V = \frac{2}{3} \mu B H \sqrt{\frac{2gH(\rho' - \rho)}{\rho}} \tag{2-64}$$

2.5.2　压缩性气体的流出

冶金厂常遇到压缩性气体流动的问题，如压缩空气、氧气、蒸汽等的流动，流动的规律与不可压缩气体有很多地方不同。

2.5.2.1　气体的音速和马赫数

当气体中某一点出现微弱振动时，振源会对周围气体产生压缩和膨胀作用，并以平面波的形式依次传递下去而形成声波。声波的传播速度叫音速或声速，用符号 a 表示。根据理论推导，音速的大小为

$$a = \sqrt{K \frac{p}{\rho}} = \sqrt{KRT} \tag{2-65}$$

式（2-65）表明，气体音速与其绝热指数 K、绝对温度 T 和气体常数 R 有关。温度越高，音速越大；K 值越大，音速越大。K 值与气体的分子结构有关，其数值如表 2-9 所示。各点的状态参数不同，各点的音速也不同，所以音速指的是某一点瞬时的音速。

气流速度与当地音速之比，称为马赫数，用 Ma 表示，即

$$Ma = \frac{w}{a} \tag{2-66}$$

马赫数是判断气体可压缩性的标准。一般认为，当 $Ma \leqslant 0.3$ 时，气流被看作是不可压缩的，即 $\rho =$ 常数；当 $Ma > 0.3$ 时，气流被看作是可压缩的，即 $\rho \neq$ 常数。根据马赫数的

大小，可压缩气体的流动分为亚音速流动（$Ma < 1$）、音速流动（$Ma = 1$）和超音速流动（$Ma > 1$）。

2.5.2.2 可压缩气体流动的伯努利方程式

这里主要研究可压缩气体的一元稳定等熵流动。等熵流动是指没有摩擦（或可逆）的绝热流动。对于在喷嘴内的高速流动来说，由于管嘴较短，来不及与管壁发生热交换或热交换量很小，这样的流动可以近似认为是等熵流动。

当气体高速流动时，气体的压力和密度都有明显的变化，密度随压力的变化关系不能忽略，而位能变化相对很小，可以忽略。气体的运动微分方程为：

$$\frac{\mathrm{d}p}{\rho} + \mathrm{d}\left(\frac{w^2}{2}\right) = 0$$

要对上式进行积分，还必须知道密度 ρ 随压力 p 变化的函数关系，对于等熵流动，将等熵方程式（2-13）代入上式积分，可得

$$\left.\begin{array}{l} \dfrac{K}{K-1}\dfrac{p}{\rho} + \dfrac{w^2}{2} = 常数 \\[3mm] \dfrac{K}{K-1}\dfrac{p_1}{\rho_1} + \dfrac{w_1^2}{2} = \dfrac{K}{K-1}\dfrac{p_2}{\rho_2} + \dfrac{w_2^2}{2} \end{array}\right\} \tag{2-67}$$

式（2-67）称为可压缩气体一元稳定等熵流动能量方程，或可压缩气体的伯努利方程。

为了具体应用上式，需要引出滞止状态和临界状态的概念。所谓滞止状态是指气流速度 w 等熵地滞止为零时所对应的状态。滞止参数用 p_o、T_o、ρ_o、a_o 等来表示。所谓临界状态是指气流速度 w 等熵地变为音速时所对应的状态。临界参数用 p^*、T^*、ρ^*、a^* 等来表示，其中 $w^* = a^*$。由定义可知，管流不同截面上的实际状态都存在与之对应的滞止状态和临界状态。

对等熵管流来讲，各截面的滞止参数等于滞止截面的参数。由式（2-67）得

$$\frac{K}{K-1}\frac{p}{\rho} + \frac{w^2}{2} = \frac{K}{K-1}\frac{p_0}{\rho_0} \tag{2-68}$$

如果将式（2-65）、式（2-66）、式（2-13）、式（2-14）与上式联立求解，可以得到任一截面上实际状态参数与相应滞止参数的关系，即

温度比

$$\frac{T_0}{T} = 1 + \frac{K-1}{2}Ma^2 \tag{2-69}$$

压力比

$$\frac{p_0}{p} = \left(1 + \frac{K-1}{2}Ma^2\right)^{\frac{K}{K-1}} \tag{2-70}$$

密度比

$$\frac{\rho_0}{\rho} = \left(1 + \frac{K-1}{2}Ma^2\right)^{\frac{1}{K-1}} \tag{2-71}$$

式中　Ma——气流在实际状态（p、T、ρ）下的马赫数。

以上三式是计算可压缩气体一元稳定等熵流动问题的基本公式。

类似地，以临界参数及 $Ma = 1$ 分别代入式（2-69）~式（2-71），可以得到临界参数与相应滞止参数的关系式为

$$\frac{T^*}{T_0} = \frac{2}{K+1} \tag{2-72}$$

$$\frac{p^*}{p_0} = \left(\frac{2}{K+1}\right)^{\frac{K}{K-1}} \tag{2-73}$$

$$\frac{\rho^*}{\rho_0} = \left(\frac{2}{K+1}\right)^{\frac{1}{K-1}} \tag{2-74}$$

可见，临界参数与相应滞止参数之比，仅与绝热指数 K 有关，气体种类一定，其参数比也一定。各种气体的临界参数值见表 2-9。

表 2-9　可压缩气体的性质及临界参数值

气体种类	绝热指数 K	临界压力 p^*	临界温度 T^*	临界密度 ρ^*	临界速度 $w^* = a^*/\mathrm{m \cdot s^{-1}}$	临界流量 $M^*/\mathrm{kg \cdot s^{-1}}$
双原子气体（包括空气）	1.4	$0.528p_0$	$0.833T_0$	$0.634\rho_0$	$1.08\sqrt{\dfrac{p_0}{\rho_0}}$	$0.685A^*\sqrt{p_0\rho_0}$
多原子气体（包括过热蒸汽）	1.3	$0.546p_0$	$0.870T_0$	$0.628\rho_0$	$1.06\sqrt{\dfrac{p_0}{\rho_0}}$	$0.667A^*\sqrt{p_0\rho_0}$
干饱和蒸汽	1.13	$0.578p_0$	$0.939T_0$	$0.616\rho_0$	$1.03\sqrt{\dfrac{p_0}{\rho_0}}$	$0.635A^*\sqrt{p_0\rho_0}$

如果将式（2-14）代入式（2-68），可以得到气流速度为

$$w = \sqrt{\frac{2K}{K-1}\frac{p_0}{\rho_0}\left[1 - \left(\frac{p}{p_0}\right)^{\frac{K-1}{K}}\right]} \tag{2-75}$$

根据式（2-75），如果已知气体在容器内的压力 p_0 和密度 ρ_0，可以求出截面上压力达到 p 时的流速 w。也可以根据要达到的流速 w，来求所需的压力 p_0。

如果将临界参数代入式（2-75），可得管流临界截面上的临界流速为

$$w^* = a^* = \sqrt{\frac{2K}{K+1}\frac{p_0}{\rho_0}} = \sqrt{\frac{2K}{K+1}RT_0} \tag{2-76}$$

如果将式（2-74）、式（2-76）代入连续方程式，可以得到临界截面为 A^* 的临界质量流量为

$$M^* = \rho^* w^* A^* = A^*\sqrt{\frac{K-1}{2}\left(\frac{2}{K+1}\right)^{\frac{K+1}{K-1}}} \cdot \sqrt{\frac{2K}{K-1}p_0\rho_0} \tag{2-77}$$

各种气体的临界流速 w^* 和临界质量流量 M^* 值如表 2-9 所示。

2.5.2.3　喷嘴

喷嘴可分为两种：一种是能获得亚音速或音速（$w \leqslant a^*$）气流的收缩喷嘴，另一种是能获得超音速（$w > a^*$）气流的拉伐尔喷管。

收缩喷嘴如图 2-35 所示，容器内参数为 p_0、T_0、ρ_0 的压缩性气体经喷嘴流出，出口截面上的压力为 p_e，流出空间的背压为 p_b。由于亚音速气流在收缩喷嘴内不可能达到超音速，即在出口截面上速度最大只能达到临界音速，所以气流在喷嘴中只能膨胀到临界压力 p^*。

拉伐尔喷管如图 2-36 所示，它由收缩段、扩张段以及两者之间的喉部所构成。拉伐尔管的工作分两种情况，第一种情况是喉部的气流尚未达到临界状态，喉部截面 $A_t \neq A^*$，整个喷管内部都是亚音速流动，这时它的作用相当于文丘里管，出口流速按式（2-75）计

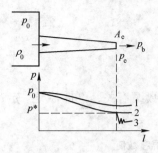

图 2-35　收缩喷嘴

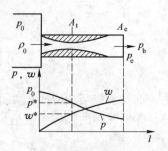

图 2-36　拉伐尔喷管

算。第二种情况是在喉部截面上已达到临界状态，$A_t = A^*$，喷管收缩段的流动状况与收缩喷嘴设计工况完全一样，气流膨胀到最小截面，达到音速；在扩张段处于正常（即设计）工况下，气流继续膨胀，加速到超音速。图中曲线 p 和 w 分别表示正常工况下压力和速度的变化曲线。

由以上分析可以得出结论：设计喷嘴时，应首先确定气体的临界压力比 $\dfrac{p^*}{p_0} = \left(\dfrac{2}{K+1}\right)^{\frac{K}{K-1}}$，然后将气流出口的压力比 $\dfrac{p_e}{p_0}$ 与临界压力比 $\dfrac{p^*}{p_0}$ 进行比较。为了使气流的压力能充分转化为动能，当 $\dfrac{p_e}{p_0} \geqslant \dfrac{p^*}{p_0}$ 时，应采用收缩喷嘴；当 $\dfrac{p_e}{p_0} < \dfrac{p^*}{p_0}$ 时，应采用拉伐尔喷管。

2.6　射　　流

气流由管嘴喷射到大的空间并带动周围介质的流动就是射流。在火焰炉内，重油的雾化与燃烧，气体燃料的混合及燃烧，火焰的组织等都靠烧嘴喷出的射流作用。

2.6.1　自由射流

气体由管嘴喷射到一个无限大的空间内，该空间充满了静止的，并与喷入气流物理性质相同的介质，这种射流叫自由射流。自由射流的示意图如图 2-37 所示。

当射流喷出管嘴后，由于气体质点的扩散和分子的黏性作用，气体质点把动量通过碰撞传给了周围静止的介质，带动了介质一起运动。气体刚流出时只有 x 轴方向的速度，流入空间后由于动量的传输，流股逐渐扩大，成为三维的空间流动。因

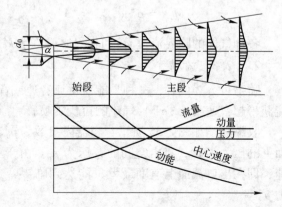

图 2-37　自由射流示意图

为被带动的介质质点参加到射流中来，并向射流中心扩散，这样沿运动方向上射流截面不断扩张，流量不断加大，速度随之降低。所以自由射流的喷出介质与周围介质同时进行着

动量交换和质量交换，也就是两种介质的混合过程。

由图 2-37 可以看到，自由射流沿长度方向的动量不变，这表示喷出介质的质点在与周围介质碰撞以后，虽然造成动量的减小，但被碰撞质点却得到了动量而运动，所以二者动量的总和保持不变。至于动能的减少是由于运动快的气体与被带动起来的运动较慢的介质之间因碰撞而造成动能的损失，损失的动能转变成了热量。

随着射流流量的不断增加，射流各截面上的速度分布也发生变化，靠近静止介质边缘的速度下降较快，而中心的流速下降较慢。气体射流起始直径越大，中心流速的下降越慢。在管嘴出口一段距离内，被带入的质点还未扩散到射流中心，中心流速没有减慢的这一段，称为始段（或首段），长度大约是喷口直径 d_0 的 6 倍。在始段以后的部分叫主段，这时中心流速开始降低。自由射流的张角为 $18° \sim 26°$。

在主段内射流中心线上任意一点的流速都和初始速度 w_0 有关，根据实验，自由射流中心线上速度的衰减规律可以用一定的关系式来表达。对于圆形射流符合下列关系式

$$\frac{w_中}{w_0} = \frac{0.96}{\dfrac{al}{r_0} + 0.29} \tag{2-78}$$

式中　a——实验常数，等于 $0.07 \sim 0.08$；

　　　r_0——管嘴断面半径，$r_0 = \dfrac{d_0}{2}$；

　　　l——离管口的距离。

自由射流主段内，任意截面上速度分布曲线以无因次坐标表示都是相同的。如图 2-38 所示是圆形射流主段内断面上的速度分布，其中纵坐标为 $w/w_中$，横坐标为 r/r_x。w 表示某断面上距中心线 r 处的流速，r_x 为该截面上射流的半径。曲线符合下列关系

$$\frac{w}{w_中} = \left[1 - \left(\frac{r}{r_x} \right)^{3/2} \right]^2 \tag{2-79}$$

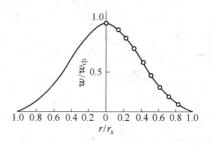

图 2-38　自由射流断面上的速度分布

通过任一截面的射流流量 q_{V_x} 可用该截面的平均流速乘以截面积，但射流的边界很难确定，r_x 不易测得，所以不便应用。但流量可以通过下列关系式来求得

$$\frac{q_{V_x}}{q_{V_0}} = 0.207 \frac{l}{d_0} + 1 \tag{2-80}$$

式中　q_{V_0}——喷出气体的体积流量；

　　　q_{V_x}——通过距管嘴距离为 l 的截面处的体积流量。

如果周围介质和喷出介质的物理性质不完全相同，也可以近似地当作自由射流。此时距离为 l 截面处的混合气体流量，可由下式求出

$$q_{V_x} = (0.315 \sim 0.33) q_{V_0} \frac{l}{d_0} \frac{\rho_0}{\rho_混} \tag{2-81}$$

式中 ρ_0——喷出气体的密度，kg/m^3；

$\rho_{混}$——距管嘴 l 截面处混合气体的密度，kg/m^3。

2.6.2　射流的相互作用

常见的烧嘴都是煤气为中心射流，空气为周围射流，形成的同心射流，由于射流间的相互扩散，使煤气与空气混合。所以射流的相互作用对于烧嘴的设计与调节有实际意义。

当其他条件相同时，同心平行射流的混合速度最慢，火焰最长。为了改善混合条件，曾进行了大量实验研究，总结成以下若干规律：

（1）增加中心射流和外围射流的相对速度（即速度比 $w_外/w_中$），可以使混合速度增加，而与两射流的绝对速度关系不大。

（2）射流的直径越小，则混合的速度越高。

（3）两射流存在一定的交角，则混合的强度增加。

（4）在喷口安装某种障碍物（如导向叶片），可以使混合强度增加。

这些规律都已作为改善混合的措施，应用于气体燃料和液体燃料的燃烧。

2.6.3　限制射流

射流在管道或炉膛内流动，四周被包围，这种射流称为限制射流。如果空间很大，而喷口的截面相对很小，仍可作为自由射流。如果喷口截面相对很大，而限制空间较小，喷出的气体很快充满整个空间，这就相当于气体在管道内流动。炉气流动多属限制射流的情况。

如图 2-39 所示，设限制射流的出口截面远大于喷口截面。气体从喷口流出以后在限制空间形成流股（射流主流），流股的前半段与自由射流的特点相似，沿轴向动量基本保持不变，速度减小，流量增加，射流截面扩大。只是限制空间里没有可供吸入的大量气体，截面的扩大没有自由射流那样显著。流股的后半段与自由射流截然不同，动量显著减小，压力明显增加，因此在限制空间的始端和末端造成压力差。在反压的作用下，流股边缘速度较小的一部分，将会由于与周围介质的摩擦而与射流主流分开，回流到静压较低的地方（喷嘴附近），在流股周围循环而形成环流区。环流区的位置、大小和流动方向，与射流的入口、出口位置，限制空间的大小，射流主流的运动方向都有关。图 2-40 可以帮助定性地了解环流区的大致情况。限制射流的这些特点，对炉膛的压力分布和气体运动具有实际意义。

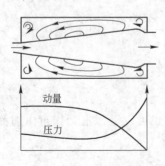

图 2-39　限制射流

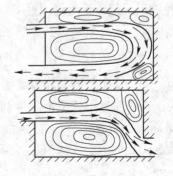

图 2-40　限制射流的环流区分布

2.6.4 炉内的气体流动

火焰炉内的气体流动对炉内的燃烧、传热和传质过程有着重要的影响。维持炉内正常的气体流动，可以得到加热所需的温度分布和压力分布。现以连续加热炉和室状炉为例，说明炉内气体流动的特点。

2.6.4.1 连续加热炉内的气体流动

在连续加热炉内，高温炉气从燃烧器或燃烧室的出口流出，经过长形炉膛完成对金属的加热后，从排烟口排出炉外。

对于燃煤加热炉（见图 2-41），炉内气体是靠本身的位压头和烟囱抽力的作用而流动的，基本上属于自然流动。

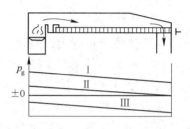

图 2-41 燃煤连续加热炉

由于位压头的作用，较热的气体总是趋向于浮在炉膛上部贴近炉顶流动，较冷的气体则趋向于位置较低的金属表面流动。为了强化对金属的加热，必须保证炉气充满炉膛，为此应有足够的热负荷（炉气流量）和适当的炉膛高度，炉尾排烟口应设在炉底下方，便于炉气贴近金属表面流入烟道。适当的烟囱抽力，可以将加热完毕温度较低的炉气及时排出炉外，让新的高温炉气充满炉膛，加快传热过程。但烟囱抽力过大或过小，都会造成不合适的气体流动。如果烟囱抽力过大，炉内呈负压（图 2-41 中曲线Ⅲ），冷空气经炉门或缝隙向炉内吸入严重，这样会降低炉气温度或冷气体覆盖金属表面，对加热不利；反之，烟囱抽力过小，炉内正压过大（图 2-41 中曲线Ⅰ），炉气溢出严重，致使炉子的热损失大。因此，为了满足炉子热负荷变化的需要，应在烟道设置闸门，控制零压面的位置，使炉内保持微正压（图 2-41 中曲线Ⅱ）。

对于使用煤气烧嘴和油烧嘴的连续加热炉，炉气运动的原因除本身的位压头和烟囱抽力的作用外，更重要的还有烧嘴的喷射作用。气体从烧嘴喷出，形成一定方向的流股，以及在流股周围引起速度比较缓慢的回流。火焰是流股的主要部分，温度较高，回流温度要低一些。回流的大小取决于烧嘴的角度、高度和外形尺寸。流股的上部回流对炉顶有一定的保护作用。流股的下部回流对金属的加热有一定影响，如果下部回流太大，将使传热变慢；太小表明火焰可能对金属有局部过热的情况。流股在流动过程中速度逐渐降低，静压增大，随后位压头开始起较大作用，在流股后半部出现明显的炉气上浮现象。因此，应有合理的炉型曲线，以保证正常的炉气流动。

2.6.4.2 室状炉内的气体流动

在一些室状炉内，常常借助射流的作用造成炉气的循环，达到使整个炉膛保持温度均匀的目的，特别在一些低温的炉子里，经常采取相应的措施。如图 2-42（a）就是利用射流作用实现炉气再循环的例子。由于烧嘴的喷射作用，把一部分燃烧产物吸回到射流的喷口附近，新鲜的燃烧产物和循环的气体互相混合，这样使整个炉膛内的温度更加均匀。

说明炉气再循环程度的指标叫循环倍数，它是循环气体的量 $V_1 + V_2$ 和射流喷入的气体量 V_1 之比，即

$$K = \frac{V_1 + V_2}{V_1} \tag{2-82}$$

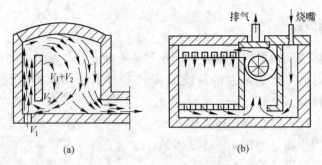

图2-42 炉气的再循环

（a）利用射流作用；（b）利用鼓风机（或风扇）

　　循环倍数 K 值越大，表示再循环越强烈。在同一环流区内，气体运动的速度越高，则循环倍数越大。射流在克服环流阻力上消耗的能量越多，则循环倍数也越大。强烈循环使炉膛内温度更均匀，被加热物料的受热也更均匀。

　　实现炉气再循环的方案很多，有一些低温的炉子（主要是热处理用炉），是通过鼓风机或风扇来实现气体再循环的，采用这种方法来使炉温均匀并强化对流热交换，如图2-42（b）所示。在电阻加热炉或马弗炉内，还可以利用鼓风机或风扇来使保护气体产生循环。

2.7　烟囱与风机

　　为了使加热炉能正常地工作，需要不断供给燃烧所用的空气，同时又要不断把燃烧后产生的废烟气排出炉外，因此炉子都有一套供风和排烟系统。加热炉常用的供风装置是离心式风机；排烟一般都是用烟囱。当烟囱抽力不足时，需采用引风机和喷射管来帮助排烟。

2.7.1　烟囱

2.7.1.1　烟囱的工作原理

　　气体在流动过程中存在摩擦阻力和局部阻力，因此要让烟气顺利地流动，必须给予一定的能量。烟囱能够把炉子内的烟气抽出，通过烟道和烟囱排到大气中，依靠烟囱中烟气本身的位压头所造成的抽力，帮助烟气克服流动中的阻力（见图2-43）。

　　以烟囱出口平面 Ⅱ-Ⅱ 为基准面，该处的静压头 $p_{g2}=0$，就烟囱底部（Ⅰ-Ⅰ截面）和烟囱顶部（Ⅱ-Ⅱ截面）写出其伯努利方程式，可得

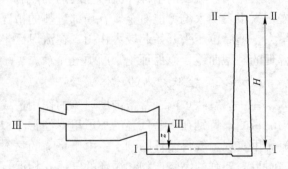

图2-43 烟囱工作原理示意图

$$H(\rho_{空} - \rho_{烟})g + p_{g1} + \frac{\rho_{烟1}w_1^2}{2} = 0 + 0 + \frac{\rho_{烟2}w_2^2}{2} + \Delta p_{w烟}$$

即有
$$| p_{g1} | = H(\rho_空 - \rho_烟)g - \left(\frac{\rho_{烟2}w_2^2}{2} - \frac{\rho_{烟1}w_1^2}{2} \right) - \Delta p_{w囱} \tag{2-83}$$

式中，p_{g1} 为烟囱底部的静压头，是一个负值（即负压），由于炉子内部炉底平面 III-III 的静压头一般保持零压左右，即炉内压力大于烟囱底部的压力，所以炉内烟气能流向烟囱底部，并经烟囱排入大气。p_{g1} 的绝对值就是烟囱对烟气的抽力（$h_抽$）。

$H(\rho_空 - \rho_烟)g$ 为烟囱底部烟气的位压头，抽力就是来自这一项的能量。抽力的大小主要取决于烟囱高度 H 和空气密度 $\rho_空$ 与烟气平均密度 $\rho_烟$ 之差。

$\frac{\rho_{烟1}w_1^2}{2}$ 和 $\frac{\rho_{烟2}w_2^2}{2}$ 分别代表烟囱底部及顶部烟气的动压头，$\rho_{烟1}$ 和 $\rho_{烟2}$ 分别代表烟气在烟囱底部和顶部不同温度下的密度。外面空气的速度可以视为零。由于烟囱断面常为下大上小（即 $w_2 > w_1$），括号内这一项表示速度增加产生的动压头增量。

$\Delta p_{w囱}$ 为烟气流过烟囱时，烟囱本身对气流的摩擦阻力所造成的压头损失。

烟囱的抽力，其大小必须足够克服烟气在烟道流动的能量损失和动压头增量。能量损失包括沿程的摩擦阻力和局部阻力，以及烟气向下流动时克服位压头的作用。就图 2-43 的烟道系统写出 I-I 截面和 III-III 截面的伯努利方程式，得

$$0 + 0 + \frac{\rho_{烟3}w_3^2}{2} = z(\rho_空 - \rho_烟)g + p_{g1} + \frac{\rho_{烟1}w_1^2}{2} + \Delta p_{w摩} + \Delta p_{w局}$$

即有
$$| p_{g1} | = z(\rho_空 - \rho_烟)g + \left(\frac{\rho_{烟1}w_1^2}{2} - \frac{\rho_{烟3}w_3^2}{2} \right) + \Delta p_{w摩} + \Delta p_{w局} \tag{2-84}$$

式（2-84）说明烟囱的抽力，是由于烟气由零压的炉尾流出后，一部分消耗于位压头增量，一部分消耗于动压头增量（$w_1 > w_3$），一部分消耗于摩擦阻力和局部阻力造成的压头损失。因此，在利用烟囱排烟时，烟囱必须使其底部形成一个与 p_{g1} 相等的负压。

烟囱内部是密度小的热烟气，外面是密度大的冷空气，这就形成了两种密度不同气体并存的情况。当轻的气体位于重的气体中时，轻的气体必然产生向上的运动，这是位压头造成的浮升力，依靠这个力烟气会产生向上的自然运动而排出烟囱口。由式（2-83）可见，烟囱越高（即 H 越大），烟囱底部负压的绝对值越大，即烟囱的抽力越大。空气与烟气的密度差（$\rho_空 - \rho_烟$）越大，烟囱的抽力也越大。$\rho_空$ 与气候有关，冬天气温低，空气的密度大，所以在计算与设计烟囱时，应取夏季时空气密度的最小值，才能保证任何季节烟囱都有足够的抽力。烟气温度越高，烟气的密度 $\rho_烟$ 越小，烟囱的抽力越大。所以要设法使烟道能够保温，并避免冷空气吸入烟道，以保证烟气有足够的温度，才能保证烟囱有足够的抽力。

2.7.1.2　烟囱计算

烟囱计算主要是确定烟囱的高度与直径。

将式（2-83）变形，即得到计算烟囱高度的公式

$$H = \frac{1}{(\rho_空 - \rho_烟)g}\left[h_抽 + \left(\frac{\rho_{烟2}w_2^2}{2} - \frac{\rho_{烟1}w_1^2}{2} \right) + \Delta p_{w囱} \right] \tag{2-85}$$

由式（2-85）可见，要计算烟囱高度，除了空气和烟气的温度及密度外，必须知道：（1）烟囱最低限度的抽力 $h_抽$；（2）烟囱的动压头增量；（3）烟囱内部摩擦阻力所造成的压头损失。

A　烟囱底部最低限度的抽力应能克服烟气在烟道内流动时的全部阻力

由于考虑到烟道可能发生堵塞、漏气，炉子工作强化时燃料消耗增加，烟气量将相应增加等因素，所以在计算烟囱时，抽力应比按式（2-83）计算所得的值有 20%～30% 的裕量。

在较长和较复杂的烟道系统中，计算时应采取分段计算的方法。这是因为在整个烟道系统中烟气的温度和密度变化较大，各段气体流速也不相同。

B　烟囱中的动压头增量

式（2-83）中的这一项是因为烟囱直径上小下大，如果直径不变，则自然不必考虑这一项。

计算动压头增量需要知道烟囱底部的烟气流速 w_1 和烟气密度 $\rho_{烟1}$，以及烟囱出口的烟气流速 w_2 和密度 $\rho_{烟2}$。这些数据基本上是根据经验值选取和计算的。

要计算烟囱底部的烟气流速和烟气密度，必须先知道该处烟气的温度，该处的温度又是根据烟气出炉温度减去烟道中的温降求得的。烟气在烟道内的温降与烟气温度和烟道状况有关，表 2-10 是每米烟道温降的经验数据。

表 2-10　烟气在烟道内的温降　　　　　　　　　　　　（℃/m）

烟气温度/℃	地下砖烟道	地上烟道	
		绝热	不绝热
200～300	1.5	1.5	2.5
300～400	2	3	4.5
400～500	2.5	3.5	5.5
500～600	3	4.5	7
600～700	3.5	5.5	10
700～800	4	—	—
800～1000	4.6	—	—
1000～1200	5.2	—	—

烟囱顶部的烟气温度则根据烟囱底部的烟气温度减去烟气在烟囱内的温降求得。每米烟囱高度的温降为：砖烟囱 1～1.5℃/m，金属烟囱（无内衬）3～4℃/m，金属烟囱（有内衬）2～2.5℃/m，混凝土烟囱 0.1～0.3℃/m。

在设计新烟囱时，烟囱高度 H 还是一个未知数。因此，在计算烟囱内烟气的温降时（即计算摩擦阻力时），必须预先取近似值，其近似值的公式为

$$H \approx (25 \sim 30)d_2 \tag{2-86}$$

式中　d_2——烟囱顶部的出口直径，m。

决定烟囱顶部的出口直径是根据烟气出口流速 w_2 确定的，一般取标准状态流速 $w_2 =$ 2.5～4m/s。速度太大增加了动能的损失，太小则可能发生倒风现象。为了使烟囱结构上稳定，除了不高的金属烟囱上下直径相同外，一般可取烟囱底部的内径 d_1 等于顶部出口直径 d_2 的 1.3～1.5 倍。砖烟囱和混凝土烟囱的 d_1 不小于 800mm。或用下列公式来计算：

$$d_1 = 0.02H + d_2 \tag{2-87}$$

C 烟气在烟囱中的摩擦阻力

烟气在烟囱中的摩擦阻力可以参照式（2-50）进行计算。注意其中的速度 w、管径 d、烟气密度 $\rho_{烟}$ 均取烟囱中的平均值。

将以上所得的数据代入式（2-85），就可以算出烟囱的高度。在高海拔地区，烟囱的抽力达不到计算值。应在 $(\rho_{空} - \rho_{烟})g$ 一项的后面乘以当地大气压 p 与标准大气压的比值（即 $p/1.01325 \times 10^5$）。

例 2-8 已知某加热炉烟道系统总能量损失为 184.9Pa，烟气标准状态流量为 $q_v = 6.88\text{m}^3/\text{s}$，烟囱底部的温度为 420℃，烟气密度为 1.28kg/m³，空气温度为 30℃，试计算烟囱的高度和直径。

解 烟囱的抽力应比总的压头损失大 30%，保证抽力有一定的裕量，故其抽力为

$$h_{抽} = 184.9 \times 1.3 = 240.37 \quad （\text{Pa}）$$

取烟囱出口流速 $w_2 = 3\text{m/s}$

故烟囱顶部直径为

$$d_2 = \sqrt{\frac{4q_v}{\pi w_2}} = \sqrt{\frac{4 \times 6.88}{3.14 \times 3}} = 1.71 \quad （\text{m}）$$

烟囱底部直径为 $\quad d_1 = 1.5d_2 = 1.5 \times 1.71 = 2.56 \quad （\text{m}）$

烟囱的平均直径为 $\quad d = \dfrac{d_1 + d_2}{2} = \dfrac{2.56 + 1.71}{2} = 2.14 \quad （\text{m}）$

烟囱底部气流速度为

$$w_1 = \frac{4q_v}{\pi d_1^2} = \frac{4 \times 6.88}{3.14 \times 2.56^2} = 1.34 \quad （\text{m/s}）$$

烟囱内烟气的平均流速为

$$w = \frac{w_1 + w_2}{2} = \frac{1.34 + 3}{2} = 2.17 \quad （\text{m/s}）$$

为了求烟囱内烟气的温降，必须根据式（2-86）估计烟囱高度的近似值，$H \approx 25 \times 1.71 = 42.75$（m），取 $H \approx 40$（m）。

已知烟囱底部温度 t_1 为 420℃，设为砖砌烟囱，每米高度的温度降为 1℃，则烟囱顶部烟气的温度为

$$t_2 = 420 - 40 \times 1 = 380 \quad （℃）$$

烟囱内烟气的平均温度为 $\quad t = \dfrac{t_1 + t_2}{2} = \dfrac{420 + 380}{2} = 400 \quad （℃）$

在 400℃时，烟气的密度为

$$\rho_{烟} = \rho_{0烟} \frac{1}{1 + \dfrac{t}{273}} = 1.28 \frac{1}{1 + \dfrac{400}{273}} = 0.519 \quad （\text{kg/m}^3）$$

在 30℃时，空气的密度为

$$\rho_{空} = \rho_{0空} \frac{1}{1 + \dfrac{t_{空}}{273}} = 1.293 \frac{1}{1 + \dfrac{30}{273}} = 1.165 \quad （\text{kg/m}^3）$$

烟囱顶部烟气的动压头为

$$\frac{\rho_{0烟}w_2^2}{2}(1+\beta t_2) = \frac{1.28 \times 3^2}{2}\left(1+\frac{380}{273}\right) = 13.78 \quad (Pa)$$

烟囱底部烟气的动压头为

$$\frac{\rho_{0烟}w_1^2}{2}(1+\beta t_1) = \frac{1.28 \times 1.34^2}{2}\left(1+\frac{420}{273}\right) = 2.92 \quad (Pa)$$

烟囱内烟气平均流速下的动压头为

$$\frac{\rho_{0烟}w^2}{2}(1+\beta t) = \frac{1.28 \times 2.17^2}{2}\left(1+\frac{400}{273}\right) = 7.43 \quad (Pa)$$

烟囱内部摩擦阻力造成的压头损失（每米高）为

$$h_{w囱} = \frac{\lambda}{d}\frac{\rho_{0烟}w^2}{2}(1+\beta t) = \frac{0.05}{2.14} \times 7.43 = 0.174 \quad (Pa/m)$$

所以烟囱的高度为

$$H = \frac{h_{抽} + \left[\frac{\rho_{0烟}w_2^2}{2}(1+\beta t_2) - \frac{\rho_{0烟}w_1^2}{2}(1+\beta t_1)\right]}{(\rho_{空} - \rho_{烟})g - h_{w囱}}$$

$$= \frac{240.37 + (13.78 - 2.92)}{(1.165 - 0.519) \times 9.81 - 0.174}$$

$$\approx 40 \quad (m)$$

烟囱的高度除了考虑有足够的抽力之外，还要考虑对周围环境的污染问题，一般应比附近最高建筑物高5m以上。所以，多数炉子的烟囱高度都有富裕。由于计算中是以假定炉底水平面的相对静压为零作为前提的，烟囱的抽力有富裕，就一定会在炉膛内造成负压。这样将会有大量冷空气被吸入，这是我们所不希望的。为了调节炉内的静压，通常在烟道内设置闸门来抵消剩余的抽力。当闸门插下时，烟道通道的局部阻力加大，烟囱对炉子的实际抽力则减小。有的工厂还采取人为地让冷空气吸入烟道的办法来调节抽力，冷空气吸入后，烟气量增大，烟气温度降低，这两个因素都使实际抽力减小。依靠人工调节闸门往往不及时，在现代化的炉子上，闸门的控制是通过压力参数输入自动调节系统进行调节的。

当有几个炉子合用一个烟囱时，烟囱的抽力只按阻力最大的那个炉子的系统来计算，但在计算烟囱内的动压头增量和摩擦阻力时，则要按总的烟气量来计算。在这种情况下，如果任何一座炉子的烟气量发生波动，就将引起总的抽力变化，也会影响其他炉子的工作。所以烟气量变动大的炉子最好有各自独立的烟囱。

2.7.2　离心式通风机

加热炉供风的装置主要是离心式通风机，有时也采用离心式引风机作为排烟装置。

2.7.2.1　离心式通风机的工作原理

离心式通风机的结构如图2-44所示。风机的主要部件是带叶片的工作轮，简称叶轮。电动机带动叶轮高速旋转，所产生的离心力把气体甩向叶轮与机壳之间的空隙，气体的压头增大，流入管网使管网中的气体受压力，因而就产生风压。气体被甩出后在叶轮中心处形成负压，气体又由此处从轴向不断被吸入，旋转后由径向送入管道。

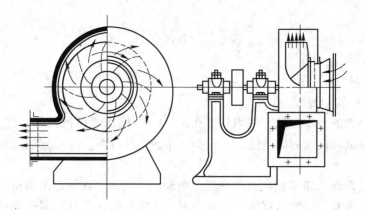

图2-44 离心式通风机

气体所具有的能量是由叶轮旋转时的机械能转换而来的。气体在叶轮中受两种速度的影响，一种是随叶轮的旋转做圆周运动，有一圆周速度 U；另一种是沿着叶片的运动，有一相对速度 w。气流的绝对速度 C 就是这两种速度的迭加：

$$C = U + w$$

2.7.2.2 离心式通风机的性能参数

通风机的性能参数包括风压、风量、功率和效率。

A 风压

$1m^3$ 气体通过风机后获得的总能量，称为通风机的全风压。设通风机进口断面上的压力和速度分别为 p_1 和 w_1，出口断面上的压力和速度为 p_2 和 w_2，气体的密度 ρ 可视为常数，位能可忽略不计。根据两个断面的伯努利方程式，可得通风机的全风压 H 为

$$H = \left(p_2 + \frac{\rho w_2^2}{2}\right) - \left(p_1 + \frac{\rho w_1^2}{2}\right) = (p_2 - p_1) + \frac{\rho(w_2^2 - w_1^2)}{2}$$

当空气直接由大气进入通风机而无进口管道时，w_1 也可以忽略，上式将简化为：

$$H = (p_2 - p_1) + \frac{\rho w_2^2}{2} \tag{2-88}$$

式中 $p_2 - p_1$ ——通风机的静压；

$\dfrac{\rho w_2^2}{2}$ ——通风机的动压。

全风压的测量用皮托管，静压的测量用 U 形管或静压表。

风压的单位用 Pa。根据风压大小，离心式通风机可分为：

（1）低压离心风机（全风压 980Pa 以下）。

（2）中压离心式风机（全风压 980 ~ 3000Pa）。

（3）高压离心式风机（全风压 3000Pa 以上）。

B 风量

风量指单位时间风机送出的气体体积，单位为 m^3/s 或 m^3/min。

C 功率和效率

通风机的轴功率（kW）可按下式计算：

$$N = \frac{HQ}{1000\eta} \qquad (2\text{-}89)$$

式中　H——全风压，Pa；

　　　Q——风量，m^3/s；

　　　η——风机的全效率。

离心式通风机的效率较低，平均只有 0.5～0.7，低压通风机偏低，高压通风机稍高。风机效率不仅是通风机固有的特性，而且与使用的条件有关。离心式通风机效率低，这是它的缺点之一。

根据由式（2-89）求得的风机功率确定电动机的功率，在确定电动机功率时应考虑电动机的效率，也要有一定的富裕能力，称为电动机容量储备系数。国产通风机样本所列的系列都是与一定功率的电动机配套的。

2.7.2.3　通风机的特性曲线

离心式风机的特点是风量随管网中的阻力而变化，阻力大时风量减小，阻力小时风量加大。把风机的风量、风压、功率和转速等工作参数间的关系，通过性能试验将结果绘成曲线图，称为通风机特性曲线。运用这些曲线能帮助了解风机在运转中所发生的现象和正确使用风机。

A　风量-风压曲线（Q-H 曲线）

如图 2-45 所示，利用曲线可以很容易找到一定转数下的风量与风压的关系。通风机在使用中，由于管网的阻力变化，风压发生波动，为了实现某一风量的等风量操作，可以借改变风机的转速来适应，阻力大时改用高转速。

B　风量-功率曲线（Q-N 曲线）

通风机所需的功率与风量有密切的关系，在不同风量下运转，所需的轴功率也不相同。这样就可以绘成风量—功率曲线，如图 2-46 所示。

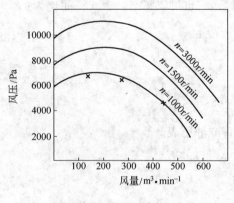

图 2-45　Q-H 曲线

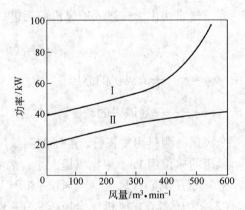

图 2-46　Q-N 曲线

Ⅰ—叶轮为径向形风机；Ⅱ—叶轮为后曲形风机

C　风量-效率曲线（Q-η 曲线）

通风机的风量和效率也有一定关系，可以制成如图 2-47 所示的曲线。由图 2-47 可见，风量过大，其效率低；风量过小，其效率也低，风量适当时，效率最高。效率的最大值相

当于 $Q\text{-}H$ 曲线的设计工况。

为了使用上的方便，风机制造厂在风机出厂前，一般都做了性能试验，并将试验结果绘成曲线，附在产品说明书中。通常以上三条曲线都是绘制在同一幅图上。

离心式通风机的风量和风压不仅取决于风机本身的性能和转数，也和外部管网上的阻力有关。例如外部阻力大，风压就升高，而风量则减少。为了说明管网阻力与风量的关系，还可以绘制管网特性曲线，以横坐标表示管网中流过的风量，纵坐标表示管网阻力。把风机的 $Q\text{-}H$ 曲线与管网特性曲线画在一起，则两种曲线的关系便清晰地表现出来，如图 2-48 所示。

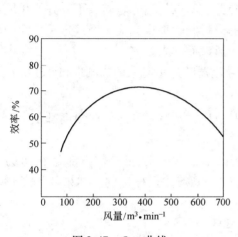

图 2-47　$Q\text{-}\eta$ 曲线

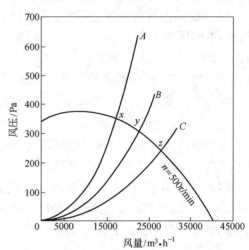

图 2-48　管网特性曲线与风机的 $Q\text{-}H$ 曲线

图中曲线 A、B、C 代表三个不同管网系统的管网特性曲线，这些曲线是根据气流阻力与流经管网的风量平方比例而绘成的。它们与通风机的 $Q\text{-}H$ 曲线相交于 x、y 和 z 点，这些交点就代表通风机的工作点。例如对于管网 A，交点在 x，其流量为 17000m³/h。利用这种曲线可以知道离心式风机的流量变化，是由于管网阻力有了变化。

2.7.2.4　通风机的并联和串联

当一台通风机的风量不能满足要求时，可将两台风机并联起来向管网送风。并联时总的性能曲线是将在同一风压下的流量迭加而成。应该将两台性能曲线完全相同的通风机并联，才能收到较好的效果。并联后的总风量大于一部风机的送风量，但小于每部风机独立工作时风量的和。因为并联后，管网中的阻力增加，所以出风量减少。并联后的风压接近于每台风机单独的风压。总性能曲线与管网特性曲线的交点，就是风机并联工作时的工作点。

有时需要提高风机的送风压力，则将两台风机串联，即把第一台风机的出风口接到第二台风机的进风口上。串联后总的风压等于或略低于两台风机风压之和，但有时也增加不大，甚至不及机组中最大风机的压力和风量。当两台风机风量相差悬殊时，应先绘制总特性曲线和管网曲线加以研究。总特性曲线是把同一风量下的单机风压迭加而成。如果两台风机特性曲线相同，在串联中每台的风压比单独工作时小，而总流量比一台工作时大。

2.7.2.5　风机的工况调节

在炉子生产中，常常要对风机的风压或风量进行调节，这时要改变风机在管网上的工作点。由前述可知，工作点乃是风机的特性曲线与管网特性曲线的交叉点。因此，要改变风机的工作点，就要改变管网特性曲线，或风机的特性曲线，或两者同时改变。工况调节的具体办法有以下几种：

（1）用调节送风管道上闸阀开启度来改变管网特性曲线，以调节风量。减小开启度时阻力增大，风量即减少，这个办法装置简单，调节方便，缺点是增加了能量的损失，原则上是不经济的。

（2）改变风机的转数，可以使风机的风压、风量、功率都按比例发生变化。用这种方法调节没有额外的能量损失，但改变电机的转速比较困难，应用较少。

（3）在风机的进风管上安装节流闸阀。此时，出口后的管网特性曲线不变，但风机叶轮进口前的压力因阻力增大而下降，即吸气压力降低。所以，当叶轮转数不变并产生同样压力比的情况下，出口压力也按比例下降，风机的风量和功率也相应下降，这是一个简单易行的办法。在没有节流闸阀时，可以遮盖部分吸风口面积来调节。

（4）在叶轮前吸入口安装导流器，通过改变导流器叶片角度来调节风量和风压。

2.7.2.6 风机的选择

正确地选择风机的型号以保证所需要的风量和风压，从技术和经济的角度都是十分重要的。在选择时应考虑以下一些要求：

（1）风机风压和风量的换算。风机铭牌上标出的风机性能参数，都是在压力为 760mmHg（101325Pa）、温度为 20℃、密度为 1.2kg/m³ 条件下标定的。如果使用条件不同，则要进行换算，其公式如下：

$$\left.\begin{array}{l} H = H_0 \dfrac{p}{760} \times \dfrac{293}{273 + t} \\[2mm] Q = Q_0 \\[2mm] N = N_0 \dfrac{p}{760} \times \dfrac{293}{273 + t} \end{array}\right\} \tag{2-90}$$

式中，带角标"0"的是指风机标定状态下的参数，无角标的是指风机使用条件下的参数。

（2）风机应具有最好的效率。即给定的工作点应在最高效率范围附近。

（3）尽可能选用 Q-H 曲线不断下降的风机。尽可能选用 Q-H 曲线不断下降的风机，不要选用驼峰式 Q-H 曲线的风机，这样可以保证风机工作稳定。

（4）风机的能力应力求与炉子要求相适应，并尽量紧凑一些。一般转数高的风机，尺寸较小，重量轻，占地面积小，但产生的噪声大。不是经常使用的风机，可选择前向叶轮的风机；经常使用的风机，宜选用后向叶轮的风机。

（5）进行管网阻力计算，绘制管网特性曲线与风机特性曲线，确定风机的最佳工况。

习　　题

2-1 容器内空气表压力为 680×9.8Pa，温度 20℃，当地大气压为 610×133.3Pa，求空气的密度。（1.046kg/m³）

2-2　已知密度：$\rho_{H_2O} = 1000\text{kg/m}^3$，$\rho_{Hg} = 13600\text{kg/m}^3$，$\rho_{air} = 1.2\text{kg/m}^3$。分别求出题 2-2 图中三种情况下容器中 A 点的相对压力为多少？

（981Pa，-1.962kPa，38.06kPa）

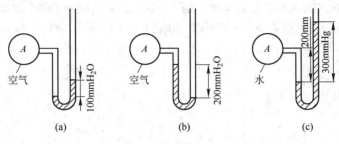

题 2-2 图

2-3　在密闭气柜 1 与 2 中充满空气，压力表 A 的读数为 50kPa，U 形管 B 的读数为 110mmHg（14663Pa），求装在气柜 1 上而露在气柜 2 中的水银压差计读数 h 值（见题 2-3 图）。

（485mm）

题 2-3 图

2-4　炉腔内炉气温度为 1350℃，炉气在标准状态下的密度为 1.3kg/m³，炉外大气温度为 20℃。在距炉底高 1.4m 处的表压力为 $1\text{mmH}_2\text{O}$（9.8Pa），试确定零压面的位置，并判断炉底处是溢气还是吸入冷风？

（零压面距炉底高 386mm）

2-5　烟气平均温度为 600℃，烟气密度在标准状态下为 1.3kg/m³，烟囱底部要求的负压为 $8.5\text{mmH}_2\text{O}$（83.3Pa），周围大气温度为 20℃，按气体静力学问题处理，试求烟囱的高度。

（10.6m）

2-6　密度为 1.25kg/m³ 的空气在 $d = 600\text{mm}$ 的风管内流动，在同一断面上装有皮托管 A 和静压管 B，两管分别接于 U 形酒精测压计上，酒精密度 $\rho_1 = 800\text{kg/m}^3$。测得 A 管读数 $h_1 = 122\text{mm}$，B 管读数 $h_2 = 114\text{mm}$，设断面平均流速为中心速度的 0.84 倍（见题 2-6 图）。求风管内气流的动压、平均流速和体积流量？

（$h_{动} = 6.4\text{mmH}_2\text{O}$（62.72Pa），$w_{均} = 8.42\text{m/s}$，$V = 8566\text{m}^3/\text{h}$）

2-7　密度为 1.29kg/m³ 的空气流经收缩风管后喷入大气，风管喷口直径 $d = 1\text{m}$，进口直径 $D = 4\text{m}$，测得进口截面静压头 $h = 64\text{mmH}_2\text{O}$（627.2Pa）（见题 2-7 图）。不计能量损失，求喷口风速。

（31.2m/s）

2-8　罐内空气通过一文丘里管抽吸水池中的水（见题 2-8 图）。若 d_1、d_2、h 及水的密度 ρ_1 均为已知，求罐中气体的表压力至少应有多大？

$$\left(\geqslant \frac{\rho_1 g h}{(d_2/d_1)^4 - 1} \right)$$

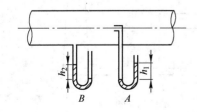

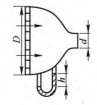

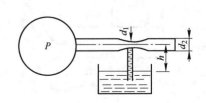

题 2-6 图　　　　　　　　题 2-7 图　　　　　　　　题 2-8 图

2-9 敞口水池中的水沿一变截面管道流入大气，其质量流量为 14kg/s（见题 2-9 图）。若 $d_1 = 75$mm，$d_2 = 50$mm，不计损失，求所需的水头 H，以及 d_1 管段中央 M 点的压力。

（$H = 2.59$m，$P_m = 20.4$kPa）

2-10 为测定一阀门的局部阻力系数 K，在阀门的上、下游装设了三个测压管，其间距 $l_1 = 1$m，$l_2 = 2$m（见题 2-10 图）。若直径 $d = 50$mm，静压管液面高为 $h_1 = 1.5$m，$h_2 = 1.25$m，$h_3 = 0.4$m，流速 $W = 3$m/s，求阀门的 K 值。

（0.763）

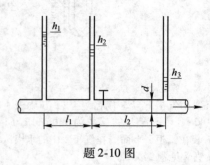

题 2-9 图　　　　　　　　　　　　　题 2-10 图

2-11 在直径为 300mm 的管道上用水做摩擦阻力实验，在相距 120m 的两点，用水银测压计测得的压差为 330mm，已知流量为 0.23m³/s，求管道的摩擦阻力系数。

（0.0193）

2-12 设 20℃和 200℃的空气分别流过同一水平直管道。如果摩擦阻力系数相等，求在同一压差下，二者的体积流量比。

（0.787）

2-13 烟囱直径 $d = 1$m，烟气质量流量 $G = 18000$kg/h，烟气密度 $\rho = 0.7$kg/m³，外界大气密度 $\rho' = 1.29$kg/m³，烟囱摩擦阻力系数 $\lambda = 0.035$，为保证烟囱底部有 100Pa 的负压，烟囱至少应有多高？

（$H \geqslant 20.9$m）

2-14 密度为 1.29kg/m³ 的冷空气由断面 1-1 流往断面 2-2，流量为 3600m³/h，管道内直径 $d = 300$mm，摩擦阻力系数 $\lambda = 0.025$，管路中有一闸阀，开启一半，转 90°角的地方 $d/R = 1$（见题 2-14 图）。求整个管路的压头损失。

（470.9Pa）

2-15 排烟系统中 1-1，2-2 两断面的标高差为 5m，两截面处静压头分别为 $h_{静1} = -5$mmH₂O（49Pa），$h_{静2} = -15$mmH₂O（147Pa），速度分别为 $w_1 = 6$m/s，$w_2 = 10$m/s，烟气密度 $\rho = 0.41$kg/m³，大气密度 $\rho' = 1.2$kg/m³（见题 2-15 图）。求两断面间的阻力损失。

（46.2Pa）

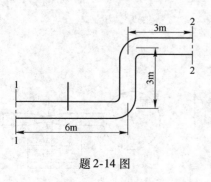

题 2-14 图

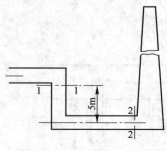

题 2-15 图

2-16 水流过某并联管路（见题 2-16 图），已知 $l_1 = 600$m，$d_1 = 200$mm，$l_2 = 360$m，$d_2 = 150$mm，$\lambda =$

0.03，AB 间的压差为 $5mH_2O$（$49 \times 10^3 Pa$），局部阻力不计，求两支管的流量。

（$V_1 = 32.8L/s$，$V_2 = 20.6L/s$）

2-17　由总管 AB 和支管 BC、BD 组成的风管（见题 2-17 图），输送密度 $\rho = 1.2kg/m^3$ 的空气。A 点静压头为 $125mmH_2O$（$1225Pa$），C 和 D 点静压头为 $100mmH_2O$（$980Pa$），管长 $l_1 = 50m$，$l_2 = 5m$，$l_3 = 15m$，管径 $d_1 = 600mm$，$d_2 = d_3 = 400mm$，摩擦阻力系数均为 0.04，不计局部阻力，求支风管的风量 V_C、V_D。

（$V_C = 6255m^3/h$，$V_D = 3611m^3/h$）

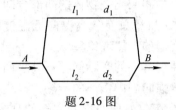

题 2-16 图

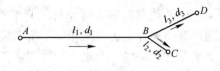

题 2-17 图

3 传 热 原 理

传热学是研究热能传递规律的一门科学。物体相互之间或同一物体的两部分间存在温度差是产生传热现象的必要条件，只要有温度差存在，热量总有从高温向低温传递的趋势。温度差普遍存在于自然界里，所以传热是一个很普遍的自然现象。

传热是加热炉内一个重要的物理过程，应用传热原理解决的实际问题不外乎两类：一类是强化传热过程，一类是弱化传热过程。前者例如增强向炉内钢坯的传热，以提高炉子的单位生产率和热效率；增强换热器中的热交换，提高废热的回收率和空气的预热温度；提高炉子某些水冷部件的冷却效果，延长设备的寿命等。后者如减少炉子砌体的热损失，对炉子实行保温措施，以提高热的利用率，节约能源；防止炉内某些部件过热，采取必要的隔热保护措施等。

传热是一种复杂的现象，为了便于研究，根据其物理本质的不同，把传热过程分为三种基本方式：传导、对流、辐射。

（1）传导。指在没有质点相对位移的情况下，当物体内部具有不同温度，或不同温度的物体直接接触时，依靠分子、原子及自由电子等微观粒子的热运动而产生的热能传递现象。传导传热在固体、液体和气体中都可能发生。在液体和固体介质中，热量的转移主要是依靠弹性波的作用，在金属内部主要依靠自由电子的运动，在气体中主要依靠原子或分子的扩散和碰撞。

（2）对流。对流分为两类：一是由于流体自身的宏观运动，流体各部分发生相对位移、冷热流体相互掺混而引起的热量转移；二是流体流过与之存在温差的另一物体表面时所发生的热交换，称为对流换热。后者包含前者。对流换热包含有表面附近层流层内的传导过程和层流层以外的对流过程。

（3）辐射。辐射是一种由电磁波来传播热能的过程。它与传导和对流有着本质的区别，它不仅有能量的转移，而且伴随着能量形式的转化，即热能转变为辐射能，辐射出去被物体吸收，又从辐射能转化为热能。辐射能的传播不需要传热物体或物体的直接接触。真空中的辐射传播没有能量损失。

实际上，在传热过程中，很少有单一的传热方式存在，绝大多数情况下是两种或三种方式同时出现。例如通过炉墙向外散热的过程，炉内火焰以对流和辐射的方式把热传给炉墙，炉墙以传导的方式把热由内表面传到外表面，炉墙外表面再以对流和辐射的方式向外散热。所以工程上的换热过程几乎都是三种基本传热方式的复杂组合。对这类复杂过程，有时把它当作一个整体看待，称为综合热交换。

3.1 传 导 传 热

传导传热是最基本的三种传热方式之一，也是最容易数学化的物理现象。本节将介绍传导传热的基本概念、定律、数学描述及其定解条件，然后简述简单的一维问题求解。导热问题的数值求解将在第 11 章介绍。

3.1.1 基本概念和定律

3.1.1.1 温度场和温度梯度

温度差是热量传递的动因，研究传导传热就必须了解温度场，它是各时刻物体中各点温度分布的总称。一般来讲，物体的温度场是空间和时间的函数，即

$$t = f(x,y,z,\tau) \tag{3-1}$$

式中，t 为温度；x,y,z 为坐标；τ 为时间。温度场有两大类。当物体内各点温度不随时间变化时，称为稳态温度场（或定常温度场），即 $t = f(x,y,z)$ 且 $\partial t/\partial \tau = 0$。例如连续工作的炉子，在正常工作条件下，炉子砌体的温度场就属于稳态温度场。物体内各点温度随时间变化时称为非稳态温度场（或非定常温度场），此时 $\partial t/\partial \tau \neq 0$。例如加热或冷却过程中钢锭的温度分布就是这类温度场。

稳态温度场内的导热称为稳态导热，非稳态温度场内的导热称为非稳态导热。

温度场中同一瞬间同温度各点连成的面称为等温面。因为在同一个点上不可能存在两个不同的温度，所以温度不同的等温面不会相交。只有穿过等温面的方向（如图 3-1 所示的 x 方向），才能观察到温度的变化。最显著的温度变化是在沿等温面的法线方向上。温度差
$(\Delta t = t_1 - t_2)$ 对于沿法线方向两等温面之间的距离
(Δx) 的比值的极限，称为温度梯度，故 x 方向的温度梯度为

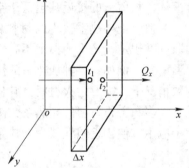

图 3-1　一维单向导热

$$\lim_{\Delta x \to 0}\left(\frac{\Delta t}{\Delta x}\right) = \frac{\partial t}{\partial x} \tag{3-2}$$

温度梯度是一个沿等温面法线方向的矢量，它的正方向朝着温度升高的一面，所以热量传播的方向和温度梯度的正方向相反。

3.1.1.2 导热基本定律

大量实践证明，单位时间内通过单位截面积所传递的热量（W），正比于当地垂直于截面方向上的温度梯度，即

$$Q = -\lambda A \frac{\partial t}{\partial x} \tag{3-3}$$

式（3-3）就是导热定律的数学表达式，又称为傅里叶定律（Fourier，1822）。其中的比例系数 λ 称为导热系数，负号表示热量传递的方向与温度梯度的方向相反。

单位时间内通过单位面积的热量称为热流密度，用 q（W/m²）表示。则

$$q = \frac{Q}{A} = -\lambda \frac{\partial t}{\partial x} \tag{3-4}$$

3.1.1.3 导热系数

导热系数是物质的物性参数之一，它表示物质导热能力的大小，其数值就是单位温度

梯度作用下，物体内所允许的热流密度值，单位为 W/(m·℃)。

各种不同的物质导热系数是不同的，即使对于同一物质，其导热系数也是随着物质的结构（密度、孔隙度），温度，压力和湿度而改变。各种物质的导热系数可以根据傅里叶定律式（3-4）进行实验测量，即 $\lambda = -q / \left(\dfrac{\partial t}{\partial x} \right)$。一些常用物质的导热系数可以由附表6查得。

金属的导热系数很高，如纯铜在常温（20℃）条件下为 399W/(m·℃)；纯金属中加入任何杂质，导热系数便迅速降低；高碳钢的导热系数比软钢低，高合金钢的导热系数则更低。气体的导热系数很小，如常温（20℃）下干空气的导热系数为 0.0259W/(m·℃)；固体材料中如果有大量气孔，则对材料的导热性能影响很大，多数筑炉的绝热材料具有很低的导热系数，其中有大量孔隙是重要原因；又如金属板坯或板卷的加热比整块实体金属加热要慢，也是由于板与板之间有缝隙。液体的导热系数介于金属和气体之间，如 20℃ 水的导热系数为 0.599W/(m·℃)。非金属固体的导热系数在很大范围内变化，数值高的接近液体，数值低的接近甚至低于空气。

习惯上把导热系数小的材料称为保温材料（又称隔热材料、耐火材料或绝热材料）。国家标准规定，凡平均温度不高于350℃时导热系数不大于 0.12W/(m·℃) 的材料称为保温材料。例如，各种加热炉的炉体建筑需要大量使用耐火材料以降低传导热损失。只有少数情况下，需要耐火材料具有良好的导热性，例如马弗罩用的材料等。

大多数工程材料的导热系数随温度的变化往往不能忽略，而其变化规律又比较复杂，为了应用方便，近似地认为导热系数与温度成直线关系，即

$$\lambda_t = \lambda_0 + bt \tag{3-5}$$

式中，λ_0 为0℃时材料的导热系数；b 为温度系数，视不同材料由实验确定。

3.1.1.4 维度

一般情况下，物体的温度场是空间三维坐标和时间的函数，如式（3-1）所示。但在实际工程中，传导传热在某些方向或维度上不发生或相对来说可以忽略不计。当物体与外界发生传热而内部传热速度很快时，此时物体内部温差可以忽略，我们称之为零维，即整个物体的温度只是时间的函数。而物体内部传热在一个方向远远大于另两个方向，或者只发生在这一个方向时，便是一维传热。以此类推，我们可以将传导传热定义为二维、三维问题。

3.1.2　导热问题控制方程及定解条件

对一维导热问题，直接对傅里叶定律的表达式进行积分就可以获得用两端温差表示的导热量计算式。对于多维问题，必须在获得温度场的数学表达式以后，才能由傅里叶定律计算出空间各点的热流密度矢量。而为了获得物体空间温度场的数学表达式，首先必须根据能量守恒定律和傅里叶定律建立导热微分方程，然后根据定解条件求解获得。为此，可以取导热物体的一个微元立方体来进行分析，如图 3-2 所示。

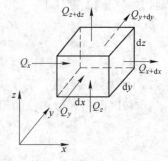

图3-2　三维导热微元

空间任一点处、任一方向的热流量可以分解成沿坐标方向的分量,通过三个微元面 $x = x$、$y = y$、$z = z$ 而导入微元体的热流量可根据傅里叶定律写出为

$$\left. \begin{array}{l} Q_x = -\lambda \dfrac{\partial t}{\partial x} \mathrm{d}y \mathrm{d}z \\[2mm] Q_y = -\lambda \dfrac{\partial t}{\partial y} \mathrm{d}x \mathrm{d}z \\[2mm] Q_z = -\lambda \dfrac{\partial t}{\partial z} \mathrm{d}x \mathrm{d}y \end{array} \right\} \tag{3-6}$$

假设导热系数是各向异性的。通过 $x = x + \mathrm{d}x$、$y = y + \mathrm{d}y$、$z = z + \mathrm{d}z$ 三个微元面导出微元体的热流量也可根据傅里叶定律写出为

$$\left. \begin{array}{l} Q_{x+\mathrm{d}x} = Q_x + \dfrac{\partial Q}{\partial x}\mathrm{d}x = Q_x + \dfrac{\partial}{\partial x}\Big(-\lambda \dfrac{\partial t}{\partial x}\mathrm{d}y\mathrm{d}z\Big)\mathrm{d}x \\[3mm] Q_{y+\mathrm{d}y} = Q_y + \dfrac{\partial Q}{\partial y}\mathrm{d}y = Q_y + \dfrac{\partial}{\partial y}\Big(-\lambda \dfrac{\partial t}{\partial y}\mathrm{d}x\mathrm{d}z\Big)\mathrm{d}y \\[3mm] Q_{z+\mathrm{d}z} = Q_z + \dfrac{\partial Q}{\partial z}\mathrm{d}z = Q_z + \dfrac{\partial}{\partial z}\Big(-\lambda \dfrac{\partial t}{\partial z}\mathrm{d}x\mathrm{d}y\Big)\mathrm{d}z \end{array} \right\} \tag{3-7}$$

如果微元体在任一时间间隔内的热力学增量和内热源的生成热分别为 $\rho c \dfrac{\partial t}{\partial \tau}\mathrm{d}x\mathrm{d}y\mathrm{d}x$ 和 $\dot{Q}\mathrm{d}x\mathrm{d}y\mathrm{d}z$,则根据能量守恒,经整理得

$$\rho c \frac{\partial t}{\partial \tau} = \frac{\partial}{\partial x}\Big(\lambda \frac{\partial t}{\partial x}\Big) + \frac{\partial}{\partial y}\Big(\lambda \frac{\partial t}{\partial y}\Big) + \frac{\partial}{\partial z}\Big(\lambda \frac{\partial t}{\partial z}\Big) + \dot{Q} \tag{3-8}$$

其中,ρ、c、$\dot{Q}$、τ 分别为微元体的密度、比热容、单位时间单位体积内热源生成热和时间。

式 (3-8) 是直角坐标系三维非稳态导热微分方程的一般形式,其中 ρ、c、$\dot{Q}$、λ 均可以是变量。也可以针对一系列具体情况导出式 (3-8) 的简化形式。

(1) 导热系数为常数。

$$\frac{\partial t}{\partial \tau} = a\Big(\frac{\partial^2 t}{\partial x^2} + \frac{\partial^2 t}{\partial y^2} + \frac{\partial^2 t}{\partial z^2}\Big) + \frac{\dot{Q}}{\rho c} \tag{3-9}$$

式中,$a = \lambda/(\rho c)$,称为热扩散率或导温系数。

(2) 导热系数为常数、无内热源。

$$\frac{\partial t}{\partial \tau} = a\Big(\frac{\partial^2 t}{\partial x^2} + \frac{\partial^2 t}{\partial y^2} + \frac{\partial^2 t}{\partial z^2}\Big) \tag{3-10}$$

(3) 导热系数为常数、稳态。

$$\frac{\partial^2 t}{\partial x^2} + \frac{\partial^2 t}{\partial y^2} + \frac{\partial^2 t}{\partial z^2} = -\frac{\dot{Q}}{\lambda} \tag{3-11}$$

式 (3-11) 数学上称为泊松 (Poisson) 方程。

(4) 导热系数为常数、无内热源、稳态。

$$\frac{\partial^2 t}{\partial x^2} + \frac{\partial^2 t}{\partial y^2} + \frac{\partial^2 t}{\partial z^2} = 0 \tag{3-12}$$

式 (3-12) 数学上称为拉普拉斯 (Laplace) 方程。

有了传导传热的数学表达式（也称控制方程），还必须给出相应的定解条件才有可能获得某一具体导热问题的温度分布。

对于非稳态导热问题，定解条件包括初始条件和边界条件两个方面，即初始时刻的温度分布 $t\big|_{\tau=0} = f(x,y,z)$ 和边界上温度或换热情况的边界条件。对于稳态导热问题，定解条件只有边界条件。

导热问题常见的边界条件可以归纳为以下三类：

（1）规定了边界上的温度值，称为第一类边界条件。

$$\begin{cases} 稳态 \qquad t_{\mathrm{w}} = 常数 \\ 非稳态 \quad t_{\mathrm{w}} = f_1(\tau), \tau > 0 \end{cases} \tag{3-13}$$

（2）规定了边界上的热流密度，称为第二类边界条件。

$$\begin{cases} 稳态 \qquad\qquad q_{\mathrm{w}} = 常数 \\ 非稳态 \quad -\lambda\left(\dfrac{\partial t}{\partial n}\right)_{\mathrm{w}} = f_2(\tau), \tau > 0 \end{cases} \tag{3-14}$$

式中，n 为边界壁面的外法线方向。

（3）规定了边界上物体与周围流体间的表面传热系数 h 及周围流体温度 t_{f}，称为第三类边界条件。

$$-\lambda\left(\frac{\partial t}{\partial n}\right)_{\mathrm{w}} = h(t_{\mathrm{w}} - t_{\mathrm{f}}) \tag{3-15}$$

在非稳态时，式（3-15）中的 h 及 t_{f} 均可以是时间的函数。

以上关于导热问题的控制方程及定解条件，同样可以推导圆柱坐标系统和球坐标系统内各自的表达式。

获得了导热问题的控制方程及其定解条件后，一般可以用解析法、迭加法、数值法等求解温度分布进而计算导热量。对大多数工程问题，很难获得控制方程的解析解；迭加法也只是在特定条件下用一维解获得多维解。目前，数值方法能求解大多数工程问题，本章会给出两个简单的例子，然后在 11 章进一步介绍。

3.1.3 几种典型的一维导热问题

简单一维几何形状的温度分布和热流计算，在给出适当定解条件后，既可以直接通过傅里叶方程式求解，也可以通过求解导热微分方程获得。

3.1.3.1 单层和多层平壁导热

图 3-3 是一个单层平壁，壁厚为 s，壁的两侧保持均匀一定的温度 t_1 和 t_2，材料的导热系数为 λ，并设它不随温度而变。平壁的温度场属于一维的，即只沿垂直于壁面的 x 轴方向有温度变化。边界条件为

$$\left.\begin{array}{l} x = 0 \text{ 时} \quad t = t_1 \\ x = s \text{ 时} \quad t = t_2 \end{array}\right\} \tag{a}$$

由此可求出温度分布和相应热流。

无内热源一维稳态导热方程由式（3-12）可得，即

$$\frac{\mathrm{d}^2 t}{\mathrm{d}x^2} = 0 \tag{b}$$

对其连续两次积分得通解为

$$t = c_1 x + c_2 \qquad (c)$$

积分常数 c_1 和 c_2 由边界条件（a）确定，最后的温度分布为

$$t = \frac{t_2 - t_1}{s} x + t_1 \qquad (d)$$

根据傅里叶定律，即可得热流密度的表达式为

$$q = -\lambda \frac{dt}{dx} = \frac{\lambda(t_1 - t_2)}{s} = \frac{\lambda}{s}\Delta t = \frac{\Delta t}{\frac{s}{\lambda}} = \frac{\Delta t}{R_\lambda} \quad (3\text{-}16)$$

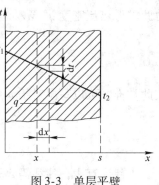

图 3-3　单层平壁

最后，传导的总热流等于热流密度乘导热面积。自然界中过程的转移量总是等于过程的动力除过程的阻力，与电学中的欧姆定律类似，这里温差 Δt 是热量传递的动力，也称作温压，R_λ 为过程的阻力，又称作热阻。

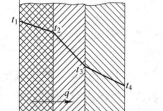

图 3-4　多层平壁

如图 3-4 所示，有三层不同材料组成的平壁紧密连接，其厚度各为 s_1、s_2 和 s_3，导热系数分别为 λ_1、λ_2 和 λ_3，均为常数。最外层两表面分别保持均一的温度 t_1 和 t_4，$t_1 > t_4$，由于层与层之间假定接触很好，没有附加的热阻（又称为接触热阻），可以用 t_2 和 t_3 来表示界面处的温度。

在稳定态下，热流量是常数，即通过每一层的热流量都是相同的，否则温度场将随时间而改变成为不稳定态。应用热阻的概念，可以方便地推导出多层平壁的导热计算公式。

根据单层平壁导热的公式（3-16），可写出各层的热流密度为

$$\left. \begin{aligned} q &= \frac{\lambda_1}{s_1}(t_1 - t_2) \\ q &= \frac{\lambda_2}{s_2}(t_2 - t_3) \\ q &= \frac{\lambda_3}{s_3}(t_3 - t_4) \end{aligned} \right\} \qquad (e)$$

或

$$\left. \begin{aligned} (t_1 - t_2) &= q\frac{s_1}{\lambda_1} \\ (t_2 - t_3) &= q\frac{s_2}{\lambda_2} \\ (t_3 - t_4) &= q\frac{s_3}{\lambda_3} \end{aligned} \right\} \qquad (f)$$

各层温度变化的总和就是整个三层壁的总温度差，将（f）组方程三个式子相加得

$$t_1 - t_4 = q\left(\frac{s_1}{\lambda_1} + \frac{s_2}{\lambda_2} + \frac{s_3}{\lambda_3}\right)$$

由此求得热流密度 q（W/m^2）为

$$q = \frac{t_1 - t_4}{\frac{s_1}{\lambda_1} + \frac{s_2}{\lambda_2} + \frac{s_3}{\lambda_3}} \qquad (3-17)$$

依此类推，可以写出对于 n 层壁热流密度 q 的计算公式

$$q = \frac{t_1 - t_{n+1}}{\sum\limits_{i=1}^{n} \frac{s_i}{\lambda_i}} \qquad (3-18)$$

工程计算中，往往需要知道层与层之间界面上的温度，求出 q 以后代入（f）式，就能得到 t_2 和 t_3 的数值

$$\left. \begin{array}{l} t_2 = t_1 - q\dfrac{s_1}{\lambda_1} \\[3mm] t_3 = t_2 - q\dfrac{s_2}{\lambda_2} = t_1 - q\left(\dfrac{s_1}{\lambda_1} + \dfrac{s_2}{\lambda_2}\right) \end{array} \right\} \qquad (3-19)$$

例 3-1　求通过炉墙的热流密度。炉墙由两层砖组成，内层为 460mm 硅砖，外层为 230mm 轻质黏土砖，炉墙内表面温度 1600℃，外表面温度 150℃。

解　根据附表 12 求砖的导热系数 λ_t，为此必须先求出各层砖的平均温度，但界面温度 t_2 为未知数，故先假设 $t_2 = 1100$℃。于是得到硅砖的导热系数 λ_1 和轻质黏土砖的导热系数 λ_2 为

$$\lambda_1 = 0.93 + 0.0007t = 0.93 + 0.0007 \times \frac{1600 + 1100}{2} = 1.875 \quad [W/(m \cdot ℃)]$$

$$\lambda_2 = 0.35 + 0.0002t = 0.35 + 0.00026 \times \frac{1100 + 150}{2} = 0.513 \quad [W/(m \cdot ℃)]$$

将已知各值代入式（3-17），得

$$q = \frac{t_1 - t_3}{\frac{s_1}{\lambda_1} + \frac{s_2}{\lambda_2}} = \frac{1600 - 150}{\frac{0.46}{1.875} + \frac{0.23}{0.513}} = 2089 \quad (W/m^2)$$

再将 q 值代入式（3-19），验算所假设的温度 t_2

$$t_2 = t_1 - q\frac{s_1}{\lambda_1} = 1600 - 2089 \times \frac{0.46}{1.875} = 1087 \quad (℃)$$

温度 t_2 与所设的 1100℃基本相符，这一误差可以允许。如所得 t_2 与所设出入较大，可以用逐步逼近的试算法，再取 t_2 重新计算。

3.1.3.2　单层和多层圆筒壁导热

平壁的导热计算公式不适用于圆筒壁的导热，因为圆筒壁的环形截面积沿半径方向变化，所以通过不同截面的热流密度实际上也是不同的。

如图 3-5 所示，设圆筒壁的内外半径分别为 r_1 和 r_2，圆筒壁长度比直径大得多，内外表面各维持均一的温度 t_1 和 t_2，$t_1 > t_2$。设温度只沿径向改变，轴向的变化略去不计，因此温度场仍是一维的。设材料的导热系数为 λ，且不随温度变化。

设想在离中心 r 处取一厚度为 dr 的环形薄层，根据导热基本定律，单位时间通过此薄层的热量为

$$Q = -\lambda \frac{\mathrm{d}t}{\mathrm{d}r}A = -\lambda \frac{\mathrm{d}t}{\mathrm{d}r}2\pi rl$$

式中，l 为圆筒壁的长度，m。

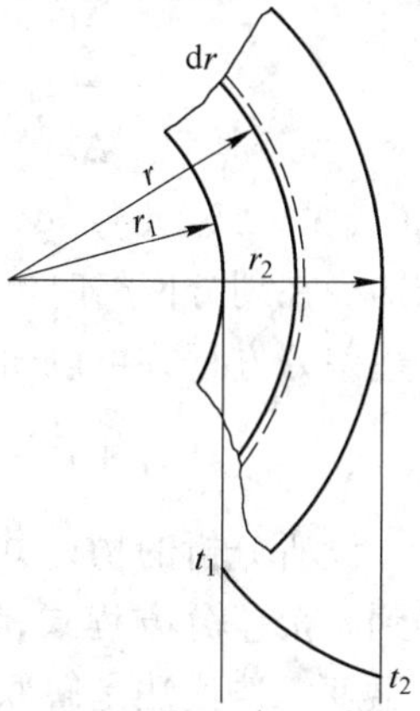

分离变量后

$$\mathrm{d}t = -\frac{Q}{2\pi\lambda l} \cdot \frac{\mathrm{d}r}{r}$$

根据所给边界条件进行积分

$$\int_{t_1}^{t_2}\mathrm{d}t = -\frac{Q}{2\pi\lambda l}\int_{r_1}^{r_2}\frac{\mathrm{d}r}{r}$$

$$t_1 - t_2 = \frac{Q}{2\pi\lambda l}(\ln r_2 - \ln r_1)$$

整理后，就得到单层圆筒壁的热量计算公式

$$Q = \frac{2\pi\lambda l}{\ln \dfrac{r_2}{r_1}}(t_1 - t_2) = \frac{2\pi\lambda l}{\ln \dfrac{d_2}{d_1}}(t_1 - t_2) \qquad (3\text{-}20)$$

图 3-5　单层圆筒壁

对于圆筒壁，如其厚度和半径相比很小时，例如当 $d_2/d_1 \leqslant 2$ 时，可以近似地用平壁的导热计算公式，即把圆筒壁当作展开了的平壁。这时壁的厚度 $s = \dfrac{d_2 - d_1}{2}$，而管壁的面积取内外表面积的平均值，即

$$A = \pi\left(\frac{d_1 + d_2}{2}\right)l$$

这种计算结果是近似的，所得的 Q 值稍大一些。

多层圆筒壁的导热问题，可以像处理多层平壁那样，运用串联热阻迭加的原理，即可得到计算公式。如三层圆筒壁的热流量公式为

$$Q = \frac{2\pi l(t_1 - t_4)}{\dfrac{1}{\lambda_1}\ln \dfrac{r_2}{r_1} + \dfrac{1}{\lambda_2}\ln \dfrac{r_3}{r_2} + \dfrac{1}{\lambda_3}\ln \dfrac{r_4}{r_3}} \qquad (3\text{-}21)$$

3.1.4　二维稳态导热的有限差分法

利用导热微分方程式在给定的边界条件下求解，只有一些不太复杂的情况下才有可能，因此对于更复杂的多维温度场，一般只能用某些近似解法。下面简要介绍用迭代法求解的有限差分法，它以联立求解一组差分方程代替对微分方程的积分求解，在应用计算机以后，解联立方程组是轻而易举的。从而使一些复杂的导热问题能够得到数值解。

把一个具有二维温度场的物体（z 轴方向无温度变化），按等距离分成若干网格，如图 3-6 所示。网格的交叉点称为节点，取出其中一部分，得到若干相等的微元体（又叫控制容积）0、1、2、3、4，微元体的边长分别等于 Δx 和 Δy，厚度均为 Δz，节点上相应的温度分别为 t_0、t_1、t_2、t_3 和 t_4，温度不随时间而变，这说明在稳定态下，流向任何节点的热量总和为零。现在来分析微元体 0 的热量平衡关系，可得

$$Q_0 = Q_{10} + Q_{20} + Q_{30} + Q_{40} = 0$$

根据傅里叶定律，写出上式中的各热量，就可得到节点 0 的差分方程式，即

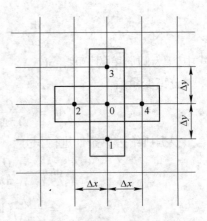

图 3-6　二维导热的有限差分法

$$Q_0 = \lambda \Delta x \Delta z \frac{t_1 - t_0}{\Delta y} + \lambda \Delta y \Delta z \frac{t_2 - t_0}{\Delta x} + \lambda \Delta x \Delta z \frac{t_3 - t_0}{\Delta y} +$$

$$\lambda \Delta y \Delta z \frac{t_4 - t_0}{\Delta x} = 0$$

式中，λ、Δx、Δy、Δz 均为已知，t_0、t_1、t_2、t_3 和 t_4 为未知。在划分网格时可令 $\Delta x = \Delta y$，即网格为正方形，上述差分方程式可以简化为

$$t_1 + t_2 + t_3 + t_4 - 4t_0 = 0 \tag{3-22}$$

设所分析的物体共有 n 个节点，则根据同理可以得到 n 个差分方程式，联立求解，就能解出 n 个节点的温度。迭代法是解联立方程（代数方程）的方法之一。网格划分得越细，结果越接近实际的温度分布。

由于节点数目很多，迭代法解联立方程完全用手算很麻烦，但此法能较好地揭示有限差分法的物理实质，其具体步骤如下：

（1）假定各节点的温度值，如 t_0、t_1、t_2、t_3、t_4 等。

（2）将温度的初步假定值代入式（3-22），由于估计的温度值不可能很准确，故式子的右侧不为零而有某个余数（又叫残差）Q'，求出各节点的余数。

（3）对有余数的各节点，取其余数的 1/4 作为温度值的改变量，其符号与余数的正负号一致，使各节点的余数为零。

（4）再计算各节点的温度又有新的余数，再按上述办法改变余数的 1/4，重复进行，直到所有余数都接近零为止。

下面举例介绍此法的具体应用。

例 3-2　设炉墙转角截面如图 3-7 所示，内外壁温度各保持 400℃ 和 100℃。求炉墙中心的温度分布。

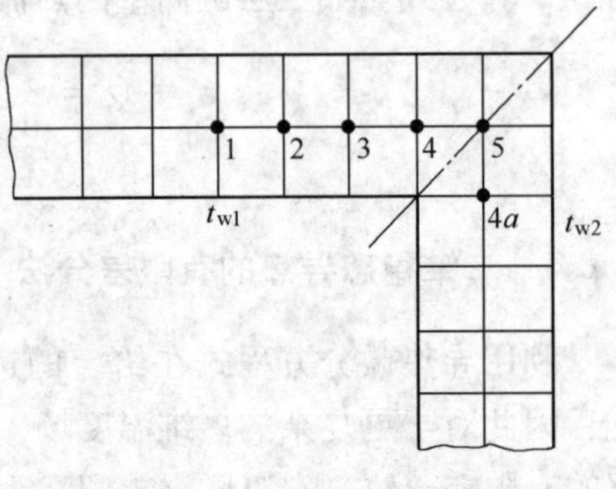

解　取单元边长为墙厚的一半，确立节点 1、2、3…，墙角两边对称，故 $t_4 = t_{4a}$。先假定各节点的温度 $t_1 = t_2 = t_3 = t_4 = t_{4a} = 250℃$，$t_5 = 200℃$（因为节点 5 处两边散热，温度必略低）。将这些温度值代入式（3-22），求出各节点的余数 Q'，得

图 3-7　炉墙转角截面

$$Q'_1 = Q'_2 = Q'_3 = 0$$

$$Q'_4 = t_3 + t_{w2} + t_5 + t_{w1} - 4t_4 = 250 + 100 + 200 + 400 - 4 \times 250 = -50$$

$$Q'_5 = t_4 + t_{w2} + t_{w2} + t_{4a} - 4t_5 = 250 + 100 + 100 + 250 - 4 \times 200 = -100$$

将结果记入表 3-1 内序号为 0 的一行内。各节点中点 5 的余数最大。于是将 t_5 原假定温度 200 加（$-100/4$）而改变为 175℃，t_4 原假定温度 250 加（$-50/4$）而改变为 237℃，将这些值代入式（3-22）再算，得表内序号 1 的一行，这时仍以 Q'_5 为最大，又取 175 + （$-26/4$）$\approx 168\cdots$，重新计算。一直进行到序号 4 的一行，此时余数大体上接近零，即可结束。这时的温度分布就是题目所要求的炉墙中心温度分布的近似数值。

表 3-1 各节点温度统计

序 号	节点 1		节点 2		节点 3		节点 4		节点 5	
	t_1	Q'_1	t_2	Q'_2	t_3	Q'_3	t_4	Q'_4	t_5	Q'_5
0	250	0	250	0	250	0	250	−50	200	−100
1	250	0	250	0	250	−13	237	−23	175	−26
2	250	0	250	−3	247	−7	231	−9	168	−10
3	250	−1	249	−1	245	−2	229	−6	165	−2
4	250	−1	249	−2	244	0	227	0	164	−2

已知物体中的温度分布，就可以算出每米高炉墙的传导热量，即

$$Q = \sum \lambda \Delta x \frac{\Delta t}{\Delta y} = \lambda \sum \Delta t \tag{3-23}$$

式中，Δt 取炉墙内侧或外侧的温度差均可。例如对于上例，温度差为

炉墙内壁 $\qquad \sum \Delta t = \big[(400 - 227) + (400 - 244) + (400 - 249) + \cdots \big]$

炉墙外壁 $\qquad \sum \Delta t = \big[(164 - 100) + (227 - 100) + (244 - 100) + \cdots \big]$

三维问题，每个节点的相邻节点不是四个而是六个，同样可以列出差分方程式来。以上算例假设网格均匀。实际计算时网格不一定均匀，但原理相同，只是获得差分方程的系数更加复杂。

3.2 对 流 换 热

正如本章开头介绍的"对流"概念，对流换热总是与流体的流动相关联。因此学习对流换热必须具备流体力学的基本知识。

3.2.1 牛顿冷却定律以及对流换热的研究方法

流体流过固体表面时，如果两者存在温度差，相互间就要发生热的传递，这种传热过程称为对流换热。这种过程既包括流体位移所产生的对流作用，同时也包括分子间的传导作用，是一个复杂的传热现象。研究对流换热的主要目的是确定对流换热量，计算仍然采用牛顿提出的这一基本公式，即

$$Q = \alpha(t_f - t_w)A \tag{3-24}$$

式中，t_f 和 t_w 分别代表流体和固体表面的温度，℃；A 为换热面积，m^2；α 为对流换热系数，$W/(m^2 \cdot ℃)$。

式（3-24）看起来很简单，其实并没有从根本上简化。因为对流换热这样一个复杂的过程，不可能只用一个简单的代数方程来描述，只不过把影响对流换热的全部复杂因素都集中到对流换热系数 α 这样一个量上来。所以研究对流换热的关键，就是要确定对流换热系数与各影响因素的关系，找出各种情况下对流换热系数的数值。

3.2.1.1 影响对流换热的因素

由气体力学可知，当气体流经固体表面时，由于黏性力的作用，在接近表面处存在一

个速度梯度很大的流体薄层，称为速度边界层。与速度边界层类似，在表面附近也存在一个温度发生急剧变化的薄层，称为热边界层。一般情况下，热边界层的厚度 δ_t 不一定等于速度边界层的厚度 δ_h。

由于流动的起因不同，对流换热可以区分为强制对流换热、自然对流换热，以及混合对流换热。强制对流换热是由于泵、风机或其他外部动力源所造成的，自然对流换热通常是由于流体内部的密度差所引起，混合对流换热通常是前两者的混合。例如加热炉炉气（大部分时候为燃烧产物）与被加热物料之间的对流换热，除了炉气温差而导致密度差进而引起的自然对流外，一般还有排烟设备"抽风"引起的强制对流。

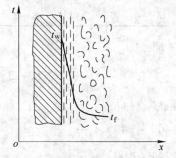

图 3-8 对流换热的热阻主要
存在于热边界层中

由于层流边界层内分子没有垂直于固体表面的运动，所以其中的热传递只能依靠传导作用，即使层流底层很薄，对热传递仍有不可忽视的影响。炉内作为载热体的炉气其导热系数很小，因此对流换热的热阻主要存在于热边界层中（见图 3-8）。至于紊流核心中，流体兼有垂直于固体表面方面的运动，强烈的混合大大提高了热传递的强度，基本上不存在温度梯度。

此外，对流换热过程中还可能存在相变。当流体没有发生相变时，对流换热中的热量交换表现为流体的显热变化；当流体发生相变时（如沸腾或凝结），热量交换不仅表现为流体的显热变化，同时还表现为相变潜热的吸收或释放，而且相变潜热往往占主导作用。

由以上分析可见，凡是影响边界层状况和紊流紊乱程度的因素（暂时不涉及相变），都影响到对流换热的速率。例如流体的流速 w（速度的大小决定边界层的厚薄）、流体的导热系数 λ（λ 越大层流底层的热阻越小）、流体的黏度 μ（黏度越大边界层越厚）、流体的比热容 c、流体的密度 ρ、流体和固体表面的温度 t_f 和 t_w、固体表面的形状 Φ 和尺寸 l 等。换言之，对流换热系数 α 是以上各因素的复杂函数，即

$$\alpha = f(w, \lambda, \mu, c, \rho, t_f, t_w, \Phi, l, \cdots)$$

显然，要建立 α 与上述因素的真正数学关系式是十分困难的。

3.2.1.2 对流换热的研究方法

研究对流换热的方法，即确定表面换热系数 α 的表达式的方法大致有四种。

（1）分析法。对描写对流换热的偏微分方程及相应的定解条件进行解析求解，从而获得速度场和温度场，进而计算对流换热系数和换热量。

（2）实验法。实验法是工程上最主要的获得计算表面传热系数的方法。但为了减少实验次数以及避免重复，应该在相似原理的指导下设计实验。

（3）比拟法。动量传递和热量传递具有共性或类似性，可以建立表面传热系数和阻力系数之间的相互关系的方法。先通过容易实施的实验获得阻力系数，然后通过比拟获得表面传热系数。

（4）数值法。从 20 世纪 70 年代开始，随着 CFD（计算流体力学）的发展，数值方法计算对流换热逐渐得到发展和普及。数值计算不仅可以求解各种复杂情况的对流换热，而且像计算流体力学一样，还用于探索对流换热中的新问题、新现象。

以上方法各有侧重点和针对性，本书只作简要介绍。

3.2.2　对流换热问题的控制方程与定解条件

对流换热问题完整的数学描述（控制方程）包括质量守恒、动量守恒和能量守恒三大定律的数学表达式以及相应的定解条件。在前面流体力学部分已经介绍了质量守恒和动量守恒微分方程，这里也直接给出能量守恒方程而不做详细推导。假设流动是三维、不可压缩、常物性、无内热源，且忽略耗散热。

（1）质量守恒（又称为连续方程）。

$$\frac{\partial u}{\partial x} + \frac{\partial v}{\partial y} + \frac{\partial w}{\partial z} = 0 \tag{3-25}$$

（2）动量守恒方程。

$$\rho\left(\frac{\partial u}{\partial \tau} + u\frac{\partial u}{\partial x} + v\frac{\partial u}{\partial y} + w\frac{\partial u}{\partial z}\right) = -\frac{\partial p}{\partial x} + \mu\left(\frac{\partial^2 u}{\partial x^2} + \frac{\partial^2 u}{\partial y^2} + \frac{\partial^2 u}{\partial z^2}\right) + F_x \tag{3-26}$$

$$\rho\left(\frac{\partial v}{\partial \tau} + u\frac{\partial v}{\partial x} + v\frac{\partial v}{\partial y} + w\frac{\partial v}{\partial z}\right) = -\frac{\partial p}{\partial y} + \mu\left(\frac{\partial^2 v}{\partial x^2} + \frac{\partial^2 v}{\partial y^2} + \frac{\partial^2 v}{\partial z^2}\right) + F_y \tag{3-27}$$

$$\rho\left(\frac{\partial w}{\partial \tau} + u\frac{\partial w}{\partial x} + v\frac{\partial w}{\partial y} + w\frac{\partial w}{\partial z}\right) = -\frac{\partial p}{\partial z} + \mu\left(\frac{\partial^2 w}{\partial x^2} + \frac{\partial^2 w}{\partial y^2} + \frac{\partial^2 w}{\partial z^2}\right) + F_z \tag{3-28}$$

（3）能量守恒方程。

$$\frac{\partial t}{\partial \tau} + u\frac{\partial t}{\partial x} + v\frac{\partial t}{\partial y} + w\frac{\partial t}{\partial z} = a\left(\frac{\partial^2 t}{\partial x^2} + \frac{\partial^2 t}{\partial y^2} + \frac{\partial^2 t}{\partial z^2}\right) \tag{3-29}$$

式中，速度分量分别用 u、v、w 表示，F_x、F_y、F_z 分别代表各坐标方向的体积力。动量方程式（3-26）~式（3-28）也就是第 2 章介绍的纳维-斯托克斯（Navier-Stokes）方程。

值得注意的是能量方程（3-29），当流体中有内热源 Q 时，只需要在方程的右边加上 $Q/(\rho c_p)$ 项即可。另外，方程（3-29）还表明，在对流换热中，热量的传递除了依靠流体流动所产生的对流项外，还有导热引起的扩散项，而且，当流体处于静止时，所有速度量为零，此时方程退化为纯导热方程。

以上是直角坐标系下通用的对流换热控制方程，5 个未知数（u、v、w、p、t），5 个方程，因此是封闭的。针对不同的具体问题，上述方程组还可以得到简化，如三维到二维的简化，瞬态（非稳态）到稳态的简化，边界层内的简化等。

以上方程组，加上适当的初始条件和边界条件，原则上可以求解。然而，由于方程组强烈的非线性以及方程之间的耦合，使得分析解在多数情况下成为不可能。此时，前述介绍的除"分析法"之外的方法成为重要选项，尤其是数值法已经成为现今求解各种对流换热的普遍选项。

针对以上对流换热控制方程，无论是解析求解（少数简化情况下）还是数值求解，必须给出定解条件。包括速度、压力和温度的初始条件和边界条件。对于速度和压力，一般只有第一类和第二类边界条件，即边界上的速度和压力值或者他们的梯度。对于温度，由于对流换热系数本身也是要求解的量，所以一般也只有第一类和第二类边界条件。

对以上数学问题的分析解或者数值解，获得的结果均是流体内的速度场、压力场和温度场，我们可以通过温度场进而获得表面的对流换热系数 α。

当黏性流体沿表面流动时，由于流体的黏性作用，最靠近壁面处总存在静止的无滑移

黏滞层，即无滑移边界条件。流体与表面的热量传递必须通过黏滞层由传导传热的方式完成。因此，由傅里叶定律可得

$$dQ = -\lambda \left.\frac{\partial t}{\partial x}\right|_{x=0} dA$$

式中，$(\partial t / \partial x)|_{x=0}$ 为壁面处法线方向流体的温度梯度，λ 为流体的导热系数。

另一方面，根据牛顿冷却公式，又有

$$dQ = \alpha(t_f - t_w)dA = \alpha\Delta t dA$$

由以上二式就可以获得对流换热系数的计算式为

$$\alpha = -\frac{\lambda}{\Delta t}\left.\frac{\partial t}{\partial x}\right|_{x=0} \tag{3-30}$$

式（3-30）有时也叫换热方程式。

3.2.3　相似原理简介及其在对流换热分析中的应用

3.2.3.1　基本概念

相似的概念来源于几何学，两个几何相似的图形，其对应部分的比值必等于同一个常数。把几何相似的概念推广，可以适用于物理现象的相似。所谓物理现象相似，是指现象的物理本质相同，可以用同一数理方程来描述，各对应的物理量（如速度、温度、物性参数等）和几何条件必定成同一比例，不仅在空间位置上对应，而且在时间上也是相对应的。换言之，现象相似则其单值条件相似。

在相似的现象中，所有量在对应点上和对应瞬间成一定比例，这种比值之间还有一定的关系约束着。现在先来考察一组力学相似的现象，对于两个受力运动的系统，都必须服从牛顿第二定律。设第一个系统的各量标注记号为"′"，属第二个系统的各量标注记号为"″"。即

第一个系统 $\qquad\qquad f' = m'\dfrac{du'}{d\tau'}$ $\qquad\qquad\qquad$ （a）

第二个系统 $\qquad\qquad f'' = m''\dfrac{du''}{d\tau''}$ $\qquad\qquad\qquad$ （b）

既然两个现象是相似的，则各对应物理量互成比例，即

$$\frac{f''}{f'} = C_f; \frac{m''}{m'} = C_m; \frac{u''}{u'} = C_u; \frac{\tau''}{\tau'} = C_\tau \tag{c}$$

表征第二个系统的各量也可以用表征第一个系统的各量来表示：

$$f'' = C_f f'; \quad m'' = C_m m'; \quad u'' = C_u u'; \quad \tau'' = C_\tau \tau' \tag{d}$$

将（d）代入（b），得

$$C_f f' = C_m m' \frac{C_u du'}{C_\tau d\tau'}$$

或

$$\frac{C_f C_\tau}{C_m C_u} f' = m' \frac{du'}{d\tau'} \tag{e}$$

式（e）与式（a）相比，只有相似常数间存在下列关系，才能成立，即

$$\frac{C_f C_\tau}{C_m C_u} = 1 \qquad\qquad (f)$$

将（c）代入（f），经过整理后，得

$$\frac{f'\tau'}{m'u'} = \frac{f''\tau''}{m''u''} = \cdots = \frac{f\tau}{mu} = Ne = 常数 \qquad\qquad (g)$$

Ne 称为牛顿数，两个或两个以上的力学系统的运动相似时，其牛顿数的数值必须相等。相似特征数都是一些无因次量，从各种描述物理现象的微分方程式中，都可以经过相似转换的方法，导出各自的相似特征数。彼此相似的现象，其相似特征数必然相等。

3.2.3.2 热相似

对流换热现象由式（3-25）~式（3-29）等一组微分方程式来描述，这是导出热相似特征数的基础。

假设有两个相似的不可压缩流体，做稳定的受迫流动时的换热，对每一个换热及流动现象都可以写出一组微分方程式来，即

换热方程式

$$\alpha' = -\frac{\lambda'}{\Delta t'}\frac{\partial t'}{\partial x'}$$

$$\alpha'' = -\frac{\lambda''}{\Delta t''}\frac{\partial t''}{\partial x''}$$

能量方程式

$$\frac{\partial t'}{\partial \tau'} + \frac{\partial t'}{\partial x'}u' + \frac{\partial t'}{\partial y'}v' + \frac{\partial t'}{\partial z'}w' = a'\left(\frac{\partial^2 t'}{\partial x'^2} + \frac{\partial^2 t'}{\partial y'^2} + \frac{\partial^2 t'}{\partial z'^2}\right)$$

$$\frac{\partial t''}{\partial \tau''} + \frac{\partial t''}{\partial x''}u'' + \frac{\partial t''}{\partial y''}v'' + \frac{\partial t''}{\partial z''}w'' = a''\left(\frac{\partial^2 t''}{\partial x''^2} + \frac{\partial^2 t''}{\partial y''^2} + \frac{\partial^2 t''}{\partial z''^2}\right)$$

运动方程式（x 方向为例）

$$\rho'\left(\frac{\partial u'}{\partial x'}u' + \frac{\partial u'}{\partial y'}v' + \frac{\partial u'}{\partial z'}w'\right) = \rho'g' - \frac{\partial p'}{\partial x'} + \mu'\left(\frac{\partial^2 u'}{\partial x'^2} + \frac{\partial^2 u'}{\partial y'^2} + \frac{\partial^2 u'}{\partial z'^2}\right)$$

$$\rho''\left(\frac{\partial u''}{\partial x''}u'' + \frac{\partial u''}{\partial y''}v'' + \frac{\partial u''}{\partial z''}w''\right) = \rho''g'' - \frac{\partial p''}{\partial x''} + \mu''\left(\frac{\partial^2 u''}{\partial x''^2} + \frac{\partial^2 u''}{\partial y''^2} + \frac{\partial^2 u''}{\partial z''^2}\right)$$

连续方程式

$$\frac{\partial u'}{\partial x'} + \frac{\partial v'}{\partial y'} + \frac{\partial w'}{\partial z'} = 0$$

$$\frac{\partial u''}{\partial x''} + \frac{\partial v''}{\partial y''} + \frac{\partial w''}{\partial z''} = 0$$

按照上述相似现象各物理量的场均互成比例的原则，进行相似转换以后，可以找出相似常数之间存在下列关系：

由换热方程式

$$C_\alpha = \frac{C_\lambda}{C_t} \cdot \frac{C_t}{C_l} \quad 或 \quad \frac{C_\alpha C_l}{C_\lambda} = 1 \qquad\qquad (a)$$

由能量方程式

$$\frac{C_t}{C_\tau} = \frac{C_t}{C_1}C_u = C_a\frac{C_t}{C_1^2}$$

$$(1) \quad (2) \quad (3)$$

由（1）和（3）可得 $\quad \dfrac{C_t}{C_\tau} = C_a\dfrac{C_t}{C_1^2}$ 或 $\dfrac{C_aC_\tau}{C_1^2} = 1 \qquad\qquad$ （b）

由（2）和（3）可得 $\quad \dfrac{C_t}{C_1}C_u = C_a\dfrac{C_t}{C_1^2}$ 或 $\dfrac{C_uC_1}{C_a} = 1 \qquad\qquad$ （c）

由（1）和（2）可得 $\quad \dfrac{C_t}{C_\tau} = \dfrac{C_t}{C_1}C_u$ 或 $\dfrac{C_uC_\tau}{C_1} = 1 \qquad\qquad$ （d）

由运动方程式

$$\frac{C_\rho C_u^2}{C_1} = C_\rho C_g = \frac{C_p}{C_1} = \frac{C_\mu C_u}{C_1^2}$$

$$(1) \quad (2) \quad (3) \quad (4)$$

由（1）和（2）可得 $\quad \dfrac{C_\rho C_u^2}{C_1} = C_\rho C_g$ 或 $\dfrac{C_g C_1}{C_u^2} = 1 \qquad\qquad$ （e）

由（1）和（3）可得 $\quad \dfrac{C_\rho C_u^2}{C_1} = \dfrac{C_p}{C_1}$ 或 $\dfrac{C_p}{C_\rho C_u^2} = 1 \qquad\qquad$ （f）

由（1）和（4）可得 $\quad \dfrac{C_\rho C_u^2}{C_1} = \dfrac{C_\mu C_u}{C_1^2}$ 或 $\dfrac{C_\rho C_u C_1}{C_\mu} = 1 \qquad\qquad$ （g）

由连续方程式只得到 $\dfrac{C_u}{C_1} = $ 常数 ，这一关系在相似倍数的选择上没有任何限制，所以也得不到相似特征数。

由式（a）~式（g）的各关系，可以得到一系列相似特征数，它们是：

由式（a）$\quad \dfrac{\alpha'l'}{\lambda'} = \dfrac{\alpha''l''}{\lambda''} = \cdots = \dfrac{\alpha l}{\lambda} = Nu \qquad$ （努塞尔数）

由式（b）$\quad \dfrac{a'\tau'}{l'^2} = \dfrac{a''\tau''}{l''^2} = \cdots = \dfrac{a\tau}{l^2} = Fo \qquad$ （傅里叶数）

由式（c）$\quad \dfrac{u'l'}{\alpha'} = \dfrac{u''l''}{\alpha''} = \cdots = \dfrac{ul}{a} = Pe \qquad$ （贝克列数）

由式（d）$\quad \dfrac{u'\tau'}{l'} = \dfrac{u''\tau''}{l''} = \cdots = \dfrac{u\tau}{l} = Ho \qquad$ （均时性数）

由式（e）$\quad \dfrac{g'l'}{u'^2} = \dfrac{g''l''}{u''^2} = \cdots = \dfrac{gl}{u^2} = Fr \qquad$ （弗劳德数）

由式（f）$\quad \dfrac{p'}{\rho'u'^2} = \dfrac{p''}{\rho''u''^2} = \cdots = \dfrac{p}{\rho u^2} = Eu \qquad$ （欧拉数）

由式（g）$\quad \dfrac{\rho'u'l'}{\mu'} = \dfrac{\rho''u''l''}{\mu''} = \cdots = \dfrac{\rho ul}{\mu} = Re \qquad$ （雷诺数）

除了以上直接由微分方程式得到的特征数外，还可以将某些特征数加以组合，派生出新的特征数来。例如由 Pe 与 Re 相比则将得到一个新的特征数——Pr（普朗特数），即

$$\frac{Pe}{Re} = \frac{ul/a}{ul/\nu} = \frac{\nu}{a} = Pr$$

描述对流换热现象的各微分方程式之间存在着函数关系，那么，由它们导出的各相似特征数之间也存在着函数关系，这种关系称为特征数方程式。

一个物理现象往往可以导出若干相似特征数，这些特征数中一部分是完全由单值条件给出的物理量所组成，称为决定性特征数；另外一部分在组成特征数的物理量中包含有待定的未知量，这种特征数称为被决定性特征数。决定性特征数是决定现象的特征数，一经确定，现象就已定型，被决定性特征数也随之被决定。例如黏性流体的运动，导出了一系列特征数，其中 Eu 中的压力降落（Δp）经常是待定的，所以 Eu 常是被决定性特征数，其他特征数中的物理量都是单值条件，这些特征数都是决定性特征数。在整理特征数方程式时往往是整理成下列的形式：

$$Eu = f(Re, Ho, Fr)$$

如果是稳定流动时，与时间无关，可以不考虑 Ho，特征数方程式为

$$Eu = f(Re, Fr)$$

如果是稳态的强制流动，与重力的作用无关，可以不考虑 Fr，特征数方程式简化为以下形式：

$$Eu = f(Re) \quad 或 \quad \frac{p}{\rho u^2} = f\left(\frac{\rho u l}{\mu}\right)$$

在稳态强制流动下的对流换热时，被决定性特征数是含有对流换热系数 α 的 Nu，它与其他特征数的函数关系一般具有下列形式：

$$Nu = f(Re, Pr)$$

式中所包含的 Pr 取决于流体的种类，对于气体来说，Pr 的值仅与气体的原子数目有关：单原子气体 $Pr = 0.67$；双原子气体 $Pr = 0.7$；三原子气体 $Pr = 0.8$；多原子气体 $Pr = 1$。因此对于已知的气体，特征数方程式可以简化为

$$Nu = f(Re)$$

上述这些函数关系式，又叫准则数关联式或准则方程，需要在相似原理的指导下，通过实验确定其函数关系的具体形式。大多数情况下，它们都被整理成指数函数的形式，例如强制对流换热可以表示为

$$Nu = CRe^n$$

式中，C 和 n 是待定的系数和指数，为方便计，两边取对数得

$$\lg(Nu) = \lg C + n\lg(Re)$$

实验时以某一流体做试验，先测定几组 Re 值和 Nu 值，表示在双对数坐标系内，成一条直线，从而可以很容易地确定 C 和 n。我们看到大量对流换热的计算公式都是这种特征数方程式的形式，适用于实验所确认的相似现象和各变数的一定变化范围以内。

3.2.3.3 定性温度和定形尺寸

在整理和使用特征数方程式时，应注意选择相似特征数中的定性温度和定形尺寸。

相似特征数中包含的各物性参数都和温度有关，因此特征数的数值随所选择的温度而不同。例如有时选用流体平均温度，有时选用边界层流体的平均温度：$t = \frac{1}{2}(t_f + t_w)$，有时选用壁面温度等。因此通常就把确定特征数中物性参数的温度，称为定性温度。所以在使用特征数方程式时，要注意它的定性温度是怎样确定的。

定形尺寸是指相似特征数中包含的决定过程特征的几何尺寸。例如在管内流动，定形尺寸取管子内径 d；沿平板流动，则取平板的长度 L；在非圆形槽道内流动时，则取当量直径（$d_当 = \dfrac{4 \times 截面积}{周长}$）；流过管子外面时，取管子的外径等。

3.2.4　对流换热的实验公式

对流换热的实验公式——特征数方程式，根据换热过程的特点而不同。本节只介绍几类常见实验特征数式。

3.2.4.1　管内强制对流换热

管内流体的强制流动处于紊流状态，流体与管壁间的对流换热，可采用应用广泛而较可靠的关联式，即迪图斯-玻尔特（Dittus-Boelter）方程：

$$Nu_f = 0.023 Re_f^{0.8} Pr_f^{0.4} \tag{3-31}$$

式中，特征数下角标 f 表示以流体的平均温度（管道进、出口两个截面平均温度的算术平均值）为定性温度，取管内径 d 为特征长度。这个式子的适用范围是：（1）光滑的长管，而且只适用于 $l/d \geqslant 50$，至于 $l/d < 50$ 的短管，则按公式（3-31）计算后乘以校正系数 ε_l，其数值见表 3-2；（2）适用的雷诺数范围为 $Re_f = 10^4 \sim 1.2 \times 10^5$，普朗特数范围为 $Pr_f = 0.7 \sim 120$；（3）流体与管壁的温差不大，一般不超过 50℃，对于温差大的情况，式（3-31）的右侧要乘以校正系数 ε_t，$\varepsilon_t = (\mu_f/\mu_w)^{0.14}$，式中 μ_f、μ_w 分别代表流体温度与壁面温度下流体的黏度；（4）管道为直管，对于弯管要在式（3-31）的右侧乘以校正系数 ε_R，气体 $\varepsilon_R = 1 + 1.77\dfrac{d}{R}$，式中 R 为管子的曲率半径，d 为管子直径（m）。

表 3-2　校正系数 ε_l 值

Re \ l/d	1	2	5	10	15	20	30	40	50
1×10^4	1.65	1.50	1.34	1.23	1.17	1.13	1.07	1.03	1
2×10^4	1.51	1.40	1.27	1.18	1.13	1.10	1.05	1.02	1
5×10^4	1.34	1.27	1.18	1.13	1.10	1.08	1.04	1.02	1
1×10^5	1.28	1.22	1.15	1.10	1.08	1.06	1.03	1.02	1
1×10^6	1.14	1.11	1.08	1.05	1.04	1.03	1.02	1.01	1

例 3-3　热风管道内的热空气以 $u = 8\text{m/s}$ 的速度流动，管道直径 $d = 250\text{mm}$，长度 $l = 10\text{m}$。如果热空气的平均温度为 100℃，求空气对管道壁的对流换热系数。

解　当 $t = 100$℃时，根据附表 4 查出热空气的物性参数为

$$\lambda = 0.0321\text{W/(m·℃)}；\nu = 23.13 \times 10^{-6}\text{m}^2/\text{s}；Pr = 0.688$$

从而可计算准数 Re 的数值

$$Re = \frac{ud}{\nu} = \frac{8 \times 0.25}{23.13 \times 10^{-6}} = 8.65 \times 10^4$$

可以看出，热空气在管内作紊流运动（$Re > 10^4$）可以应用式（3-31），得

$$Nu = 0.023 \times (8.65 \times 10^4)^{0.8} \times 0.688^{0.4} = 176.35$$

$$\alpha = Nu\frac{\lambda}{d} = 176.35 \times \frac{0.0321}{0.25} = 22.64 \quad [\,\mathrm{W/(m^2 \cdot ℃)}\,]$$

因为 $l/d = 10/0.25 = 40 < 50$，故得到的结果应乘以 ε_l，由表 3-2 查得 ε_l 等于 1.02，故最后得到的对流换热系数为

$$\alpha = 22.64 \times 1.02 = 23.09 \quad [\,\mathrm{W/(m^2 \cdot ℃)}\,]$$

3.2.4.2 流体掠过平板时的对流换热

根据边界层是层流或紊流两种情况，有不同的计算公式。常用的公式如下：

层流边界层（$Re < 5 \times 10^5$） $Nu_m = 0.664 Re_m^{1/2} Pr_m^{1/3}$ (3-32a)

紊流边界层（$Re = (5 \times 10^5) \sim (5 \times 10^7)$） $Nu_m = 0.037 Re_m^{4/5} Pr_m^{1/3}$ (3-32b)

式中的定性温度均取边界层的平均温度，即 $t_m = \frac{1}{2}(t_f + t_w)$；定形尺寸取平板长度 L。

3.2.4.3 流体横向流过单管时的换热

对于圆管，我们得到下列特征数方程式：

当 $Re = 10 \sim 10^3$ 时

$$Nu_f = 0.50 Re_f^{0.5} Pr_f^{0.38} \left(\frac{Pr_f}{Pr_w}\right)^{0.25} \tag{3-33}$$

当 $Re = 10^3 \sim (2 \times 10^5)$ 时

$$Nu_f = 0.25 Re_f^{0.6} Pr_f^{0.38} \left(\frac{Pr_f}{Pr_w}\right)^{0.25} \tag{3-34}$$

3.2.4.4 自然对流换热

流体各部分因冷热不均而密度不同所引起的流动称为自然对流。设一个固体表面与周围流体有温度差，这时假定物体的温度高，流体受热密度变小而上升，同时冷气流则流过来补充，这样就在固体表面与流体之间产生了自然对流换热。

炉子外表面与大气就存在着自然对流换热，如图 3-9 所示。显而易见，炉顶附近的对流循环比较容易，侧墙次之，而架空炉底下面的循环较难，对流换热的能力也最差。所以固体表面的位置是影响自然对流的因素之一。当换热面向上时，计算所得的换热系数 α 比垂直表面约增加 30%；若换热面向下，则 α 要减少约 30%。

自然对流换热的特征数方程式具有下列形式：

$$Nu_m = C(Gr \cdot Pr)_m^n \tag{3-35}$$

图 3-9 炉子外表面空气自然对流示意图

式中，Gr 是流体自然流动过程特有的相似特征数，它是浮升力与黏性力间的比值，称为格拉晓夫数。

$$Gr = \frac{g\beta l^3 \Delta t}{\nu^2}$$

式中 β ——流体的体积膨胀系数；

Δt ——壁面与流体间的温度差，℃。

式（3-35）中的 C 和 n 值按表3-3选用。这个式子适用于 $Pr > 0.7$ 的各种流体，定性温度取边界层的平均温度，即 $t_m = \dfrac{1}{2}(t_f + t_w)$ 。

表3-3　式（3-35）中的 C 和 n 值

换热面形状和位置		$Gr_m \cdot Pr_m$	C	n	定形尺寸
竖平板及竖		$10^4 \sim 10^9$（层流）	0.59	1/4	高 L
圆柱（管）		$10^9 \sim 10^{12}$（紊流）	0.12	1/3	高 L
横圆柱（管）		$10^4 \sim 10^9$（层流）	0.53	1/4	直径 D
		$10^9 \sim 10^{12}$（紊流）	0.13	1/3	直径 D
横平板	热面向上	$10^5 \sim (2 \times 10^7)$（层流）	0.54	1/4	短边 L
		$(2 \times 10^7) \sim (3 \times 10^{10})$（紊流）	0.14	1/3	短边 L
	热面向下	$(3 \times 10^5) \sim (3 \times 10^7)$（层流）	0.27	1/4	短边 L

除了上述的特征数方程式外，还有另一类公式，是适用范围更有限的经验式。例如设备表面和大气间的自然对流换热，换热系数 α 可用下列公式计算：

$$\left.\begin{array}{ll}\text{垂直放置时} & \alpha = 2.56\sqrt[4]{\Delta t} \\ \text{水平面向上时} & \alpha = 3.26\sqrt[4]{\Delta t} \\ \text{水平面向下时} & \alpha = 1.98\sqrt[4]{\Delta t}\end{array}\right\} \tag{3-36}$$

式中，Δt 为固体表面与大气的温度差，℃。

3.3　辐 射 换 热

3.3.1　热辐射的基本概念

3.3.1.1　热辐射传输机理

在本章开头讲到，热辐射是一种由电磁波来传播热能的过程，它与传导或对流有着完全不同的本质。传导与对流传递热量要依靠传导物体或流体本身，即需要介质的存在，而辐射以电磁能的方式传递，能量的传递不需要任何中间介质，真空中也能进行。

相对于传导和对流，热辐射有其独有的特点，可以归纳为三点：

（1）光谱特性。即物体或介质发生热辐射和吸收热辐射具有光谱依赖性。

（2）方向特性。即热辐射的传播具有方向依赖性。

（3）容积特性。即热辐射的传播、吸收和衰减不仅仅是发生在相邻的介质之间，而是发生在整个"可见"的所有物体之间。

物体中带电微粒的能级如发生变化，就会向外发射辐射能。辐射能的载运体是电磁波，电磁波根据其波长不同，有宇宙射线、γ 射线、X 射线、紫外线、可见光、红外线和无线电波等。物体把本身的内能转化为对外发射辐射能及其传播的过程称为热辐射。热辐射效应最显著的射线，主要是红外线波段（$0.76 \sim 20\mu m$），其次是可见光波（$0.38 \sim 76\mu m$）。作为工业炉上所涉及的温度范围，热辐射主要位于红外线波段，也称为热射线。

辐射是一切物体固有的特性，只要物体温度在绝对零度以上，都会向外辐射能量，不仅是高温物体把热量辐射给低温物体，而且低温物体也向高温物体辐射能量。所以辐射换热就是物体之间相互辐射和吸收过程的结果，只要参与辐射的各物体温度不同，辐射换热的差值就不会等于零，最终低温物体得到的热量就是热交换的差额。因此，辐射即使在两个物体温度达到平衡后仍在进行，只不过换热量等于零，温度没有变化而已。

3.3.1.2 物体对热辐射的吸收、反射和透过

热射线和可见光线的本质相同，所以可见光线的传播、反射和折射等规律，对热射线也同样适用。如图 3-10 所示，当辐射能 Q 投射到物体上以后，一部分能量 Q_α 被物体吸收，一部分能量 Q_ρ 被反射，另一部分能量 Q_τ 透过该物体。于是按能量平衡关系可得

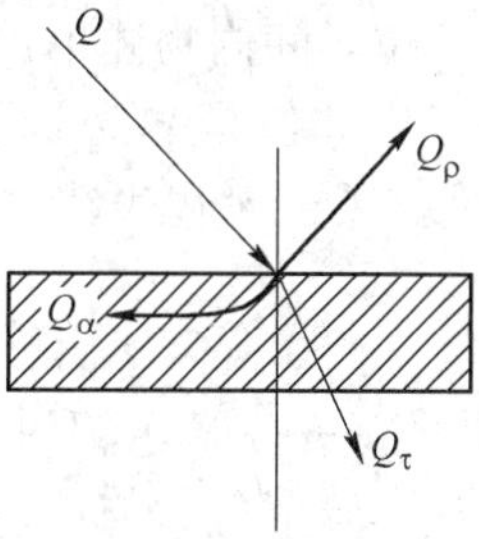

$$Q = Q_\alpha + Q_\rho + Q_\tau$$

或

$$\frac{Q_\alpha}{Q} + \frac{Q_\rho}{Q} + \frac{Q_\tau}{Q} = 1$$

图 3-10　热辐射的吸收、
反射与穿透

式中，$\dfrac{Q_\alpha}{Q}$、$\dfrac{Q_\rho}{Q}$、$\dfrac{Q_\tau}{Q}$ 分别称为该物体对投入辐射的吸收率、反射率和透过率，并依次用符号 α、ρ、τ 表示，由此可得

$$\alpha + \rho + \tau = 1 \tag{3-37}$$

绝大多数工程材料都是不透过热射线的，即 $\tau = 0$，$\alpha + \rho = 1$。

当 $\rho = 0$，$\tau = 0$，$\alpha = 1$，即落在物体上的全部投入辐射，都被该物体所吸收，这种物体称为绝对黑体，简称黑体。

当 $\alpha = 0$，$\tau = 0$，$\rho = 1$，即落在物体上的全部投入辐射，完全被该物体反射出去，这种物体称为绝对白体，简称白体。如果辐射射线的反射角等于入射角，形成镜面反射，这样的物体称为镜体。白体和白色概念是不同的，白色物体是指对可见光线有很好的反射性能，而白体是指对热射线有很好的反射能力，例如石膏是白色的，但并不是白体，因为它能吸收落在它上面的 90% 以上的热辐射，更接近于黑体。

当 $\alpha = 0$，$\rho = 0$，$\tau = 1$，即投射到物体上的辐射热，全部能透过该物体，这种物体称为绝对透明体或透热体。透明体也是对热射线而言的，例如玻璃对可见光来说是透明体，但对热辐射却几乎是不透明体。在加热炉或轧钢机前的操纵台上装有玻璃窗，可以透过可见光便于操作，而挡住长波热射线的辐射。

自然界所有物体的吸收率、反射率和透过率的数值都在 0～1 的范围内变化，绝对黑体并不存在。但绝对黑体这个概念，无论在理论上还是实验研究工作上都是十分重要的。用人工方法可以制成近乎绝对黑体的模型。如图 3-11 所示，在空心物体的壁上开一个小孔，假使各部分温度均匀，此小孔就具有绝对黑体的性质。若小孔面积小于空心物体内壁面积的 0.6%，所有进入小孔的辐

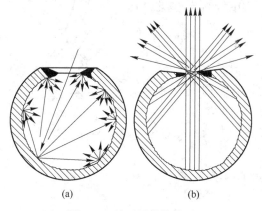

图 3-11　绝对黑体的模型
（a）吸收；（b）辐射

射热，在多次反射以后，99.6%以上都将被内壁吸收。

3.3.2　热辐射的基本定律

3.3.2.1　普朗克定律

单位时间内物体单位表面积所辐射出去的（向半球空间所有方向）总能量，称为辐射能力 E ，单位是 W/m^2 。辐射能力包括发射出去的波长从 $\lambda = 0$ 到 $\lambda = \infty$ 的一切波长的射线。假若令 ΔE 代表在 λ 到 $\lambda + \Delta\lambda$ 的波长间隔内物体的辐射能力，则

$$E_\lambda = \lim_{\Delta\lambda \to 0} \frac{\Delta E}{\Delta\lambda} = \frac{\mathrm{d}E}{\mathrm{d}\lambda} \tag{3-38}$$

式中　E_λ——单色辐射力，W/m^3 或 $W/(m^2 \cdot \mu m)$。

显然辐射能力与单色辐射力之间存在下列关系：

$$E = \int_0^\infty E_\lambda \mathrm{d}\lambda \tag{3-39}$$

普朗克根据量子理论，导出了黑体的单色辐射力 $E_{b\lambda}$（加角标"b"表示是黑体）和波长及绝对温度之间的关系，即

$$E_{b\lambda} = \frac{c_1 \lambda^{-5}}{e^{c_2/(\lambda T)} - 1} \tag{3-40}$$

式中　λ——波长，m；

　　　　T——黑体的绝对温度，K；

　　　　e——自然对数的底；

　　　　c_1——第一辐射常数，等于 $3.7418 \times 10^{-16} W \cdot m^2$；

　　　　c_2——第二辐射常数，等于 $1.4388 \times 10^{-2} m \cdot K$。

式（3-40）就称为普朗克（Planck）定律。

图 3-12 就是普朗克定律所揭示的单色辐射力与波长的关系。由图 3-12 可见，当 $\lambda = 0$ 时，$E_{b\lambda}$ 等于零，随着波长的增加，单色辐射力也增大，当波长达到某一值时，$E_{b\lambda}$ 有一峰值，以后又逐渐减小。温度越高，$E_{b\lambda} - \lambda$ 曲线的峰值越向左移。同时由图也可看出，在工业炉的温度范围，辐射力最强的多是在 λ 等于 $0.8 \sim 10\mu m$ 的区域，这正是红外线的波长范围，而波长较短的可见光占的比重很小。炉内钢锭温度低于 $500℃$ 时，由于实际上没有可见光的辐射，因而看不见颜色的变化。但温度逐渐升高后，钢锭颜色开始由暗红转向黄白色，直至白热，这正说明随温度的升高，钢锭辐射的可见光不断增加。在太阳的温度下（5800K），单色辐射力的最大值才在可见光的范围内。

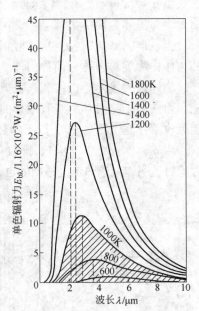

图 3-12　单色辐射力与波长的关系

3.3.2.2　斯蒂芬-玻耳兹曼（Stefan-Boltzmann）定律

根据式（3-39）可写出黑体的辐射能力为

$$E_b = \int_0^\infty E_{b\lambda}\mathrm{d}\lambda = \int_0^\infty \frac{c_1 \lambda^{-5}}{e^{c_2/(\lambda T)} - 1}\mathrm{d}\lambda = \sigma T^4 \tag{3-41}$$

式（3-41）就是斯蒂芬-玻耳兹曼定律。σ 为斯蒂芬-玻耳兹曼常数，又称为黑体辐射常数，其值为 $5.67 \times 10^{-8} W/(m^2 \cdot K^4)$。式子说明黑体的辐射力与其绝对温度的四次方成正比，故这个定律也称为四次方定律。在技术计算里，定律写成下列更便于计算的形式：

$$E_b = C_0 \left(\frac{T}{100}\right)^4 \tag{3-42}$$

式中，C_0 称为黑体辐射系数，等于 $5.67 W/(m^2 \cdot K^4)$。

由于辐射力与其绝对温度四次方成正比，在温度升高的过程中，辐射力的增长是非常迅速的。炉子的温度越高，辐射传热方式在整个热交换中占的比重越大。

普朗克定律是说明黑体单色辐射力分布规律的。但一切实际物体在任何波长的辐射力都小于黑体在该波长的辐射力。如果某物体的辐射光谱也是连续的，在任何温度下任何波长的单色辐射力 E_λ 与黑体在同一波长的单色辐射力 $E_{b\lambda}$ 之比都是同一数值，等于 ε，这种物体称为灰体，ε 称为该物体的黑度。

$$\varepsilon = \frac{E_\lambda}{E_{b\lambda}} = \frac{E}{E_b} \quad \text{或} \quad E = \varepsilon E_b \tag{3-43}$$

灰体的黑度在温度变化不大时，近似地认为不随温度而变，因此四次方定律对灰体也是适用的，即

$$E = \varepsilon E_b = \varepsilon C_0 \left(\frac{T}{100}\right)^4 = C \left(\frac{T}{100}\right)^4 \tag{3-44}$$

式中，C 称为灰体辐射系数。

严格说来，实际物体的辐射与灰体还是有差别的，因为实际物体的黑度随波长不同是变化的，如金属的单色黑度随波长的增加而下降，而绝缘体的单色黑度随波长增大而增加，并且这一变化是极不规则的，如图 3-13 所示。这就给计算和应用带来很大困难。为了应用上的方便，计算上所取的黑度 ε 值是一个所有波长和所有方向上的平均值。

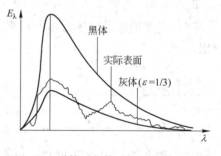

图 3-13　黑体、灰体、实际物体的比较

灰体的概念虽是一个理想的概念，但它有利于问题的分析讨论，我们在工程计算上都习惯于把实际物体当作灰体看待。认为其辐射能力仍与绝对温度的四次方成正比，而误差可用黑度的数值来修正。

物体的黑度取决于物体的材质、温度和它的表面状态（如粗糙程度、氧化程度），黑度的数据都是用实验方法测定的。各种物体在常温和高温下的黑度 ε 值见附表 7 及附表 8。

3.3.2.3　兰贝特（Lambert）定律

四次方定律所确定的辐射能力是单位表面向半球空间辐射的总能量。但有多少能量可以落到另一个表面上去，就要考察一下辐射按空间方向分布的规律。

如图 3-14 所示，微元面 dA_1 向微元面积 dA_2 辐射的能量等于沿 dA_1 法线方向所发射的能量 dQ_n 乘以 dA_2 所对应的立体角 $d\omega$，再乘以 dA_2 方向与法线方向夹角 φ 的余弦，即

$$dQ_{1-2} = dQ_n d\omega \cos\varphi$$

由

$$dQ_n = E_n dA_1$$

代入上式，得

$$dQ_{1-2} = E_n d\omega \cos\varphi dA_1 \qquad (3-45)$$

式中，E_n 为法线方向的辐射能力，W/m^2。

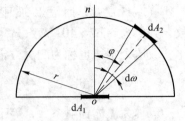

图 3-14　辐射强度按空间方向分布

式（3-45）称为兰贝特定律，又称余弦定律。它表明黑体单位面积发出的辐射能落到空间不同方向单位立体角中的能量，正比于该方向与法线间夹角的余弦。所谓立体角的定义是 $d\omega = \dfrac{dA_2}{r^2}$。

符合兰贝特定律的物体，经过推演可以得到法线方向辐射能力为总辐射能力（即半球辐射能力）的 $1/\pi$，即

$$E_n = \frac{E}{\pi} \qquad (3-46)$$

将式（3-46）代入式（3-45），得

$$dQ_{1-2} = \frac{E\cos\varphi dA_1 dA_2}{\pi r^2} \qquad (3-47)$$

应当指出，兰贝特定律只是对于黑体和灰体是完全正确的，实际表面只是近似地服从该定律，其黑度随辐射方向而变。对于非导电材料，该定律在 $\varphi = 0° \sim 60°$ 范围内才是正确的，当角度 $\varphi > 60°$ 以后，就有偏差。对于磨光的金属表面，只是在 $\varphi < 45°$ 时，才遵守兰贝特定律。

3.3.2.4　克希荷夫（Kirchhoff）定律

这一定律确定了物体黑度与吸收率之间的关系，它可以从两表面间辐射换热的关系导出。

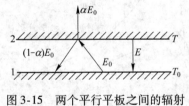

图 3-15　两个平行平板之间的辐射

设有两个互相平行相距很近的平面（见图 3-15），每一个平面所射出的辐射能全部可以落到另一平面上。表面 1 是绝对黑体，表面 2 是灰体。两个表面的温度、辐射能力和吸收率分别为 T_0、E_0（相当于 E_b）、α_0（$\alpha_0 = 1$），和 T、E、α。表面 1 辐射的能量 E_0，落在表面 2 上被吸收 αE_0，其余 $(1-\alpha)E_0$ 反射回去，被表面 1 吸收；表面 2 辐射的能量 E，落在表面 1 上被全部吸收。表面 2 热量的收支差额为

$$q = E - \alpha E_0$$

当体系处于热平衡状态时，$T = T_0$，$q = 0$，上式变为

$$E = \alpha E_0 \quad 或 \quad \frac{E}{\alpha} = E_0$$

把这种关系推广到任意物体，可以得到

$$\frac{E_1}{\alpha_1} = \frac{E_2}{\alpha_2} = \cdots = \frac{E}{\alpha} = E_0 \qquad (3-48)$$

式（3-48）说明了任何物体的辐射能力和吸收率的比值恒等于同温度下黑体的辐射能力，与物体的表面性质无关，仅是温度的函数，这就是克希荷夫定律。

由式（3-43）已知 $E = \varepsilon E_0$，将这一关系代入式（3-48），得

$$\varepsilon E_0 = \alpha E_0$$

即 $\varepsilon = \alpha$ (3-49)

因为表面2是一个任意表面,所以得出这样的结论:任何物体的黑度等于它对黑体辐射的吸收率。也就是说,物体的辐射能力越大,它的吸收率就越大,反之亦然。

应当指出,克希荷夫定律是在两表面处于热平衡并且投入辐射来自黑体时导出的,所以确切地说只有在热平衡($T = T_0$)条件下,定律才是正确的。但是灰体的单色吸收率与波长无关,不论投入辐射的情况如何,灰体的吸收率只取决于自身的情况而与外界情况无关;其次,四次方定律对灰体也是适用的,黑度只与本身情况有关,且不随温度和波长而变,也不涉及外界条件。因此,不论投入辐射是否来自黑体,也不论是否处于热平衡状态,灰体的黑度与吸收率数值上都是相等的。至于实际物体情况更为复杂,例如实际物体的吸收率要根据投射与吸收物体两者的性质和温度来确定,这是很困难的。但一般情况下,我们都把工程材料在热辐射范围内近似地看作灰体,克希荷夫定律也能近似地适用。

3.3.3　物体表面间的辐射换热

3.3.3.1　两平面组成的封闭体系的辐射换热

设有温度分别为T_1和T_2的两个互相平行的黑体表面,组成了一个热量不向外散失的封闭体系,如图3-16所示。设$T_1 > T_2$,表面1投射的热量E_1,全部落到表面2上并被完全吸收;表面2投射的热量E_2,也全部落到表面1上并被完全吸收。结果两表面交换的热量是热交换能量的差额,即

$$q = E_1 - E_2 = C_0\left(\frac{T_1}{100}\right)^4 - C_0\left(\frac{T_2}{100}\right)^4 = C_0\left[\left(\frac{T_1}{100}\right)^4 - \left(\frac{T_2}{100}\right)^4\right]$$

(3-50)

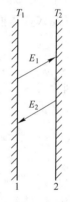

图3-16　两平面封闭体系的辐射换热

如果两个平面不是黑体而是灰体,情况就要复杂得多。设两表面的吸收率分别为α_1和α_2,透过率$\tau_1 = \tau_2 = 0$。

1 面辐射的热量	E_1
2 面吸收的部分	$E_1\alpha_2$
2 面反射回去的	$E_1(1 - \alpha_2)$
1 面吸收反射回去的	$E_1(1 - \alpha_2)\alpha_1$
1 面又反射回去	$E_1(1 - \alpha_2)(1 - \alpha_1)$
2 面又吸收	$E_1(1 - \alpha_2)(1 - \alpha_1)\alpha_2$
⋮	⋮
同理,2 面辐射的热量	E_2
1 面吸收的部分	$E_2\alpha_1$
1 面反射回去的	$E_2(1 - \alpha_1)$
2 面吸收反射回去的	$E_2(1 - \alpha_1)\alpha_2$
2 面又反射回去	$E_2(1 - \alpha_1)(1 - \alpha_2)$
1 面又吸收	$E_2(1 - \alpha_1)(1 - \alpha_2)\alpha_1$
⋮	⋮

如此反复吸收和反射,最后被完全吸收。

令 $(1 - \alpha_1)(1 - \alpha_2) = p$ ，则

1 面辐射又回到 1 面而被它吸收的热量为

$$E_1(1 + p + p^2 + \cdots)(1 - \alpha_2)\alpha_1$$

因为 $p < 1$ ，所以无穷级数 $(1 + p + p^2 + \cdots)$ 的和等于 $\dfrac{1}{1 - p}$ ，代入上式，得

$$\frac{E_1(1 - \alpha_2)\alpha_1}{1 - p}$$

1 面吸收来自 2 面辐射的热量为

$$E_2(1 + p + p^2 + \cdots)\alpha_1 = \frac{E_2\alpha_1}{1 - p}$$

因此表面 1 传给表面 2 的热量应等于 1 面热量收支的差额，即

$$q = E_1 - \frac{E_1(1 - \alpha_2)\alpha_1}{1 - p} - \frac{E_2\alpha_1}{1 - p}$$

由于 $1 - p = 1 - (1 - \alpha_1)(1 - \alpha_2) = \alpha_1 + \alpha_2 - \alpha_1\alpha_2$

将此式代入前式，得

$$q = \frac{E_1\alpha_2 - E_2\alpha_1}{\alpha_1 + \alpha_2 - \alpha_1\alpha_2}$$

因为 $E_1 = C_1\left(\dfrac{T_1}{100}\right)^4$ ，$E_2 = C_2\left(\dfrac{T_2}{100}\right)^4$ 代入上式可得

$$q = \frac{\left(\dfrac{T_1}{100}\right)^4 - \left(\dfrac{T_2}{100}\right)^4}{\dfrac{1}{C_1} + \dfrac{1}{C_2} - \dfrac{1}{C_0}} = C\left[\left(\frac{T_1}{100}\right)^4 - \left(\frac{T_2}{100}\right)^4\right] \tag{3-51}$$

式中，C 称为导来辐射系数，$W/(m^2 \cdot K^4)$ 。

由于 $C_1 = \varepsilon_1 C_0$ ，$C_2 = \varepsilon_2 C_0$ ，因此

$$C = \frac{5.67}{\dfrac{1}{\varepsilon_1} + \dfrac{1}{\varepsilon_2} - 1} \tag{3-52}$$

上面是两个平行表面之间辐射换热的情况，如果是任意放置的两个表面，表面 1 辐射的能量不能全部落到表面 2 上，问题就更复杂一些。这种情况需要引入一个新的概念——角系数。

3.3.3.2 角系数

图 3-17 的辐射换热系统是两个任意放置的黑体表面，面积及温度各为 A_1 、T_1 和 A_2 、T_2 。取中心距离为 r 的两个微元面积 dA_1 和 dA_2 ，连线 r 与它们的法线的夹角各为 φ_1 和 φ_2 。如表面之间的介质对热辐射是透明的。根据余弦定律可以求得两个微元面积间的热交换为：

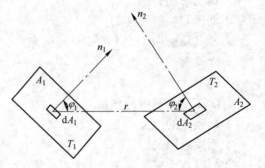

图 3-17　两个任意放置的黑体表面组成的
辐射换热系统

$$dQ_{1-2} = E_1 \cos\varphi_1 \cos\varphi_2 \frac{dA_1 dA_2}{\pi r^2}$$
$$dQ_{2-1} = E_2 \cos\varphi_1 \cos\varphi_2 \frac{dA_1 dA_2}{\pi r^2}$$ 　　　（a）

由于两个表面辐射出去的热量不能全部落在另一个表面上，我们把一个面辐射出去的总能量能落在另一个面上的份数，称为第一个面对第二个面的角度系数 φ_{12}，如

$$\varphi_{12} = \frac{Q_{1-2}}{E_1 A_1} \quad 或 \quad Q_{1-2} = E_1 A_1 \varphi_{12}$$
$$\varphi_{21} = \frac{Q_{2-1}}{E_2 A_2} \quad 或 \quad Q_{2-1} = E_2 A_2 \varphi_{21}$$ 　　　（b）

对式（a）就面积 A_1 和 A_2 进行积分，得

$$Q_{1-2} = E_1 \int_{A_1}\int_{A_2} \frac{\cos\varphi_1 \cos\varphi_2 dA_1 dA_2}{\pi r^2}$$
$$Q_{2-1} = E_2 \int_{A_1}\int_{A_2} \frac{\cos\varphi_1 \cos\varphi_2 dA_1 dA_2}{\pi r^2}$$ 　　　（c）

将式（c）代入式（b），可得

$$\varphi_{12} = \frac{1}{A_1} \int_{A_1}\int_{A_2} \frac{\cos\varphi_1 \cos\varphi_2 dA_1 dA_2}{\pi r^2}$$
$$\varphi_{21} = \frac{1}{A_2} \int_{A_1}\int_{A_2} \frac{\cos\varphi_1 \cos\varphi_2 dA_1 dA_2}{\pi r^2}$$ 　　　（3-53）

式（3-53）就是角系数的定义式，它是纯几何参数。对这个式子积分可以求出某些几何形状物体的两个辐射面之间的角系数。但我们在一般炉子计算中，只运用一些简单的封闭体系的角系数，不必去做复杂的运算。而是利用角系数的下列三个特性，决定某些角系数。

（1）角系数的互换性（又叫相对性）。由式（3-53）可以得出

$$A_1 \varphi_{12} = A_2 \varphi_{21}$$ 　　　（3-54）

这个关系也称互变原理。这个式子包含的只有几何参数，所以它可以适用于任何黑度和温度的物体。

（2）角系数的完整性。对于由几个平面或凸面所组成的封闭体系，从其中任何一个表面发射的辐射能，必全部落到其他表面上，因此表面 1 对其余各表面的角系数的总和等于 1，即

$$\varphi_{12} + \varphi_{13} + \cdots + \varphi_{1n} = 1$$ 　　　（3-55）

这一关系就称为角系数的完整性。

（3）根据辐射线直线传播的原则，平面或凸面辐射的能量不能落在自身上，即不能"自见"。

假定有一个由三个凸面组成的封闭体系（见图3-18），其垂直于纸面的方向很长，从两端射出的辐射能可以忽略不计。根据角系数互换性的公式（3-54）和完整性的公式（3-55），可以写出

$$A_1\varphi_{12} = A_2\varphi_{21}$$

$$A_1\varphi_{13} = A_3\varphi_{31}$$

$$A_2\varphi_{23} = A_3\varphi_{32}$$

$$\varphi_{12} + \varphi_{13} = 1$$

$$\varphi_{21} + \varphi_{23} = 1$$

$$\varphi_{31} + \varphi_{32} = 1$$

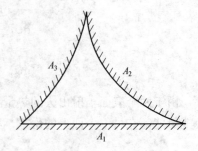

图 3-18　由三个凸面组成的封闭体系

这是一个六元一次联立方程组，可以分别解出六个未知的角系数，例如

$$\varphi_{12} = \frac{A_1 + A_2 - A_3}{2A_1}$$

可见，角系数的求解可以根据定义式（3-53）直接积分获得，也可以根据角系数的性质建立代数方程组，联立求解代数方程获得，后者称为代数分析法。需要说明的是，角系数的直接积分法属于纯数学问题，往往只能求解某些简单几何体内的角系数。好在前人已经解决了工程中遇到的大多数问题，并形成了手册可供查阅。

3.3.3.3　两个任意表面组成的封闭体系的辐射换热

任意放置的两表面间的辐射换热的分析，利用有效辐射的概念要简单得多。所谓有效辐射是指表面本身的辐射和投射到该表面被反射的能量的总和，例如

（表面 1 的有效辐射）=（表面 1 的辐射）+（对表面 2 有效辐射的反射）

一个表面得到的净热，可以根据热平衡得出，即投射到该面的热量减去该面有效辐射所得的差额，例如

从表面 2 之外观察，表面 2 得到的净热

$$Q_2 = Q_{效1}\varphi_{12} - Q_{效2}\varphi_{21} \tag{a}$$

同时，从表面 2 之"内"观察可以写出

$$Q_2 = (Q_{效1}\varphi_{12} + Q_{效2}\varphi_{22})\varepsilon_2 - E_2 A_2 \tag{b}$$

这个式子的右侧第一项是表面 2 吸收的热量，第二项是释放的热量。式（a）与式（b）是一致的，把两式合并，可得

$$Q_{效2} = Q_2\left(\frac{1}{\varepsilon_2} - 1\right) + \frac{E_2}{\varepsilon_2}A_2 \tag{c}$$

同理

$$Q_{效1} = Q_1\left(\frac{1}{\varepsilon_1} - 1\right) + \frac{E_1}{\varepsilon_1}A_1 \tag{d}$$

表面 1 得到的热量应等于表面 2 失去的热量，即

$$Q_1 = -Q_2$$

将以上诸式联立，经过整理，就可以得到任意放置的两表面组成的封闭体系的辐射换热量计算公式（设 $T_1 > T_2$）：

$$Q_2 = \frac{5.67}{\left(\frac{1}{\varepsilon_1} - 1\right)\varphi_{12} + 1 + \left(\frac{1}{\varepsilon_2} - 1\right)\varphi_{21}}\left[\left(\frac{T_1}{100}\right)^4 - \left(\frac{T_2}{100}\right)^4\right]A_1\varphi_{12} \tag{3-56}$$

对于像图 3-19 这样简单的情况，这时 $\varphi_{12} = 1$，即 1 面辐射的能量全部可以落在 2 面

上，式（3-56）便简化为

$$Q_2 = \frac{5.67}{\frac{1}{\varepsilon_1} + \frac{A_1}{A_2}\left(\frac{1}{\varepsilon_2} - 1\right)}\left[\left(\frac{T_1}{100}\right)^4 - \left(\frac{T_2}{100}\right)^4\right]A_1 \quad (3-57)$$

因为 $\varphi_{12} = 1$，根据互变原理 $\varphi_{21} = \dfrac{A_1}{A_2}$。

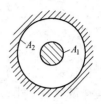

例3-4 设马弗炉的内表面 $A_2 = 1\text{m}^2$，其温度为 900℃，黑度为 0.8；炉底架子上有两块钢坯互相紧靠着正在加热，料坯断面为 50mm × 50mm，长度为 1m，钢的黑度为 0.7。求金属温度 500℃ 时，炉壁对金属的辐射热流量。

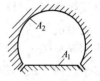

解　　$\varepsilon_1 = 0.7$，$T_1 = 500 + 273 = 773\text{K}$

$\qquad A_1 = 6 \times 0.05 \times 1 = 0.3\text{m}^2$

$\qquad \varepsilon_2 = 0.8$，$T_2 = 900 + 273 = 1173\text{K}$，$A_2 = 1\text{m}^2$

图 3-19　两个简单表面

代入式（3-57）

$$Q_{12} = -Q_{21} = \frac{5.67}{\frac{1}{0.7} + \frac{0.3}{1}\left(\frac{1}{0.8} - 1\right)}\left[\left(\frac{773}{100}\right)^4 - \left(\frac{1173}{100}\right)^4\right] \times 0.3$$

$$= -17380 \quad (\text{W})$$

即　　　　　　　　　　　　$Q_{21} = 17380 \quad (\text{W})$

3.3.3.4　有隔热板时的辐射换热

工程上常常需要减少两表面间的辐射换热强度，这时可在两表面间设置隔热板，隔热板并不改变整个系统的热量，只是增加两表面间的热阻。

如图 3-20 所示，原来两平板的温度分别为 T_1 和 T_2，且 $T_1 > T_2$，未装隔热板时，两平板间的辐射换热量由式（3-51）得

$$Q_{12} = \frac{5.67}{\frac{1}{\varepsilon_1} + \frac{1}{\varepsilon_2} - 1}\left[\left(\frac{T_1}{100}\right)^4 - \left(\frac{T_2}{100}\right)^4\right]A$$

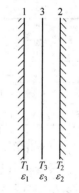

如在两平板之间安置一块黑度为 ε_3 的隔热板，在达到热平衡时，必定有 $Q'_{12} = Q_{13} = Q_{32}$，即

$$Q'_{12} = \frac{5.67}{\frac{1}{\varepsilon_1} + \frac{1}{\varepsilon_3} - 1}\left[\left(\frac{T_1}{100}\right)^4 - \left(\frac{T_3}{100}\right)^4\right]A$$

图 3-20　两个表面之间
　　　　　放置隔热板

$$= \frac{5.67}{\frac{1}{\varepsilon_3} + \frac{1}{\varepsilon_2} - 1}\left[\left(\frac{T_3}{100}\right)^4 - \left(\frac{T_2}{100}\right)^4\right]A$$

整理上式可得

$$Q'_{12} = \frac{5.67}{\frac{1}{\varepsilon_1} + \frac{1}{\varepsilon_2} + \frac{2}{\varepsilon_3} - 2}\left[\left(\frac{T_1}{100}\right)^4 - \left(\frac{T_2}{100}\right)^4\right]A$$

如　　　　　　　　　　　　　$\varepsilon_1 = \varepsilon_2 = \varepsilon_3$

则　　　　　$$Q'_{12} = \frac{1}{2}\left[\frac{5.67}{\dfrac{1}{\varepsilon_1} + \dfrac{1}{\varepsilon_2} - 1}\right]\left[\left(\frac{T_1}{100}\right)^4 - \left(\frac{T_2}{100}\right)^4\right]A \tag{3-58}$$

比较式（3-51）和式（3-58）可见，当设置一块隔热板以后，可使原来两平面间的辐射换热量减少一半。如果设置 n 块隔热板时，辐射热流将减为原来的 $1/(n+1)$。显然，如以反射率高的材料（黑度较小）作为隔热板，则能显著地提高隔热效果。

需要说明的是，以上讨论的即使是简单的两个表面间的辐射换热，也假定了表面间的介质不参与辐射换热，即表面间的介质（如气体）既不增强也不衰减辐射热量的传递。至于多个表面组成的辐射换热系统，可以参照以上例子根据能量守恒进行类似分析。

3.3.4　气体辐射

3.3.4.1　气体辐射的特点

气体辐射与固体辐射有显著的区别，气体辐射具有以下特点：

（1）大部分固体的辐射光谱是连续的，能够辐射波长从 0 到 ∞ 几乎所有波长的电磁波。而气体则只辐射和吸收某些波长范围内的射线，其他波段的射线既不吸收也不辐射，所以说气体的辐射和吸收是有选择性的。不同气体的辐射能力和吸收能力的差别很大。单原子气体、对称双原子气体（如氧、氮、氢及空气）的辐射能力和吸收能力都微不足道，可认为是热辐射的透明体。三原子气体（如 CO_2、H_2O、SO_2 等）、多原子气体和不对称双原子气体（如 CO），则有较强的辐射能力。燃烧产物的辐射主要是其中 CO_2 和 H_2O 的辐射。

CO_2 和 H_2O 的辐射和吸收光谱比较复杂，各有三个辐射和吸收波段，如表 3-4 所列。

表 3-4　CO_2 和 H_2O 的主要辐射波段　　　　　　　（μm）

波　段	CO_2			H_2O		
	λ_1	λ_2	$\Delta\lambda$	λ_1	λ_2	$\Delta\lambda$
1	2.64	2.84	0.2	2.55	2.84	0.29
2	4.13	4.49	0.36	5.6	7.6	2.0
3	13.0	17.0	4.0	12.0	25.0	13.0

（2）固体的辐射和吸收都是在表面上进行，而气体的辐射和吸收是在整个容积内进行。当射线穿过气层时，是边透过边吸收的，能量因被吸收而逐渐减弱。气体对射线的吸收率，取决于射线沿途所碰到的气体分子的数目，而气体分子数又和射线所通过的路线行程长度 s 和该气体的分压 p（取决于浓度）的乘积成正比，此外也和气体的温度 T 有关。所以气体的吸收率是射线行程长度 s 与气体的分压 p 的乘积及温度 T 的函数。

（3）克希荷夫定律也同样适用于气体，即气体的黑度等于同温度下的吸收率，即 $\varepsilon_g = \alpha_g$。因此，某种气体的黑度也是射线行程长度 s 与该气体分压 p 的乘积和温度 T 的函数，可表示为下列形式：

$$\varepsilon_g = f(T, ps)$$

气体辐射严格说来并不遵守四次方定律，例如 CO_2 和 H_2O 的辐射能力分别与其温度的 3.5 和 3 次方成正比，但是工程上为计算方便起见，仍采用四次方定律，然后在计算气体黑度中做适当的修正。

3.3.4.2　气体的黑度

气体黑度的定义仍和固体一样，是指气体的辐射能力与同温度下黑体辐射能力之比，即 $\varepsilon_g = E_g/E_b$。实用上气体的黑度是由实验测定的，实验数据整理成图线的形式便于使用。图 3-21 和图 3-22 就是 CO_2 和 H_2O 黑度的图线。图的横坐标是气体温度（℃），气体分压和平均射线行程乘积为参变量，纵坐标为黑度值。对水蒸气而言，分压对黑度的影响比平均射线行程对黑度的影响大，还要考虑水蒸气分压单独的影响，从图 3-22 中查出的 ε_{H_2O} 还必须乘以校正系数 β，β 的数值由图 3-23 可查得。

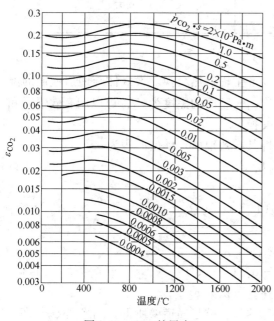

图 3-21　CO_2 的黑度

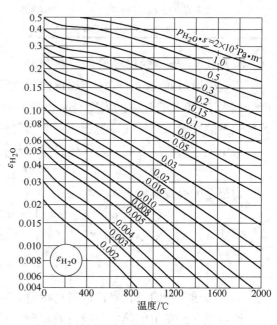

图 3-22　H_2O 的黑度

在炉子热工计算中，经常需要计算燃烧产物的黑度。燃烧产物中的辐射气体基本上只有 CO_2 和 H_2O，炉气黑度近似等于两者黑度的和

$$\varepsilon_g = \varepsilon_{CO_2} + \beta\varepsilon_{H_2O} \qquad (3-59)$$

利用图线求 CO_2 及 H_2O 的黑度必须知道气体的分压、温度和射线行程长度。由于燃烧产物基本上是在一个大气压下，所以 CO_2 和 H_2O 的分压实际上等于燃烧产物中 CO_2 和 H_2O 的体积分数。当总压力不等于一个大气压并相差较大时，需要做出修正。至于射线行程长度取决于气体容积 V 及其形状和尺寸（包围气体的表面积为 A），气体沿各方向射线的行程长度是不同的，计算中取平均射线行程（m），近似的公式是

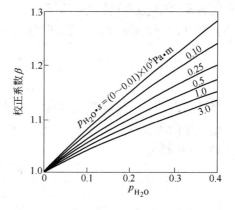

图 3-23　水蒸气分压对 H_2O 黑度
影响的校正系数

$$s = 3.6 \frac{V}{A} \tag{3-60}$$

一些简单形状的气体空间中平均射线行程列于表3-5。

表3-5　气体辐射的平均射线长度

气体空间的形状	s
直径为d的球体	$0.6d$
边长为a的立方体	$0.6a$
无限长的直径为d的圆柱体	$0.9d$
高度h和直径d相等的圆柱（对侧面辐射）	$0.6d$
高度h和直径d相等的圆柱（对底面中心辐射）	$0.77d$
在两平行面间厚度为h的气层	$1.8h$

3.3.4.3　气体和通道壁的辐射换热

当气体通过通道时，气体与通道内壁之间要产生辐射热交换。设气体与通道壁面的温度分别为T_1和T_2，气体的黑度与吸收率为ε_1及α_1，壁面的黑度为ε_2，可以用有效辐射和差额热量的概念来分析气体与通道壁的辐射热交换。

由于气体没有反射能力，气体自身的辐射即其有效辐射，单位面积为

$$Q_{效1} = E_1 \tag{a}$$

通道壁的有效辐射为

$$Q_{效2} = E_2 + Q_{效2}\varphi_{22}(1-\alpha_1)(1-\alpha_2) + Q_{效1}(1-\alpha_2) \tag{b}$$

将式（a）代入式（b），经过整理，可得

$$Q_{效2} = \frac{E_2 + E_1(1-\alpha_2)}{1 - \varphi_{22}(1-\alpha_1)(1-\alpha_2)} \tag{c}$$

式中，α_2为通道壁的吸收率，根据克希荷夫定律，可认为$\alpha_2 = \varepsilon_2$。

所以投射到壁上的热量与壁有效辐射的差额热量，就是通道壁所得到的净热Q_2，即

$$Q_2 = E_1 + Q_{效2}\varphi_{22}(1-\alpha_1) - Q_{效2} \tag{d}$$

在容器内壁包围气体这一情况下，显然$\varphi_{22} = 1$。

将式（c）代入式（d），整理以后，可得

$$Q_2 = \frac{5.67}{\dfrac{1}{\varepsilon_2} + \dfrac{1}{\alpha_1} - 1}\left[\frac{\varepsilon_1}{\alpha_1}\left(\frac{T_1}{100}\right)^4 - \left(\frac{T_2}{100}\right)^4\right] \tag{3-61}$$

通常可以认为气体的吸收率α_1与气体在壁温下的黑度相等，即用壁温求出的气体黑度就是气体的吸收率。当气体与壁面温度相差不大时，可以近似地认为$\alpha_1 = \varepsilon_1$，这时式（3-61）就化简为

$$Q_2 = \frac{5.67}{\dfrac{1}{\varepsilon_1} + \dfrac{1}{\varepsilon_2} - 1}\left[\left(\frac{T_1}{100}\right)^4 - \left(\frac{T_2}{100}\right)^4\right] \tag{3-62}$$

式（3-62）与前面求得的式（3-51）完全一样，这是因为把气体当作灰体，做了一些简化的结果。

例3-5　假设含有CO_2 8%和H_2O 10%的烟气，在流过一直径为0.8m的圆形砖烟道

后，温度由800℃降至600℃，烟道壁的黑度 $\varepsilon_2 = 0.85$，烟道壁面的进出口处温度分别为475℃和425℃。试求烟气通过辐射传给烟道的热量。

解 由表3-5查得，对于圆形烟道平均射线长度为

$$s = 0.9d = 0.9 \times 0.8 = 0.72 \quad (m)$$

由烟气的成分可算出：

$$p_{CO_2} \cdot s = 0.08 \times 0.72 = 0.0576 \times 10^5 \quad (Pa \cdot m)$$

$$p_{H_2O} \cdot s = 0.10 \times 0.72 = 0.072 \times 10^5 \quad (Pa \cdot m)$$

烟气的平均温度 $t = \dfrac{800 + 600}{2} = 700 \quad (℃)$

烟道壁的平均温度 $t = \dfrac{475 + 425}{2} = 450 \quad (℃)$

根据以上数据，由图3-21～图3-23求烟气在700℃时的黑度。

700℃时 $\varepsilon_{CO_2} = 0.098$，$\varepsilon_{H_2O} = 0.13$，$\beta = 1.08$

$$\varepsilon_2 = 0.098 + 1.08 \times 0.13 = 0.2384$$

因为气体与壁面温度相差不大，气体的吸收率与黑度相等，代入式（3-62），则得

$$Q_2 = \frac{5.67}{\dfrac{1}{\varepsilon_1} + \dfrac{1}{\varepsilon_2} - 1} \left[\left(\frac{T_1}{100} \right)^4 - \left(\frac{T_2}{100} \right)^4 \right]$$

$$= \frac{5.67}{\dfrac{1}{0.2384} + \dfrac{1}{0.85} - 1} \left[\left(\frac{700 + 273}{100} \right)^4 - \left(\frac{450 + 273}{100} \right)^4 \right]$$

$$= 8069 \quad (W/m^2)$$

3.3.4.4 火焰的辐射

气体燃料或没有灰分的燃料完全燃烧时，燃烧产物中可辐射气体只有 CO_2 和 H_2O，由于它们的辐射光谱中没有可见光的波段，所以火焰不仅黑度小，而且亮度也很小，呈现淡蓝色或近于无色。当燃烧重油、固体燃料时，火焰中含有大量分解的炭黑、灰粒，这些悬浮的固体颗粒，不仅黑度大，而且可以辐射可见光波，火焰是明亮发光的。前者称为暗焰，后者称为辉焰。黑度很高的辉焰其辐射能力和固体差不多，但是辉焰的黑度很难用公式来计算，因为它和燃料种类、燃烧方式和燃烧状况都有关系，同时炉子内不同部位火焰的温度和各成分的浓度还在变化。所以暗焰的黑度可以按上述计算气体黑度的公式来计算，而辉焰的黑度只能参考经验数据。表3-6列出了辉焰黑度的参考数据。

表3-6 辉焰的黑度

燃 料 种 类	燃 烧 方 式	ε
发生炉煤气	二级喷射式烧嘴	0.32
高炉焦炉混合煤气	部分混合的烧嘴（冷风）	0.16
高炉焦炉混合煤气	部分混合的烧嘴（热风）	0.213
天然气	内部混合烧嘴	0.2
天然气	外部混合烧嘴	0.6～0.7
重油	喷嘴	0.7～0.85
粉煤	粉煤烧嘴	0.3～0.6
固体燃料	层状燃烧	0.35～0.4

从传热的观点看，辉焰的辐射能力强，对热交换有利。但燃料热分解所产生的炭粒必须在火焰进入烟道前烧完，否则燃料的不完全燃烧增加，不仅浪费能源，而且炉内的燃烧温度也受影响。

3.4　综合传热

把传热过程分为传导、对流、辐射，是为了分别探讨其不同的本质和规律，事实上实践中一个传热过程通常都是几种方式的综合。这种传热过程称为综合传热。

3.4.1　综合传热过程的分析和计算

当热流体流过一个固体表面时，固体表面不仅通过对流方式从流体得到热量，而且依靠流体的辐射而得到热量。根据式（3-24）和式（3-62），总热流量等于

$$q = \alpha_{对}(t_1 - t_2) + C\left[\left(\frac{T_1}{100}\right)^4 - \left(\frac{T_2}{100}\right)^4\right]$$

式中，t_1、T_1、t_2、T_2 分别代表气体与固体表面的温度；$\alpha_{对}$ 为对流换热系数；C 为气体对固体表面辐射的导来辐射系数。

将上式右侧第二项变形，可得

$$
\begin{aligned}
q &= \alpha_{对}(t_1 - t_2) + \frac{C\left[\left(\frac{T_1}{100}\right)^4 - \left(\frac{T_2}{100}\right)^4\right]}{t_1 - t_2}(t_1 - t_2) \\
&= \alpha_{对}(t_1 - t_2) + \alpha_{辐}(t_1 - t_2) \\
&= \alpha_{\Sigma}(t_1 - t_2)
\end{aligned}
\tag{3-63}
$$

式中　$\alpha_{辐}$——辐射换热系数；

　　　α_{Σ}——综合换热系数，$\alpha_{\Sigma} = \alpha_{对} + \alpha_{辐}$。

如果要求 $\alpha_{辐}$，必须先算出辐射热流量，再除以温度差（$t_1 - t_2$），因此计算上并没有得到真正的简化。整理成这样的形式，只是有时在热工计算上有需要。

3.4.1.1　通过平壁的传热

如图 3-24 所示，有一厚度为 s 的平壁，其导热系数为 λ。壁的左侧是温度为 t_1 的气体，它和壁面的综合换热系数为 α_1；壁的右侧是温度为 t_2 的另一气体，它和壁面的综合换热系数为 α_2。平壁两侧的温度分别为 t_1' 和 t_2'。如果 $t_1 > t_2$，则热量将通过平壁由一气体传给另一气体。

在稳定态情况下，气体传给壁面的热等于通过平壁传导传递的热，也等于壁面右侧传给另一气体的热。对同一热流 q 可以写出

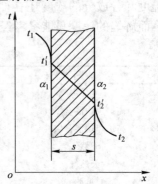

图 3-24　通过平壁一气体
向另一气体的传热

$$q = \alpha_{\Sigma 1}(t_1 - t_1') \\ q = \frac{\lambda}{s}(t_1' - t_2') \\ q = \alpha_{\Sigma 2}(t_2' - t_2) \quad\Bigg\} \tag{a}$$

变形后可得

$$t_1 - t_1' = q\frac{1}{\alpha_{\Sigma 1}} \\ t_1' - t_2' = q\frac{s}{\lambda} \\ t_2' - t_2 = q\frac{1}{\alpha_{\Sigma 2}} \quad\Bigg\} \tag{b}$$

将式（b）中三式相加，得

$$t_1 - t_2 = q\left(\frac{1}{\alpha_{\Sigma 1}} + \frac{s}{\lambda} + \frac{1}{\alpha_{\Sigma 2}}\right)$$

$$q = \frac{t_1 - t_2}{\dfrac{1}{\alpha_{\Sigma 1}} + \dfrac{s}{\lambda} + \dfrac{1}{\alpha_{\Sigma 2}}} \tag{3-64}$$

或

$$Q = K(t_1 - t_2)A \tag{3-64a}$$

式中，K 为传热系数，即

$$K = \frac{1}{\dfrac{1}{\alpha_{\Sigma 1}} + \dfrac{s}{\lambda} + \dfrac{1}{\alpha_{\Sigma 2}}} \tag{3-65}$$

求出热流量 q 以后，可以借助式（b），计算壁面的温度 t_1' 和 t_2'。

$$t_1' = t_1 - q\frac{1}{\alpha_{\Sigma 1}}$$

$$t_2' = q\frac{1}{\alpha_{\Sigma 2}} + t_2$$

传热系数的倒数，称为总热阻，即

$$R = \frac{1}{K} = \frac{1}{\alpha_{\Sigma 1}} + \frac{s}{\lambda} + \frac{1}{\alpha_{\Sigma 2}} \tag{3-66}$$

由式（3-66）可知，传热的总热阻等于其三个分热阻之和。如果有多层平壁，可以根据热阻叠加的原理，很容易计算其总热阻及传热系数。

在炉子计算中，公式（3-64）中的 $\alpha_{\Sigma 1}$ 计算起来比较困难，同时实践中往往求炉墙内表面的温度 t_1' 比求炉气温度 t_1 容易，因此可将式（b）中的第二与第三两式相加，得

$$q = \frac{t_1' - t_2}{\dfrac{s}{\lambda} + \dfrac{1}{\alpha_{\Sigma 2}}} \tag{3-67}$$

式中，$\alpha_{\Sigma 2}$ 是炉墙对空气的综合换热系数，当外壁温度为 100～200℃时，由于空气条件变化不大，$\alpha_{\Sigma 2}$ 一般在 15～20W/（$m^2 \cdot ℃$），所以 $1/\alpha_{\Sigma 2} \approx 0.05～0.07$，式（3-67）可表示为

$$q = \frac{t_1' - t_2}{\frac{s}{\lambda} + 0.06} \tag{3-67a}$$

例3-6　设炉墙内表面温度为1350℃，墙厚345mm，墙的导热系数 $\lambda = 1.0W/(m \cdot ℃)$，求炉墙的散热量及炉墙的外表面温度，车间温度为25℃。如果在炉墙外加115mm的绝热砖层 $[\lambda$ 为 $0.1W/(m \cdot ℃)]$，问这时炉墙散热量及炉墙外表面温度又是多少？

解　将有关数据代入式（3-67a），可得炉墙的散热量为

$$q = \frac{1350 - 25}{\frac{0.345}{1.0} + 0.06} = 3270 \quad (W/m^2)$$

炉墙外表面温度 t_2' 为

$$t_2' = t_2 + \frac{q}{\alpha_{\Sigma 2}} = 25 + 3270 \times 0.06 = 221 \quad (℃)$$

炉墙外表面温度这样高，显然不合理。加上115mm的绝热砖层后，炉墙的散热量为

$$q = \frac{1350 - 25}{\frac{0.345}{1.0} + \frac{0.115}{0.1} + 0.06} = 852 \quad (W/m^2)$$

外墙温度为

$$t_2' = 25 + 852 \times 0.06 = 76 \quad (℃)$$

加了绝热材料以后，炉墙的热损失大约减少了3/4，炉墙外表面温度也下降到操作可以允许的温度。

3.4.1.2　通过圆筒壁的传热

圆筒壁的传热问题与通过平壁的传热基本类似，不同的只是圆筒壁的外表面和内表面面积不同，因此对内外侧而言，传热系数在数值上也不相等，习惯上都是以圆筒外表面积为准进行计算。设圆管的长度为 l，内外直径分别为 d_1 和 d_2，管内流过温度为 t_1 的热气体，管外为温度 t_2 的冷气体。管的导热系数为 λ，管内外侧的总换热系数分别为 $\alpha_{\Sigma 1}$ 和 $\alpha_{\Sigma 2}$，根据稳定态传热的原理，可以导出圆管单位长度的传热量为

$$q = \frac{\pi(t_1 - t_2)}{\frac{1}{\alpha_{\Sigma 1} d_1} + \frac{1}{2\lambda}\ln\frac{d_2}{d_1} + \frac{1}{\alpha_{\Sigma 2} d_2}}$$

或

$$Q = \frac{\pi l(t_1 - t_2)}{\frac{1}{\alpha_{\Sigma 1} d_1} + \frac{1}{2\lambda}\ln\frac{d_2}{d_1} + \frac{1}{\alpha_{\Sigma 2} d_2}} \tag{3-68}$$

当管壁不太厚时（ $d_2/d_1 < 2$ 时），可以近似地把圆筒壁作为平壁来考虑，这时单位管长的传热量为

$$q = \frac{\pi d_x(t_1 - t_2)}{\frac{1}{\alpha_{\Sigma 1}} + \frac{s}{\lambda} + \frac{1}{\alpha_{\Sigma 2}}} \tag{3-69}$$

式中　d_x ——计算直径，其数值可按下列情况选定：

当 $\alpha_{\Sigma 1} \ll \alpha_{\Sigma 2}$ 时，　　　　　　　　$d_x = d_1$

当 $\alpha_{\Sigma 1} \gg \alpha_{\Sigma 2}$ 时，　　　　　　　　$d_x = d_2$

当 $\alpha_{\Sigma 1} \approx \alpha_{\Sigma 2}$ 时，$\qquad\qquad d_x = \dfrac{d_1 + d_2}{2}$

3.4.2 火焰炉炉膛内的热交换

炉膛内的热交换机理是相当复杂的。参与热交换过程的基本上有三种物质：高温的炉气、炉壁、被加热的金属，它们三者之间相互进行辐射热交换，同时炉气还以对流换热的方式向炉壁和金属传热，炉壁又将热辐射给金属，炉壁在其中起一个中间物的作用。此外炉壁又通过传导损失一部分热量。

对于炉内复杂的热交换过程进行一些必要的假设以后，可以得到一个用于实际计算的公式。这些假设是：（1）炉膛是一个封闭体系；（2）炉气、炉壁、金属的各自温度都是均匀的；（3）辐射射线的密度是均匀的，炉气对射线的吸收率在任何方向上是一样的；（4）炉气的吸收率等于其黑度，黑度是就气体温度而言，炉壁和金属的黑度不随温度而变化；（5）金属布满炉底，其表面不能"自见"；（6）炉壁内表面不吸收辐射热，即投射到该表面的辐射全部返回炉膛。这时通过炉壁传导的热损失可以近似认为刚好由对流传给炉壁表面的热量来补偿。

根据上述假设考察一下炉膛内热交换的机理，如图 3-25 所示。所用符号 E、T、ε、A 分别代表辐射能力、温度、黑度、换热面积，角标 g、w、m 分别代表炉气、炉壁和金属。φ 为炉壁对金属的角系数，$\varphi = A_m/A_w$。Q_w、Q_m 分别代表炉壁和金属的有效辐射，Q 代表金属净获的辐射热。

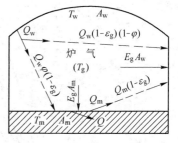

图 3-25　火焰炉膛辐射热交换

运用有效辐射及热平衡的概念，可以推导出炉膛内辐射热交换的计算式。

投射到炉壁上的热量有三部分：炉气的辐射 $[E_g A_w]$，金属的有效辐射 $[Q_m(1-\varepsilon_g)]$，炉壁的有效辐射投射到自身 $[Q_w(1-\varepsilon_g)(1-\varphi)]$。

按炉壁不吸收辐射热的假设条件，炉壁的差额热量等于零，也就是炉壁的有效辐射 Q_w 等于投射到炉壁上的热量，即

$$Q_w = E_g A_w + Q_m(1-\varepsilon_g) + Q_w(1-\varepsilon_g)(1-\varphi) \qquad\qquad (a)$$

金属表面的有效辐射 Q_m 包括三部分：金属本身辐射 $[E_m A_m]$，金属对炉气辐射的反射 $[E_g A_m(1-\varepsilon_m)]$ 以及炉壁有效辐射的反射 $[Q_w \varphi(1-\varepsilon_g)(1-\varepsilon_m)]$，即

$$Q_m = E_m A_m + E_g A_m(1-\varepsilon_m) + Q_w \varphi(1-\varepsilon_g)(1-\varepsilon_m) \qquad\qquad (b)$$

联立式（a）、式（b），消去 Q_m，并代入 $\varphi A_w = A_m$，得

$$Q_m = \frac{E_g A_m(1-\varepsilon_m)[1+\varphi(1-\varepsilon_g)] + E_m A_m[\varepsilon_g+\varphi(1-\varepsilon_g)]}{\varepsilon_g + \varphi(1-\varepsilon_g)[\varepsilon_m + \varepsilon_g(1-\varepsilon_m)]} \qquad\qquad (c)$$

将式（c）代入金属的有效辐射公式

$$Q_m = \left(\frac{1}{\varepsilon_m}-1\right)Q + \frac{E_m A_m}{\varepsilon_m}$$

经过整理，并代入 $E_g = \varepsilon_g C_0\left(\dfrac{T_g}{100}\right)^4$，$E_m = \varepsilon_m C_0\left(\dfrac{T_m}{100}\right)^4$，可得到金属净获的辐射热 Q（W）：

$$Q = C_{gwm}\left[\left(\frac{T_g}{100}\right)^4 - \left(\frac{T_m}{100}\right)^4\right]A_m \tag{3-70}$$

其中

$$C_{gwm} = \frac{5.67\varepsilon_g\varepsilon_m[1 + \varphi(1 - \varepsilon_g)]}{\varepsilon_g + \varphi(1 - \varepsilon_g)[\varepsilon_m + \varepsilon_g(1 - \varepsilon_m)]} \tag{3-71}$$

式中，C_{gwm} 为炉气和炉壁对金属的导来辐射系数，$W/(m^2 \cdot K^4)$。

　　式（3-70）及式（3-71）就是炉膛内辐射热交换的总公式，可用于计算以辐射方式传给金属的热量。利用这个公式时，其中某些参数可按下述方法确定。

　　（1）C_{gwm}。可以把有关参数代入式（3-71）直接算出系数 C_{gwm}，为简便计，也可以利用图 3-26 的图线查出。由式（3-71）可知 C_{gwm} 是 ε_g、ε_m 和 φ 的函数。图 3-26 是对两种 ε_m 值（$\varepsilon_m = 0.85$ 和 $\varepsilon_m = 0.6$）固定条件下绘成的。$\varepsilon_m = 0.85$ 一组曲线（实线）适用于钢铁的加热，$\varepsilon_m = 0.6$ 一组曲线（虚线）适用于铜铝等有色金属的加热。

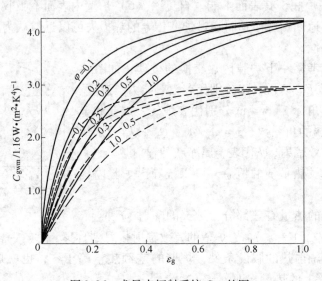

图 3-26　求导来辐射系统 C_{gwm} 的图

　　（2）φ。炉壁对金属的角系数近似地相当于一个平面和一个曲面组成的封闭体系的情形（见图 3-19），角系数等于

$$\varphi = \frac{A_m}{A_w}$$

　　（3）A_m。金属的受热面积在加热炉上可以按下式计算：

$$A_m = K[n(b + d)l] \tag{3-72}$$

式中　　n ——炉底上钢坯数；

　　　　d ——钢坯直径或宽度，m；

　　　　l ——钢坯长度，m；

　　　　b ——钢坯之间的间隙宽度，m；

　　　　K ——系数，其值取决于比值 b/d，见表3-7。

表 3-7 系数 K 的值

钢坯 \ b/d	0	0.25	0.5	0.75	1.0	1.5	2	4
方坯与长方坯	1.0	0.99	0.98	0.95	0.91	0.82	0.74	0.52
圆坯	1.0	0.98	0.97	0.93	0.89	0.79	0.71	0.51

（4）T_g 和 T_m。在端部供热逆流式的连续加热炉中，平均温度差可以按下式计算：

$$\left[\left(\frac{T_g}{100}\right)^4 - \left(\frac{T_m}{100}\right)^4\right]_{\text{平}} = \sqrt{\left[\left(\frac{T_g'}{100}\right)^4 - \left(\frac{T_m''}{100}\right)^4\right]\left[\left(\frac{T_g''}{100}\right)^4 - \left(\frac{T_m'}{100}\right)^4\right]} \tag{3-73}$$

式中　T_g'，T_g''——炉气开始与离开炉膛时的温度；

　　　T_m'，T_m''——金属表面开始与加热终了的温度。

在室状炉中，金属温度不随炉长而变，仅随时间变化。炉气与金属表面的平均温度可分别按下式计算：

$$T_g = \sqrt{0.88 T_g' \cdot T_g''} \tag{3-74}$$

$$t_m = \psi(t_m'' - t_m') + t_m' \tag{3-75}$$

式中，ψ 为系数，取决于比值 t_m''/t_g，见表 3-8。

表 3-8 系数 ψ 的值

t_m''/t_g	0.8	0.85	0.9	0.95	0.98
ψ	0.62	0.64	0.67	0.71	0.75

式（3-70）、式（3-71）是根据对炉膛热交换进行理论分析后导出的，但这个公式比较繁琐。工程上热工计算有时需要一些简捷的快速计算法，可以推荐式（3-63）的形式，即

$$Q = \alpha_\Sigma (t_g - t_m) A \tag{3-76}$$

式中的综合给热系数 α_Σ，根据下列经验公式确定：

室状加热炉　　　　$$\alpha_\Sigma = 0.09 \left(\frac{T_g}{100}\right)^3 + (10 \sim 15) \tag{3-77}$$

连续加热炉　　　　$$\alpha_\Sigma = 50 + 0.3(T_g - 700) \tag{3-78}$$

例 3-7　已知室状炉的炉膛尺寸为 $2.0\text{m} \times 1.3\text{m} \times 1.2\text{m}$。钢坯尺寸为 $90\text{mm} \times 90\text{mm} \times 1000\text{mm}$，20 根并排放在炉底上加热，没有间隙。金属由 $0℃$ 加热到 $1200℃$，钢表面黑度 $\varepsilon_m = 0.85$。炉墙及炉顶面积为 $A_w = 13.1\text{m}^2$。火焰黑度 $\varepsilon_g = 0.55$，燃烧温度为 $1750℃$，废气出炉温度为 $1250℃$。试计算金属得到的辐射热量。

解　　　　　　　$$\varphi = \frac{A_m}{A_w} = \frac{20 \times 0.09 \times 1.0}{13.1} = 0.137$$

根据 $\varphi = 0.137$，$\varepsilon_m = 0.85$，$\varepsilon_g = 0.55$，由图 3-26 查得

$$C_{gwm} = 4.53 \; (\text{W}/(\text{m}^2 \cdot \text{K}^4))$$

求平均温度，$T_g' = 1750 + 273 = 2023\text{K}$，$T_g'' = 1250 + 273 = 1523\text{K}$，由式（3-74）

$$T_g = \sqrt{0.88 \times 2023 \times 1523} = 1647 \quad (\text{K})$$

$$t_g = 1374 \quad (\text{℃})$$

由式（3-75）求 t_m，需先知道 $t''_m/t_g = 1200/1374 = 0.87$，由表 3-8 查得 $\psi \approx 0.66$，于是得

$$t_m = \psi(t''_m - t'_m) + t'_m = 0.66(1200 - 0) = 792 \quad (\text{℃})$$

将以上各值代入式（3-70），得

$$Q = 4.53\left[\left(\frac{1374 + 273}{100}\right)^4 - \left(\frac{792 + 273}{100}\right)^4\right](20 \times 0.09 \times 1.0)$$

$$= 4.53 \times 60700 \times 1.8 = 49.5 \times 10^4 \quad (\text{W})$$

3.5 非稳态导热

在本章传导传热部分介绍了稳态和非稳态温度场，与此对应，物体内部的导热也分为稳态和非稳态导热。研究非稳态导热是要找出物体内部各点的温度和传递的热量随时间变化的规律。求解这类问题的方法主要有前面提到过的分析法、数值法和实验法。

3.5.1 分析法

数学分析法的实质是求解导热微分方程式，式（3-10）就是描述固体非稳态温度场的微分方程式。微分方程式是根据一般规律推演的，能满足一切导热物体的温度场，因而它在数学上有无穷个解。求解工程实际问题不满足于得到微分方程式的通解，而是为了得到单一的特解。为此，必须把该现象有关的特点表达成数学式，与导热微分方程式联立，才能共同完整地描述一个特定的导热问题，这些表达特点的条件即定解条件（又称单值条件）。在 3.1.2 节已经介绍了传导传热的定解条件。

导热微分方程式是二阶偏微分方程，解这类方程的数学过程比较复杂，在本课程中不能详述。本书仅列出分析解的结果及有关的计算图线。各类边界条件下微分方程式的解都整理成准函数的形式，即

$$\frac{\theta}{\theta_0} = f\left(Fo, Bi, \frac{x}{\delta}\right) \tag{3-79}$$

式中 θ, θ_0——被研究的断面的温度 t 及开始温度 t_0 对另一已知温度 t' 的过余温度值，即

$$\theta = t' - t$$
$$\theta_0 = t' - t_0$$

Fo——傅里叶数，$Fo = \dfrac{a\tau}{l^2}$，l 是定形尺寸，a 是物体的导温系数；

Bi——毕渥数，$Bi = \dfrac{\alpha \sum l}{\lambda}$，它表示物体内部导热热阻与表面上换热热阻之比，

Bi 数越小意味着内热阻越小外热阻越大，当 $Bi < 0.1$ 时，物体内部温度趋于均匀一致，可以忽略断面上的温差，这种物体称为"薄材"；反之 $Bi > 0.1$ 时，称为"厚材"。数学分析解法的结果适用于厚材。薄材与厚材的问题将在下一章再进一步讨论；

$\dfrac{x}{\delta}$ ——几何数，x 是所研究的断面的位置，δ 为加热或冷却时的透热深度。如单

面加热时，透热深度即为材料的厚度或直径；双面加热时，透热深度为
厚度的一半或半径。

3.5.2　第一类边界条件下的加热

3.5.2.1　物体表面温度等于常数的加热

钢锭在均热炉内的均热，金属在浴炉内的加热，金属在循环的液体中的淬火，都可以
认为属于这类边界条件下的导热。表面温度一开始就达到一定值，并基本保持不变，而内
部的温度则随时间逐渐趋近于表面温度。

这类问题有两种不同的初始条件，第一种
情况是开始时物体内部没有温度梯度，各点温
度均匀一致；第二种情况是开始时物体内部温
度呈抛物线分布，如图 3-27 所示。

A　第一种情况（图 3-27a）

开始条件：$\tau = 0$，$t_0 =$ 常数；

边界条件：$x = \pm s$（两面对称加热），$t_{表} =$
常数；

几何条件：无限大平板（指面积相对于厚
度很大）。

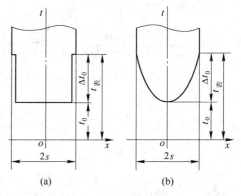

图 3-27　$t_{表}$ 为常数的加热

（a）内部无温度梯度；（b）内部温度呈抛物线分布

根据上述单值条件，得到微分方程式的
解为

$$t = t_{表} + (t_0 - t_{表}) \frac{4}{\pi} \sum_{n=1}^{\infty} \frac{(-1)^{n+1}}{2n-1} \cos\left[\frac{(2n-1)}{2}\pi\right] \frac{x}{s} e^{-[(2n-1)\pi/2]^2 a\tau/s^2} \qquad (3\text{-}80)$$

在这个式子中，无穷级数的和可以用无因次特征数函数来表示，上式经过整理得到一
般形式

$$\frac{t_{表} - t}{t_{表} - t_0} = \phi\left(\frac{a\tau}{s^2}, \frac{x}{s}\right) \qquad (3\text{-}80\text{a})$$

式（3-80）给出了物体内部温度 t 随时间 τ 的变化关系，已知加热时间，就可算出坐
标 x 点当时的温度 t，反之也可以求得将物体内部某点温度加热到 t 所需要的时间 τ。当然
还可以求出加热过程中物体内各点的温度差。式中的函数值 ϕ，绘成了如图 3-28 所示的
曲线。

研究一般物体加热时，重要的是找出中心温度与时间的关系，即 $x = 0$，$t = t_{中}$，这时
式（3-80a）改写为

$$\frac{t_{表} - t_{中}}{t_{表} - t_0} = \phi_{中}\left(\frac{a\tau}{s^2}\right) \qquad (3\text{-}80\text{b})$$

式中，$t_{中}$ 为在时间 τ 时，物体中心的温度。

各种不同形状的物体，将其函数 $\phi_{中}$ 值制成图表（见图 3-29），便于应用。只要给出
时间 τ 便可求出中心温度 $t_{中}$，反之亦可。

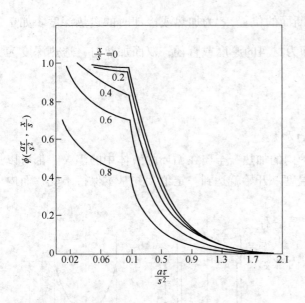

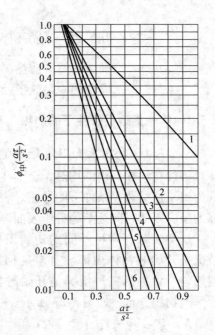

图 3-28 表面温度一定时,用于平板的函数 $\phi\left(\dfrac{a\tau}{s^2},\dfrac{x}{s}\right)$ 图 3-29 表面温度一定时,函数 $\phi_{\text{中}}\left(\dfrac{a\tau}{s^2}\right)$

1—平板;2—方柱体;3—无限长圆柱体;
4—立方体;5—$H = d$ 的圆柱;6—球体

例 3-8 设直径 $d = 200\text{mm}$ 的圆钢轴,加热至 $800℃$,断面上温度分布均匀。浸入温度为 $60℃$ 的循环水中淬火。设钢的平均导温系数 $a = 0.04\text{m}^2/\text{h}$。求 6min 后钢轴中心达到的温度。

解 如果忽略在钢轴表面所形成的蒸汽层的影响,则可以认为表面温度立即冷却到 $t_{\text{表}} = 60℃$,并一直保持不变。

已知 $t_0 = 800℃$;$a = 0.04\text{m}^2/\text{h}$;$R = d/2 = 0.1\text{m}$;$\tau = 6/60 = 0.1\text{h}$。

则 $Fo = \dfrac{a\tau}{R^2} = \dfrac{0.04 \times 0.1}{0.1^2} = 0.4$

根据图 3-29,查出 $\phi_{\text{中}} = \dfrac{t_{\text{表}} - t_{\text{中}}}{t_{\text{表}} - t_0} = 0.17$

即

$$\frac{60 - t_{\text{中}}}{60 - 800} = 0.17$$

$$t_{\text{中}} = 60 + (800 - 60) \times 0.17 = 185.8 \quad (℃)$$

B 第二种情况(图 3-27b)

开始条件:$\tau = 0$,断面温度呈抛物线分布,即

$$t = t_0 + \Delta t_0 \frac{x^2}{s^2}$$

边界条件:$x = \pm s$ 时,$t_{\text{表}} = t_0 + \Delta t_0 = $ 常数,并在加热过程中表面温度始终不变。

以上 t_0 为开始时中心温度,Δt_0 为开始时表面与中心温度差。

根据上述条件，得到平板微分方程式的特解为

$$\frac{t_表 - t}{t_表 - t_0} = \phi\left(\frac{a\tau}{s^2}, \frac{x}{s}\right)$$

式中，函数 ϕ，可绘成如图 3-30 所示的曲线。

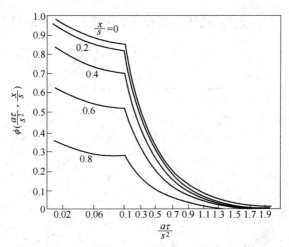

图 3-30　表面温度一定时，开始时平板内温度为

抛物线分布时，用于平板的函数 $\phi\left(\frac{a\tau}{s^2}, \frac{x}{s}\right)$

例 3-9　厚度为 180mm 的钢板坯在连续加热炉加热段已加热到表面温度 $t_表 = 1000℃$，表面与中心温度差 $\Delta t_0 = 250℃$，若要将钢板坯均热到 $\Delta t = 25℃$ 出炉，求均热时间应为多少？（已知钢的平均导温系数 $a = 0.03 \text{m}^2/\text{h}$）

解　已知 $s = 0.18/2 = 0.09\text{m}$，$t_表 = 1000℃$，$\Delta t_0 = 250℃$，$\Delta t = 25℃$，所以，开始的中心温度 $t_0 = 1000 - 250 = 750℃$，最后的中心温度 $t_中 = 1000 - 25 = 975℃$。

$$\varphi = \frac{1000 - 975}{1000 - 750} = \frac{25}{250} = 0.1$$

对于 $\frac{x}{s} = 0$，由图 3-30 得 $\frac{a\tau}{s^2} = 1.05$

则
$$\tau = 1.05 \times \frac{(0.09)^2}{0.03} = 0.284 \quad （\text{h}）$$

即均热时间应为 $0.284 \times 60 = 17\text{min}$。

3.5.2.2　物体表面温度呈直线变化的加热

在等速条件下（加热速度 C 等于常数）加热，物体表面温度将呈直线变化，这种情况在材料的加热或冷却，特别是热处理时常常遇到。即使温度的变化不是直线，也可以近似地划分为若干线段，每一段作为直线来计算。

开始条件：$\tau = 0$，$t_0 = 0$ 或 $t_0 = $ 常数；

边界条件：$x = \pm s$ 时，$t_表 = t_0 + C\tau$。

式中，C 为加热速度，℃/h。

将上述单值条件与导热微分方程式联立求解，得到

平板
$$t = t_0 + C\tau + \frac{Cs^2}{2a}\left(\frac{x^2}{s^2} - 1\right) + \frac{Cs^2}{a}\phi\left(\frac{a\tau}{s^2}, \frac{x}{s}\right) \tag{3-81}$$

圆柱体
$$t = t_0 + C\tau + \frac{CR^2}{4a}\left(\frac{r^2}{R^2} - 1\right) + \frac{CR^2}{a}\phi\left(\frac{a\tau}{R^2}, \frac{r}{R}\right) \tag{3-82}$$

式中，函数关系 ϕ，对于平板和圆柱体分别表示如图 3-31 及图 3-32 所示的曲线。

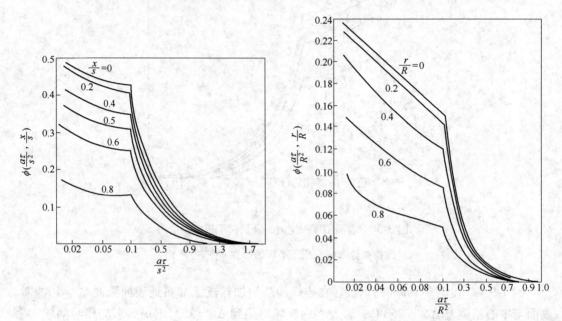

图 3-31　定速加热时，用于

平板的函数 $\phi\left(\dfrac{a\tau}{s^2}, \dfrac{x}{s}\right)$

图 3-32　定速加热时，用于

圆柱体的函数 $\phi\left(\dfrac{a\tau}{R^2}, \dfrac{r}{R}\right)$

例 3-10　直径 210mm 的圆钢柱体，其开始的表面温度为 100℃，在炉内以 300℃/h 的速度等速加热，如果钢的平均导温系数 $a = 0.03\,\mathrm{m}^2/\mathrm{h}$，求距表面 63mm 处的温度变化。

解　已知 $R = 0.21/2 = 0.105\,\mathrm{m}$，$r = 0.105 - 0.063 = 0.042\,\mathrm{m}$

$$\frac{r}{R} = \frac{0.042}{0.105} = 0.4$$

又知 $t_0 = 100℃$，$C = 300℃/\mathrm{h}$，$a = 0.03\,\mathrm{m}^2/\mathrm{h}$。

不仅求某一时刻该点的温度，而且要做出温度随时间变化的关系曲线。假定采取每间隔 0.1h（6min）定一个点，则

$$\frac{a\tau}{R^2} = \frac{0.03 \times 0.1}{0.105^2} = 0.272$$

由图 3-32 查得 $\phi(0.272,\ 0.4) = 0.045$，代入式（3-82），得

$$t = 100 + 300 \times 0.1 + \frac{300 \times 0.105^2}{4 \times 0.03}(0.4^2 - 1) + \frac{300 \times 0.105^2}{0.03}0.045$$

$$= 112 \quad （℃）$$

根据同样方法求若干个间隔时间的 t 值，便可得到如图 3-33 所示的温度变化曲线。

3.5.3　第二类边界条件下的加热

第二类边界条件是给出物体表面上热流变化的规律，其中最简单的情况是 $q_表$ = 常数。

开始条件：$\tau = 0$，$t = t_0$ = 常数；

边界条件：$x = \pm s$ 时，$-\lambda \dfrac{\partial t}{\partial x}$ = 常数。

在上述单值条件下（几何条件是厚度为 $2s$ 的大平板，两面对称加热），导热微分方程式（3-10）在一维情况下的解为

$$t = t_0 + \frac{q_表 s}{2\lambda}\Big[\frac{2a\tau}{s^2} + \Big(\frac{x}{s}\Big)^2 - \frac{1}{3} + $$

$$\frac{4}{\pi^2}\sum_{n=1}^{\infty}\frac{(-1)^{n+1}}{n^2}e^{\frac{-(n\pi)2a\tau}{s^2}}\cos\Big(n\pi\,\frac{x}{s}\Big)\Big] \qquad (3\text{-}83)$$

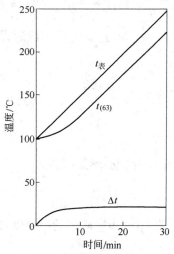

图 3-33　温度变化曲线

根据式（3-83）可以按照已知的时间 τ，求距离中间面 x 远的等温面的温度 t。或者已知 t，可以求加热时间 τ。

随着 τ 的增加，式（3-83）中无穷级数的和趋近于零。实际上，当 $\tau = \dfrac{s^2}{6a}$ 以后，无穷级数的和已经很小，可以忽略不计。式（3-83）就可简化为

$$t = t_0 + \frac{q_表 s}{2\lambda}\Big[\frac{2a\tau}{s^2} + \Big(\frac{x}{s}\Big)^2 - \frac{1}{3}\Big] \qquad (3\text{-}83a)$$

当 $x = \pm s$ 时，$t = t_表$，得到表面温度为

$$t_表 = t_0 + \frac{q_表 s}{2\lambda}\Big(\frac{2a\tau}{s^2} + \frac{2}{3}\Big) \qquad (3\text{-}83b)$$

当 $x = 0$ 时，$t = t_中$，得到中心温度为

$$t_中 = t_0 + \frac{q_表 s}{2\lambda}\Big(\frac{2a\tau}{s^2} - \frac{1}{3}\Big) \qquad (3\text{-}83c)$$

式（3-83b）减去式（3-83c），得到表面与中心的温度差为

$$\Delta t = t_表 - t_中 = \frac{q_表 s}{2\lambda} \qquad (3\text{-}84)$$

由开始加热到 $\tau = \dfrac{s^2}{6a}$ 这一段时间称为加热的开始阶段，这时主要是表面温度上升快，中心温度变化不大；在这个阶段以后，表面温度和中心温度同时上升，温度差保持常数（因为 $q_表$ 和热物理参数 λ、几何尺寸 s 都是常数）称为正规加热阶段。

同样，对于直径为 $2R$ 的圆柱体，对称加热，可以得到相应的解。这时在 $\tau = \dfrac{s^2}{8a}$ 之前是开始阶段，在这之后是正规加热阶段。正规加热阶段微分程式的解为

$$t = t_0 + \frac{q_{表}R}{2\lambda}\left[\frac{4a\tau}{R^2} + \left(\frac{r}{R}\right)^2 - \frac{1}{2}\right] \tag{3-85}$$

当 $r = R$ 时，$t = t_{表}$，得到表面温度为

$$t_{表} = t_0 + \frac{q_{表}R}{2\lambda}\left(\frac{4a\tau}{R^2} + \frac{1}{2}\right) \tag{3-85a}$$

当 $r = 0$ 时，$t = t_{中}$，得到中心温度为

$$t_{中} = t_0 + \frac{q_{表}R}{2\lambda}\left(\frac{4a\tau}{R^2} - \frac{1}{2}\right) \tag{3-85b}$$

表面与中心的温度差为

$$\Delta t = \frac{q_{表}R}{2\lambda} \tag{3-86}$$

式（3-83b）通过变换可以得到平板加热时间的公式

$$t_{表} = t_0 + \frac{q_{表}s}{2\lambda}\cdot\frac{2a\tau}{s^2} + \frac{q_{表}s}{2\lambda}\cdot\frac{2}{3}$$

$$\tau = \frac{s\rho c_p}{q_{表}}\left(t_{表} - \frac{q_{表}s}{3\lambda} - t_0\right) \tag{3-87}$$

同理，对于圆柱体可得

$$\tau = \frac{R\rho c_p}{2q_{表}}\left(t_{表} - \frac{q_{表}R}{4\lambda} - t_0\right) \tag{3-88}$$

例 3-11　断面为 $120\mathrm{mm}\times120\mathrm{mm}$ 的钢坯在热流不变的炉中单面加热，热流量为 $q_{表} = 46000\mathrm{W/m^2}$，钢坯开始温度 $t_0 = 10℃$，终了温度 $t_{表} = 600℃$，钢的导温系数 $a = 0.04\mathrm{m^2/h}$，导热系数 $\lambda = 46\mathrm{W/(m\cdot℃)}$，并假设它不随温度变化，计算所需加热时间。

解　　　$$\Delta t = \frac{q_{表}s}{2\lambda} = \frac{46000\times0.12}{2\times46} = 60 \quad （℃）$$

$$\Delta t_{中} = t_{表} - \Delta t = 600 - 60 = 540 \quad （℃）$$

加热时间可根据式（3-83b），得

$$t_{表} = t_0 + \frac{q_{表}s}{2\lambda}\left(\frac{2a\tau}{s^2} + \frac{2}{3}\right)$$

$$600 = 10 + \frac{46000\times0.12}{2\times46}\left(\frac{2\times0.04\times\tau}{0.12^2} + \frac{2}{3}\right)$$

$$\tau = 1.65 \quad （h）$$

正规加热开始时间 τ' 为

$$\tau' = \frac{s^2}{6a} = \frac{0.12^2}{6\times0.04} = 0.06 \quad （h）$$

加热的开始阶段很短，比起整个加热时间是微不足道的，所以采用式（3-83b）这样的简化公式是允许的。

3.5.4　第三类边界条件下的加热

第三类边界条件给出的是周围介质温度随时间变化的关系，及介质与物体之间热交换

的规律。最常见也是最简单的情况是周围介质温度一定，即 $t_{炉} = $ 常数。这种情况适用于恒温炉的加热，即使非恒温炉中，也可以根据时间或根据位置分成若干段，把每一段近似地认为介质温度等于常数。这种边界条件下的解在金属加热计算中应用最广。

仍以厚 $2s$ 的大平板对称加热来说明这类问题的解法。

开始条件：$\tau = 0$ ，$t = t_0 = $ 常数；

边界条件：$x = \pm s$ 时，$-\lambda \dfrac{\partial t}{\partial x} = \alpha_\Sigma (t_{炉} - t)$。

在上述单值条件下，导热微分方程式的解为

$$\frac{t_{炉} - t}{t_{炉} - t_0} = \sum_{n=1}^{\infty} \frac{2\sin\delta}{\delta + \sin\delta\cos\delta} \mathrm{e}^{-\frac{\delta^2 a\tau}{s^2}} \cos\left(\delta \frac{x}{s}\right) \qquad (3\text{-}89)$$

式中，δ 是 $\dfrac{\alpha_\Sigma s}{\lambda}$ 的函数，式（3-89）可表达为如下的函数形式：

$$\frac{t_{炉} - t}{t_{炉} - t_0} = \phi\left(\frac{a\tau}{s^2}, \frac{\alpha_\Sigma s}{\lambda}, \frac{x}{s}\right) \quad 或 \quad \frac{t_{炉} - t}{t_{炉} - t_0} = \phi\left(Fo, Bi, \frac{x}{s}\right) \qquad (3\text{-}89a)$$

当 $x = \pm s$ 时，$t = t_{表}$，上式变为

$$\frac{t_{炉} - t_{表}}{t_{炉} - t_0} = \phi_{表}\left(\frac{a\tau}{s^2}, \frac{\alpha_\Sigma s}{\lambda}\right) \qquad (3\text{-}89b)$$

当 $x = 0$ 时，$t = t_{中}$，得到

$$\frac{t_{炉} - t_{中}}{t_{炉} - t_0} = \phi_{中}\left(\frac{a\tau}{s^2}, \frac{\alpha_\Sigma s}{\lambda}\right) \qquad (3\text{-}89c)$$

$\phi_{表}$ 和 $\phi_{中}$ 的函数值可以从图 3-34 和图 3-35 中查到。

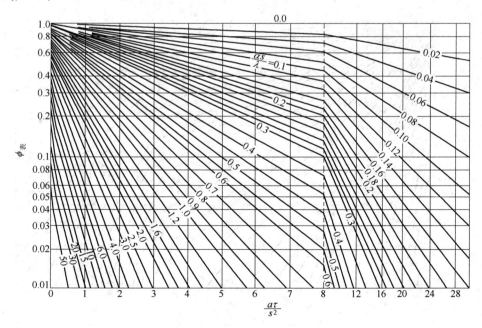

图 3-34　平板在恒温介质中加热时，函数 $\phi_{表}\left(\dfrac{a\tau}{s^2}, \dfrac{\alpha s}{\lambda}\right)$

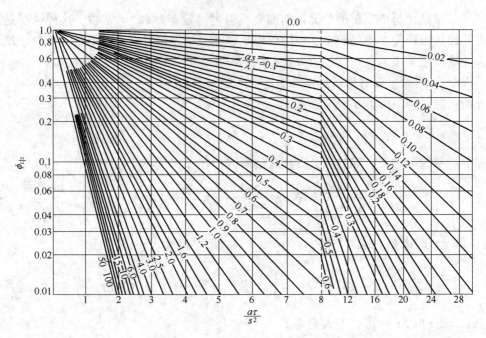

图 3-35　平板在恒温介质中加热时，函数 $\phi_{\text{中}}\left(\dfrac{a\tau}{s^2},\dfrac{\alpha s}{\lambda}\right)$

对于圆柱体，微分方程式的解与上面平板的结果类似，只是函数 ϕ 的值不同而已。图 3-36 和图 3-37 给出了求圆柱体加热时间用的函数 $\phi_{\text{表}}$ 和 $\phi_{\text{中}}$ 的值。

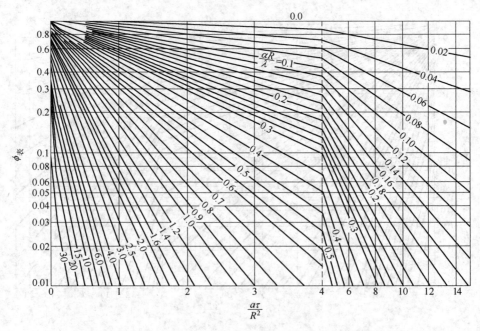

图 3-36　圆柱体在恒温介质中加热时，函数 $\phi_{\text{表}}\left(\dfrac{a\tau}{R^2},\dfrac{\alpha R}{\lambda}\right)$

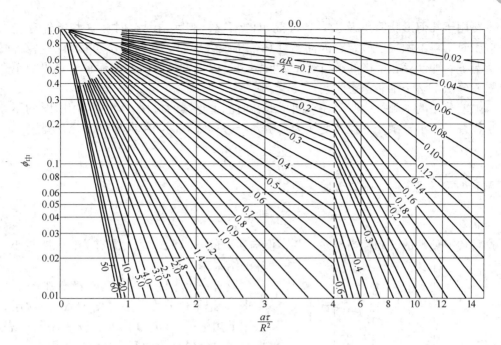

图 3-37　圆柱体在恒温介质中加热时，函数 $\phi_{\text{中}}\left(\dfrac{a\tau}{R^2},\dfrac{\alpha R}{\lambda}\right)$

例 3-12　直径 500mm 的碳钢圆锭，在炉温 1250℃的恒温炉内均匀加热，问中心温度达到 1180℃时所需的加热时间和这时钢锭表面的温度。已知钢锭开始时的温度 $t_0 = 20$℃，平均换热系数 $\alpha_\Sigma = 350\text{W}/(\text{m}^2\cdot\text{℃})$，钢的 $\lambda = 32.4\text{W}/(\text{m}\cdot\text{℃})$，$a = 0.022\text{m}^2/\text{h}$。

解
$$\frac{\alpha_\Sigma R}{\lambda} = \frac{350 \times 0.25}{32.4} = 2.7$$

$$\frac{t_{\text{炉}} - t_{\text{中}}}{t_{\text{炉}} - t_0} = \frac{1250 - 1180}{1250 - 20} = 0.057$$

根据图 3-37，当 $\dfrac{\alpha_\Sigma R}{\lambda} = 2.7$ 及 $\phi_{\text{中}}\left(\dfrac{a\tau}{R^2},\dfrac{\alpha_\Sigma R}{\lambda}\right) = 0.057$ 时，查得

$$\frac{a\tau}{R^2} = 1.15$$

故加热时间 τ 等于

$$\tau = 1.15 \times \frac{0.25^2}{0.022} = 3.3 \quad (\text{h})$$

根据 $\dfrac{a\tau}{R^2} = 1.15$ 和 $\dfrac{\alpha_\Sigma R}{\lambda} = 2.7$，由图 3-36 可查得 $\phi_{\text{表}}\left(\dfrac{a\tau}{R^2},\dfrac{\alpha_\Sigma R}{\lambda}\right) = 0.016$

可得加热 3.3h 后，表面的温度值为

$$t_{\text{表}} = 1250 - (1250 - 20) \times 0.016 = 1230 \quad (\text{℃})$$

3.5.5　数值解法

分析解法可以直接给出温度场的分析形式，即 t 与 x、y、z、τ 之间的函数关系，具有普遍的意义，也便于分析各因素对温度分布的影响。但此法仅适用于数量有限的经典问

题，主要用于几何形状简单及边界条件简单的情况，实际情况有时和这些条件有较大出入，应用时不得不做很多假定，因而给计算带来很大误差。数值解法可以解决这类问题，有些情况下，即使存在严格的解析解，数值法也可以提供更为简便的途径。这里简单介绍用有限差分法求解一维非稳态问题。

有限差分法的基础是：假定在空间里或在时间上连续的过程，都可以用阶跃的不连续过程来代替。把求解微分方程式变换为求解差分方程式。例如单向导热微分方程式为

$$\frac{\partial t}{\partial \tau} = a \frac{\partial^2 t}{\partial x^2}$$

式中无穷小差量代之以有限差分值，便得

$$\frac{\Delta t}{\Delta \tau} \approx a \frac{\Delta^2 t}{\Delta x^2} \tag{a}$$

这种代换使解的精确性当然差一些，但与所取的 $\Delta \tau$ 和 Δx 的大小有关，间距越小，计算的结果越精确。

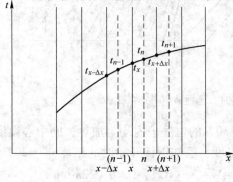

图 3-38 连续的温度分布

设有一个平壁，温度是连续分布的（见图 3-38），把平壁分为许多厚度为 Δx 的薄层，各层用下角标 $\cdots$、$(n-1)$、n、$(n+1)$、$\cdots$ 表示。把时间也分成相等的间隔 $\Delta \tau$，并用上角标 $\cdots$、$(k-1)$、k、$(k+1)$、$\cdots$ 表示。这样，例如 t_n^k 就代表过程经过 $k\Delta \tau$ 时间后，第 n 层的中心温度。温度分布本来是曲线，用差分值代替以后，每小段可视为直线，整个成为一条折线。

在第 n 层内，左右两半的温度梯度不同，在左边靠近 $(n-1)$ 层的 $\frac{\Delta x}{2}$ 内温度梯度为

$$\left(\frac{\Delta t}{\Delta x}\right)' = \frac{t_n^k - t_{n-1}^k}{\Delta x} \tag{b}$$

在右边靠近 $(n+1)$ 层的 $\frac{\Delta x}{2}$ 内温度梯度为

$$\left(\frac{\Delta t}{\Delta x}\right)'' = \frac{t_{n+1}^k - t_n^k}{\Delta x} \tag{c}$$

由此，n 处的二阶导数近似为

$$\frac{\Delta^2 t}{\Delta x^2} = \frac{1}{\Delta x}\left[\left(\frac{\Delta t}{\Delta x}\right)'' - \left(\frac{\Delta t}{\Delta x}\right)'\right] = \frac{1}{\Delta x^2}(t_{n+1}^k + t_{n-1}^k - 2t_n^k) \tag{d}$$

第 n 层温度对于时间的导数（空间位置未变，而时间变化）为

$$\frac{\Delta t}{\Delta \tau} = \frac{t_n^{k+1} - t_n^k}{\Delta \tau} \tag{e}$$

将式（d）和式（e）代入式（a），得到一维非稳态导热方程的差分形式为

$$\frac{t_n^{k+1} - t_n^k}{\Delta \tau} = a \frac{t_{n+1}^k + t_{n-1}^k - 2t_n^k}{\Delta x^2} \tag{f}$$

由此式可以看出，如知道 $k\Delta \tau$ 时间的温度分布，则根据（f）式就能找出下一段时间，即 $(k+1)\Delta \tau$ 时的温度分布。将式（f）变换为以下形式则更明显，即得一维非稳态导热问

题的有限差分计算公式为

$$t_n^{k+1} = \frac{2a\Delta\tau}{\Delta x^2}\left(\frac{t_{n+1}^k + t_{n-1}^k}{2}\right) - \left(\frac{2a\Delta\tau}{\Delta x^2} - 1\right)t_n^k \tag{g}$$

如果适当地选择时间间隔 $\Delta\tau$ 和每层的厚度 Δx，如使 $\frac{2a\Delta\tau}{\Delta x^2} = 1$，则式（g）简化为

$$t_n^{k+1} = \frac{t_{n+1}^k + t_{n-1}^k}{2} \tag{3-90}$$

并可得

$$\Delta\tau = \frac{\Delta x^2}{2a} \tag{3-91}$$

由此可见，t_n^{k+1} 是 $\Delta\tau$ 时间前相邻两层温度的算术平均值。定出 $\Delta\tau$ 和 Δx 以后，按时间间隔 $\Delta\tau$ 的次数逐层计算，就可得物体内的温度分布。

例 3-13 厚度为 200mm 的钢板，在盐浴炉内加热，表面温度为 1200℃，钢的导温系数 $a = 0.025\text{m}^2/\text{h}$，加热开始时温度均匀为 0℃，求中心温度达 750℃ 时所需的时间。

解 假定将钢板分为六层，每层厚度为

$$\Delta x = \frac{0.2}{6} = 0.033 \quad (\text{m})$$

根据式（3-91），时间间隔 $\Delta\tau$ 必须满足该式，即

$$\Delta\tau = \frac{\Delta x^2}{2a} = \frac{0.033^2}{2 \times 0.025} = 0.02178(\text{h}) = 78.4 \quad (\text{s})$$

开始时（$\tau = 0$），钢板温度为 0℃，放入盐浴炉后假定表面迅速升温为

$$t_0^0 = \frac{0 + 1200}{2} = 600 \quad (\text{℃})$$

经过 $1\Delta\tau$（即 78.4s）后，表面温度升到 $t_0^1 = 1200$℃（作为初始条件）；
在距表面 $1\Delta x$（即 0.033m）处的温度为

$$t_1^1 = \frac{t_0^0 + t_2^0}{2} = \frac{600 + 0}{2} = 300 \quad (\text{℃})$$

在距表面 $2\Delta x$（即 0.0667m）处的温度为

$$t_2^1 = \frac{t_1^0 + t_3^0}{2} = \frac{0 + 0}{2} = 0 \quad (\text{℃})$$

同理，t_3^1 及 t_4^1 均等于 0℃。由于另一表面（即 $6\Delta x$ 处）的温度应为 $t_6^0 = 600$℃，$t_6^1 = 1200$℃，故

$$t_5^1 = \frac{t_4^0 + t_6^0}{2} = \frac{0 + 600}{2} = 300 \quad (\text{℃})$$

经过 $2\Delta\tau$（即 $78.4 \times 2 = 156.8$s）后，表面温度 $t_0^2 = t_6^2 = 1200$℃；
在距表面 $1\Delta x$ 处的温度为

$$t_1^2 = \frac{t_0^1 + t_2^1}{2} = \frac{1200 + 0}{2} = 600 \quad (\text{℃})$$

在距表面 $2\Delta x$ 处的温度为

$$t_2^2 = \frac{t_1^1 + t_3^1}{2} = \frac{300 + 0}{2} = 150 \quad (\text{℃})$$

在距表面 3 Δx 处的温度为

$$t_3^2 = \frac{t_2^1 + t_4^1}{2} = \frac{0 + 0}{2} = 0 \quad (\text{℃})$$

在距表面 4 Δx 处的温度为

$$t_4^2 = \frac{t_3^1 + t_5^1}{2} = \frac{0 + 300}{2} = 150 \quad (\text{℃})$$

在距表面 5 Δx 处的温度为

$$t_5^2 = \frac{t_4^1 + t_6^1}{2} = \frac{0 + 1200}{2} = 600 \quad (\text{℃})$$

依次类推，并将计算结果填入表 3-9。

表 3-9　例 3-13 计算过程与结果

$k\Delta\tau$	s	$0\Delta x$	$1\Delta x$	$2\Delta x$	$3\Delta x$	$4\Delta x$	$5\Delta x$	$6\Delta x$
0	0	600	0	0	0	0	0	600
1	78.4	1200	300	0	0	0	300	1200
2	156.8	1200	600	150	0	150	600	1200
3	235.2	1200	675	300	150	300	675	1200
4	313.6	1200	750	412.5	300	412.5	750	1200
5	392.0	1200	806.25	525	412.5	525	806.25	1200
6	470.4	1200	862.5	610	525	610	862.5	1200
7	548.8	1200	905	693.75	610	693.75	905	1200
8	627.2	1200	947	757.5	693.75	757.5	947	1200
9	705.6	1200	979	820	757.5	820	979	1200

由以上计算可见，当经过 9 $\Delta\tau$（705.6s）时，钢的中心 3 Δx 处温度已达 750℃，故所求的时间约为 0.2h。

习　题

3-1　厚 3cm 的铜板，一面温度为 400℃，一面温度为 100℃，在稳定态时测得通过铜板的传导热流量为 $37 \times 10^5 \text{W/m}^2$，试计算铜的导热系数为多少。

（370W/（m·℃））

3-2　加热炉炉墙由三层材料构成，最里面是黏土砖，厚 230mm；中间是硅藻土砖，厚 230mm；最外层是钢板，厚 5mm。各层的导热系数分别为 $\lambda_1 = 1.10\text{W/(m·℃)}$，$\lambda_2 = 0.12\text{W/(m·℃)}$，$\lambda_3 = 45\text{W/(m·℃)}$。炉墙内表面温度为 800℃，外表面温度为 54℃，求通过炉墙的热流密度。

（350W/m²）

3-3　12m 长的钢管，内半径为 75mm，外半径为 80mm。如果内表面保持 200℃，外表面为 37℃，求通过管壁的导热量。

（8.64×10^6 W）

3-4　有一炉墙由三层构成，内层是厚度 230mm 的黏土砖，$\lambda_1 = 1.0\text{W/(m·℃)}$；外层是厚度 240mm 的红

砖层，$\lambda_3 = 0.6\text{W}/(\text{m}\cdot\text{℃})$；两层中间填有厚 50mm 的石棉隔热层，$\lambda_2 = 0.09\text{W}/(\text{m}\cdot\text{℃})$。已知墙的内表面温度 $t_1 = 500\text{℃}$，外表面温度 $t_4 = 50\text{℃}$。求每小时通过炉墙的导热损失 q 以及红砖层的最高温度 t_3。

（$q = 381.3\text{W/m}^2$；$t_3 = 203\text{℃}$）

3-5　有一炉墙由厚度各为 230mm 的黏土砖和红砖砌成，其导热系数分别为 $\lambda_{黏} = 0.7 + 0.00064t$ 和 $\lambda_{红} = 0.47 + 0.0005t$。墙的内表面温度为 1200℃，外表面温度为 100℃，试求单位时间通过炉墙的热损失。如果红砖允许的最高使用温度为 800℃，在此条件是否能使用？

（$q = 2227\text{W/m}^2$）

3-6　有一平壁耐火隔热层，内层为厚 20mm 的平均导热系数为 $1.3\text{W}/(\text{m}\cdot\text{℃})$ 的材料构成，外层为平均导热系数为 $0.35\text{W}/(\text{m}\cdot\text{℃})$ 的隔热材料构成。假设使用隔热层后壁的内外表面温度分别为 1300℃ 和 30℃，要使每平方米平壁的热损失不超过 1830W，问隔热材料的厚度应为多少？

（23.8cm）

3-7　为了减少热损失和保证安全工作条件，在外径为 150mm 的蒸汽管道外覆盖保温层。蒸汽管外壁温度为 400℃。按安全操作规定，保温材料外侧温度不得超过 50℃。如采用水泥蛭石制品作保温材料（$\lambda = 0.103 + 0.000198t$），并把每米长管道的热损失 Q/l 控制在 450W/m 以下，问保温层厚度应为多少？

（80mm）

3-8　水以 1.2m/s 的速度，在内直径为 8mm 的圆管内流动（管长 $L > 50\,d$），管壁温度为 90℃，管内水的平均温度为 30℃。试求由管壁向水的平均换热系数和热流密度。

（$\alpha = 7823\text{W}/(\text{m}^2\cdot\text{℃})$；$q = 11.8\text{kW/m}^2$）

3-9　设钢板宽 1m，长 2m，平均温度 500℃，冷空气（20℃）从板上以 6m/s 的速度流过，对钢板进行冷却，求平均换热系数和空气带走的热量。

（$\alpha = 15.97\text{W}/(\text{m}^2\cdot\text{℃})$；$Q = 15.33\text{kW}$）

3-10　空气以 0.5kg/s 的流量流过一直径为 75mm，长 6m 的直管，管壁保持平均温度为 200℃，管内空气平均温度为 250℃，试计算空气在流过管子时温度降低了多少。

（46.7℃）

3-11　水平放置的蒸汽管道，绝热层外径 $D = 583\text{mm}$，外壁温度 $t_w = 48\text{℃}$，周围空气温度 $t_f = 23\text{℃}$。试计算绝热层外壁与空气的自然对流换热系数。

（$3.43\text{W}/(\text{m}^2\cdot\text{℃})$）

3-12　流速 14m/s、平均温度 300℃ 的热空气，横向流过单管。管的外径 12mm，管壁温度 15℃。求空气对管壁的换热系数。

（$107.9\text{W}/(\text{m}^2\cdot\text{℃})$）

3-13　常压下，空气在直径为 2.54cm 的管中流动，温度由 180℃ 升为 220℃，若空气流速为 15m/s，求空气与管壁间的对流换热系数。已知空气的平均参数：$C_p = 1.026\text{kJ}/(\text{kg}\cdot\text{℃})$，$\lambda = 0.04\text{W}/(\text{m}\cdot\text{℃})$，$\mu = 2.6\times10^{-5}\text{kg}/(\text{m}\cdot\text{s})$，$\rho = 0.746\ \text{kg/m}^3$。

（$51.8\text{W}/(\text{m}^2\cdot\text{℃})$）

3-14　一个 6.5m² 的小孔开在炉门薄壁上，炉内温度为 650℃，试求从炉内经过小孔射到房间里的辐射能。

（26.58W）

3-15　炉子 1 和 2 的中间用薄墙隔开，墙上有一个 0.046m² 的孔，炉温如图所示，试计算通过这个孔的辐射换热量（见题 3-15 图）。

（2724.5W）

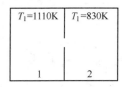

题 3-15 图

3-16 已知三边平面围成的封闭体系中各边面积分别为 $A_1 = 1m^2$，$A_2 = 1.5m^2$，$A_3 = 1.5m^2$（见题 3-16 图），求各角系数。（$\varphi_{12} = 1/2$；$\varphi_{13} = 1/2$；$\varphi_{21} = 1/3$；$\varphi_{23} = 2/3$；$\varphi_{31} = 1/3$；$\varphi_{32} = 2/3$）

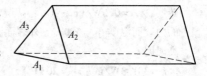

题 3-16 图

3-17 一小炉膛长 0.5m，宽 0.4m，高 0.3m。炉顶与炉壁温度为 1000℃，黑度为 0.8；炉底温度为 250℃，黑度为 0.6。试计算炉顶与炉壁对炉底的辐射换热量。（16.68kW）

3-18 有一均热炉，其炉膛内长 4m，宽 2.5m，高 3m，炉墙及炉底内表面温度为 1300℃，黑度 $\varepsilon_w = 0.8$。求敞开炉盖的瞬间辐射热损失为多少？若炉口每边缩小 0.2m，其他条件不变，问热损失有何变化。（$Q = 3300kW$；减少 23%）

3-19 在常压下流过辐射换热器圆筒通道（$D = 0.6m$）的烟气，其进口温度为 1000℃，出口温度为 780℃。烟气含 CO_2 8%、H_2O 10%。通道壁进口处的温度为 625℃，出口温度为 575℃，求烟气对换热器的辐射换热量。（9678W）

3-20 有一燃烧粉煤的火焰炉，炉膛内长 7.5m，宽 3.0m，炉膛气体空间高度 1.5m。炉料布满炉底，其黑度为 $\varepsilon_m = 0.8$，温度 $t_m = 1000℃$。炉气充满炉膛，其成分内 CO_2 14%，H_2O 8%，炉气平均温度 $t_g = 1300℃$。试计算炉气传给炉料的辐射热量。（$23.2 \times 10^5 W$）

3-21 直径为 200mm 的钢棒，表面迅速加热到 1100℃时，表面与中心的温差为 250℃，如果要求出炉时表面温度维持 1100℃，而温差需降为 25℃，问需要在炉内均热多长时间？设钢的导温系数为 0.03m²/h。（8min）

3-22 将厚度为 200mm 的方坯（当作平板研究）在炉温 1000℃并保持不变的炉内两面加热。求钢坯送进炉内经过 40min 后，钢坯中心的温度。设钢的导热系数 $\lambda = 35W/(m \cdot ℃)$，导温系数 $a = 0.02m^2/h$，换热系数 $\alpha = 175W/(m^2 \cdot ℃)$。（412℃）

3-23 有一直径为 400mm 的圆柱体钢轴，于温度 20℃时放入炉温为 900℃ 的炉中加热，试计算加热到钢轴表面温度为 750℃ 时所需的加热时间。设钢的导热系数 $\lambda = 34.8W/(m \cdot ℃)$，导温系数 $a = 0.04m^2/h$，换热系数 $\alpha = 174W/(m^2 \cdot ℃)$。（0.96h）

3-24 物体某截面的四侧壁温如题 3-24 图所示，试用张弛法计算点 1、2、3、4 的温度。（$t_1 = 300℃$；$t_2 = 250℃$；$t_3 = 350℃$；$t_4 = 300℃$）

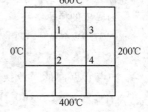

题 3-24 图

3-25 厚度为 0.18m 的钢板，开始时温度为 1000℃，置于 0℃ 的流动的冷水中淬火。设钢的导温系数 $a = 0.7 \times 10^{-5} m^2/s$，求 4.5min 以后钢板内的温度分布。

4 金属加热及冷却工艺

金属在轧制和锻造之前的加热，是金属的热加工过程中一个必要的环节。加热的目的是：

（1）提高金属的塑性。金属在冷的状态下可塑性很低，为了改善金属的热加工条件，必须提高金属的塑性。一般说来，金属的热加工温度越高，可塑性越好。例如高碳钢在常温下的变形抗力约为 $6000kg/cm^2$，这样，在轧制时就需要很大的轧制压力，消耗很大的能量。如果将它加热到 1200℃，这时的变形抗力降低到大约 $300kg/cm^2$，比常温下的变形抗力降低95%。所以，钢的温度越低，加工所消耗的能量越大，轧机的磨损也越快，而且温度不足时还容易发生断辊事故。

（2）使金属锭或坯内外温度均匀。由于金属内外的温度差，使其内部产生应力，应力会造成轧材时的废品或缺陷。通过均热使断面上温差缩小，避免出现危险的温度应力。

（3）改变金属的结晶组织。金属经过冷加工以后，组织结构改变，处于加工硬化状态，需要加热进行热处理，达到所要求的物理性能和力学性能。有时钢锭在浇铸过程中会带来一些组织缺陷，例如高速钢中碳化物的偏析等，通过在高温下长时间保温，可以消除或减轻这类缺陷的危害。

金属加热的质量直接影响到轧材的质量、产量、能源消耗以及轧机寿命。正确的加热工艺可以提高金属的塑性，降低热加工时的变形抗力，按时为轧机提供加热质量优良的锭或坯，保证轧机生产顺利进行。反之，如加热工艺不当，或者加热炉的工作配合不好，就会直接影响轧机的生产。例如加热温度过高，会发生钢的过热、过烧，轧制时就要造成废品；又如钢的表面发生严重的氧化或脱碳，也会影响钢的质量，甚至报废。目前有的轧机不能充分发挥作用，往往是因为加热工艺这一环节薄弱。因此，必须了解金属加热工艺的基本知识，制定正确的加热工艺制度，防止加热过程中可能出现的各种缺陷。

金属的加热工艺包括确定加热温度、加热速度、加热时间、炉温制度、炉内气氛等。为了制定正确的加热工艺，还应当了解与金属加热有关的金属热物理性能及力学性能，了解加热过程中缺陷产生的原因及防止的措施。

4.1 金属的物理和力学性能

在不同的加热条件下，不同金属在加热过程中性能的变化也不相同，了解金属热物理性能和力学性能及它们随温度变化的情况，对于正确制定加热工艺制度，进行加热计算是十分重要的。

4.1.1 金属的导热系数

金属的导热系数与金属化学成分、温度、组织、杂质含量以及加工条件都有关。

钢的导热系数随含碳量的增加而降低，当含碳量小于 0.2% 时，这种影响最明显。其他杂质如锰、硅、硫、磷也会降低钢的导热系数。

常温下碳素钢的导热系数可以根据下列经验式算出：

$$\lambda_0 = 69.8 - 10.1w(C)_\% - 16.7w(Mn)_\% - 33.7w(Si)_\% \tag{4-1}$$

式中，$w(C)_\%$、$w(Mn)_\%$、$w(Si)_\%$ 分别代表这些元素的质量百分数。

或者采用下列公式：

当 $w(C)_\% < 0.4\%$ 时 $\lambda_0 = \dfrac{418.7}{5.74 + 2.43w(C)_\% + 5.09w(Si)_\% + 2.46w(Mn)_\%}$

$$\tag{4-2}$$

当 $w(C)_\% > 0.4\%$ 时 $\lambda_0 = \dfrac{418.7}{4.4 + 8.7w(C)_\% + 3.6w(Si)_\% + 1.9w(Mn)_\%}$

$$\tag{4-3}$$

碳素钢的导热系数随温度的升高而下降，但当温度超过 900℃ 时，由于组织中出现奥氏体，奥氏体钢的导热系数又随温度升高而略有上升。

碳素钢在高温时导热系数的变化，可以将常温下的导热系数乘以一个修正系数 K。

$$\lambda_t = K\lambda_0$$

K 值的大小如图 4-1 所示。

合金元素可以降低钢的导热性，钢中合金元素越多，则其导热系数越低。合金钢的 $\lambda_0 < 23W/(m \cdot ℃)$ 时，则其导热系数随温度升高而升高，$\lambda_0 > 23W/(m \cdot ℃)$ 时，则温度的升高对导热系数没有多少影响。

在有色金属中，铜、铝的导热性好，$\lambda > 200W/(m \cdot ℃)$，而钛、铅、锡的导热性差，$\lambda < 70W/(m \cdot ℃)$（见图 4-2）。除铝以外，大多数有色金属的导热系数随温度升高而降低。有色金属加入杂质和添加元素后，其导热性能降低，降低的程度与添加元素的种类有关。

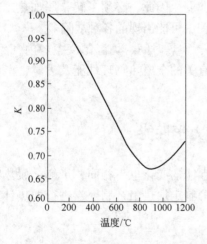

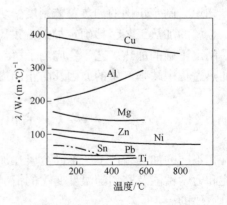

图 4-1　碳素钢温度对导热系数影响的修正系数 K 的曲线

图 4-2　有色金属导热系数与温度的关系

4.1.2 金属的比热

在 100℃ 以下至室温，钢的比热（$kJ/(kg \cdot ℃)$）可以按下列公式计算：

$$C_p = 0.4662 + 0.0191w(C)_\% \tag{4-4}$$

式中，$w(C)_\%$ 为钢中碳的质量百分数。

总的说来，钢的化学成分对比热的影响不大，但温度的影响比较大，无论碳素钢或合金钢，比热均随温度的升高而增大，特别在 800℃ 以下更为明显；超过 900℃ 则变化不大，甚至某些钢种的比热值还略有下降。碳素钢的热含量与温度的关系见附表 13。

不同的有色金属其比热值的变化较大，例如镁、铝的 $C_p > 0.9kJ/(kg \cdot ℃)$，而铅、锡的 $C_p < 0.3kJ/(kg \cdot ℃)$。在熔点以下各种有色金属的比热随温度升高而略有增大。

4.1.3 金属的密度

金属的密度与金属的化学成分、组织和温度有关。碳素钢的密度因含碳量的不同变化于 $7800 \sim 7850kg/m^3$ 之间。在室温下钢的密度按下式计算：

$$\rho = 7880 + \Delta\rho w_\% \tag{4-5}$$

式中 $w_\%$ ——钢中杂质的质量百分数；

$\Delta\rho$ ——杂质增加 1% 时，密度的增量，其值见表 4-1。

表 4-1　杂质增加 1% 时，密度的变化 $\Delta\rho$

元　素	$\Delta\rho/kg \cdot m^{-3}$	该元素不超过以下含量时适用/%
C	−0.040	1.55
P	−0.117	1.1
S	−0.164	0.2
Cu	+0.011	1.0
Mn	−0.016	1.5
Ni	+0.004	5.0
Cr	+0.001	1.2
W	+0.095	1.5
Si	−0.073	4.0
Al	−0.120	2.0
As	+0.100	0.15

温度升高时，钢的密度因体积膨胀而降低，密度与温度的关系用下式表示：

$$\rho_t = \frac{\rho_0}{1 + 3\alpha t} \tag{4-6}$$

式中 ρ_0，ρ_t ——分别代表 0℃ 和 t ℃ 时的密度；

α ——钢的线膨胀系数，参看附表 11。

4.1.4 导温系数

导热系数 λ 越大，表示通过金属传导的热量越多，但是传递热量的多少并不完全直接反映金属温度升高的快慢，因为升温的快慢不仅与导热性能有关，还和金属的比热及密度有关。表示这一关系的物理量称为导温系数 a，单位为 m^2/h 或 m^2/s。

在室温下，碳素钢的导温系数变化在 $0.04 \sim 0.06 m^2/h$ 之间，而合金钢则为 $0.04 m^2/h$ 或更低。

导温系数随温度的升高而降低，在 1000℃ 附近，导温系数达到最低值，以后又稍稍回升（见图4-3）。在高温时，各种碳素钢的导温系数渐趋一致。

多数有色金属的 a 值均大于钢铁。其中铜、铝、镁的 a 值较大，$a = 0.2 \sim 0.4 m^2/h$（见图4-4）。除铝以外，大多数有色金属的导温系数随温度升高而减小。

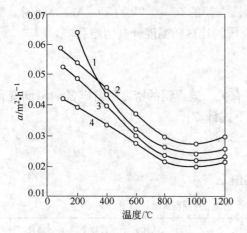

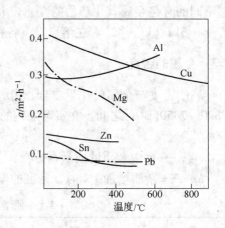

图 4-3 钢铁导温系数与温度的关系　　　　图 4-4 有色金属导温系数与温度的关系
1—纯铁；2—软铁；3—中碳钢；4—高碳钢

4.1.5 金属的力学性能及其与温度的关系

为了了解金属在加热时的温度应力问题，应掌握金属的弹、塑性及变形抗力的知识。

金属的弹性决定于拉伸时的弹性模量 E 及泊松比 ν。ν 表示试样断面收缩与纵向伸长之比。各种金属的 ν 值波动在 $0.28 \sim 0.45$ 的范围内，对于钢，$\nu = 0.3$。弹性模量取决于金属的化学成分及其温度。有色金属种类对弹性模量的影响很大，常温下其 E 值波动在 $39 \sim 550$GPa 范围内，而钢的 E 值为 $201 \sim 220$GPa，钢种的影响很小。通常金属的弹性模量随温度升高而减小。例如，钢在 500℃ 时，E 值下降 20%，超过 $500 \sim 550$℃，碳钢失去弹性而进入塑性范围。

金属的塑性指金属在外力作用下产生永久变形而不破坏的性能。它可用相对伸长率 δ、断面收缩率 ϕ 和冲击韧性 α_k 来表示。δ、ϕ 和 α_k 值越大，表示金属的塑性越好。

根据常温下塑性的高低，钢可以分为三类：

（1）低塑性钢。$\delta < 15\%$，例如高碳钢、高速钢和一些高合金钢。

（2）中塑性钢。$\delta = 15\% \sim 25\%$，如中碳钢和一些合金结构钢。

（3）高塑性钢。$\delta > 25\%$，如低碳钢。

塑性加工时金属抵抗变形的能力，称为变形抗力。变形抗力与变形力数值相等方向相反。变形抗力和塑性是两个不同的概念，塑性反映金属变形的能力，变形抗力则反映金属变形的难易程度。金属的塑性好，变形抗力不一定就低，反之亦然。

通常用单向拉伸时的屈服极限 σ_s 作为反映金属变形抗力的指标，σ_s 越小，表示其变形抗力越小。有时金属无明显的屈服点，一般以塑性变形为 0.2% 时所对应的应力 $\sigma_{0.2}$ 来代替。有时也以强度极限 σ_b 代替高温状态下的 σ_s 值，因为这时 σ_b 和 σ_s 比较接近。

金属的塑性和变形抗力主要取决于金属的化学成分、组织状态、温度及其他变形条件。

温度影响总的趋势是，随温度升高，大多数金属及合金的塑性增加，变形抗力降低。这是因为温度升高，原子热运动加剧，原子间的结合力减弱，所以变形抗力降低。同时，可能增加新的滑移系，以及热变形过程中伴随回复再结晶软化过程，这些都提高了金属的塑性变形能力。但是，随温度的升高，金属的塑性并不是直线上升的。因为相态和晶粒边界同时也发生了变化，这种变化又对塑性产生了影响。

4.2 金属的加热缺陷

金属在加热过程中，炉子的温度和气氛必须调整得当，如果操作不当，会出现各种加热缺陷，如氧化、脱碳、过热、过烧等。这些缺陷影响金属的加热质量，重则造成废品，所以加热过程中应尽力避免。

4.2.1 钢的氧化

钢在高温炉内加热时，由于炉气中含有大量 O_2、CO_2、H_2O，钢的表面层要发生氧化。而且从钢锭到成品材往往加工多次，每加热一次，有 0.5%~3% 的钢由于氧化而烧损。所以，整个热加工过程中，烧损量高达 4%~5%。

氧化不仅造成钢的直接损失，而且氧化后产生的氧化铁皮堆积在炉底上，特别是实炉底部分，不仅使耐火材料受到侵蚀，影响炉体寿命，而且清除这些氧化铁皮是一项很繁重的劳动，严重的时候加热炉会被迫停产。

氧化铁皮还会影响钢的质量，它在轧制过程中压在钢的表面上，就会使表面产生麻点，损害表面质量。如果氧化层过深，会使钢锭的皮下气泡暴露，轧后造成废品。为了清除氧化铁皮，在加工的过程中，不得不增加必要的工序。

氧化铁皮的导热系数比纯金属低，所以钢表面上覆盖了氧化铁皮，又恶化了传热条件，降低了炉子生产率，增加了能源的消耗。

4.2.1.1 氧化铁皮的生成

钢在常温下也会氧化生锈，在干燥的条件下，这一氧化过程是很缓慢的；到了 200~300℃，表面会生成氧化膜，但如果湿度不大，这时氧化还是比较慢的；温度继续升高，氧化的速度也随之加快，到了 1000℃ 以上，氧化过程开始激烈进行；当温度超过 1300℃ 以后，氧化铁皮开始熔化，氧化进行得更加剧烈；如果以 900℃ 时烧损量作为 1，则 1000℃ 时为 2，1100℃ 时为 3.5，1300℃ 时为 7。

氧化过程是炉气中的氧化性气体（O_2、CO_2、H_2O、SO_2）和钢表面层的铁进行化学反应的过程。根据氧化程度的不同，生成几种不同的铁的氧化物——FeO、Fe_3O_4、Fe_2O_3。

铁氧化的反应式如下：

O_2：

$$\left.\begin{array}{l} Fe + \dfrac{1}{2}O_2 \!=\!\!=\! FeO \\[2mm] 3FeO + \dfrac{1}{2}O_2 \!=\!\!=\! Fe_3O_4 \\[2mm] 2\,Fe_3O_4 + \dfrac{1}{2}O_2 \!=\!\!=\! 3\,Fe_2O_3 \end{array}\right\} \tag{4-7}$$

CO_2：

$$\left.\begin{array}{l} Fe + CO_2 \!=\!\!=\! FeO + CO \\[1mm] 3Fe + 4\,CO_2 \!=\!\!=\! Fe_3O_4 + 4CO \\[1mm] 2FeO + CO_2 \!=\!\!=\! Fe_2O_3 + CO \end{array}\right\} \tag{4-8}$$

H_2O：

$$\left.\begin{array}{l} Fe + H_2O \!=\!\!=\! FeO + H_2 \\[1mm] 3Fe + 4H_2O \!=\!\!=\! Fe_3O_4 + 4H_2 \\[1mm] 3FeO + H_2O \!=\!\!=\! Fe_3O_4 + H_2 \end{array}\right\} \tag{4-9}$$

SO_2：

$$3Fe + SO_2 \!=\!\!=\! FeS + 2FeO \tag{4-10}$$

氧化铁皮的形成过程也是氧和铁两种元素的扩散过程，氧由表面向铁的内部扩散，而铁则向外部扩散。外层氧的浓度大，铁的浓度小，生成铁的高价氧化物；内层铁的浓度大，而氧的浓度小，生成铁的低价氧化物。所以氧化铁皮的结构实际上是分层的，最靠近铁层的是 FeO，依次向外是 Fe_3O_4 和 Fe_2O_3。各层大致的比例是 FeO 占 40%，Fe_3O_4 占 50%，Fe_2O_3 占 10%。这样的氧化铁皮其熔点在 1300 ~ 1350℃（纯物质的熔点：FeO 为 1377℃，Fe_3O_4 为 1538℃，Fe_2O_3 为 1565℃）。

氧化烧损层的厚度有以下关系：

$$s = \frac{a}{\rho g_{Fe}} \tag{4-11}$$

式中　　s ——氧化铁皮的厚度，m；

　　　　a ——钢的表面烧损量，kg/m^2；

　　　　ρ ——氧化铁皮的密度，$\rho = 3900 \sim 4000 kg/m^3$；

　　　　g_{Fe} ——氧化铁皮中铁的平均含量，波动在 0.715 ~ 0.765。

4.2.1.2　影响氧化的因素

A　加热温度的影响

图 4-5 是加热温度对碳钢烧损的影响。由图 4-5 可见，在 850 ~ 900℃以下，铁的氧化速度很小，1000℃以上则急剧上升。因为随着温度的升高，各成分的扩散加快，超过 1300℃以后，表面的氧化铁皮熔化，扩散的阻力减小，氧化速度大大增加。在 600 ~ 1200℃的范围内，碳钢氧化烧损量与温度及时间的函数关系，有如下的经验式：

$$a = 6.3\sqrt{\tau}\,e^{-\frac{900}{T}} \tag{4-12}$$

式中　　τ ——加热时间，min；

T——钢的表面温度，K。

B 加热时间的影响

在同样条件下，加热时间越长，钢的氧化烧损量越多，由式（4-12）可以说明。图4-6 是碳钢（$w(C)=0.3\%$）在不同加热温度下，烧损量与时间的关系。开始时氧化铁皮随时间的增长比较快，而后逐渐减缓，这是因为开始形成氧化铁皮后，阻碍扩散。但是氧化铁皮并不是很致密的，不能完全防止继续氧化。所以还是应当尽可能缩短加热时间。例如提高炉温可能会使氧化增加，但如果能实现快速加热，反而可能使烧损由于加热时间的缩短而减少。又如钢的相对表面越大，烧损也越大，但如果由于受热面积增大而使加热时间缩短，也可能使氧化铁皮减少。

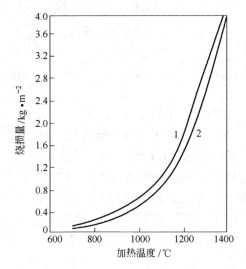

图4-5　加热温度对碳钢烧损量的影响
1—重油、天然气、焦炉煤气；2—高炉煤气

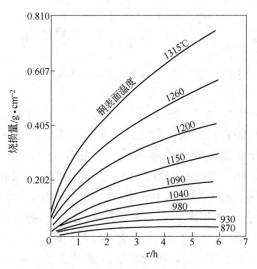

图4-6　氧化烧损量与时间的关系

C 炉气成分的影响

火焰炉的炉气成分决定于燃料成分、空气消耗系数、完全燃烧与否，炉气成分对氧化的影响很大。根据对金属氧化程度的影响，炉气可以分为：氧化性气氛、中性气氛、还原性气氛。

炉气中一般含有 O_2、CO_2、H_2O、SO_2 等氧化性气体，氧化性最强的是 SO_2，依次是 O_2、H_2O 和 CO_2。表4-2 是不同气体组成在 0.4h 内钢的烧损率。

表 4-2　气体成分与钢的烧损率

温度/℃	钢的烧损率/%		
	CO_2	H_2O	O_2
1090	1.62	4.78	4.85
1200	3.73	9.72	9.14
1260	4.9	12.39	11.17

自由氧是过剩空气带入的，应当在保证完全燃烧的前提下，尽量减少过剩空气量。CO_2 及 H_2O 在高温下对钢的氧化都很厉害，但这两组反应都是可逆的，增大 CO 及 H_2 的浓

度，可以使反应向左进行，即能防止钢的氧化。反应的方向也取决于气体的温度，这从图4-7 和图 4-8 中可以看到。

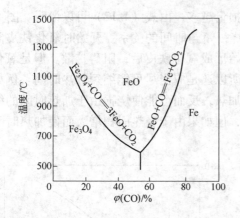

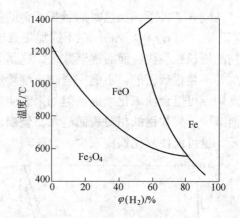

图 4-7   CO$_2$-CO-FeO-Fe（Fe$_3$O$_4$-FeO）平衡图   图 4-8   H$_2$O-H$_2$-FeO-Fe（Fe$_3$O$_4$-FeO）平衡图

但是，一般正常工作的炉子，炉内气氛都是氧化性的，不可能有大量 CO 及 H$_2$，即要控制它们的浓度来防止氧化是困难的。判断炉内气氛究竟是还原性还是氧化性，可以借助于平衡常数和平衡曲线。例如反应 Fe + CO$_2$ == FeO + CO，在 1000℃ 时，平衡常数 K_P = 2.48，即 $\varphi(CO)/\varphi(CO_2)$ = 2.48 时，氧化和还原作用处于动态平衡状态，这时钢既不氧化也不还原。当炉气中 $\varphi(CO)/\varphi(CO_2)$ < 2.48 时，为了趋向平衡达到 K_P = 2.48，CO$_2$ 将使 Fe 氧化成 FeO，使 CO$_2$ 浓度减小，使 CO 浓度增加，即反应向右进行，使钢发生氧化。当 $\varphi(CO)/\varphi(CO_2)$ > 2.48 时，反应向左进行，钢不会氧化。可见，是否发生氧化，取决于 CO 和 CO$_2$ 的相对含量，而不是它们的绝对值。

同样，对于 H$_2$O-H$_2$ 气氛，也要看平衡常数 K_P = $\varphi(H_2)/\varphi(H_2O)$ 的值。

平衡常数是随温度而变化的，图 4-9 是不同温度下的 $\varphi(CO_2)/\varphi(CO)$ 和 $\varphi(H_2O)/\varphi(H_2)$ 的反应平衡曲线（前者是实线，后者是虚线）。假设钢件在可控气氛的炉内加热，炉气成分为 5% CO$_2$、10% CO、12.5% H$_2$、2.5% H$_2$O，其余为 N$_2$。在 900℃ 时是否发生氧化？这时 $\varphi(H_2O)/\varphi(H_2)$ = 2.5/12.5 = 0.2，相当于图 4-9 中 AA′ 线，可以看到在 900℃ 时，是属于还原性气氛。同时 $\varphi(CO_2)/\varphi(CO)$ = 5/10 = 0.5，相当于图 4-9 中的 BB′ 线，在 900℃ 时，是氧化性气氛，但氧化轻微。由于 $\varphi(H_2O)/\varphi(H_2)$ 比值较小，H$_2$-H$_2$O 的还原作用超过了 CO$_2$-CO 的氧化作用，所以总的气氛表现还原性，不会发生钢的氧化。

图 4-9 $\dfrac{\varphi(CO_2)}{\varphi(CO)}$、$\dfrac{\varphi(H_2O)}{\varphi(H_2)}$ 与温度的关系

硫在炉气中主要以 SO$_2$ 存在，也有燃烧不完全的 H$_2$S 等。含硫炉气会加速金属的氧化，因为 SO$_2$ 与氧化铁能生成低熔点的 FeS（熔点只有 1190℃），使氧化铁皮更容易熔化，氧化过程加剧。尤其对于含镍的钢种，硫与镍形

成熔点只有 800℃ 的 NiS，造成十分有害的作用。所以从减少氧化的观点，也应尽可能降低燃料的含硫量。

D 钢的成分的影响

随着钢中含碳量的增加，钢的烧损率有所下降，可能是因为钢中的碳氧化，部分生成 CO，它阻碍了氧化性气体的作用。

但是，钢中成分的影响主要是对氧化铁皮构造的影响。合金元素如 Cr、Ni、Si、Al、Mn、V 等都能够提高钢的抗氧化性能。这些元素本身也能被氧化，而且比铁的氧化倾向还大，但它们在钢的表面生成一层非常薄而致密的氧化膜。这层合金成分氧化物构成的膜成了钢的保护膜，使钢的氧化速度大为降低，外部的氧化性介质不易透入。耐热钢能够抗高温下的氧化，就是利用了它们能生成致密而且机械强度很好不易脱落的氧化膜，例如铬钢、铬镍钢、铬硅铝钢等，在高温下都有很好的抗氧化性能。

4.2.1.3 减少氧化的措施

影响氧化的因素已如上述，其中成分是固定的因素，加热温度是根据加热工艺所要求的。这类因素对于氧化铁皮的生成属于不可调节的因素。因此，要减少氧化烧损量主要是从加热时间、炉内气氛控制两方面着眼。其措施有如下几种：

（1）快速加热。减少钢在高温区域的停留时间，是加热炉操作的原则，应当使加热炉的生产能力与轧机的能力相适应。钢坯在炉温较高的炉内快速加热，达到出炉温度后，马上出炉开轧，避免长时间停留炉内待轧。

（2）控制炉内气氛。在保证完全燃烧的前提下，控制适当的空气消耗系数，不使炉气中有大量过剩空气，降低炉气中自由氧的浓度。同时注意适时调节炉膛内压力，保持微正压操作，避免吸入大量冷空气，炉子应尽可能严密。

（3）使用保护气层。在炉子出料端烧嘴下面，用管子送入保护气体（如发生炉煤气、液体燃料的裂化产物等），使钢坯表面处于还原性气层的覆盖之下，还原性气体则在炉子的加热段烧掉。这种方法不能完全避免钢的氧化，而且恶化了传热条件，所以没有得到广泛的应用。

（4）采用保护涂料。在钢的表面涂上一层保护性涂料。如黏土、煤粉，把钢与炉气隔开减少氧化，但增加了热阻，对传热不利。国外试验采取以气态或液态随燃料向炉内加入有机硅化合物、有机铝化合物或有机硼化合物，它们热分解后生成的硅、铝、硼由于和氧的亲和力强，在金属表面形成稳定的氧化膜，能防止金属的氧化与脱碳。

（5）使钢料与氧化性气氛隔绝。这是在热处理炉上用得比较多的一种方法。一般是通过两种办法来实现：一是采用带有马弗罩的马弗炉，二是采用辐射管。

马弗炉是使被加热的钢料在金属或陶瓷制的马弗罩内加热，炉气在外面加热马弗罩，罩子再把热传给被加热物，罩内还可以通保护气体。马弗罩可以用石墨、碳化硅或耐热合金制成，形式有许多种，如图 4-10 所示。这种加热方式主要用于热处理炉上，小型的用于零件的热处理，大型的可用于带钢、薄板的退火。大型罩式退

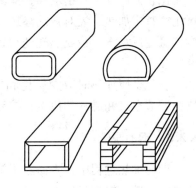

图 4-10 马弗罩的形式

火炉在冷轧厂很普遍。马弗炉的缺点是罩的高温强度低，结构笨重，热效率和炉膛空间利用率低。

辐射管式炉形式也很多，基本的特点是燃料不是在炉膛空间内燃烧，而是在金属的辐射管内燃烧，将辐射管加热到高温，然后依靠辐射管把热辐射给被加热的钢料。炉内也可以通保护性气体。这种加热方式因为钢完全不与火焰接触，能有效地防止氧化，但是设备比较复杂，热效率低。

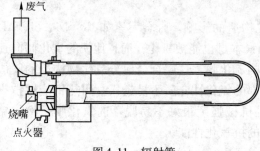

图4-11　辐射管

辐射管的形式有直型、套管型、U形（见图4-11）、W形等，有水平安装的，也有垂直安装的。辐射管的寿命最高可达2～3年，一般损坏原因是氧化烧损，以及管体在高温下的下垂变形和热应力变形。

（6）敞焰无氧化加热（又称为分级燃烧加热）。这种方法由于简单易行，目前还占有相当的地位。方法的实质是使高发热量燃料（如焦炉煤气、天然气、液体燃料等）在炉内分两阶段直接燃烧：第一阶段（加热段）燃料在空气不足的条件下燃烧（$n = 0.5 \sim 0.55$），在高温下将产生大量不完全燃烧产物（$\varphi(CO)$ 为12%～16%，$\varphi(H_2)$ 为15%～17%）。由于存在这样多的还原性气体，氧化作用显著下降。这些不完全燃烧产物与二次空气再进行第二阶段（预热段）的燃烧。这一阶段的燃烧在金属的低温区域，也可以在单独的燃烧室内进行。

由于燃料的不完全燃烧，必然降低燃烧温度。为了保证加热金属所必需的炉膛温度，采用这种方法时必须对燃烧用的空气实行预热。对轧锻前加热的炉子，理论燃烧温度必须达到1800～1900℃，才能保证炉气温度维持在1300～1400℃。在无氧化加热时，空气消耗系数只有0.5～0.55，要达到这一温度范围，烧冷焦炉煤气时，空气应预热到650℃。

4.2.2　有色金属的氧化

有色金属加热时表面的氧化程度与合金成分、锭坯尺寸、加热温度、加热时间及炉内气氛有关。例如白铜、锡青铜、低锌黄铜、铝青铜等合金在高温下极易氧化，且氧化膜不完整，应采用微还原性或中性气氛加热。高锌黄铜，含锰、镉的铜合金及镍合金加热生成的氧化膜薄而硬，致密度高，能减少进一步的氧化，可以采用微氧化气氛加热。无氧铜在氧化气氛中加热，氧对铜的渗透不仅产生表面氧化，而且产生晶间氧化，可以与铸造时吸附的氢生成水汽，造成热轧开裂，或者退火时出现起泡。因此，无氧铜应在还原或中性气氛中加热。

有色金属加热时减少氧化和控制炉内气氛的方法与钢加热时的措施类似，如快速加热，调节空气和燃料的比例，控制燃烧程度，控制炉压以及使用保护气氛等。

4.2.3　钢的脱碳

钢在加热过程中，表面除了被氧化烧损而外，还会造成表层内含碳量的减少，称为钢的脱碳。碳在钢中是以 Fe_3C 的形式存在，它是直接决定钢的机械性质的成分。例如高碳工具钢，就是依靠碳获得高的红硬性，如果表面脱碳后，钢的硬度将大为降低。

合金钢中除不锈钢外大多是高碳钢，除了电工硅钢要求脱碳以外，其他钢种的脱碳都被认为是钢的缺陷，特别是工具钢、滚珠轴承钢、弹簧钢都不希望发生脱碳现象。脱碳后最明显的是硬度下降，弹簧钢的抗疲劳强度将降低，要淬火的钢还容易出现裂纹。要清除钢的脱碳层，势必增加额外的工作量。防止钢的脱碳，也是钢在加热过程中的重要问题。

4.2.3.1 钢的脱碳过程

钢的脱碳过程是炉气内的 H_2O、CO_2、O_2、H_2 和钢中的 Fe_3C 反应的结果，这些反应式如下：

$$\left.\begin{array}{l} Fe_3C + H_2O === 3Fe + CO + H_2 \\ Fe_3C + CO_2 === 3Fe + 2CO \\ 2\,Fe_3C + O_2 === 6Fe + 2CO \\ Fe_3C + 2H_2 === 3Fe + CH_4 \end{array}\right\} \tag{4-13}$$

这些成分中 H_2O 的脱碳能力最强，其余依次是 CO_2、O_2，H_2 在一定条件下也能促使钢脱碳，如硅钢片在湿 H_2 气氛下脱碳。高温下钢的氧化与脱碳是相伴发生的，但氧化铁皮的生成，有助于抑制脱碳，使扩散趋于缓慢，当钢的表面生成致密的氧化铁皮时，可以阻碍脱碳的发展。

4.2.3.2 影响脱碳的因素

（1）加热温度的影响。式（4-13）中所列的脱碳反应都是吸热反应，提高温度有利于促使反应向右进行，所以加热温度越高，脱碳程度越深。随着温度的升高，碳的扩散速度增加，脱碳层厚度也增大。但某些钢种随着温度的提高，钢的氧化速度增大。低温下脱碳速度大于氧化速度，到了某一温度，氧化速度将大于脱碳速度。例如硅弹簧钢（60Si2Mn）在 1100℃ 以前，脱碳层厚度随温度升高而很快增加，但超过这一温度后，脱碳层厚度随温度继续升高又显着减少。换言之，在 1100℃ 附近，脱碳层厚度有一个峰值。对于这些钢种，为了减少加热过程中的脱碳，在选择加热温度时，应避开脱碳峰值的温度范围。

（2）加热时间的影响。在低温条件下，即使钢在炉内时间较长，脱碳并不显著，但高温下停留的时间越长，则脱碳层越厚。一些易脱碳钢不允许长时间在高温下保温待轧，遇有故障停轧不能出钢，如时间过长应把炉内钢坯退出炉外。

（3）钢中成分的影响。钢中含碳量越高，钢的脱碳越容易。合金元素对脱碳的影响不一，铝、钴、钨这些元素能促使脱碳，铬、锰、硼则减少钢的脱碳，镍、硅、钒对脱碳没有什么影响。易脱碳的钢种主要有碳素工具钢、模具钢、硅弹簧钢、滚珠轴承钢、高速钢等。

（4）炉气成分的影响。炉气成分中的 H_2O、CO_2、O_2 都能引起脱碳。一般情况下，火焰炉内的炉气对易脱碳钢来说都是饱和性脱碳气氛，即使在敞焰无氧化加热炉中，仍不能避免钢表面的脱碳。实践表明，最小的脱碳层不是在还原气氛时，而是在氧化气氛下得到的，但钢在氧化气氛下加热的烧损大。

4.2.3.3 减少钢脱碳的措施

前述减少钢的氧化的措施基本适用于减少脱碳。例如进行快速加热，缩短钢在高温区域停留的时间；正确选择加热温度，避开易脱碳钢的脱碳峰值范围；适当调节和控制炉内气氛，对易脱碳钢使炉内保持氧化气氛，使氧化速度大于脱碳速度等。例如易脱碳钢的加热最好采用步进式炉，因为它可以控制钢坯在高温区的停留时间，一旦轧机故障停轧，可以把炉内全部钢坯及时退出。还可以在连续加热炉的加热段和预热段之间加闸板或中间烟道，当加热易脱碳钢时，放下闸板，或提起中间烟道闸板，这样就降低了预热段的温度，钢在低温区的时间长，在高温区快速加热，从而减少脱碳。

4.2.4　钢的过热

如果钢的加热温度超过了临界温度 A_{c3}，钢的晶粒就开始长大，晶粒粗化是过热的主要特征。加热温度越高，加热时间越长，这种晶粒长大的现象越显著。晶粒过分长大，钢的力学性能下降，加工时容易产生裂纹。特别在钢锭的棱角部分或零件的边缘部分，轧锻时会开裂。在热处理时，过热往往使淬火零件内应力增大，产生变形或裂纹。

加热温度与加热时间对晶粒的长大有决定性的影响，在轧锻作业和热处理的加热过程中，应掌握好加热温度，以及钢在高温区域停留的时间。

合金元素大多数是可以减小晶粒长大趋势的，只有碳、磷、锰会促进晶粒的长大。故一般合金钢的过热敏感性比碳素钢低，即合金元素起了细化晶粒的作用。

已经过热的钢可以通过退火处理恢复钢的力学性能，即使钢缓慢加热到略高于 A_{c3} 的温度，再慢慢冷却下来，使组织再结晶。这样的钢可以重新加热进行压力加工。但严重过热的钢，晶粒太大，已不能通过再结晶使晶粒细化，就难以用退火的办法恢复。

4.2.5　钢的过烧

当钢加热到比过热更高的温度时，不仅钢的晶粒长大，晶粒周围的薄膜开始熔化，氧进入了晶粒之间的间隙，使金属发生氧化，又促进了它的熔化。导致晶粒间彼此结合力大为降低，塑性变坏，这样钢在进行压力加工过程中就会裂开，这种现象就是过烧。过烧的钢用退火的方法无法挽救，只有回炉重新熔炼。

过烧不仅取决于加热温度，也和炉内气氛有关。炉气的氧化能力越强，越容易发生过烧现象，因为氧化性气体扩散到金属中去，更易使晶粒间界氧化或局部熔化。在还原性气氛下，也可能发生过烧，但开始过烧的温度比氧化性气氛时要高 $60 \sim 70 \text{℃}$。钢中含碳量越高，产生过烧危险的温度越低。

与过热相同，发生过烧往往也是在高温区域停留时间过长，例如在轧机发生故障、换辊的时候，遇到这类情况要及时采取措施，设法降低炉温并减少进入炉内的空气量。

4.3　金属的加热温度和加热速度

4.3.1　金属的加热温度

金属的加热温度指金属加热完毕出炉时的表面温度。对金属热处理而言，加热是为了改善金属内部的结晶组织，加热温度主要根据热处理工艺要求来决定。而金属的轧制、锻压前的加热，是为了获得良好的塑性和较小的变形抗力，加热温度主要根据热加工工艺要求，由金属的塑性和变形抗力等性质来确定。不同的热加工方法，其加热温度也不一样，例如热轧的加热温度一般比锻压的高，热挤压温度比较低。最合适的加热温度，应使金属获得最好的塑性和最小的变形抗力，因为这样有利于热加工，提高产量，减少设备磨损和动力消耗。

金属的加热温度，一般来说需要参考金属的状态相图、塑性图及变形抗力图等资料综合确定。碳钢和低合金钢加热温度的选择主要是借助于铁碳平衡相图。

对于碳素钢和低合金钢，图 4-12 给出了锻造、热处理加热的温度界限，轧制的温度可比锻造稍高。

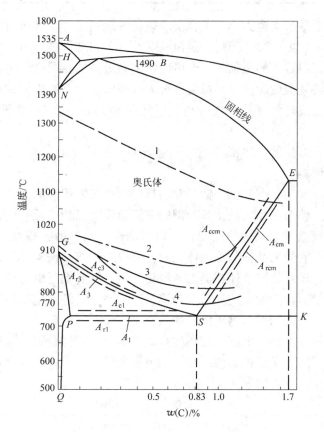

图 4-12 Fe-C 合金状态图（其中指出了加热温度界限）

1—锻造的加热温度极限；2—常化的加热温度极限；

3—淬火时的温度极限；4—退火的温度极限

确定轧制的加热温度要依据固相线，因为过烧现象和金属的开始熔化有关。钢内如果有偏析、非金属夹杂，都会促使熔点降低。因此，加热的最高温度应比固相线低 100 ~ 150℃。表 4-3 是碳素钢的最高加热温度和理论过烧温度。优质碳素结构钢，在选择其加热温度时，除参考铁碳平衡图外，还应考虑钢材表面脱碳问题，为了使脱碳层在规定标准以下，应适当降低钢锭加热温度。

钢的加热温度不能太低，必须保证钢在压力加工的末期仍能保持一定的温度（即终轧温度）。由于奥氏体组织的钢塑性最好，如果在单相奥氏体区域内加工，这时金属的变形

表4-3　碳素钢的最高加热温度和理论过烧温度

含碳量/%	最高加热温度/℃	理论过烧温度/℃
0.1	1350	1490
0.2	1320	1470
0.5	1250	1350
0.7	1180	1280
0.9	1120	1220
1.1	1080	1180
1.5	1050	1140

抗力小，而且加工后的残余应力小，不会出现裂纹等缺陷。这个区域对于碳素钢来说，就是在铁碳平衡图的 A_{c3} 以上 $30 \sim 50℃$，固相线以下 $100 \sim 150℃$ 的地方。根据终轧温度再考虑到钢在出炉和加工过程中的热损失，便可确定钢的最低加热温度。终轧温度对钢的组织和性能影响很大，终轧温度越高，晶粒集聚长大的倾向越大，奥氏体的晶粒越粗大，钢的力学性能越低。所以终轧温度也不能太高，最好在 $850℃$ 左右，不要超过 $900℃$，也不要低于 $700℃$。

　　合金元素的加入对钢的加热温度也有一定影响，一是合金元素对奥氏体区域的影响，二是生成碳化物的影响。

　　某些合金元素，如镍、铜、钴、锰，它们具有与奥氏体相同的面心立方晶格，都可无限量溶于奥氏体中，使奥氏体区域扩大，钢的终轧温度可以相应低一些，同时因为提高了固相线，开轧的温度（即最高加热温度）可以适当高一点。另一些合金元素，如钨、钼、铬、钒、钛、硅等，它们的晶格与铁素体相同，可以无限溶于铁素体中，它们的加入缩小了奥氏体区域。要保证终轧温度还在奥氏体单相区内，就要提高钢的最低加热温度。

　　另外，一些高熔点合金元素的加入，如钨、钼、铬、钒等与钢中的碳生成碳化物，碳化物的熔点很高，可以适当提高这类钢的加热温度。

　　低合金钢的加热温度主要依据含碳量的高低来确定。高合金钢的加热温度不仅要参照相图，还要根据塑性图、变形抗力曲线和金相组织来确定。一些低合金钢与常见高合金钢的加热温度分别列于表4-4和表4-5。

表4-4　低合金钢的加热温度

钢　种	加热温度/℃	钢　种	加热温度/℃
20Mn	1220 ~ 1250	20SiMnVB	1190 ~ 1220
30Mn	1180 ~ 1210	40MnSiNb	1170 ~ 1190
20Cr	1220 ~ 1250	40Mn2MoV	1160 ~ 1190
40Cr	1160 ~ 1190	30CrMnSiA	1170 ~ 1200
40SiMnCrMoV	1170 ~ 1200	12CrMo	1200 ~ 1240
35CrMn	1180 ~ 1210	12CrMoV	1200 ~ 1230

表4-5　高合金钢的加热温度

钢　种	加热温度/℃	钢　种	加热温度/℃
T7-T10, T8Mn	1130 ~ 1180	2 ~ 4Cr13, 4Cr10Si2Mo	1180 ~ 1220
T11-T13	1130 ~ 1170	D31, D41	1000 ~ 1050

钢　　　种	加热温度/℃	钢　　　种	加热温度/℃
60Si2Mn	1170~1190	70Si3Mn	1130~1180
GCr15，GCr15Mn	1180~1220	7~8Cr2，4~6CrW2Si	1130~1180
0Cr13.0~2Cr18Ni9，0~2Cr18Ni9Ti	1180~1220	W9Cr4V W12Cr4V4Mo	1130~1180
4Cr9Si2，Cr11MoV，Cr5Mo，1Cr13	1180~1220		

轧制工艺对加热温度也有一定要求。轧制的道次越多，中间的温度降落越大，加热温度应稍高。当钢的断面尺寸较大时，轧机咬入比较困难，轧制的道次必然多，所以对断面较大或咬入困难的钢锭或钢坯，加热温度要相应高一些。加工方法不同，加热温度也不一样。迭轧热轧薄板，加热温度不能太高，否则在轧制过程中容易出现粘连现象，多数薄板虽然是低碳钢，但加热温度一般不能超过950℃，厚板坯可适当高一点。又如硅钢片板坯，因为要求板坯在加热过程中脱碳，以增加钢的韧性，所以有意识地适当提高其加热温度，可达1100℃左右。无缝管坯在穿孔时，温度会有所升高，所以钢坯加热温度要低一些，否则如已经加热到接近过热的温度，穿孔时就会造成破裂。

对于热加工的有色金属，它们的加热温度应根据金属的状态图、塑性图及变形抗力曲线来综合确定。

合金状态图是选择加热温度的重要依据。以部分二元合金状态图（见图4-13）为例，固相线（$T_熔$）决定了加热温度的上限，为了防止金属过热和过烧，上限温度比熔点$T_熔$低100~200℃，即相当于合金熔点的0.85~0.9。加热温度的下限由终轧温度所决定。对于完全固溶状态的合金，随温度降低不会出现固态相变，终轧温度一般相当于合金熔点的0.6~0.7，这样可以保证热加工所要求的塑性和变形抗力。对于热加工随温降出现固态相变的合金，如图中Ⅰ-Ⅰ线所示的情况，终轧温度一般高于相变点50~75℃，即处于图中单相区的阴影线上，以

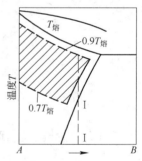

图4-13　二元合金状态图

防止热加工过程中发生相变。因为相变会导致严重的不均匀变形和显著的内应力，降低了合金的加工性能。但也有例外，某些合金处于单相区脆而硬，塑性较差，而在两相区塑性较好，此时加热温度定在两相区为好。由此可以看出，合金状态图只能给出大概的温度范围，是否合适，还必须同时参考金属的塑性图。

塑性图是确定有色金属加热温度的主要依据。它给出了金属塑性最高的温度范围，加热温度的上限应取在塑性最高的区域附近。如图4-14所示，铝合金LY12在390~430℃范围内具有最好的塑性，铝合金LC4在370~410℃范围内塑性较好；而锡青铜QSn6.5~0.4具有明显的高温脆性区，难以进行热轧。

根据状态图和塑性图确定加热温度范围后，还要用变形抗力图（变形抗力随温度的变化曲线）来校正，以保证整个热加工过程在金属变形抗力最小的区间内完成。图4-15表示了各种有色金属的强度极限随温度的变化曲线。

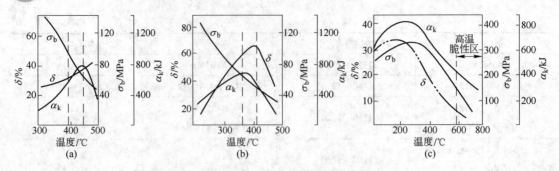

图 4-14　有色金属塑性图

(a) LY12；(b) LC4；(c) QSn6.5 ~ 0.4

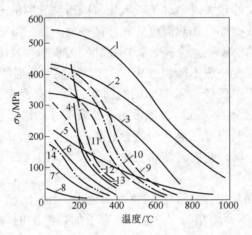

图 4-15　有色金属变形抗力图

1—铜镍合金；2—镍；3—磷青铜 QSn7 ~ 0.4；4—LY11；5—铜；
6—锰铜；7—锌；8—铅；9—H68；10—H62；11—H59；
12—LY12；13—MB5；14—铝

各种有色金属热轧前的加热温度列于表 4-6。

表 4-6　有色金属热轧加热温度范围

金属种类	加热温度范围/℃	金属种类	加热温度范围/℃
L4	350 ~ 450	H80、HNi65-5	820 ~ 850
LF2	480 ~ 510	H70、H68	820 ~ 840
LF3	470 ~ 500	H62	800 ~ 820
LF5	450 ~ 480	H59、HPb59-1	740 ~ 770
LF6	430 ~ 470	QA15、QA17	840 ~ 860
LF21	440 ~ 480	QBe2、QBe2.5	780 ~ 800
LY11、LY12、LY16	390 ~ 430	B19、B30、BFe30-1-1	1000 ~ 1030
LD2	410 ~ 500	BZn15-20	950 ~ 970
LC4	370 ~ 410	N6-8、Ny1-3	1150 ~ 1250
T2-4、TUP	800 ~ 860	NCu28-2.5-1.5	1100 ~ 1200
H96、H90、HSn90-1	850 ~ 870	Zn1、Zn2	160 ~ 180

4.3.2　金属的加热速度

金属的加热速度是指在单位时间内金属表面温度升高的度数，单位为℃/h 或℃/min。有时也用单位时间内加热钢坯的厚度，单位为 mm/min；或单位厚度的金属加热所需要的时间（单位为 min/mm）来表示加热速度。

从生产率的角度，希望加热速度越快越好，而且加热的时间短，金属的氧化烧损也减少。但是提高加热速度受到一些因素的限制，除了炉子供热条件的限制外，特别要考虑金属内外允许温度差的问题。下面以钢为例进行说明。

钢在加热过程中，由于金属本身的热阻，不可避免地存在内外的温度差，表面温度总比中心温度升高得快，这时表面的膨胀要大于中心的膨胀。这样表面受压力而中心受张力，于是在钢的内部产生了温度应力，或称热应力。热应力的大小取决于温度梯度的大小，加热速度越快，内外温差越大，温度梯度越大，热应力就越大。如果这种应力超过了钢的破裂强度极限，钢的内部就要产生裂纹，所以加热速度要限制在应力所允许的范围之内。

但是，钢中的应力只是在一定温度范围内才是危险的。多数钢在 550℃ 以下处于弹性状态，塑性比较低。这时如果加热速度太快，温度应力超过了钢的强度极限，就会出现裂纹。温度超过了这个温度范围，钢就进入了塑性状态，对低碳钢可能更低的温度就进入塑性范围。这时即使产生较大的温度差，由于塑性变形而使应力消失，也不致造成裂纹或折断。因此，温度应力对加热速度的限制，主要是在低温（500℃ 以下）范围。

除了加热时内外温度差所造成的热应力之外，浇铸的钢锭在冷凝过程中，由于表面冷却得快，中心冷却得慢，也要产生应力，称为残余应力。其次，金属的相变常常伴有体积的变化，如钢在淬火时，奥氏体转变为马氏体，体积膨胀，也会造成不同部位间的内应力，称为组织应力。这些内应力如果很大，也会使金属产生裂纹或断裂。实践表明，单纯的温度应力，往往还不致引起金属的破坏。大部分破坏是由于钢锭在冷凝过程中产生了残余应力，而后加热时又产生了温度应力，这种温度应力的方向与残余应力的方向一致，增大了钢锭的内应力，增加了应力的危险性。所以不能笼统地认为轧制时出现的裂纹缺陷都是由于加热过程中温度应力所造成的。对大多数钢种来说，打破了过去单纯依照弹性变形理论来计算允许温度应力的约束，一些低碳钢的大钢锭也可以快速加热，只有某些高合金钢由于脆性的影响，需要通过试验确定适当的加热速度。因为这些钢种的导热性比较差，而导热系数是随碳与合金元素含量的增加而下降的，同时这类钢在低温的塑性都比较差，因而，把冷的合金钢锭直接装入温度很高的炉膛，进行快速加热时，更可能产生危险的后果。

其次，钢锭断面的大小也是应考虑的因素，钢锭断面大的往往残余应力也大。钢坯的情况与钢锭不同，钢坯的断面比钢锭小，通过开坯以后，钢的组织发生了变化，晶粒得到细化，强度增大，非金属夹杂物的分布比较均匀，导热性显著提高。所以钢坯的加热速度可以比钢锭快得多。

加热热锭时，由于不存在残余应力，而且也进入塑性状态，所以加热速度不受限制。因此进入均热炉加热的大钢锭最好是实行热装，即脱模后不待完全冷却就装炉。这样不仅可以节约燃料，而且钢锭内不存在残余应力，可以快速加热。对加热速度敏感的高碳钢和合金钢，其冷锭入炉时必须十分小心，一些均热炉在加热这类钢锭之前，先在另一座炉内预热到 700～800℃，然后再转入高温的均热炉炉坑内。

4.4　金属的加热制度和加热时间

4.4.1　金属的加热制度

正确选择金属的加热工艺，不仅要考虑金属的加热温度是否达到了出炉的要求，还应考虑断面上的温度差，即温度的均匀性。

金属的加热制度和金属种类、钢锭或钢坯的尺寸大小、温度状态以及炉子的结构和物料在炉内的布置等因素有关。

钢在压力加工前和热处理时的加热制度，按炉内温度的变化，可以分为一段式加热制度、二段式加热制度、三段式加热制度和多段式加热制度。

4.4.1.1　一段式加热制度

一段式加热制度（也称一期加热制度）是把钢料放在炉温基本上不变的炉内加热。在整个加热过程中，炉温大体保持一定，而钢的表面和中心温度逐渐上升，达到所要求的温度。加热不分阶段，故称为一段式（或一期）加热制度。这种加热制度的温度与热流的变化如图 4-16 所示。

这种加热制度的特点是炉温和钢料表面的温差大，所以加热速度快，加热的时间短。这种温度制度下，不必分钢的应力阶段，没有预热期，也不需要进行均热的时间。由于整个加热过程炉温保持一定，炉子的结构和操作也比较简单。缺点是废气温度比较高，热的利用率较差。

这种加热制度适用于一些断面尺寸不大，导热性好，塑性好的钢料，如钢板、薄板坯、薄壁钢管的加热。或者是热装的钢料，不致产生危险的温度应力。

一段式加热制度的加热时间计算，可以采用非稳态导热第三类边界条件的解法。

4.4.1.2　二段式加热制度

二段式加热制度（也称二期加热制度）是使金属先后在两个不同的温度区域内加热，有时是由加热期和均热期组成（见图 4-17），有时是由预热期和加热期组成。

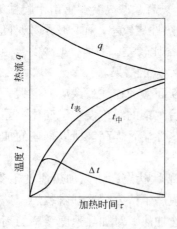

图 4-16　一段式加热制度

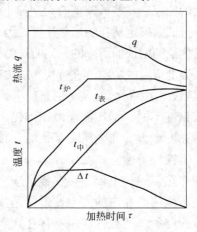

图 4-17　二段式加热制度

由加热期和均热期组成的二段式加热制度，是把金属锭直接装入高温炉膛进行加热，加热速度快。这时金属锭表面温度上升快，而中心温度上升得慢，金属断面上的温差大。为了使断面温度趋于均匀，需要经过均热期。在均热阶段，金属表面温度基本保持一定，而中心温度不断上升，使表面与中心的温度差逐渐缩小而趋于均匀。这种温度制度的特点是加热速度快，最后断面上温度差小，但出炉废气温度高，热的利用率低。通常冷装或低温热装的低碳钢钢锭及热装的合金钢锭，在均热炉或室状炉内加热，可以采用这种加热制度。此外，这种加热制度也适用于对管束、板迭或成批小件的加热。

由预热期和加热期所组成的二段式加热制度，特点是出炉废气温度低，金属的加热速度较慢，因为中心与表面的温差小，一些导热性差的钢适于先在预热段加热，温度应力小，待温度升高进入钢的塑性状态后，再到高温区域进行快速加热。这种加热制度由于没有均热期，最终不能保证断面上温度的均匀性，所以不宜用于加热断面大的钢坯。

二段式加热所需的总时间，可按加热期和均热期分别计算。加热期通常采用非稳态导热第三类边界条件的解，均热期可以采用第一类边界条件的第二种情况下的解，即开始时钢锭内部温度分布呈抛物线，在均热时表面温度不变。

4.4.1.3　三段式加热制度

三段式加热制度（也称三期加热制度）是把钢料放在三个温度条件不同的区段（或时期）内加热，依次是预热段、加热段、均热段（或称应力期、快速加热期、均热期），图4-18是这种加热制度的温度与热流变化曲线。

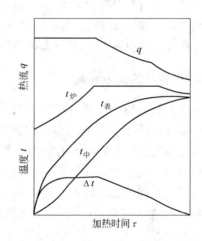

图4-18　三段式加热制度

这种加热制度是比较完善的加热制度，它综合了以上两种加热制度的优点。钢锭首先在低温区域进行预热，这时加热速度比较慢，温度应力小，不会造成危险。等到金属中心温度超过500℃以后，进入塑性范围，这时就可以快速加热，直到表面温度迅速升高到出炉所要求的温度。加热期结束时，金属断面上还有较大的温度差，需要进入均热期进行均热。此时钢的表面温度基本不再升高，而中心温度逐渐上升，缩小断面上的温度差。

三段式加热制度既考虑了加热初期温度应力的危险，又考虑了中期快速加热和最后温度的均匀性，兼顾了产量和质量两方面。在连续加热炉上采用这种加热制度时，由于有预热段，出炉废气温度较低，热能的利用较好，单位燃料消耗低。加热段可以强化供热，快速加热减少了氧化与脱碳，并保证炉子有较高的生产率。所以对于许多钢料的加热来说，这种加热制度是比较完善与合理的。

这种加热制度可用于加热各种尺寸冷装的碳素钢坯及合金钢坯，特别是高碳钢、高合金钢，在加热初期必须缓慢进行预热。

三段式加热制度的加热时间，要按各期分别进行计算。

以上所说的加热制度，无论一段、二段或三段式都是指温度与热流随时间的变化而言。但在连续式加热炉中，随时间变化的"段"的概念，恰好与连续式加热炉沿炉长分段的概念相吻合，两者有区别也有联系。为了区分这两个不同的概念，一些文献资料上对加热制度不称段，而称"期"，但习惯上连续式加热方式仍多沿用某段式加热制度的叫法。实际上，均热炉、锻造室状炉在炉长上没有段的划分，但加热制度仍可以采用两段或三段式。一些现代化的大型连续式加热炉，从炉型结构上尽管可以分成许多段，如预热段、第一上加热段、第二上加热段等，往往只是增加了加热段供热的地点，但从加热制度的观点上说，仍属于三段式加热制度。

4.4.1.4　多段式加热制度

多段式加热制度用在某些钢料的热处理工艺中，包括几个加热、均热（保温）、冷却期所组成。热处理过程中经常为了相变的需要，必须改变加热速度，或在过程中增加均热保温的时间，图 4-19 是多段式加热制度的例子。

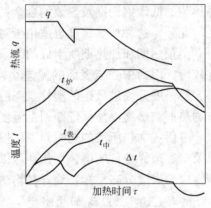

图 4-19　多段式加热制度

炉型结构和燃料分配要保证温度制度的实现。例如现代大型连续加热炉，生产能力很大，一个加热段已不能满足加热制度的需要，因此，炉型上发展为多点供热，这样就使加热段延长，供热强度增加，供热更加均匀。又如均热段供热，以前只是端部烧嘴供热，现在大型加热炉为了使均热段温度更加均匀，发展了炉顶平焰烧嘴。

4.4.2　金属的加热时间

金属的加热是非稳态传导传热，第三章所讨论的非稳态传导传热三种边界条件下的解，都可以用来解决金属加热时间的计算。这种经典的解法，至今不仅具有理论上的意义，在解决实际问题时也有价值。但是由于炉内传热条件变化相当大，温度场、黑度场并不都是均匀的，所以，计算还要和经验公式及实际资料结合起来。

计算金属的加热时间，首先要区别被加热物在一定加热条件下，属于"薄材"还是"厚材"。在第三章中已指出，区分薄材与厚材的界限不是只看物体的几何尺寸的厚薄，而是根据毕渥数（Bi）的大小，毕渥数小于 0.1 的材料，被视为薄材；毕渥数大于 0.1 的为厚材。已知毕渥数 $Bi = \dfrac{\alpha_{\Sigma} S}{\lambda}$，如果 Bi 的值大，意味着外部向表面的传热强，则表面与中心的温度差大，这时即使坯料的几何尺寸不大，也被视为厚材。反之，如 Bi 的值小，则表示内部的热传导快，此时表面与中心的温度差小，从传热的观点看，这种材料就属于薄材。所以 Bi 值的确定不仅与物体的几何尺寸（S 或 R）有关，还和物体的导热系数（λ）及外部换热条件（α_{Σ}）有关。因此，同样一个物体，当它在低温介质中慢慢加热（α_{Σ} 值小），可以当作薄材；而在高温介质中加热（α_{Σ} 很大时），又可当作厚材。厚与薄在这里不是一个几何概念，重要的是看表面与中心的温度差。

第三章按三类边界条件解出的结果及图表都是适用于厚材加热的。薄材的加热问题比较简单些，因为薄材断面上的温度差可以忽略不计，即导热系数 λ 可视为等于 ∞。

薄材加热计算这一课题是由斯塔尔克解决的。

反映薄材加热的微分方程式如下：

$$q_{\mathrm{gwm}} A \mathrm{d}\tau = MC\mathrm{d}t \qquad\qquad (\mathrm{a})$$

式中，等号左侧是在单位时间 $d\tau$ 内，物体从炉内得到的热量，右侧是物体得到热量后内部热焓的增加。M 是物体的质量，C 是平均热容量，dt 是温度的变化。式（a）可以变形为：

$$d\tau = \frac{MC}{Aq_{gwm}}dt \tag{b}$$

由于 $q_{gwm} = \alpha_\Sigma(t_{炉} - t)$，代入式（b）得

$$d\tau = \frac{MC}{A\alpha_\Sigma}\frac{dt}{(t_{炉} - t)} \tag{c}$$

设 C、α_Σ 不随时间和温度而变，对式（c）进行积分

$$\int_0^\tau d\tau = \frac{MC}{A\alpha_\Sigma}\int_{t'}^{t''}\frac{dt}{t_{炉} - t}$$

$$\tau = \frac{MC}{A\alpha_\Sigma}\ln\frac{t_{炉} - t'}{t_{炉} - t''} \tag{4-14}$$

式中，t' 和 t'' 为金属加热开始与终了的温度，℃。

金属的质量与受热面积之比，也可以写为

$$\frac{M}{A} = \frac{As\rho}{AK} = \frac{s\rho}{K}$$

式中　s ——透热深度，对于单面加热的平板等于厚度，对于双面加热的平板等于厚度的一半，对于长圆柱等于半径，m；

　　　　ρ ——金属的密度，kg/m^3；

　　　　K ——形状系数，对于平板 $K = 1$，对于圆柱 $K = 2$，球体 $K = 3$。

将上面公式代入式（4-14），得

$$\tau = \frac{s\rho C}{K\alpha_\Sigma}\ln\frac{t_{炉} - t'}{t_{炉} - t''} \tag{4-15}$$

式（4-15）一般称为斯塔尔克公式。这种忽略了物体内部温度梯度的加热（或冷却）过程称为牛顿加热（或冷却）。

式（4-14）和式（4-15）中的 α_Σ 是对流换热系数形式的综合换热系数，其数值可根据第三章所给有关公式计算。在近似计算中，可以采用以下经验公式：

钢坯在室状炉内加热

$$\alpha_\Sigma = 0.105\left(\frac{T_{炉}}{100}\right)^3 + (11.6 \sim 17.4) \tag{4-16}$$

有色金属合金在室状炉中加热

$$\alpha_\Sigma = 0.044\left(\frac{T_{炉}}{100}\right)^3 + (11.6 \sim 17.4) \tag{4-17}$$

钢在重油加热的连续加热炉内加热

$$\alpha_\Sigma = 58.2 + 0.52(t_{炉} - 700) \tag{4-18}$$

钢在煤气加热的连续加热炉内加热

$$\alpha_\Sigma = 58.2 + 0.35(t_{炉} - 700) \tag{4-19}$$

例4-1 厚 10mm 的板坯（45 钢）在炉温 1160℃的室状炉内单面加热，钢坯入炉温度 20℃，出炉温度 1100℃，求加热时间。已知钢的有关物理参数分别为 $C = 695J/(kg \cdot ℃)$，

$\rho = 7650\mathrm{kg/m^3}$，$\lambda = 33.7\mathrm{W/(m \cdot ℃)}$。

解　由式（4-16），求得综合换热系数

$$\alpha_{\Sigma} = 0.105\left(\frac{T_{炉}}{100}\right)^3 + 11.6 = 0.105\left(\frac{1160 + 273}{100}\right)^3 + 11.6 = 320.6 \quad [\mathrm{W/(m^2 \cdot ℃)}]$$

$$Bi = \frac{\alpha_{\Sigma}S}{\lambda} = \frac{320.6 \times 0.01}{33.7} = 0.095$$

$Bi < 0.1$，所以属于薄材的加热。

将有关各值代入式（4-15），得加热时间为

$$\tau = \frac{s\rho C}{K\alpha_{\Sigma}}\ln\frac{t_{炉} - t'}{t_{炉} - t''} = \frac{0.01 \times 7650 \times 695}{1 \times 320.6}\ln\frac{1160 - 20}{1160 - 1100}$$
$$= 488 \quad (\mathrm{s})$$

4.5　金属的冷却

金属在轧制或锻造以后，由热状态冷却下来，在冷却过程中由于表面冷却得快，也会产生热应力。冷却经过临界点时，由于组织中发生相变，体积变化，也可能引起组织应力。温度应力与组织应力超过金属的强度极限时，也会产生高倍或低倍组织裂纹，所以轧材和锻件的冷却有时也要注意。

一般低碳钢没有什么问题，冷却过程中产生裂纹的可能性很小。高碳钢和合金钢需要根据钢种和尺寸大小，决定冷却的方式。冷却方式分为空气中冷却（冷床上冷却或堆垛冷却）、缓冷坑冷却、炉内冷却等。表4-7是不同钢种的轧材、锻件钢坯的冷却方式。

表4-7　不同钢种的轧材、锻件钢坯的冷却方式

钢　种	不同断面（mm）钢材冷却方式				
	50 以下	51~100	101~150	151~200	200 以上
低碳钢及中碳钢	在空气中				
中碳钢、铬钢、镍钢：T7、T8、20Cr、30Cr	在空气中			堆垛冷却	
高碳钢及合金钢：T9、T10、40Cr、50Cr、35CrA、40CrMn、30CrMnSi、35CrMnSi	在空气中	堆垛冷却		缓冷坑	
合金钢：40CrMnMo、18Cr2Ni4MoA、18Cr-NiWA、35CrMo10V	堆垛	缓冷坑	有砂的缓冷坑	炉内冷却	
合金钢：35CrMoA、12CrNi2、40CrNi	堆垛	缓冷坑			有砂的缓冷坑
合金工具钢：5CrNiMo、5CrMnMo、30Cr-W8、6CrWSi	缓冷坑	有砂的缓冷坑	炉内冷却		
高速钢：W18Cr4V 等	在有砂的缓冷坑中冷却或等温退火			按特殊工艺规定	

冷却时间的计算与加热时间计算相同。对于薄材，按斯塔尔克公式（式4-15）计算；对于厚材，按非稳态导热的第三类边界条件的解计算。

4.6　连续铸钢过程的传热

从 20 世纪 50 年代，世界上出现了连续铸钢（简称连铸）技术，其发展极为迅速。连铸取代模铸是冶金工业的一次深刻的技术革命，它不仅实现了铸造生产的机械化与自动化，提高了生产效率，而且减少了能源的消耗和材料的浪费，使铸坯的冶金质量和产品性能得到很大的提高。由于它的高效和节能，其应用越来越普及，也很大部分取代了加热炉。不仅如此，新的连铸技术，如电磁连铸（电磁制动、电磁搅拌、电磁软接触等）在最近 10 多年里也得到了开发和应用。连铸机的核心部件是结晶器，建立在其传热数学模型基础上的计算，是结晶器设计所必需的。

4.6.1　钢液的一维凝固

钢液的凝固伴随着复杂的传热过程，为方便起见，一般都由一维凝固入手进行讨论，再加以一些特定的假设，使问题得到简化，这些假设条件有：

（1）钢液凝固温度是一个常数 t_L（避免由液相线温度到固相线温度区间的困难）；

（2）液态金属无过热度，且温度均匀；

（3）在已凝固的金属壳层内的传热，符合导热微分方程式（式 3-10）；

（4）钢液在凝固时，释放出凝固潜热 L_f（J/kg）；

（5）金属液量非常大，接近半无限。这符合凝固前期一段时间的实际情况。

无过热的钢液注入结晶器（水冷模），边界金属突然冷却到环境温度 t_0，传热模型如图 4-20 所示。

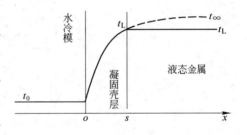

图 4-20　一维纯金属凝固传热模型

作为一维凝固，第一类边界条件，可以得到：

$$\left.\begin{array}{ll} \text{导热微分方程式：} & \dfrac{\partial t}{\partial \tau} = a\dfrac{\partial^2 t}{\partial x^2} \\[2mm] \text{开始条件：} & t = t_0,\ \tau = 0,\ x \le 0 \\[1mm] & t = t_L,\ \tau = 0,\ x > 0(\text{无过热}) \\[1mm] \text{边界条件：} & t = 0,\ x = 0(\text{模-钢界面}) \\[1mm] & t = t_L,\ x = s(\text{凝固前沿}) \end{array}\right\} \tag{4-20}$$

与一维传热相比，一维凝固传热要增加一个条件，在凝固前沿，单位时间内凝固的金属所释放的凝固潜热全部导入已凝固的壳层中散失（因液态金属温度恒为 t_L），即有：

$$\lambda\left.\frac{\partial t}{\partial x}\right|_{x=s} = \frac{\partial s}{\partial \tau}\rho L_f \tag{4-21}$$

通过拉普拉斯变换，得到无因次形式的解析解：

$$\frac{t - t_0}{t_\infty - t_0} = \mathrm{erf}\left(\frac{x}{2\sqrt{a\tau}}\right) \tag{4-22}$$

式中   erf——误差函数符号；

t_∞——由凝固前沿引起的常数，满足条件：

$$\frac{t_L - t_0}{t_\infty - t_0} = \text{erf}(\beta) \tag{4-23}$$

β 与凝固壳厚度 s 的关系为：

$$s = 2\beta \cdot \sqrt{a\tau} \tag{4-24}$$

这是著名的平方根凝固定律，工程上常用的形式是：

$$s = K\sqrt{\tau} \tag{4-25}$$

式中，K 为凝固系数，连铸坯的 K 值为 $30\text{mm}/\text{min}^{\frac{1}{2}}$。

4.6.2　结晶器中的传热

结晶器中的传热模型如图 4-21 所示。

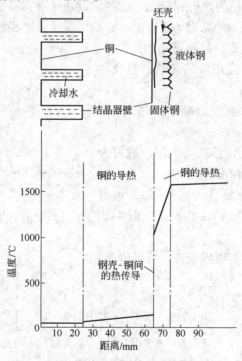

图 4-21　结晶器内的传热方式

结晶器壁中的热传导可以二维方程描述：

$$a\left(\frac{\partial^2 t}{\partial x^2} + \frac{\partial^2 t}{\partial z^2}\right) = \frac{\partial t}{\partial \tau} \tag{4-26}$$

式中 a——结晶器的导温系数；

$x,\ z$——结晶器厚度方向与长度方向空间坐标。

由于解析求解比较复杂，一般采用经验数据与经验式进行计算。

（1）坯壳与水（坯壳与结晶器无间隙时，接触热阻为零）的传热系数。

$$\frac{1}{K_1} \approx \frac{s}{\lambda_{铜}} \tag{4-27}$$

式中　s——结晶器壁的厚度，cm；

　　　$\lambda_{铜}$——铜壁的导热系数，W/(cm·℃)。

（2）钢水和水（坯壳与结晶器有间隙时）之间的传热系数。

$$\frac{1}{K_2} = \frac{1}{\alpha_{钢}} + \frac{s_{钢}}{\lambda_{钢}} + \frac{1}{\alpha_{壳}} + \frac{s}{\lambda_{铜}} + \frac{1}{\alpha_{水}} \tag{4-28}$$

式中　$\alpha_{钢}$，$\alpha_{壳}$，$\alpha_{水}$——分别为钢水与钢壳、坯壳与结晶器、结晶器与冷却水之间的
换热系数，W/(cm^2·℃)；

　　　$\dfrac{1}{\alpha}$——接触热阻；

　　　$\lambda_{钢}$——钢坯壳的导热系数，W/(cm·℃)；

　　　$s_{钢}$——钢坯壳的厚度，cm。

（3）冷却水与结晶器壁的对流换热系数。可采用迪图斯-玻尔特方程（式3-31）：

$$Nu = 0.23Re^{0.8}Pr^{0.4}$$

即

$$\frac{\alpha_1 D}{\lambda_{水}} = 0.23\left(\frac{\rho_{水} w_{水} D}{\mu_{水}}\right)^{0.8}\left(\frac{C_{水} \mu_{水}}{\lambda_{水}}\right)^{0.4} \tag{4-29}$$

式中　α_1——水与器壁的对流换热系数，W/(cm^2·℃)；

　　　D——结晶水套的当量直径，cm；

　　　$\lambda_{水}$——水的导热系数，W/(cm·℃)；

　　　$\rho_{水}$——水的密度，g/cm^3；

　　　$w_{水}$——水的流速，cm/s；

　　　$\mu_{水}$——水的黏度，g/(cm·s)；

　　　$C_{水}$——水的比热容，J/(g·℃)。

（4）钢液对坯壳的对流换热系数。

$$\alpha_2 = \frac{2}{3}\rho_{钢} C_{钢} w_{钢}\left(\frac{C_{钢} \mu_{钢}}{\lambda_{钢}}\right)^{-\frac{2}{3}}\left(\frac{Lw_{钢}}{\mu_{钢}}\right)^{-\frac{1}{2}} \tag{4-30}$$

式中　α_2——钢液对坯壳的对流换热系数，W/(cm^2·℃)；

　　　$\rho_{钢}$——钢液的密度，g/cm^3；

　　　$\mu_{钢}$——钢液的黏度，g/(cm·s)；

　　　$C_{钢}$——水的比热容，J/(g·℃)；

　　　L——传热处的结晶器高度，cm；

　　　$w_{钢}$——钢液的流速，cm/s。

4.6.3　结晶器的热流密度

　　结晶器的热流密度是结晶器的重要参数，据此可求出结晶器坯壳厚度。热流密度（kJ/m^2）的计算式如下：

$$q = \frac{M}{w} \cdot \frac{\Delta t}{x} \qquad (4\text{-}31)$$

式中　M ——结晶器冷却水量，L/min；

　　　　Δt ——结晶器进出水温差，℃；

　　　　w ——拉速，m/min；

　　　　x ——结晶器周边长，m。

沃尔夫（Wolf）统计了不同条件下的数据，得出结晶器平均热流密度与钢水在结晶器内停留时间 τ 的经验式：

方坯敞开浇注时： $\qquad q = 17800 \times 4.1868\tau^{0.5}$ $\qquad (4\text{-}32)$

方坯保护浇注时： $\qquad q = 13700 \times 4.1868\tau^{0.5}$ $\qquad (4\text{-}32a)$

结晶器坯壳厚度 δ 为： $\qquad \delta = 0.155q^{0.5}$ $\qquad (4\text{-}33)$

必须指出，热流密度值受工艺因素影响很大，连铸坯的拉速及钢水浇注速度等均直接影响热流密度。其次，铸坯对结晶器的热流量主要是通过铸坯与铜管热面间的气隙，以辐射与传导方式进行。在以上的热分析中，为了使问题简化，没有涉及气隙对传热系数的影响，其实气隙的热阻是很大的，所以在设计连铸机时，必须考虑气隙间隔的影响因素。由于结晶器的设计已非本书讨论的范畴，在此不再赘述。

4.6.4　结晶器数值模拟

结晶器是电磁连铸的核心部件，因此，结晶器本身及其内钢液流动与传热耦合数值模拟受到国内外的重视。这里以漏斗形电磁连铸薄板坯结晶器为例，简要介绍其流动与传热的数值模拟过程。

图 4-22 是一电磁连铸薄板坯结晶器示意图。中间做成漏斗形是为了钢液经水口进入结晶器时有个缓冲的空间。在结晶器的宽面方向布置有电磁设备，以便通过电磁力控制钢液的流动行为。

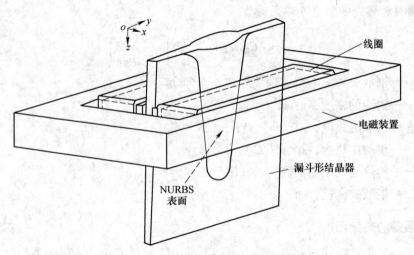

图 4-22　漏斗形电磁连铸薄板坯结晶器

　　数值模拟必须全面考虑电磁场、非等温流场和温度场，以及结晶器内的宏观凝固。由于模拟对象的复杂性，可以用商业软件 Fluent 完成。求解的控制方程包括麦克斯韦方程、质量守恒方程、动量守恒方程（加湍流模型）、能量方程，以及凝固判断。控制方程加上适当的定解条件，采用有限容积法进行求解。

　　数值模拟不仅可以根据给定条件详细了解结晶器内流场和温度场分布，以及初始凝固壳的状况，还可以分析各种结构参数和操作参数对结晶器内流动、传热、凝固的影响，进而分析各种参数对工艺过程的影响，从而优化操作和设计。

5 加热炉的生产率和热效率

对加热炉的基本要求是：产品的质量和产量首先要满足要求；燃料或其他能源的消耗要低；建炉投资和运行费用要低；使用寿命长；操作人员的生产条件要好；污染物的排放量要符合环保的要求。一座运行良好的加热炉应尽可能同时满足上述各项要求。

为保证产品的质量，要准确地控制炉内的温度和气氛，选择合适的筑炉材料。加热炉的生产能力必须与生产过程所要求的产量相适应。为了节约燃料，在加热炉的设计和操作中，必须重视热量在炉膛内的充分利用，并要充分回收余热。为了降低建炉的投资和运行的费用，应提高加热炉单位容积（或炉底面积）的生产能力，简化加热炉结构。要使加热炉的工作达到"优质、高产、低消耗、少污染"的基本目标，除了掌握正确的工艺操作之外，还必须要有合理的炉体结构予以保证。

从能源角度看，金属压延行业使用的加热炉是国民经济中的耗能大户。因此，如何提高加热炉热效率，合理使用一次能源，充分而有效地回收并利用二次能源，在当今节能减排形势下，更显出其必要性。在加热炉的设计中，所有降低能耗的有效措施，都应力图采用。

加热炉的结构（几何形状、尺寸、筑炉材料的种类等）和热工操作（燃料量及其分配、空气量及其分配、闸门的开启度等）的变动，会影响炉内的热工过程（包括传热、燃烧及气体运动等）。而热工过程的变动又会影响加热炉的生产指标（产品质量、单位生产率、单位热耗、工业炉使用寿命、污染物的排放量等）。人们的目的是提高生产指标，但人们所能直接规定或操纵的因素，既不是热工过程参数，也不是生产指标，而是结构和操作参数。因此，加热炉的结构和操作之间，必须相互适应，各热工过程之间也必须相互配合。同时，各生产指标之间也要相互关联。

5.1 加热炉的生产率

5.1.1 炉子的生产率

单位时间内所加热出来的温度达到规定要求的金属锭或金属坯的产量称为炉子生产率，生产率有很多表示方法，如 t/h、t/d、kg/h，一般最常用的是小时产量，即 t/h。

要比较不同炉子的生产率，则采用单位生产率；对于连续加热炉和大多数室状炉，单位生产率指每平方米炉底布料面积上每小时的产量，单位是 $kg/(m^2 \cdot h)$。加热炉的单位生产率（P）也称炉底强度，或钢压炉底强度；它是炉子最重要的生产指标之一。

$$P = \frac{1000G}{A} \tag{5-1}$$

式中 G——炉子的小时产量，t/h；

A——炉底布料面积，m^2，例如对于连续加热炉有下列关系：

$$A = n \cdot l \cdot L \tag{5-2}$$

n——连续加热炉内钢坯的排数；

l——料坯的长度，m；

L——炉子的有效长度，m。

表 5-1 是一些钢加热炉炉底强度的数据。

加热炉是服务于轧机的，只有当轧机需要时，锭或坯才能出炉，如果轧机发生故障停轧或待轧，炉内即使加热好了的金属也不能出炉。所以每小时或每班的产量，实际上只是轧机的产量，而不是炉子真正最大的生产能力。一般炉子的设计产量总要稍大于轧机的产量，避免经常出现不能及时供给热坯的待热现象。

表 5-1 炉底强度的参考数据

轧机类别	炉型	尺寸条件/mm	炉底强度/kg·$(m^2 \cdot h)^{-1}$
小型及线材轧机	单面加热两段连续加热炉	45 ~ 75 方	300 ~ 500
小型及线材轧机	双面加热两段连续加热炉	60 ~ 100 方	500 ~ 700
中型轧机	两段或三段推钢式加热炉	120 ~ 180 方	550 ~ 650
大型轧机	三段推钢式连续加热炉	120 ~ 210 方	550 ~ 650
大型轧机	多点供热推钢式加热炉	120 ~ 210 方	650 ~ 800
中厚板及连轧机	三段推钢式加热炉	厚 160 ~ 240	550 ~ 600
中厚板及连轧机	多点供热推钢式加热炉	厚 160 ~ 240	700 ~ 850
薄板连轧机	上加热步进式炉	厚 32 ~ 72	380 ~ 580
叠板轧机	链式加热炉	厚 7 ~ 16	370 ~ 560
锻锤或水压机	台车式炉		150 ~ 250
锻锤	小型室状加热炉		250 ~ 350
锻锤	环形加热炉	$\phi 50 ~ 150$	130 ~ 270

5.1.2 影响炉子生产率的因素

5.1.2.1 炉型结构的影响

炉子形式，炉体各部分的构造、尺寸，炉子所用的材质，附属设备的结构等，属于炉型结构方面的因素。炉型结构设计应当合理，砌筑质量应当合格。炉型结构对生产率的影响很大，提高生产率可以从以下几个方面着手考虑。

A 采用新的炉型

加热炉总的发展趋势是向大型化、多段化、机械化、自动化方向发展。最初轧机能力很小，钢锭尺寸也很小，连续加热炉多是一段式或两段式的实底炉，到 20 世纪 40、50 年代主要是两面加热的三段式炉子，到了 60、70 年代，炉子为了加强供热提高产量，出现了五点、六点甚至八点供热的大型加热炉，预热段温度提高成了新的加热段。烧嘴的安装形式也有很多变化，例如配置了上下加热和顺向反向烧嘴；均热段采用炉顶平焰烧嘴，甚至炉型演变为全长都是平顶，全部用炉顶烧嘴；为了使炉温制度和炉膛压力分布的调节更加灵活，沿炉子全长配置侧烧嘴，使炉子成为只有一个加热段的直通式炉。炉子的单位生产率也由过去只有 $300 \sim 400kg/(m^2 \cdot h)$，提高到 $700 \sim 800kg/(m^2 \cdot h)$，甚至超过 1000 $kg/(m^2 \cdot h)$。每座炉子的小时产量可达 350t 以上。

炉子的机械化程度越来越高，轧钢车间由过去推钢式连续加热炉发展到各种步进式炉、辊底式炉、环形炉、链式加热炉等。一些异型坯过去在室状炉内加热，现在改在环形炉内加热，生产率有了很大提高。

炉子的自动化是目前发展的方向，由于实行热工自动调节，可以及时正确地反映和有效地控制炉温、炉压等一系列热工参数，从而可以很好地实现所希望的加热制度，提高炉子的产量。电子计算机的使用，使炉子从装料定位、炉内各段温度控制、燃料与空气流量控制、炉压自动控制，直到钢料出炉时刻及出料程序操作，都由计算机给定控制值，可以实行炉况的最佳控制，出炉钢料的温度和温度差都达到十分精确的地步。

B 改造旧炉型

（1）扩大炉膛，增加装入量。在炉基不变的情况下，可以通过对炉体的改造，扩大炉膛，增加装料量。例如 20 世纪 50 年代我国初轧厂建设了一批中心烧嘴换热式均热炉，由于中心烧嘴占去了炉底很大面积，加上其他一些缺点，之后这种炉型大部分逐步改造为上部四角烧嘴或上部单侧烧嘴的均热炉，使炉底装料面积增加，炉子生产率提高 10%~20%。

（2）改进炉型和尺寸，使之更加合理。有的炉子炉型与尺寸采用通用设计，不问具体条件如何，有时燃料种类、钢坯尺寸等都与设计有很大出入。有的炉膛太高，金属表面温度低，有的炉顶又太低，气层厚度薄，炉墙传热的中间作用降低。这些都不利于热交换。应当根据实践经验改进炉型和尺寸，加快钢坯的供热，从而提高炉子的生产率。

（3）减少炉子热损失。通过炉体传导的热损失和冷却水带走的热，占炉子热负荷的 $1/4 \sim 1/3$，不仅造成热能的浪费，而且降低了炉子温度、影响钢料的加热。减少这方面的损失，可以提高炉子产量。

加热炉炉底水管的绝热，是节约能源、提高炉子产量的一项重要措施。由于水管与钢坯直接接触，冷却水带走的热一部分是有效热，其次，钢坯与水管接触的地方产生黑印，就需要较长的均热时间来消除黑印，这都对炉子产量有影响。采用耐火可塑料包扎水管，仅这一项措施就可以提高炉子生产率 15%~20%。近来又发展无水冷滑轨加热炉，也能提高炉子产量。例如小型二段式水冷加热炉改为无水冷带轨加热炉后，单位生产率由平均的 $500kg/(m^2 \cdot h)$ 以下，提高到 $700kg/(m^2 \cdot h)$，产量提高了 30% 以上。

5.1.2.2 燃烧条件和供热强度的影响

热负荷增大以后，炉子的温度水平提高，向金属传热的能力加强，产量必然提高。由下式的分析可以清楚地看到这一点。

$$G = \frac{Q \cdot \eta - Q_\text{失}}{\Delta i} \tag{5-3}$$

式中　G——炉子生产率，kg/h；

　　　Q——炉子的供热强度，kJ/h；

　　　η——燃料利用系数，%；

　　　$Q_\text{失}$——炉子的热损失，kJ/h；

Δ*i*——金属热焓的增量，kJ/kg。

当 *Q* 增大时，生产率 *G* 也增大。对于热负荷低的炉子，提高供热强度效果比较显著，如果热负荷已经较高，继续提高则增产的效果并不显著。相反，供热强度过大，还会造成燃料的浪费，金属的烧损增加，炉体的损坏加速，所以炉子应当有一个合理的热负荷。

连续式加热炉提高供热强度的重要措施是增加供热点，扩大加热段和提高加热段炉温水平；缩短预热段使废气出炉温度相应提高。图 5-1（a）是三段式连续加热炉的温度制度曲线，钢锭厚 350mm，加热段炉温 1300℃，这时炉子的单位生产率 $P = 426$kg/（m² · h）。图 5-1（b）是同一炉子但加热段温度提高到 1370℃，此时炉子单位生产率提高到 $P = 586$kg/（m² · h）。图 5-1（c）是改为五点供热的炉子，同样加热厚度 350mm 的钢锭，由于手加热段延长，供热强度增加，废气出炉温度提高，所以加热段平均炉温保持在 1300℃，炉子单位生产率可以达到 610kg/（m² · h）。对比三种情况，可以看到增加供热强度，对生产率的影响。

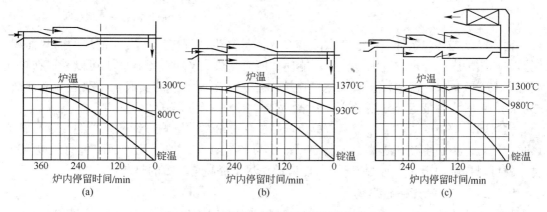

图 5-1　连续加热炉的炉温制度曲线

提高热负荷的一个重要的先决条件是必须保证燃料的完全燃烧，如燃料在炉内有 20% 不能燃烧，炉子产量将降低 25%~30%。

为了提高热负荷或改善燃烧条件，应当注意改进燃烧装置。有的炉子生产率不高，是由于烧嘴能力不足或者烧嘴结构很不完善造成的，如雾化质量太差或混合不好，这时就要改进烧嘴。炉子向大型化发展后，炉长炉宽都增加了，如何保证炉内温度均匀，与炉子生产率和产品质量都有密切关系。为此出现了多种新型烧嘴，位置也由端烧嘴发展到侧烧嘴、炉顶烧嘴，分散了供热点，改善了燃烧条件和传热条件。有效地提高了炉子生产率。

在有条件选择能源的情况下，要提高加热炉的炉温到 1400℃ 或更高的温度。就必须采用高发热量的燃料，但应注意，燃烧温度与煤气发热量的关系并不总是呈直线关系。如图 5-2 所示，当煤气的发热量高于 8400~9200kJ/m³ 以后，再提高煤气发热量，理论燃烧温度没有明显的提高。因此选择混合煤气的合理发热量有一个范围。

5.1.2.3　钢料入炉条件的影响

在加热条件一定的情况下，所加热的钢坯越厚，所需的加热时间越长。炉子单位生产率越低。从图 5-3 可以清楚地看到加热时间和炉底强度随板坯厚度变化的规律。

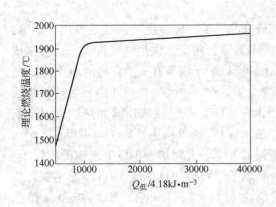

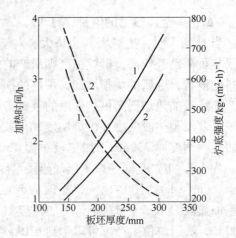

图 5-2   燃料发热量与理论燃烧温度的关系   图 5-3   加热时间和炉底强度随板坯厚度变化规律

1—优质及深冲产品；2—普通产品；

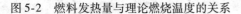

——加热时间；－－－炉底强度

钢坯厚度是客观条件，不能任意改变，为了提高生产率应设法增加钢坯的受热面积。例如在均热炉内应合理放置钢锭，尽可能使之四面受热；又如对室状炉也可以采取在炉底或台车上安放垫块，使钢料下面架空；连续加热炉从单面加热的实底炉，改为双面加热，即使除去炉底水管带走部分热量这一因素，炉子生产率仍可提高 25%~40%。

钢料的入炉温度对炉子生产率和单位产品能耗有重要的影响。钢料入炉温度越高，加热时间越短，炉子生产率越高，能耗越低。据资料统计，入炉钢锭表面温度每提高 50℃ 时，就可以提高炉子生产能力 7%。所以应设法尽量提高均热炉的热装比。

5.1.2.4   工艺条件的影响

加热工艺也是影响炉子生产率的一个因素，同样的炉子，用途和加热工艺不同，生产率往往相差很悬殊。例如锻造加热的台车式炉单位生产率可达 $250kg/(m^2 \cdot h)$，但作为正火等热处理作业用的台车式炉只有 $40 \sim 125kg/(m^2 \cdot h)$，热处理工艺多半要求有严格的升温速度与冷却速度，不允许高温快速加热，此外为了相变的需要，常常要有保温时间，所以热处理炉生产率都比较低。

周期性作业的炉子单位生产率要低得多，所以希望尽量采取连续性作业。

在制订加热工艺时，要考虑选择最合理的加热温度、加热速度和温度的均匀性，因为金属种类、断面尺寸常有变动，加热工艺要作相应的调整，如果加热温度定得太高，加热速度太快，断面温度差规定太严，都会影响炉子生产率。

上述影响因素都可以看作是外部条件，是可以控制或改变的因素。改变某些因素可以影响炉膛热交换的条件，使金属在单位时间内得到更多热量，缩短加热时间。

5.2   炉膛热交换的分析

从热工的角度出发，提高炉子生产率就是要强化炉膛热交换。

在不同类型的炉子里，辐射传热和对流给热所占的比重不同。在均热炉、连续加热炉、锻造室状炉中，炉温都在 1200℃ 以上，辐射传热占主导地位，对流所占的比重很小，在一些低温炉内，如某些热处理炉，辐射传热较弱，对流成为主要传热方式。

5.2.1 炉膛辐射热交换的分析

金属在炉膛辐射热交换中所得到的热量，如式（3-70）所示

$$Q = C_{gwm} \left[\left(\frac{T_g}{100} \right)^4 - \left(\frac{T_m}{100} \right)^4 \right] A_m$$

式中　　　C_{gwm}——炉气、炉壁对金属传热的导来辐射系数；

　　　　　A_m——金属的受热面积；

$\left[\left(\dfrac{T_g}{100} \right)^4 - \left(\dfrac{T_m}{100} \right)^4 \right]$——炉气与金属的四次方平均温度差，又称平均辐射温压。

凡是能够提高金属差额热量 Q 的措施，就可以提高炉子生产率。下面分别分析导来辐射系数、金属受热面积和平均辐射温压对差额热量 Q 的影响。

5.2.1.1　导来辐射系数 C_{gwm}

根据式（3-71）可知

$$C_{gwm} = \frac{5.67 \varepsilon_g \varepsilon_m \left[1 + \varphi(1 - \varepsilon_g) \right]}{\varepsilon_g + \varphi(1 - \varepsilon_g) \left[\varepsilon_m + \varepsilon_g(1 - \varepsilon_m) \right]}$$

导来辐射系数是金属黑度（ε_m）、炉气黑度（ε_g）和炉壁对金属角度系数（φ）的函数。

金属表面的黑度，代表金属表面对于辐射能的吸收能力和辐射能力，它和材质与表面状态有关。在加热炉内加热的钢料，一般表面都有氧化铁皮，它的黑度可以近似地认为是常数，取 $\varepsilon_m = 0.75 \sim 0.85$，合金钢特别是不锈钢、耐热钢，表面氧化较轻，金属表面的黑度可取低值。金属黑度不是可以控制的因素，也无法通过它去影响炉子的产量。

炉气黑度对于 C_{gwm} 的影响，由图 3-26 可以明显地看出；$\varepsilon_g = 0.4$ 在以下，随炉气黑度的增长，导来辐射系数值有明显的增加；但炉气黑度超过 0.4 以后，对 C_{gwm} 的影响越来越小。一般炉子条件下，烧天然气、重油、烟煤时都是辉焰，所以不必考虑如何提高炉气黑度去影响炉膛热交换。当燃烧碳氢化合物含量很少的燃料时，火焰是暗焰，辐射能力较弱，过去平炉上曾采用火焰增碳的办法来提高炉气黑度，但加热炉上没有采取这种方法。

由图 3-26 还可以看出。角度系数 φ 对 C_{gwm} 的值也是有影响的，这一影响在炉气黑度等于 $0.1 \sim 0.5$ 的范围内更为明显。由以前的讨论可知 $\varphi = A_m / A_w$，φ 的值越小，C_{gwm} 的值越大，意味着单位时间内金属获得更多的辐射热量。但 φ 减小，表示金属受热面积相对于炉壁面积 A_w 的值小，好比在一个大的炉膛里只有少量金属在加热，C_{gwm} 增大了，加热时间可以缩短，但炉子单位生产率却降低了。另一方面 φ 的变小也可以通过增大 A_w 来实现，具体即提高炉膛高度。但这必须在保证炉气充满炉膛的前提下才是正确的，否则会带来相反的效果。实际上 φ 的变化是有一定限度的，一般加热炉 φ 在 $0.3 \sim 0.5$。

5.2.1.2　金属受热面积 A_m

在其他条件一定的情况下，金属受热面积越大，差额热量 Q 的值越大。增加金属受热面积，是提高炉子生产率的重要途径。例如薄板成叠加热改为钢带的连续加热；连续加热炉单面加热改为双面加热；在均热炉侧墙中间部位砌有突出带，使钢锭靠在突出带上，增加靠墙一边的受热面积；步进式炉钢坯之间留有适当空隙，受热面积就比推钢式炉大，这

些都是增大金属受热面积的措施，对提高炉底强度有直接影响。

5.2.1.3 平均辐射温压 $\left[\left(\dfrac{T_g}{100}\right)^4 - \left(\dfrac{T_m}{100}\right)^4\right]$

当炉气温度与金属温度都是固定值时，问题比较简单。实际上炉气温度与金属温度都是变化的，不是沿炉长而变，就是随时间而变，因此有个取平均值的问题。对于高温炉来说，它是影响差额热量最重要的因素，因为提高炉气温度将使辐射换热量按四次方成比例增加。在其他条件一定的情况下，提高炉气温度是强化热交换过程、提高炉子生产率最主要的途径。

以下分两种情况去说明这个问题。

（1）连续式加热炉。这类炉型炉气温度和金属温度都随炉长而变（见图 5-4）。炉气与金属逆向运动，沿炉子长度上辐射温压是变化着的。在这种情况下，平均辐射温压就是炉子长度上辐射温压的平均值，可用数学关系式表示如下：

$$\dfrac{\displaystyle\int_L\left[\left(\dfrac{T_g}{100}\right)^4 - \left(\dfrac{T_m}{100}\right)^4\right]dL}{L}$$

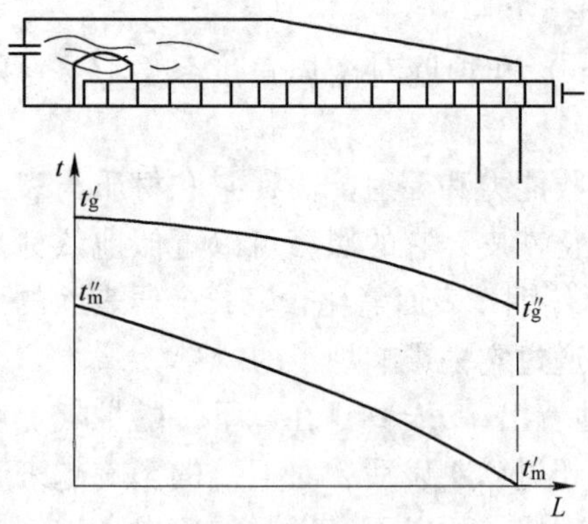

图 5-4　炉气温度和金属温度的变化

由图 5-4 可见，平均辐射温压决定于金属和炉气的开始与终了温度和曲线的形状。

钢坯入炉温度 t'_m 和出炉温度 t''_m，取决于具体条件和加热工艺的要求，变化的余地不大，对炉子生产率难以施加多少影响。在 t'_m 和 t''_m 不变的情况下，影响因素只剩下 t'_g 和 t''_g。

出炉废气温度 t''_g 对平均辐射温压的影响很大。废气温度越高，平均辐射温压越大，金属差额热量也越大。生产上，提高废气温度的可能，一是加大热负荷，二是减少炉膛各项热损失。加大热负荷可以通过增加供热点和供热量来实现，使高温区延长，预热段相对缩短。但是废气温度高，带走的热量大，炉子的热效率降低。

t'_g 是燃烧温度，它的极限是理论燃烧温度。燃烧温度越高，平均辐射温压的值越大，炉子生产率越高。提高燃烧温度主要靠改进燃烧装置，改善燃烧条件；使燃料在最少的过剩空气量下能得到完全燃烧。还可以通过预热空气或煤气来提高燃烧温度。

从提高平均辐射温压的角度出发，不希望炉子的火焰拉长，因为辐射温压与温度的四次方成正比，炉气高温区越集中，辐射温压的值也越大。如果火焰拉长，就意味着在同样热负荷的条件下，热量分散了，整个炉子的平均辐射温压也降低。

（2）室状炉。室状炉的特点是炉气和金属的辐射温压随时间而变化，在炉膛内各点的温度较均匀。在这种情况下，平均辐射温压是加热过程各瞬间辐射温压的平均值，可用数学关系式表示如下：

$$\dfrac{\displaystyle\int_\tau\left[\left(\dfrac{T_g}{100}\right)^4 - \left(\dfrac{T_m}{100}\right)^4\right]d\tau}{\tau}$$

为了提高室状炉在整个加热过程中的平均辐射温压，除了提高燃烧温度，减少炉膛热损失外，重要的是保证足够的热负荷，提高炉温水平，来达到提高炉子产量的目的。

5.2.2 炉膛内对流换热的分析

炉气以对流方式传给金属的热量，可按式（3-24）来计算

$$Q = \alpha(t_f - t_w)A$$

在高温炉中，如一般钢坯的加热炉，辐射传热占主要的地位，对流所占的比例小得多。大约只有5%。但是在低温炉子中（700～800℃以下），辐射传热大大减弱，如在540℃时的辐射传热量不及1200℃时的十分之一，这时对流起着主要的作用。

由前所述，当气体与固体表面发生对流换热时，由于固体表面附近有层流边界层，边界层内的传热只是传导，热阻较大，要强化对流换热，必须减小边界层的热阻。加大流速是使边界层厚度减小的根本措施，换言之，增强对流换热的主要途径是增大炉气的流速。为此，出现了称为喷流加热（或冲击加热）的技术，即将高温的气流以高速喷向被加热钢坯的表面，从而大大提高对流换热量（见图5-5）。可以看到，当气流速度由20m/s增加到近200m/s时，对流换热量几乎提高了四五倍。由图5-6也可以看出，在一般情况下（图5-6b），对流换热所占的份额不过5%，但当采取喷流加热时（图5-6a），对流换热可以占总传热量的65%～75%。这种强化对流的加热方式已经在连续加热炉的炉后试验成功。

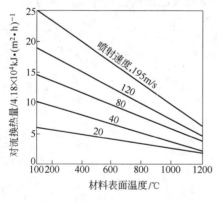

图5-5　流速与对流换热量的关系

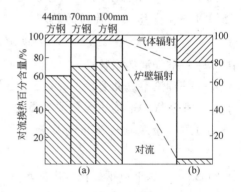

图5-6　一般加热与喷流加热的比较
（a）采取喷流加热；（b）一般加热

在中低温的炉子内，加强对流换热的方法是借助于鼓风机或风扇，加强炉气的循环流动。例如带钢退火的罩式炉内，带钢成卷放在罩内加热与冷却，即使钢带卷得很紧，层与层之间仍有空气间隙，这时只有径向传热，加热速度很慢。加热以后也是靠自然循环进行冷却，所要的时间比加热还长。但如果把带钢卷用框架架空，让热量也能沿轴向传递，并在内罩引入可控气氛安装风扇，进行强制循环，则加热与冷却时间都可以大大缩短。

5.3　炉子热平衡

编制炉子的热平衡，对于炉子设计和管理都是不可缺少的。在设计中可以通过热平衡

计算，确定炉子的燃料消耗量；在工作中的炉子，也可以根据实测数据编制热平衡，来检验炉子的热效率，通过热工技术分析确定最佳的热工操作制度。

热平衡的编制对于连续操作的炉子（如连续加热炉）是按单位时间来计算的，热量单位是 kJ/h；对于间歇操作的炉子（如一些室状炉），可以按一个加热周期来计算，单位是 kJ/周期，而且应包括周期的停歇时间。这两大类炉子的热平衡也可以用单位产品来计算，热量单位为 kJ/t。

一座炉子由几个主要的部分组成，可以编制全炉的热平衡，也可以编制某一个区域的热平衡，如炉膛热平衡、换热器热平衡等。我们讨论的重点是炉膛热平衡，它是全炉热平衡的核心。

5.3.1　热量的收入

5.3.1.1　燃料燃烧的化学热

$$Q_1 = BQ_{net,ar} \tag{5-4}$$

式中　B——燃料消耗量，kg/h 或 m^3/h；

$Q_{net,ar}$——燃料的低发热量，kJ/kg 或 kJ/m^3。

5.3.1.2　燃料带入的物理热

$$Q_2 = BC_{燃} t_{燃} \tag{5-5}$$

式中　$C_{燃}$，$t_{燃}$——燃料的平均热容和温度，这项热收入只是在预热气体燃料时考虑。

5.3.1.3　空气预热带入的物理热

$$Q_3 = BnL_0 C_{空} t_{空} \tag{5-6}$$

式中　n——空气消耗系数；

L_0——理论空气需要量，m^3/kg 或 m^3/m^3；

$C_{空}$，$t_{空}$——空气的平均热容和预热温度。

5.3.1.4　金属氧化放出的热量

$$Q_4 = 5652Ga \tag{5-7}$$

式中　5652——每千克钢氧化放出的热量，kJ/kg；

G——炉子产量，kg/h；

a——金属烧损率，一般加热炉中烧损率为 $a = 0.01 \sim 0.03$。

5.3.2　热量的支出

5.3.2.1　金属加热所需的热

$$Q'_1 = G(i_2 - i_1) \tag{5-8}$$

式中　i_2，i_1——金属在加热开始与加热终了时的热焓；kJ/kg。

5.3.2.2　出炉废气带走的热

$$Q'_2 = BV_n C_{废} t_{废} \tag{5-9}$$

式中　V_n——单位燃料燃烧产生的废气量，m^3/kg 或 m^3/m^3；

$C_{废}$，$t_{废}$——出炉废气的热容和温度。

5.3.2.3 燃料的化学不完全燃烧热损失

$$Q'_3 = BV_n\left(Q_{CO}\frac{\varphi(CO)_\%}{100} + Q_{H_2}\frac{\varphi(H_2)_\%}{100} + \cdots\right) \tag{5-10}$$

式中　　　Q_{CO}，Q_{H_2}——CO、H_2等可燃气体的发热量，kJ/m^3；

$\varphi(CO)_\%$，$\varphi(H_2)_\%$——CO、H_2等在烟气中的体积百分含量，在设计新炉子时，只能根据经验数据做出估计。

5.3.2.4 燃料的机械不完全燃烧热损失

$$Q'_4 = KBQ_{net,ar} \tag{5-11}$$

式中　K——燃料由于机械不完全燃烧而损失的百分数，对于固体燃料可取 $K = 0.03 \sim$ 0.05，对于液体燃料及气体燃料可以忽略，如跑冒滴漏严重，也可适当考虑。

5.3.2.5 经过炉子砌体的散热损失

$$Q'_5 = \frac{3.6 \times (t_1 - t_2)A}{\dfrac{s_1}{\lambda_1} + \dfrac{s_2}{\lambda_2} + \cdots + 0.06} \tag{5-12}$$

式中　　　t_1——炉壁内表面温度，℃；

t_2——炉子周围大气温度，℃；

s_1，s_2，$\cdots$——各层筑炉材料的厚度，m；

λ_1，λ_2，$\cdots$——各层筑炉材料的导热系数，$W/(m \cdot ℃)$；

0.06——炉壁外表面与大气间传热的热阻；

A——炉子砌体的散热面积，由于炉膛各部分砌体的厚度、材质均不同，所以各部分热损失应分别计算，最后把各部分散热损失相加。

5.3.2.6 炉门及开孔的辐射热损失

当炉门或窥孔打开时，炉内向外辐射造成热损失。这种情况下的辐射可以近似地看作是黑体的辐射，利用图5-7查出单位面积炉门向周围环境辐射的热量，再乘以炉门和孔口的面积 A 和一小时内炉门开启时间的比例 ψ（例如每小时开启 0.3 小时，则 $\psi = 0.3$）。

$$Q'_6 = qA\psi \tag{5-13}$$

式中　q——每平方厘米炉门每小时向外辐射的热量，$kJ/(cm^2 \cdot h)$。

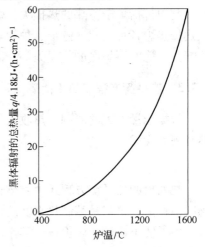

图 5-7　黑体辐射热量与炉温的关系

5.3.2.7 炉门及开孔逸气的热损失

一般炉子在正常工作时，炉底处压力都调整为接近大气压力，在这种情况下，通过开启炉门逸出炉外的炉气量用下式确定：

$$V_t = \frac{2}{3}\mu Hb\sqrt{\frac{2gH(\rho_0 - \rho_t)}{\rho_t}} \tag{5-14}$$

式中　μ——流量系数，对于薄墙取 0.62，对于厚墙取 0.82；

H——炉门的开启高度，m；

b——炉门宽度，m；

ρ_0，ρ_t——周围空气及炉内烟气在各自温度下的密度，kg/m^3。

将逸气量换算为标准状态下的小时流量：

$$V_0 = \psi \frac{V_t}{1 + \beta t} \times 3600 \qquad (5-15)$$

这些逸气量带走的热量为

$$Q_7' = V_0 t C \qquad (5-16)$$

式中　C，t——炉气的平均热容和温度。

若炉内为负压，就没有这项热损失。但此时会通过炉门吸入冷空气，增大烟气量，使炉温下降，一般不希望发生这种情况。应尽可能减少炉门开启的时间和开启的高度。

5.3.2.8　炉子水冷构件的吸热损失

$$Q_8' = G_水(H' - H) \qquad (5-17)$$

式中　$G_水$——冷却水消耗量（如汽化冷却时取产生的蒸汽量），kg/h；

H，H'——冷却水入口和出口的热焓，kJ/kg，如汽化冷却时即为进水时水的热含量与生成的蒸汽的热焓。

加热炉炉底或某些构件用水冷却时，进口水温可取 20～30℃、出口水温取 50～60℃。在炉子设计时，这一项的计算比较困难，可以用近似公式估算：

绝热管　　　　　　　$Q_8' = (0.113～0.126)A \times 10^6 \qquad (5-18)$

非绝热管　　　　　　$Q_8' = (0.410～0.586)A \times 10^6 \qquad (5-19)$

式中　A——水管和水冷部件的表面积，m^2。

5.3.2.9　其他热损失

此项包括炉子蓄热的热损失，炉体不严密而带来的热损失，氧化铁皮带走的热量，间歇式加热炉各种支架、链带、炉辊等的热损失等。这些项目有的可以计算，如间歇式炉蓄热损失，稳态下炉底的热损失等，有的则很难准确计算，只能做大致的估算。

5.3.3　热平衡方程和热平衡表

根据能量不灭的原则，热收入各项的总和应等于热支出各项的总和，据此就可以列成热平衡方程式

$$\sum Q_{收入} = \sum Q_{支出} \qquad (5-20)$$

在列出的热平衡方程式中，燃料消耗量 B 是未知的待定数，解这个方程式，就能求出燃料消耗量，这正是编制热平衡的目的之一。

为了便于比较和评价炉子工作，通常都将热量的收支各项及其在总热量中所占的比例列成热平衡表，其格式见表 5-2。

表 5-2　热平衡表

热　收　入	kJ/h	%	热　支　出	kJ/h	%
1. 燃料燃烧的化学热	Q_1	70～100	1. 金属加热所需的热量	Q_1'	10～50
2. 燃料带入的物理热	Q_2	0～15	2. 出炉废气带走的热量	Q_2'	30～80
3. 空气预热带入的物理热	Q_3	0～25	3. 燃料的化学不完全燃烧热损失	Q_3'	0.5～3

续表 5-2

热 收 入	kJ/h	%	热 支 出	kJ/h	%
4. 金属氧化放出的热	Q_4	1~5	4. 燃料的机械不完全燃烧热损失	Q'_4	0.2~5
			5. 经过炉子砌体的散热损失	Q'_5	2~10
			6. 炉门及开孔的辐射热损失	Q'_6	0~4
			7. 炉门及开孔逸气的热损失	Q'_7	0~5
			8. 炉子水冷构件的吸热损失	Q'_8	0~15
			9. 其他热损失	Q'_9	0~10
热收入总和	$\sum Q_{收入}$	100	热支出总和	$\sum Q_{支出}$	100

5.4 加热炉的燃耗和热效率

加热炉的燃耗与热效率，是评价炉子热工作的重要指标。从炉子热平衡表中可以看出炉子热量的利用情况，在热支出的各项中，只有加热金属的那部分热量才是有效利用的热量，其他则构成炉子的热损失。如果减少各项热损失。则必然降低燃料消耗量。

5.4.1 单位燃料消耗量

单位燃料消耗量，是指加热单位质量（每吨或每千克）产品所消耗的燃料量。使用气体燃料的，能耗单位用 m^3/t 表示，使用固体燃料或液体燃料的，用 kg/t 表示。

由于燃料的发热量不同，不便于比较，因此经常用单位燃耗的概念来表示，即：

$$b = \frac{BQ_{net}}{G} \quad 或 \quad b = \frac{1000BQ_{net}}{G} \tag{5-21}$$

式中　G——炉子产量，kg/h；

B——炉子燃料消耗量，kg/h 或 m^3/h。

有时也把燃耗折算为标准燃料消耗量，即每单位质量产品所用标准燃料

$$b = \frac{BQ_{net}}{29270G} \tag{5-22}$$

对于间歇作业的炉子，往往是用炉底热强度来表示燃料消耗量，即

$$d = \frac{BQ_{net}}{A} \tag{5-23}$$

式中　A——炉底面积，m^2。

一些常用的钢加热炉的燃耗指标参看表 5-3。

表 5-3　某些加热炉的燃耗

炉 型		单位燃耗 $b/kJ \cdot kg^{-1}$	炉底热强度 $d/kJ \cdot (m^2 \cdot h)^{-1}$
均 热 炉	冷 锭	1670~3350	
	热 锭	670~1000	
连续加热炉	燃 煤	2340~3520	
	燃 油	2510~3350	
	煤 气	1670~2300	

续表 5-3

炉　　型		单位燃耗 $b/kJ \cdot kg^{-1}$	炉底热强度 $d/kJ \cdot (m^2 \cdot h)^{-1}$
环型炉	轮箍加热	2930～3260	
步进式炉（单面加热） 步进式炉（双面加热）	小型板坯 连轧板坯	1670～2240 2100～2300	
辊底式炉	淬火	3640～4810	$(52～126) \times 10^4$
罩式退火炉	中厚板 带钢卷	1670～2100 840～1050	
室状加热炉	锻件加热	4600～5440	$(84～146) \times 10^4$
缝式加热炉	锻件加热	5020～5860	$(146～188) \times 10^4$
台车式炉	锻件加热 退火	5020～5860 2930～3770	$(84～134) \times 10^4$ $(31～84) \times 10^4$

　　统计炉子的燃耗或热耗有两种方法，一种是按炉子正常生产情况每小时平均，即小时燃料消耗量除以平均小时产量；另一种是按月或按季度平均，即以这一时期内燃料的总消耗量，除以所有合格产品的产量。前者可直接说明炉子热工作的好坏，后者除和炉子热工作好坏有关外，还和作业率、停炉次数、产品合格率、燃料损失等项因素有关。对炉子进行热工技术分析时，应采用前一种统计得出的能耗指标。

5.4.2　炉子的热效率

　　炉子的热效率，指加热金属的有效热占供给炉子的热量的百分率，即

$$\eta = \frac{\text{金属加热所需的热量 } Q_1'}{\text{燃料燃烧的化学热 } Q_1} \times 100\% \qquad (5-24)$$

一般加热炉的热效率大致的波动范围如下

均热炉　　　　　　　$\eta = 30\% \sim 40\%$

连续加热炉　　　　　$\eta = 30\% \sim 50\%$

室状加热炉　　　　　$\eta = 20\% \sim 40\%$

热处理炉　　　　　　$\eta = 5\% \sim 20\%$

　　随着炉子生产率的变化，燃料消耗量 B、热效率 η、单位燃耗 b 也发生变化，如果炉子生产率以炉底强度表示，则这三者变化的规律如图 5-8 所示。当炉子生产率为零时（炉子不出钢），炉子热效率为零，这时仍需供给炉子一定的燃料以保证炉膛温度，补偿散热损失（空炉热负荷）。随着热负荷的提高，炉子生产率也提高，加热金属的有效热在供热负荷中的比例增加，单位燃耗随之降低。当生产率达到某一数值时，继续增加燃料量，炉子生产率可以提高，但是由于热负荷过大使空气、煤气（或燃油）的混合条件超过设计的最佳条件，燃烧

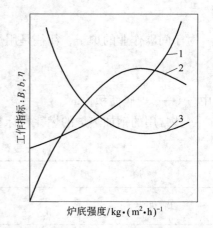

图 5-8　加热炉主要工作指标的变化趋势

1—燃料消耗量（B）；2—热效率（η）

3—单位燃耗（b）

过程恶化，不完全燃烧热损失增加，导致单位燃耗增加，热效率降低。对于每一座加热炉，都有类似图5-8中热效率和单位燃耗的极值，对应有最佳生产率。考虑到兼顾生产率和最低单位燃耗的生产目标，加热炉在极值点附近工作是正常的。

5.4.3 提高炉子热效率降低燃耗的途径

5.4.3.1 减少出炉废气从炉膛带走的热量

各类加热炉中，出炉废气从炉膛带走的热量占总热支出的30%~80%，是热损失中最主要的一项。

在保证燃料完全燃烧的前提下，应尽可能降低空气消耗系数，以提高燃烧温度，减少废气量。但如果空气量不足，不仅燃耗不能降低，而且恶化了炉膛热交换。

要注意炉子的密封问题，控制炉底压力在微正压水平，防止冷空气吸入炉内，增加炉子烟气量并降低燃烧温度。

要控制合理的废气温度。废气温度越高，废气带走的热量越多，热效率越低。但废气温度太低，炉内的平均炉温水平降低，炉内热交换恶化，加热太慢，炉子生产率下降。因此正确的途径应该是保持有较高的生产率，合理的废气温度，至于废气所含的热量应采取回收的措施，以提高热效率降低燃耗。所以，在生产率、热效率和单位燃耗之间，有一个合理热负荷的问题，这个特征正是图5-8曲线所表达的。

5.4.3.2 回收废热用以预热空气、煤气

炉子排出的废气所携带的热量，可以通过多种途径加以回收（见图5-9），其中最主要的是用来预热空气及煤气，因为等于把热量又重新带回了炉膛，可以直接提高炉子的热效率，降低燃料消耗量。从热能利用的方法看，也可以利用余热来生产蒸汽、供发电或其他用途。

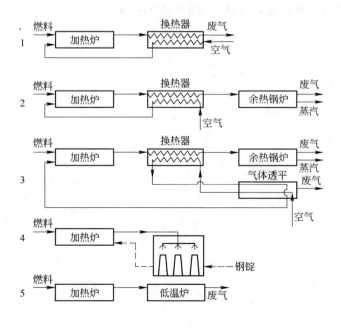

图5-9 加热炉余热利用途径

5.4.3.3 减少冷却水带走的热量

冷却水带走的热量，通常要占炉子热支出的 13%~15%，甚至更高。为了减少冷却水带走的热量，采用的措施有：（1）减少不必要的水冷却面积；（2）进行水冷管的绝热包扎；（3）采用汽化冷却有效回收热量；（4）采用无水冷滑轨。

5.4.3.4 减少炉子砌体的散热

减少砌体散热的主要措施是实行绝热。采用轻质耐火材料和各种绝热材料可以有效地减少通过砌体传导损失的热。对于间歇操作的炉子，采用轻质材料还可以减少砌体蓄热的损失。

表5-4是炉壁绝热后，燃料节约率的比较。

表5-4　采用绝热后，炉壁热损失减少的百分率　　　　　　　　　　　　　（%）

耐火黏土砖层的厚度 /mm	连续作业的炉子		间歇作业的炉子	
	绝热层厚度 65mm	绝热层厚度 125mm	周期为1周，绝热层厚 65mm	周期为1天，绝热层厚 65mm
113	62	76	58	25
230	46	65	36	18
345	38	57	20	14
460	35	53	15	12

5.4.3.5 加强炉子的热工管理与调度

炉子燃耗高及热效率低往往不是技术方面的原因，而是管理与调度的不善造成的。例如连铸与加热炉配合不好，降低了炉子的热装比及热坯温度。又如加热炉与轧机配合不好，钢坯在炉内待轧，也造成燃耗增加和热效率、生产率降低。因此，应使炉子保持在额定产量下均衡地操作，并实现各项热工参数的最佳控制。

6 加热炉的基本结构

一般加热炉由以下各部分组成：炉膛、燃料系统、供风系统、排烟系统、冷却系统和余热利用装置等。

6.1 炉膛和钢结构

炉膛是由炉墙、炉顶、炉底（包括基础）组成的一个空间，是金属进行加热的地方。

6.1.1 炉墙

炉墙分为侧墙和端墙，侧墙的厚度通常为 1.5～2 砖厚，端墙的厚度视烧嘴、孔道的尺寸而定，一般为 2～4 砖厚。加热炉炉墙内衬由耐火砖砌筑，外加绝热层组成。现使用浇注料与可塑料筑成的日渐增多。炉墙外包以 4～10mm 厚的钢板外壳。

炉墙上有炉门、窥视孔、烧嘴孔、测温孔等，为防止砌砖破坏，炉墙应尽可能避免直接承受附加载荷，炉门及冷却水管等构件应支承在钢架上。

耐火砖炉墙一般的辐射率在 0.6～0.7 左右，目前采用在炉墙上喷涂一种辐射率高的黑金属微粒的新技术，可以将炉墙的辐射率提高到 0.95 以上，根据热工定律我们知道炉壁的辐射热能与炉壁的辐射率成正比，炉壁的辐射率越高炉壁的辐射热能越强。同时由于提高了辐射热能，在投入相同燃料的情况下，可以降低高温段的炉壁温度，在高温段，温度每降低 1℃，每平方米一小时可节能 315 大卡。

6.1.2 炉顶

炉顶按其结构形式分为拱顶和吊顶两种。

拱顶是用楔形砖砌成的，有环砌与错砌两种。拱顶参数包括：内弧半径 R，拱顶跨度 B，拱顶中心角 α，弓形高度 h（见图 6-1）。

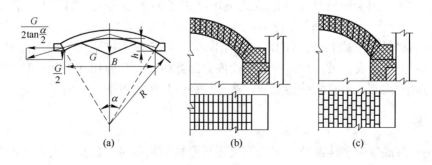

图 6-1 加热炉拱顶

（a）拱顶受力情况；（b）环砌拱顶；（c）错砌拱顶

通常采用最多的是中心角为60°的拱顶,此时半径 R 等于跨度 B 或略小一些,弓形高度 h 为跨度的 12%~18%。拱顶两边支承在拱脚砖上,拱脚砖所受的力可分解为垂直与水平方向的两个力:

垂直力　　　　　　　　　　　$P_垂 = \dfrac{G}{2}$

水平力　　　　　　　　　　　$P_水 = \dfrac{G}{2\tan(\alpha/2)}$

式中　G——每米长拱顶的重力,N/m^2。

由于炉子受热时的膨胀作用,实际上拱脚砖所受的力不仅是拱顶的重力,而是比这个力要大。水平分力可以按下式算出:

$$P_水 = K\frac{GB}{8h} \tag{6-1}$$

式中　K——温度系数,其值为

$t_炉/℃$	800	900	1000	1300
K	1.5	2	2.5	3

拱顶的厚度和炉子的跨度有关,跨度越大,炉顶厚度也应适当增大,可参看表 6-1 的数据。

表 6-1　拱顶厚度与跨度的关系

拱顶厚度/mm	拱顶跨度/m		
	1m 以下	1~3.5m	3.5m 以上
耐火砖层	115~250	230~250	230~300
绝热层	65~120	65~250	120~250

拱顶的材料可直接用耐火砖修砌,也可用耐火混凝土浇注或用预制块。高温炉(1250~1300℃)的拱顶采用硅砖或高铝砖。耐火砖上面可以用硅藻土砖绝热,也可以用矿渣棉等散料作绝热层。为了砖的膨胀,拱顶砌砖要留膨胀缝,每米炉顶膨胀缝为:黏土砖 5~6mm,硅砖 10~12mm,镁砖 8~10mm。

炉子跨度小于 3~4m 时采用拱顶,如果跨度较大,一般均用吊顶。吊顶是由一些异型砖组成的,吊顶砖用金属吊杆单独或成组地吊在炉子的钢结构上。如图 6-2 所示为吊顶结构。

吊顶砖的材料可用黏土砖、高铝砖、镁铝砖,外面一般不铺绝热材料,否则炉顶砖的上表面温度可升得很高,吊挂炉顶的金属构件会因此而被拉长或拉坏。和拱顶相比,吊顶不受炉子跨度的限制,但它的结构复杂,造价较高,只在大炉子上采用。

6.1.3　炉底

炉底是炉膛底部的砌砖部分。炉底不仅要承受被加热金属的负荷,而且要经受炉渣和氧化铁皮的化学侵蚀,以及金属的碰撞和摩擦作用。

加热炉的炉底结构有多种形式,图 6-3 是各种常见的炉底结构。

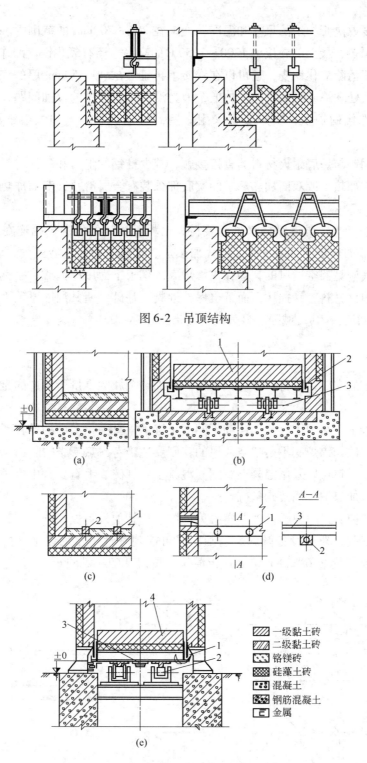

图 6-2 吊顶结构

图 6-3 加热炉的炉底

（a）固定的室状炉炉底；（b）车底式炉炉底：1—活动炉底，2—砂封，3—辊轮；（c）带滑轨的连续加热炉炉底：
1，2—滑轮；（d）两面加热的连续加热炉炉底：1—水冷管，2—水冷管支撑，3—滑轨；
（e）环形加热炉炉底：1—砂封，2—支承辊，3—环形齿轮，4—炉底

炉底的厚度取决于炉子的尺寸和温度，变动在 200～700mm 的范围内。炉底的下部可以用绝热材料隔热，最上部要接触 1200～1250℃ 的高温，还有氧化铁皮的作用，故多采用镁砖。为了便于清除氧化铁皮，还可以在镁砖上再铺一层 40～50mm 厚的镁砂或焦屑。在 1000℃ 左右的热处理炉或无氧化加热炉上，因为没有氧化铁皮的侵蚀问题，炉底也可以用黏土砖。一些现代的炉子，实炉底也采用一些高级耐火材料。如电熔锆莫来石砖或刚玉砖。

为了避免钢锭与炉底耐火材料的直接接触，减少推钢的阻力和耐火材料的磨损，在单面加热的连续式加热炉或双面加热炉子的实底部分装有金属滑轨，双面加热的炉子采用水冷管滑轨（图 6-3d）。

机械化的炉子上，炉底结构都是和装料、出料、炉料的传送机构连在一起的，例如步进式炉、环形加热炉（图 6-3e）、链式加热炉、辊底式炉、车底式炉、转底式炉等。

实底炉炉底应是架空通风的，即在支承炉底的钢板下面用槽钢或工字钢架空，否则炉底温度太高，耐火材料容易损坏，而且也保护混凝土基础，使其温度不致太高。普通混凝土温度超过 300℃ 时，其机械强度显著减弱而遭到损坏。

6.1.4　基础

基础是炉子的支座，它将炉膛、钢结构和被加热金属的重量所构成的全部载荷传到地面上。

基础的大小不仅与炉子有关，还和不同的土壤承重有关。基础的计算和一般建筑物的基础设计一样，但如果炉底不是架空通风的，则要适当考虑热膨胀的问题。

炉子基础的材料可以采用混凝土、钢筋混凝土、红砖、毛石。大中型炉子都是混凝土基础，只有小型加热炉才用砖砌基础。

图 6-4 是各种形式的炉子基础。应避免将炉子和其他设备放在同一基础上，以免由于负荷不同而使基础开裂或设备倾斜。基础应尽可能建在地下水面以上，如果地下水位太高，则炉子基础（及烟道基础）应建成混凝土的坑式基础（见图 6-4e）。

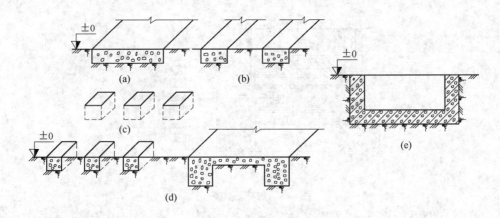

图 6-4　加热炉的炉子基础

（a）连续式炉基；（b）条式基础；（c）墩式基础；（d）边缘加厚的板式基础；（e）坑式基础

6.1.5 炉子的钢结构

为了使整个炉子成为一个牢固的整体，在长期高温的工作条件下不致严重变形，炉子必须设置由竖钢架、水平拉杆（或连接梁）组成的钢结构。钢结构要能承受炉子拱顶的水平分力或吊顶的全部重量，并把作用力传给炉子基础。此外，炉子的钢结构还起一个框架的作用，炉门、炉门提升机构、燃烧装置、冷却水管和其他一些零件都固定在钢结构上。

钢结构的形式与炉型和砌砖结构有关。主体是竖钢架，可以用槽钢、工字钢等，下端用地脚螺丝固定在混凝土基础内，上端用连接梁连接起来（见图6-5）。也可以采用活动连接的方式，即竖钢架的上下端用可调整的拉杆连接起来，开炉时可以根据炉子膨胀情况，调整螺丝放松拉杆，生产以后很少再去调整拉杆的松紧（图6-5b）。

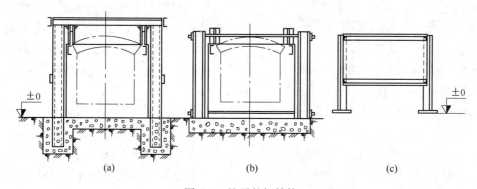

图6-5 炉子的钢结构
（a）固定连接；（b）活动连接；（c）小型可移动式炉的钢结构

钢结构的计算很复杂，而且在冷态下算出的结果也不准确，因为由于温度的升高砌砖的膨胀应力很难计算得出。所以钢结构的尺寸和材料规格除了计算外，常常是参照经验数据选定的。也可以参考下列比例来选用：竖钢架钢材断面的高度（指槽钢或工字钢的高）$h = l/16$，式中 l 是上下拉杆之间的距离。拉杆圆钢的直径 d 与 h 有下列关系（见表6-2）。

表6-2 拉杆圆钢直径 d 与 h 的关系

h/mm	100	120	160	200	300
d/mm	20	22	25	30	45

6.2 加热炉的冷却系统

加热炉炉底的冷却水管和其他冷却构件构成炉子的冷却系统。冷却方式分为水冷却和汽化冷却两种。

6.2.1 炉底水冷结构

在两面加热的连续加热炉内，钢坯在沿炉长敷设的炉底水管上向前移动。炉底水管是用厚壁无缝钢管组成，内直径50～80mm，壁厚10～20mm。为了避免钢料在水冷管上直接滑动时将钢管壁磨损，在和钢料直接接触的纵水管上焊有圆钢或方钢，称为滑轨，磨损以后可以再换，而不必更换水管。

炉底水管承受钢料的全部重量（静负荷），并经受钢坯推移时所产生的动负荷。

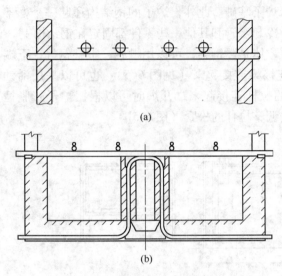

图6-6　炉底水管的支撑结构

（a）单横水管结构；（b）双横水管结构

水管支撑结构的形式很多，一般在高温段用横水管支承，横水管彼此间隔1～3.5m，横水管两端穿过炉墙靠钢架支持（图6-6a）。支撑管的水冷却不与炉底纵水管的冷却连通，而是几个管子顺序连接起来。这种结构只适用于跨度不大的炉子。当炉子很宽，上面钢坯的负荷很大时，需要采用双横水管，或回线形横支撑管的结构（图6-6b）。管的垂直部分用耐火砖柱包围起来，这样下加热炉膛容积被占去不少。

有些炉子的预热段纵水管用纵向黏土砖墙支承，为了加强下加热，现在的趋势是全部用横水管支承。

两根纵向水管间距不能太大以免钢锭在高温下弯曲，最大不超过2m；但也不宜太小，否则下面遮蔽太多，削弱了下加热，最小不少于0.6m。为了使钢锭不掉道，钢锭两端应比水管宽出100～150mm。

在选择炉底水管支撑结构时，除了保证其强度和寿命外，应力求简单。这样一方面为了减少水管可以减少热损失，另一方面免得下加热空间被占去太多，这一点对下部的热交换和炉子生产率的影响很大。

炉底水冷滑管和支撑管加在一起的水冷表面积达到炉底面积的40%～45%，带走大量热量（一般大约为15%，最高可达25%）。由于水管的冷却作用，使钢料与水管滑轨接触处的局部温度降低200～250℃，在钢坯下面出现两条"黑印"，在轧制时很容易产生废品。黑印在加热板坯时的影响更大，温度的不均匀可能导致钢板的厚薄不均匀。为了消除黑印的不良影响，通常在炉子的均热段砌筑实炉底，使钢坯得到均热。但降低热损失和减少黑印影响的有效措施，是对炉底水管实行绝热包扎（见图6-7）。

连续加热炉节能的一个重要方面是减少冷却水带走的热量，为此应当在一切水管外面加绝热层。图6-8是绝热层外表面温度与冷却水热损失同炉温的关系曲线。例如当炉温为1300℃时，绝热层外表面温度为1230℃，即炉底滑管对金属的冷却影响不大。同时还可看出，水管绝热时，其热损失仅为未绝热水管的1/4～1/5。

过去水管绝热使用异型砖挂在水管上，由于耐火材料要受钢料的摩擦和震动、氧化铁皮的侵蚀、温度的急冷急热、高温气体的冲刷等，使挂砖的寿命不长，容易破裂剥落。现多采用耐火浇注料或可塑料包扎炉底水管。用耐火浇注料或可塑料包扎水管时，在管壁上焊上锚固钉或加耐热钢纤维，能将包扎层牢固地黏附在水管上。它的耐急冷急热、耐高温气流冲刷、耐震动、抗剥落等性能好，能抵抗氧化铁皮的侵蚀，结渣后也易于清除，使用

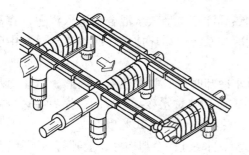

图 6-7　炉底水管绝热包扎的结构图

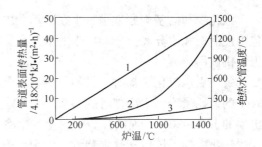

图 6-8　冷却水热损失与绝热的关系
1—绝热水管表面温度；2—未绝热水管的热损失；
3—绝热水管的热损失

寿命至少可达一年。这样包扎的炉底水管，可以降低燃料消耗 15%～20%，降低水耗约 50%，炉子产量提高 15%～20%，减少了黑印的影响，提高了加热质量。这种包扎的投资费用不大，但经济效益显著。

水冷管最好的包扎方式是复合（双层）绝热包扎，如图 6-9 所示。采用一层 10～12mm 的石棉或耐火纤维，外面再加 40～50mm 的耐火可塑料，10mm 的耐火纤维相当于 50～60mm 可塑料的绝热效果。这样的双层包扎绝热比单层绝热可减少热损失 20%～30%。

为了进一步消除黑印的影响，长期来人们都在研究无水冷滑轨，最早的是用铸钢条直接砌在炉底耐火砖中的滑轨，只能用于单面加热的小型加热炉上（见图 6-10）。以后在滑轨的材料方面进行了很多研究，必须使材质能承受钢坯的压力和摩擦，又能抵抗氧化铁皮的侵蚀和温度急变的影响。国外一般采用电熔刚玉砖或电熔莫来石砖，在低温段则采用耐热铸钢金属滑轨，但价格很高，而且高温下容易氧化起皮，不耐磨。国内试验成功了棕刚玉-碳化硅滑轨砖，座砖用高铝碳化硅制成，效果较好。棕刚玉（即电熔刚玉）熔点高，硬度大，抗渣性能也好，但热稳定性较差。以 85% 的棕刚玉加入 15% 碳化硅，再加 5% 磷酸铝作高温胶结剂，可以得到达到滑轨要求的材料。碳化硅的加入提高了制品的导热性，改善了热稳定性。800℃ 以上的高温区用棕刚玉-碳化硅滑轨砖及高铝碳化硅座砖，800℃ 以下可采用金属滑轨和黏土座砖，金属滑轨材料可用 ZGMn13 或 1Cr18Ni9Ti。

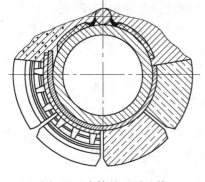

图 6-9　水管的双层绝热

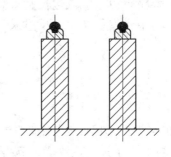

图 6-10　无水冷滑轨

6.2.2　汽化冷却

水冷却时耗水量大，带走的热量也不能很好利用，采用汽化冷却可以弥补这些缺点。

汽化冷却的基本原理是：水在冷却管内被加热到沸点，呈汽水混合物进入汽包，在汽包中使蒸汽和水分离。分离出来的水又重新回到冷却系统中循环使用，而蒸汽从汽包中引出可供利用。

每千克水汽化冷却时吸收的总热量大大超过水冷却时所吸收的热量。因此，汽化冷却时水的消耗量降到水冷却时的 1/25 ~ 1/30。一般连续加热炉水冷却造成的热损失占热总支出项的 13% ~ 20%，而同样炉子改为汽化冷却时，热损失可降到 10% 以下。

汽化冷却系统包括软水装置，供水设施（水箱、水泵），冷却构件，上升管，下降管，汽包等。

加热炉汽化冷却循环制度分为自然循环和强制循环两种，如图 6-11 和图 6-12 所示。

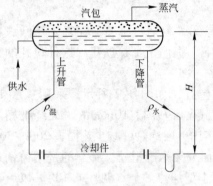 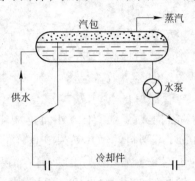

图 6-11　自然循环原理图　　　　　　图 6-12　强制循环原理图

强制循环需要额外的电源作动力，增加能量消耗和经常运行的费用，这一点不及自然循环，只是有时现场因汽包及管路布置受到限制，要采用强制循环。

自然循环时，水从汽包进入下降管流入冷却水管中，被加热到沸点，呈汽水混合物再经上升管进入汽包。因汽水混合物的密度 $\rho_混$ 比水的密度 $\rho_水$ 小，故下降管内水的重力大于上升管内汽水混合物的重力，两者的重力差 $H(\rho_水 - \rho_混)g$，即为汽化冷却自然循环的动力。汽包的位置越高，或汽水混合物的密度 $\rho_混$ 越小（即其中含汽量越大），则自然循环的动力越大。因此在管路布置上，首先要考虑有利于产生较大的自然循环动力，并尽量减少管路阻力。但汽包位置太高，上升管阻力增加很多，同时循环流速增大，会使汽水混合物中含汽量减少，反过来又影响上升动力。此外，汽包高度太大，还将使建设投资增加。

6.3　余热利用设备

由加热炉和热处理炉排出的废气温度很高，带走了大量余热，使炉子的热效率很低（见表 6-3）。为了提高热效率，节约能源，应最大限度地利用废气余热。

表 6-3　炉子热效率

炉子类型	炉膛温度/℃	热有效利用率/%	废气平均出炉温度/℃	废气带走的热损失/%
均热炉	1300 ~ 1400	20 ~ 30	1250 ~ 1350	55 ~ 60
轧制连续加热炉	1300 ~ 1450	30 ~ 40	700 ~ 1100	30 ~ 45

续表6-3

炉子类型	炉膛温度/℃	热有效利用率/%	废气平均出炉温度/℃	废气带走的热损失/%
锻造室状炉	1300~1450	10~15	1100~1200	55~65
热处理室状炉	850~1100	15~20	800~950	35~50
热处理直通式炉	850~1000	25~35	500~700	25~35

目前余热利用主要有两个途径：（1）利用废气余热来预热空气或煤气，即将一部分热量带回炉膛，提高炉子热效率，采用的设备是换热器或蓄热室；（2）利用废气余热生产蒸汽和热水，提高热能利用率，采用的设备是余热锅炉。

换热器或蓄热室加热空气或煤气，能直接影响炉子的热工作，节约燃料，所节约的百分率可以从下式算出：

$$\eta = \frac{Q_{物}}{Q_{低} + Q_{物} - Q_{废}} \times 100\% \tag{6-2}$$

式中　η——燃料节约率（与空气及煤气不预热时比较）；

　　　$Q_{低}$——燃料燃烧放出的热；

　　　$Q_{物}$——对应单位体积（或质量）燃料，空气及煤气的物理热；

　　　$Q_{废}$——对应单位体积（或质量）燃料，废气所带走的热。

图6-13是对于不同燃料，空气预热温度与燃料节约率的关系。由图可见，对不同的燃料而言，当空气预热到同一温度时，发热量越低的燃料，节约的效果越显著。

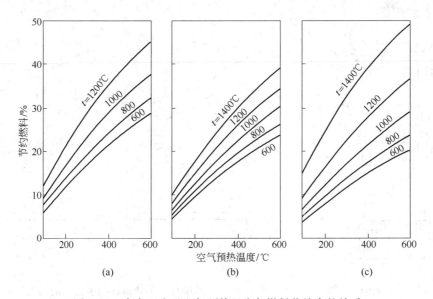

图6-13　废弃温度及空气预热温度与燃料节约率的关系
（a）烟煤；（b）重油；（c）发生炉煤气

预热空气或煤气还可以提高理论燃烧温度，这个道理也是显而易见的。这一点对于高发热量燃料比低发热量燃料更为有效，由表6-4可以看出。

表 6-4 空气预热对理论燃烧温度的影响

燃 料	空气预热到下列温度时的理论燃烧温度/℃				
	0	200	400	600	800
重油	1815	1950	2080	2210	2335
发生炉煤气	1765	1875	1980	2080	2180
焦炉煤气	1915	2015	2120	2225	2330
天然气	1960	2065	2180	2295	2410
液化气	1970	2090	2210	2330	2450

6.3.1 换热器

换热器是应用最普遍的余热利用设备。换热器的传热可以看作是通过器壁的稳定态综合传热，因为换热器在工作过程中，两侧冷热气体的温度均可视为稳定的，不随时间而变化。

根据换热器内气体流动方向的特征，换热器分为三种形式：顺流、逆流、交叉流，如图 6-14 所示。

顺流式是指换热器内废气与空气平行地向同一方向流动，逆流式是指废气与空气流动的方向相反，如果两股气流互相垂直地流动，则称为交叉流。除了这些基本形式以外，废气与空气的流动方式还很多，是这三种基本形式的组合，如正交顺流式、正交逆流式等。

换热器内气体流动的方式不同，它的热工特点也不同，图 6-15 是顺流和逆流换热器内温度的分布情况。

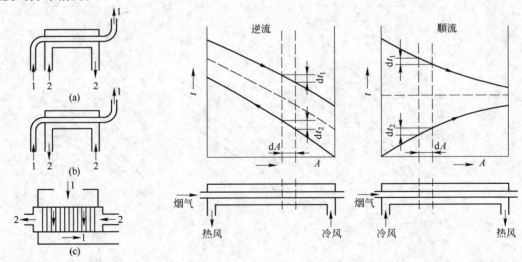

图 6-14　换热器内废气与
空气的流动方向
（a）顺流；（b）逆流；（c）交叉流
1—废气；2—空气

图 6-15　换热器内温度分布的情况

由图 6-15 可见，在进入换热器的废气温度相同的条件下，逆流能够比顺流将空气预热到更高的温度。在其他条件相同时，逆流的传热量比顺流大，结构上比顺流式换热器紧凑。从换热器壁的工作条件来看，顺流式的比较有利。因为换热器壁的温度对于顺流式换热器两端几乎相等，其最高温度比逆流式低，换热器不易变形损坏，对材质的要求不高。在逆流式换热器上，高温端的器壁温度接近废气入口温度，两端温度差大。这就对器壁材质提出较高的要求，同时由于两端温差大，容易变形损坏。在实际应用中，较多的是采用逆流方式。

换热器的传热方式是传导、对流、辐射的综合。在废气一侧，废气以对流和辐射两种方式把热传给器壁；在空气一侧，空气流过壁面时，以对流方式把热带走。由于空气对辐射热是透过体，不能吸收，所以在空气一侧要强化热交换，只有提高空气流速。

换热器根据其材质的不同，分为金属换热器和陶质换热器两大类。金属换热器的导热系数大，在热交换量相同的条件下，它所占的体积小，只有黏土换热器的十分之一或更小。金属换热器一般是焊接的，气密性好。金属换热器可以利用温度较低的废气（约 500 ~ 700℃），与陶质换热器和蓄热室相比，使用范围较大，但是，金属换热器所能承受的温度有限，一般钢质换热器只能把空气预热到 400 ~ 500℃，温度再高，换热器要变形烧坏，耐热钢也只能把空气预热到 600 ~ 700℃，而陶质换热器可以承受 1000℃ 以上的废气，能把空气预热到 700℃ 以上。陶质换热器体积很大，气密性差，不能用来预热煤气。

6.3.1.1 金属换热器

当空气预热温度在 350℃ 以下时，可用碳素钢制的换热器，温度更高时，要用铸铁和其他材料，表 6-5 是一些材料的最高允许使用温度。

表 6-5　几种材料的最高使用温度

材　料	器壁最高允许使用温度/℃
铸铁	550 ~ 600
耐热铸铁	600 ~ 650
耐热球墨铸铁	650 ~ 700
表面渗铝碳钢	650 ~ 700
耐热钢（1Cr18Ni9）	800

耐热钢在高温下抗氧化，而且能保持其强度，是换热器较好的材料，但耐热钢价格高。渗铝碳钢也有较好的抗氧化性能，价格比耐热钢低。

金属换热器根据其结构分为以下 4 种。

A　管状换热器

管状换热器的形式也很多，图 6-16 是其中一种。

换热器由若干根管子组成，管径变化范围由 10 ~ 15mm 至 120 ~ 150mm。一般安装在烟道内，可以垂直安放，也可以水平安放。空气（或煤气）在管内流动，废气在管外流动，偶尔也有相反的情况。空气经过冷风箱均匀进入换热器管子，经过几次往复的行程被加热，最后经热风箱送出。为避免管子受热弯曲，每根管子不要太长。当废气温度在 700 ~ 750℃ 以下时，可将空气预热到 300℃ 以下，如温度太高，管子容易变形，焊缝开裂。

这种换热器优点是构造简单，气密性较好，不仅可预热空气，也可用来预热煤气。缺点是预热温度较低，用普通钢管时容易变形漏气，寿命较短。

为了避免因膨胀造成弯曲变形，焊缝开裂，可以采用另一形式的管状换热器（见图

6-17），它的特点是钢管与钢板的上底和下底焊接在一起，再与风箱连接。因为是采取吊挂的形式，管子有膨胀的余地。

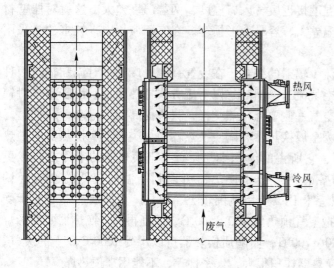

图 6-16　管状换热器（一）

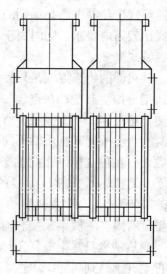

图 6-17　管状换热器（二）

B　针状换热器和片状换热器

这两种换热器十分相似，都是管状换热器的一种发展。即在扁形的铸管外面和内面铸有许多凸起的针或翅片，这样在体积基本不增加的情况下，热交换面积增大，因此传热效率提高。其单管的构造分别见图 6-18 和图 6-19。

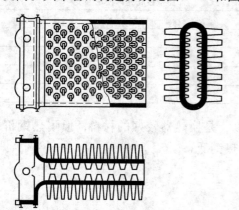

图 6-18　针状换热器

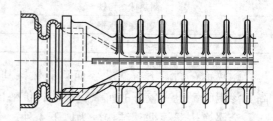

图 6-19　片状换热器

换热器元件是一些铸铁或耐热铸铁的管子，空气由管内通过，废气从管外穿过，如烟气含尘量很大，管外侧没有针与翅片。整个换热器是用若干单管并联或串联起来，用法兰连接，所以气密性不好，空气损失有时可达 15%~20%，故不能用来预热煤气。针状换热器中空气流速为 3~8m/s，烟气流速为 1~4m/s，片状换热器中空气流速取 5~10m/s，烟气流速取 2~5m/s。不采用针或翅片来提高传热效率，而采取在管状换热器中插入不同形状的插入件，也是利用同一原理强化对流传热过程的。常见的插入件有一字形薄片、十字形板片、螺旋板片、麻花形薄带等。由于管内增加了插入件，增大了气体流速，产生的紊流有助于破坏管壁的层流底层，从而使对流换热系数增大，综合换热系数比光滑管提高约 25%~50%。这种办法的缺点是阻力加大，材质要使用薄壁耐热钢管，价格较高。

C 辐射换热器

当烟气温度超过 900~1000℃时，辐射能力增强。由于辐射换热和射线行程有关，所以辐射换热器烟气通道直径很大。其管壁向空气传热，仍靠对流方式，流速起决定性作用，所以空气通道较窄，使空气有较大流速（20~30m/s），而烟气流速只有 0.5~2m/s。辐射换热器构造比较简单（见图 6-20）。它装在垂直或水平的烟道内，因为烟气的通道大，阻力小，所以适合于含尘量大的高温烟气。烟气温度在 1300℃时，可把空气预热到 600~800℃，适用于均热炉、快速加热炉和某些大中型连续加热炉。辐射式换热器适用于高温烟气，经过它出来的烟气温度往往还很高，因此可以进一步利用，方法之一是烟气再进入对流式换热器，组成辐射对流换热器（见图 6-21）。

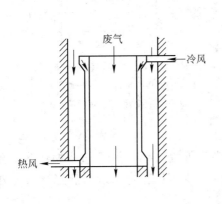

图 6-20 辐射换热器示意图

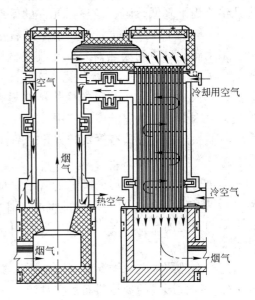

图 6-21 辐射对流换热器（分列式）

D 喷流换热器

为了强化换热器空气侧（或空气与烟气两侧）的对流换热，研究和发展了喷流换热器。这种换热器的形式有多种，主要分为管式和筒式两类。图 6-22 是一种常见的套管式喷流换热器，每台换热器由数十个，乃至上百个单管组成。每个单管由两个同心圆套管组成，冷空气由内管上的许多小孔以 20~30m/s 的流速喷出，气流喷射在外管的传热表面上。由于气流速度高，又破坏了外管壁上的层流底层，从而大大提高了对流换热系数，其综合传热系数比普通管式换热器高得多，可达 50W/(m² · ℃)。而且空气预热温度提高，管壁被带走的热多，温度反而下降，有利于提高换热器寿命。加热后的空气通过内外管之间的环形流道，汇入风箱而后送出。

为了保证金属换热器不致因温度过高或停风而烧坏，安装换热器时常设有支烟道，以便调节废气量。温度过高时，可以采用吸入冷风，降低废气温度的办法，或采取放散换热器热风的措施，以免换热器壁温度过高。

6.3.1.2 陶质换热器

金属换热器受到材质的限制，很难把空气预热到较高的温度。陶质换热器不受这个限制，可以把空气预热到 800 ~ 1100℃。寿命一般比金属换热器长。缺点是体积大，气密性差，新砌的漏气量在 10% ~ 12%，操作过程中增加到 30% ~ 40%。由于漏风，换热器内废气与空气的流速不能太大，废气为 0.3 ~ 2m/s，空气为 1 ~ 2m/s。

陶质换热器是用耐火黏土制的异型砖构成，它的热阻比金属换热器大得多，所以综合换热系数只有 3.5 ~ 12W/(m² · ℃)，而金属换热器要高几倍至十几倍。为了降低热阻，换热器元件的壁厚应设法减薄，一般为 12 ~ 18mm，但必须保证有足够的强度。采用碳化硅质的换热器元件是改进材质的一大进展，碳化硅导热性好，耐火度、抗渣性、耐急冷急热性都很好，是比较理想的换热器壁材料，但是价格太高因而限制了它的广泛应用。

陶质换热器的形式有管式和方孔式两种。

A 管式陶质换热器

换热器由若干八角形或圆形的管子砌成（见图 6-23），废气自上而下在备砖内部流过（如图中箭头 2 所指），空气由 3 进入换热器，在管砖之间的通道内流过，与管子成垂直方向，经过 2 ~ 5 次来回拐弯，最后热空气由 1 处流出进入热风道。

这种换热器管砖内侧温度高，外侧温度低，当温度急剧变化时容易产生裂纹。和方孔式比较，这种形式的换热器面积相对较大，热效率高，但异型砖种类多，结构复杂。

这种换热器主要用在均热炉上，因为均热炉出炉烟气的温度高。

B 方孔式陶质换热器

方孔式陶质换热器是由具有四个方孔的异型砖元件砌成的（见图 6-24），每层方孔砖的方孔上下对准，形成由上到下的垂直通道。空气自下而上由方孔中流过，废气则水平地通过两块方孔砖之间的通道，废气由上而下经过一次折回（两个行程）。由于废气是水平流动，所以容易积灰堵塞，在每一通路相对的端墙上设有吹刷孔。

废气通道内是负压，空气通道采用鼓风时是正压，两者压差可达几百帕，漏气比较严重。为了克服漏气现象，冷空气送入不用鼓风的办法，而是用高压空气喷射的抽力，把热空气抽出，这样空气通道也呈负压，可以减少空气的漏损量。但这种引风形式的热风风压很低，炉子上需要用高压喷射式烧嘴来供风。这种引风方法也适用于管式陶质换热器。

方孔式陶质换热器可用于大型连续加热炉上。由于它的体积庞大，只能位于较深的地下，且必须有严密的防水排水措施。

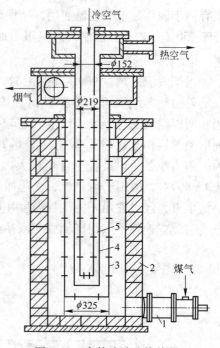

图 6-22　套管式喷流换热器

1—烧嘴；2—炉衬；3—带喷流孔的烟气管；
4—热交换管；5—带喷流孔的空气管

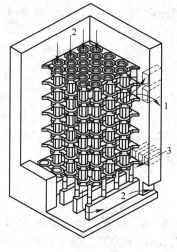

图 6-23 管式陶质换热器

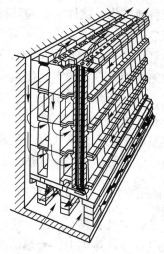

图 6-24 方孔式陶质换热器

6.3.2 蓄热室

蓄热室的主要部分是用异型耐火砖砌成的砖格子（见图 6-25），炉内排出的废气先自上而下通过砖格子把砖加热，经过一段时间后，利用换向设备关闭废气通路，使冷空气（或煤气）由相反的方向自下而上通过砖格子，砖把积蓄的热传给冷空气（或煤气）而达到预热的目的。一个炉子至少应有一对蓄热室同时工作，一个在加热（通废气），另一个在冷却（通空气），如果空气煤气都进行预热，则需要两对蓄热室。经过一定时间后，热的砖格子逐渐变冷，而冷的已积蓄了新的热量，便通过换向设备改变废气与空气的走向，

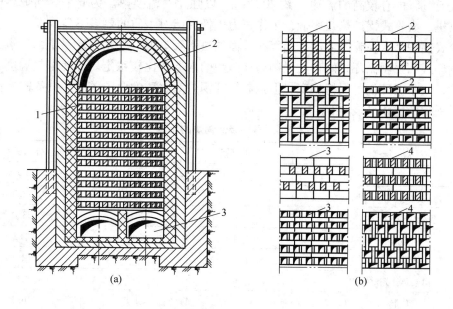

图 6-25 蓄热室和各种格子砖

（a）蓄热室：1—格子砖，2—上部空间，3—下部通道；

（b）格子砖：1—连续通道的，2—方格架式，3—带扁通道的方格式，4—交错排列式

蓄热室交替地工作。这样一个循环称为一个周期。蓄热室的加热与冷却过程都属于不稳定态传导传热。

蓄热室可在 1300℃ 以上的温度下工作，把空气（或煤气）预热到 1000℃ 以上的高温。

与换热器相比，蓄热室的优点是：（1）预热温度高；（2）可以预热空气，也可用来预热煤气；（3）使用寿命较长。它的缺点是：（1）由于周期性的换向，造成预热温度波动，上下相差可达 100~200℃；（2）如果是预热煤气，换向时有部分煤气将损失；（3）整个蓄热室砌体庞大，需要复杂的换向设备。随着换热器的材质和形式的不断改善，蓄热室的优点已经不明显，因此蓄热室在加热炉上的应用范围日益缩小。

6.3.3 余热锅炉

除了预热空气和煤气之外，废气余热还可以用来加热锅炉，以得到蒸汽和热水。在均热炉或大型连续加热炉上，换热器出来的废气温度仍有 500~600℃，甚至更高，所以空气预热设备后面可以再安装余热锅炉，它能再回收约 50% 的废气余热，使废气温度下降到 150~250℃，使总的热利用率进一步提高。对于某些废气含尘量很大的炉子，直接在炉后安装换热器，会很快堵塞或损坏，但聚集在锅炉管上的灰尘比较容易清除，所以余热锅炉还可以安装在换热器的前面，起到集尘的作用。

和一般普通锅炉一样，余热锅炉也分为火管式和水管式两大类。与普通锅炉不同的是，余热锅炉一般烟气温度较低，同样的受热面积，单位时间产生的蒸汽量只是普通锅炉的三分之一。而且余热锅炉是加热炉的一个附属设备，加热炉出来的烟气量和烟气温度往往是不稳定的，所以余热锅炉的工况也是不稳定的。

火管式余热锅炉的烟气通过管内，水在管外被加热蒸发。主要热交换面是火管，所以要求烟气通过管内有较高的流速（约 20m/s），以强化对流换热。为此余热锅炉后面都要安装抽风机。火管式锅炉热效率低，工作压力也低，但对水质的要求不高。

水管式锅炉是水在管内流动，烟气在外面加热水管。根据汽水循环系统的特点，又分为自然循环式和强制循环式两种。强制循环锅炉的水循环比较稳定。即使烟气温度与流量发生波动，汽水循环仍可保持稳定。但强制循环锅炉对水质的要求较高，设备较为复杂。

各类锅炉的比较见表 6-6。

表 6-6　各种废热锅炉的比较

指　标	强制循环锅炉	火管锅炉	水管锅炉
蒸汽量/$t \cdot h^{-1}$	29	29	29
蒸发强度/$kg \cdot (m^2 \cdot h)^{-1}$	19.9	11.6	13.3
热交换系数/$kg \cdot (m^2 \cdot h \cdot K)^{-1}$	34.5	20.0	23.0
加热面/m^2	144	246	215
锅炉金属结构重量/t	4.30	—	12.3
构架及外壳重/t	3.80	—	4.0
总重/t	8.10	11.8	16.3
每吨汽的金属耗量/$t \cdot t^{-1}$	2.85	4.12	5.70

余热锅炉的合理构造应满足下列要求：（1）轻便，占地面积小；（2）制造简单，

金属材料用量少；（3）能抵抗温度的激烈变化；（4）一个锅炉机组的蒸发量不能太小；（5）蒸汽温度和压力变化时，不严重影响用户；（6）气密性好，流动阻力小，可用含尘量大的烟气。

6.4 耐 火 材 料

耐火度大于1580℃的无机非金属材料称为耐火材料。耐火材料是为高温工艺服务的基础材料，加热炉和冶金企业其他高温设备的砌筑都离不开耐火材料，冶金工业所用的耐火材料占整个耐火材料产量的60%~70%。目前我国钢铁工业耐火材料综合消耗指标（耐钢比）的总体水平大约为30kg/t左右。大型先进企业在10kg/t左右。

耐火材料的质量对炉子寿命、产品质量、产品成本等都有直接影响，耐火材料的质量取决于其物理性质和工作性能的好坏。

耐火材料的宏观组织结构特性包括显气孔率、体积密度和透气度等。它们是鉴定产品质量和控制生产工艺过程的重要指标。

耐火材料的常用力学性能有常温耐压强度、抗折强度、耐磨损性和弹性模量等。它们也是判断产品质量和控制生产工艺过程的常用测试项目。

耐火材料的热学性质有热膨胀系数、比热容和热导率等。它们对热工设备修砌、设计及热量平衡计算等有重要意义。

耐火材料的高温使用性能主要有耐火度、高温结构强度（包括高温荷重软化温度、高温耐压和抗折强度、高温蠕变等）、重烧线变化、抗热震性以及抗渣性等。

耐火材料的物理性质和工作性能指标参见相关教材和国家标准。

6.4.1 耐火材料的性能及分类

耐火材料的分类方法很多，其中以按材质（即化学矿物组成）的不同进行的分类方法最为重要，因为这种分类能表示出各种耐火材料的基本组成和特性。

（1）按化学矿物组成分类（见表6-7）。

表 6-7 耐火材料按化学矿物组成分类

分 类	耐火砖名称	主要化学成分	主要矿物成分	使用温度/℃
硅酸铝质	耐火黏土砖	SiO_2、Al_2O_3	莫来石、方石英	1300~1450
	高 铝 砖	Al_2O_3、SiO_2	莫来石、刚玉	1400~1650
	刚 玉 砖	Al_2O_3	刚玉	1600
硅 砖	硅 砖	SiO_2	鳞石英、方石英	<1600
	熔融石英制品	SiO_2	石英玻璃	<1600
镁 砖	镁 砖	MgO	方镁石	1600
	镁 铝 砖	MgO、Al_2O_3	方镁石、镁铝尖晶石	1600
	镁 碳 砖	MgO、C	方镁石、石墨	1600
白云石质	白云石砖	MgO、CaO	氧化钙、方镁石	1600
铬 质	镁 铬 砖	MgO、Cr_2O_3	方镁石、镁铬尖晶石	1520

分　类	耐火砖名称	主要化学成分	主要矿物成分	使用温度/℃
碳　质	碳　砖	C	无定型碳、石墨	
	石墨砖	C	石墨、无定型碳	1800
碳化硅质	碳化硅砖	SiC、Al_2O_3、SiO_2		1600

（2）按化学性质分类（见表 6-8）。

表 6-8　耐火材料按化学性质分类

分　类	高温侵蚀性	主要化学成分	所属耐火材料
酸性耐火材料	对酸性物质的抵抗性强	SiO_2、Zr 等四价氧化物	硅砖、耐火黏土砖
中性耐火材料	对酸性物质碱性物质的侵蚀性抵抗能力相似	Al_2O_3、Cr_2O_3 等三价氧化物和 SiC、C 等强共晶键结晶物	高铝砖、刚玉砖、铬砖、碳砖、碳化硅砖
碱性耐火材料	对碱性物质的抵抗性强	MgO、CaO 等二价氧化物	镁砖、镁铝砖、白云石砖

（3）按外观形态分类（见表 6-9）。

表 6-9　耐火材料按外观形态分类

分　类	外观形态	所属耐火材料	施工方法
定形耐火制品	具有一定形状的耐火制品如耐火砖、耐火板等	1. 烧成砖 2. 不烧砖又称结合砖 3. 熔铸砖	砌砖方法有干法砌砖和湿法砌砖之分
不定形耐火制品	无一定形状的散状材料、呈颗粒状、粉粒状或料坯状	1. 耐火混凝土 2. 耐火可塑料 3. 耐火喷涂料 4. 耐火捣打料	1. 浇注、振动、捣打 2. 捣打 3. 喷涂 4. 捣打
耐火纤维	有松散的纤维以及成形的纤维毡、纤维毯等	耐火纤维及其制品	层铺法、叠砌法和粘贴法

（4）按耐火度分类。可分为普通耐火制品（1580～1770℃）、高级耐火制品（1770～2000℃）和特级耐火制品（2000℃以上）。

6.4.2　耐火材料性能

对耐火材料性能的要求为：

（1）在高温条件下使用时，不软化不熔融，即应具有一定的耐火度。

（2）能承受结构的建筑荷重和操作中的作用应力，在高温下也不丧失结构强度。

（3）在高温下体积稳定，不致产生过大的膨胀应力和收缩裂缝。

（4）在温度急剧变化时，不致崩裂破坏。

（5）对熔融金属、炉渣、氧化铁皮、炉气的侵蚀有一定抵抗作用，即具有良好的化学稳定性。

（6）具有较好的耐磨性和抗震性能。

（7）外形整齐，尺寸准确，保证公差不超过一定范围。

6.4.3 加热炉常用耐火砖

耐火材料的品种繁多，其加工方法也多种多样。通常定形耐火材料的生产工序主要有原料煅烧、原料加工、泥料制备、泥料成形、砖坯干燥、砖坯烧成和加工等。加热炉及热处理炉使用温度一般在1400℃以内，但其炉底和炉墙根部常受熔融氧化铁皮渣的侵蚀，损毁比较严重。在炉顶、炉墙和炉底等不同部位可以砌筑不同耐火材料，常用的耐火砖有黏土砖、高铝砖、硅砖、镁砖和碳化硅质制品。

6.4.3.1 耐火黏土砖

耐火黏土砖是含 Al_2O_3 质量分数为30%~48%的硅酸铝质耐火制品。在1300~1400℃温度下烧成的制品。呈黄棕色，含氧化铁越高，颜色越深。一般要求氧化铁质量分数在1%以下，因为氧化铁还原后体积膨胀，导致砖体疏松、剥落、强度下降。黏土砖是耐火砖中数量最大，应用最广的一种，其产量占整个耐火材料总产量的60%~70%。

黏土砖属于弱酸性耐火材料。由于化学组成的波动范围较大，生产方法不同，烧成温度的差异，使黏土砖的性质变化较大。黏土砖的耐火度一般为1580~1750℃，随着 Al_2O_3 含量的增加耐火砖的耐火度提高。但是，黏土砖的荷重软化开始温度很低，只有1250~1300℃，而且荷重软化开始温度和终了温度（即40%变形温度）的间隔很大，约为200~250℃。黏土砖这一性质十分重要，它使得黏土砖虽然具有不太高的耐火度，但仍能适用于许多高温热工设备。黏土砖的耐急冷急热性较好，在850℃水冷次数可达10~25次。其线膨胀系数、热导率、比热容均小于其他耐火材料。黏土砖能抵抗弱酸性渣侵蚀，对碱性渣的抵抗力稍差，增加 Al_2O_3 的含量，可以提高抗碱性渣的能力。

黏土砖在高温下出现再结晶现象，使砖的体积缩小。同时产生液相，由于液相表面张力的作用，使固体颗粒相互靠近，气孔率低，使砖的体积缩小，因此黏土砖在高温下有残存收缩的性质。

黏土砖的原料丰富，制造工艺简单，成本最低，被广泛应用于砌筑各种加热炉和热处理炉的炉体、烟道、烟囱、余热利用装置和烧嘴等。

6.4.3.2 高铝砖

高铝砖是含 Al_2O_3 48%以上的硅酸铝质制品。按照矿物组成的不同，高铝质制品分为刚玉质、莫来石-刚玉质及硅线石质三大类。刚玉质制品的 Al_2O_3 含量在95%以上，基本矿物为刚玉（ Al_2O_3 ），原料为天然或人造刚玉，也有电熔刚玉的制品。莫来石-刚玉质制品的基本矿物为莫来石（ $3Al_2O_3 \cdot 2SiO_2$ ），其余为刚玉及玻璃相。硅线石质制品原料为硅线石（ $Al_2O_3 \cdot SiO_2$ ），基本矿物质是莫来石及玻璃相。工业上大量应用的是莫来石和硅线石质的高铝砖。随着 Al_2O_3 含量的增加和玻璃相的减少，制品的耐火度和耐急冷急热性均提高，抗渣性特别是对酸性渣的抵抗能力增强。

高铝砖的主要原料是高铝矾土，其中所含矿物以水铝石、波美石、高岭石为主。在高铝熟料中再配入软质生黏土作结合剂。高铝砖的生产工艺与黏土砖基本相同。

高铝砖的烧成温度一般为1500~1600℃，其耐火度（1750~1790℃）及荷重软化温度（1420~1550℃）比黏土砖和半硅砖的耐火度都要高，属于高级耐火材料。高铝砖大部分性能都优于黏土砖，只是热震稳定性比黏土砖稍低。

由于高铝砖的主要成分是 Al_2O_3，对酸性及碱性渣的侵蚀均能抵抗，对氧化铁皮的侵蚀也有一定抵抗能力。故常用来砌筑均热炉吊顶、炉底、下部炉墙，在连续加热炉上的炉底、炉墙、烧嘴砖、吊顶都可用高铝砖砌筑。高铝砖也可用作格子砖，修砌蓄热室。

6.4.3.3　硅砖

硅砖是含 SiO_2 在93%以上的硅质耐火材料。原料是石英岩，加入适量的矿化剂及结合剂烧成。SiO_2 在烧成的过程中发生复杂的晶型转变，并伴有体积的变化。在最后的制品中主要转变成鳞石英和方石英晶体，及少量非晶形的石英玻璃，这些晶型的转变必须有矿化剂并需要较长的时间。几种不同晶形石英的相对密度各不相同，通过测定制品的相对密度，可以判断石英晶型转变是否完全。相对密度越小，表明转化越完全，使用时高温体积稳定性最好。所以硅砖的质量指标中都包括相对密度一项，普通硅砖的相对密度应在2.4以下。

硅砖属于酸性耐火材料，对酸性渣的侵蚀抵抗力强，对碱性渣的抵抗力较差，但对氧化铁有一定抵抗能力。硅砖的荷重软化温度开始于 $1620 \sim 1660℃$，接近于其耐火度（$1690 \sim 1730℃$）。因为它有完整的鳞石英的结晶网，而且液相的黏度很大。由于这一特点，荷重软化点比其他几种常用砖都高，硅砖可用于砌筑高温炉的拱顶。硅砖的耐急冷急热性不好，850℃的水冷次数只有 $1 \sim 2$ 次，所以不宜用在温度变化剧烈的地方和间歇工作的炉子上。特别在600℃以下，由于组织内晶型的转变，体积发生变化，由此影响其热稳定性。

硅砖在各种耐火砖总量中所占的比例为 $3\% \sim 7\%$，在连续加热炉上用来砌筑炉子拱顶；均热炉上用以砌筑炉墙的中段。因为硅砖荷重软化点高，上部炉口部位因为温度波动剧烈，下部靠近炉底部位易受碱性渣侵蚀，都不适合采用。

6.4.3.4　镁砖

镁砖是含 MgO 在 $80\% \sim 85\%$ 以上，以方镁石为主要矿物组成的耐火材料。

镁砖的原料主要是菱镁矿，其基本成分是 $MgCO_3$，经过高温煅烧再破碎到一定粒度后成为烧结镁砂。镁砂广泛用作补炉材料、捣打材料，含杂质少的镁砂（$w(CaO) < 2.5\%$，$w(SiO_2) < 3.5\%$），作为制造镁砖的原料。

镁砖按其生产工艺的不同，分为烧结镁砖和化学结合镁砖两种。烧结镁砖是用经过焙烧、颗粒大小配比适当的镁砂，加入卤水（$MgCl_2$ 水溶液）和亚硫酸纸浆废液作结合剂，加压成型，在 $1550 \sim 1650℃$ 的高温下烧成。而化学结合镁砖是不经过烧成工序的，把烧结镁砂按粒度比例配好以后，加入适量的矿化剂和结合剂，压制成型，经过干燥成为成品。化学结合镁砖的强度较低，性能不如烧结镁砖，但是价格便宜，不及烧结镁砖价格的一半。它用在性能要求不太高的部位，如加热炉和均热炉炉底。

镁砖属于碱性耐火材料，对碱性熔渣有较强的抵抗能力，但不能抵抗酸性渣的侵蚀，在1600℃高温下，与硅砖、黏土砖甚至高铝砖接触都能起反应。镁砖的耐火度在2000℃以上，但其荷重软化点只有 $1500 \sim 1550℃$。而且开始软化到40%变形的温度间隔很小，只有 $30 \sim 50℃$。镁砖的热稳定性也较差，这是镁砖损坏的一个重要原因。

在加热炉及均热炉上，镁砖主要用于铺筑炉底表面层及均热炉炉墙下部，它可以抵抗氧化铁皮的侵蚀。

属于镁质耐火材料的还有镁铝砖、镁铬砖、镁碳砖、镁硅砖等。

为了改善镁砖的热稳定性和高温强度，在配料中加入工业氧化铝细粉，可制成以镁尖晶石结合的镁铝砖，可以成功地用作高温炉顶材料，适用于炉子有碱性熔渣侵蚀的部位。

烧结镁砂中加入不同量的铬铁矿，可以制成镁铬砖、铬镁砖。加热炉及均热炉上有时用于把镁砖与硅砖或黏土砖隔开，防止这些砖在高温下相互起作用。

6.4.3.5 碳化硅质耐火材料

碳化硅质耐火材料分为三类：（1）加黏土等氧化物结合的制品；（2）氮化物（如 Si_3N_4 或 Si_2ON_2）结合的制品；（3）利用碳化硅的再结晶作用，加压成型自行结合的制品。其中应用最普遍的是黏土结合制品，我国目前生产和采用的是这一种。

以黏土为结合剂的碳化硅质一级制品中含 SiC87%，耐火度可达 1800℃，荷重软化点 1620℃。碳化硅质制品有一些特殊的性能，使它可作某些特殊用途，如：（1）导热性好，比一般耐火材料高约 10 倍，适合用作导热的器件，例如热处理炉的马弗罩。由于它导热性能好，1200℃以下又有很强的抗氧化性，因此寿命比金属罩长。根据同一道理，也可以用作换热器元件。（2）机械强度大，耐磨性能好，耐急冷急热性也好，所以有的辊底炉用它来作容易磨损的辊套。（3）比电阻大，可以用作电阻炉的电热元件。

6.4.4 不定形耐火材料

不定形耐火材料是由耐火骨料、粉料和一种或多种结合剂按一定的配比组成的不经成型和烧结而直接使用的耐火材料。这类材料无固定的形状，可制成浆状、泥膏状和松散状，用于构筑工业炉的内衬砌体和其他耐高温砌体，因而也通称为散状耐火材料。用此种耐火材料可构成无接缝或少接缝的整体构筑物，故又称为整体耐火材料。目前一些先进工业国家，不定形耐火材料的产量已占其耐火材料总产量的三分之一以上，而且有进一步发展的趋势。

不定形耐火材料通常根据其工艺特性和使用方法分为浇注料、可塑料、捣打料、喷射料和耐火泥等。

散状耐火材料可用于各种炉窑。这种材料施工方便，筑炉效率大大提高，能适应各种复杂炉体结构的要求。由于使用散状耐火材料，炉子的热工指标也有所改善。例如热处理炉使用了陶瓷纤维炉衬，使热损失大大减少；连续加热炉炉底水管用耐火可塑料包扎，使热损失及耗水量均大幅度降低；炉顶采用耐火混凝土预制块，使施工大为简便。

6.4.4.1 耐火混凝土（浇注料）

耐火混凝土又称耐火浇注料，是不定形耐火材料中一个重要品种。由耐火骨料、粉料和结合剂按一定比例，加水或其他液体后，可采用浇注的方法施工或预先制作成具有规定的形状尺寸的预制件，构筑工业炉内衬。由于浇注料的基本组成和施工、硬化过程与土建工程中常用的混凝土相同，因此也常称此材料为耐火混凝土。这种材料可以现场配制施工，也可预制成型，实行吊装砌筑，与耐火砖相比大大简化了制作工艺，降低了制作成本，加快了砌筑速度，并使炉墙砌体具有良好的整体性。

耐火混凝土按结合剂不同可分为水泥结合剂（硅酸盐水泥、矾土水泥、低钙铝酸盐水泥等）耐火混凝土和无机结合剂（水玻璃、磷酸盐）耐火混凝土等。按使用温度不同可分为低温（＜1000℃）、中温（1000~1200℃）和高温（＞1200℃）耐火混凝土三种，此外还有容重较低的轻质耐火混凝土。

几种常用耐火混凝土的性能见表 6-10。

表 6-10　几种耐火混凝土的性能

材　料	耐火度 /℃	荷重软化开始 温度/℃	显气孔率/%	体积密度 /g·cm⁻³	常温耐压强度 /kg·cm⁻²	1250℃烧后强度 /kg·cm⁻²	耐急冷急热性 /次数
铝酸盐 耐火混凝土	1690～1710	1250～1280	18～21	2.16	200～350	140～160	>50
水玻璃 耐火混凝土	1610～1690	1030～1090	17	2.19	300～400	400～500	>50
磷酸盐 耐火混凝土	1710～1750	1200～1280	17～19	2.26～2.30	180～250	210～260	>50

耐火混凝土和浇注料可以直接浇灌在热工设备上的模板内，内加锚固件，捣固后经过一定养护期即可。也可以制成预制块，如拱顶、吊顶、炉墙、炉盖、炉门等，比之砌砖或直接浇注成型，在施工及更换时都比较方便。

耐火混凝土和黏土结合浇注料的产量约占我国耐火材料总量的 10%，预期还会进一步发展，因为它们具有一些明显的特点：

（1）耐火度与同材质的耐火砖差不多，但由于耐火混凝土（浇注料）未经烧结，初次加热时收缩较大，故荷重软化点比耐火砖略低。尽管如此，从总体上衡量，性能优于耐火砖。

（2）耐火混凝土由于低温胶结料的作用，常温耐压强度较高。同时因为砌体的整体性好，炉子的气密性好，不易变形，外面的炉壳钢板可以取消，炉子抗机械振动和冲击的性能比砖的砌体好。例如用于均热炉的侧墙上部，该处机械磨损和碰撞都比较厉害，寿命比砖砌的提高了数倍。

（3）热稳定性好，骨料大部分或全部是熟料，膨胀与胶结料的收缩相抵消，故砌体的热膨胀相对说来比砖小，温度应力也小。而且结构中有各种网状、针状、链状的结晶相，抵抗温度应力的能力强。例如用来浇注均热炉炉口及炉盖，寿命延长到一年半。

（4）生产工艺简单，取消了复杂的制砖工序。可以制成各种预制块，并能机械化施工，大大加快了筑炉速度，比砌砖效率提高十多倍。还可利用废砖等作骨料，变废为宝。

6.4.4.2　耐火可塑料及捣打料

耐火可塑料一般是经过配料、混炼、脱气后挤压成砖坯状等，并在较长保存期内具有较高可塑性的不定形耐火材料。常用的耐火可塑料按材质分有黏土质、高铝质和刚玉质等。通常以具有可塑性的软坯状或不规则的料团形式供货。施工时采用捣打、振动等方式构筑内衬。与耐火混凝土相比，耐火可塑料具有现场使用方便，无需特殊养护，热震稳定性好，抗剥落性好，使用寿命长以及整体密封性好等优点。耐火可塑料按自身的硬化原理及强度又分为热硬性和气硬性两类，这在工业炉各种加热炉不同部位炉衬设计的材质合理选择上需特别注意。热硬性耐火可塑性（普通耐火可塑料），在材料中没有化学结合剂，故成形后的强度很低，其强度是在施工后随干燥和烘炉的温度升高而增加，直至高温烧结后强度为最大。这类热硬性可塑料仅适用于各种加热炉的炉墙使用，不适用于炉顶部位使用，因脱模后易塌陷。气硬性耐火可塑料，是在材料中加有硅酸钠的化学结合剂的可塑料，在施工成形后其强度变化较快，易于成形后较快地拆模。故这类气硬性耐火可塑料多适用于各种加热炉的炉顶部位使用。

硅酸铝质可塑料采用黏土熟料作骨料，目前采用的骨料是粒度小于 10mm 的焦宝石熟料（含 Al_2O_3 46%、SiO_2 52%），并要求带有棱角，骨料应有较好的体积稳定性。由于可塑料中掺有一定数量生黏土，所以在干燥和加热时要产生收缩，如收缩过大就会出现裂缝甚至破坏。因此骨料不能太细，粒度要配合适当。为了控制高温收缩，加入高铝矾土粉作为掺和料，依靠矾土中游离的 Al_2O_3 与黏土中的 SiO_2，在加热过程中二次莫来石化，产生膨胀来抵消生黏土带来的收缩，保持可塑料体积稳定。

耐火可塑料中加入黏土的作用，既是作为塑化剂，又作为结合剂。应该选择可塑性好的软质黏土，并具有较高的耐火度。有时也加少量膨润土，以提高低温强度和可塑性。除生黏土和膨润土外，可塑料中还要加入化学结合剂，现在多用磷酸-硫酸铝溶液。为了改善耐火可塑料的塑性和常温强度，延长其贮存期，还可加入某些有机添加剂。质量好的可塑料可保存 3～6 个月，最长可达一年。

耐火可塑料的施工可以用模板捣打（气锤或手锤），也可以不用模板，但内部都有锚固件或采用耐热钢纤维，炉底水管用可塑料包扎时，内部用金属钉钩或钢丝弹簧圈。制作炉衬时，将可塑料铺在吊挂砖或挂钩之间，用手锤或气锤分层（每层厚 50～70mm）捣实即可。若用可塑料制作整体炉盖，可先在底模上施工，待干燥后再吊装。

耐火可塑料具有以下一些优点：

（1）耐火度高。硅酸铝质耐火可塑料的耐火度都达到 1750～1850℃，超过了黏土砖，达到了高铝砖的水平，可以用在直接与火焰接触的部位。

（2）耐急冷急热性好。使用于温度变化剧烈的部位不会崩裂剥落。例如均热炉炉口部位的炉墙，使用耐火砖寿命只有半年至一年，使用耐火可塑料可延续到一年半以上。

（3）绝热性能好。可塑料比砖的导热系数小，因此热损失少，可以降低燃耗，提高炉温。如连续加热炉水管用可塑料包扎，可降低燃耗 20%，提高炉子产量 15%～20%，水管黑印减少。冷却水用量也减少三分之二。包扎所需的费用仅从节约燃料一项上，很快便可以收回。

（4）抗渣性好。能抵抗氧化铁皮熔渣的侵蚀，而且落下的渣不易粘结，容易清除。

（5）抗震性及耐磨性好。用于包扎水管和步进式炉的步进梁，不易脱落和损坏。

由于耐火可塑料中含有一定的黏土和水分，在干燥和加热过程中往往产生较大的收缩。如不加防缩剂的可塑料干燥收缩 4% 左右，在 1100～1350℃ 内产生的总收缩可达 7% 左右。故体积稳定性是耐火可塑料的一项重要技术指标。耐火可塑料的抗热震性能高于其他同材质的不定形耐火材料。和耐火砖相比，耐火可塑料生产流程简单，容易施工，筑炉速度快，修补方便，且整体性好。和耐火混凝土相比，施工不用模板，不需要养护时间。由于高温下生成的玻璃少，性能也超过相同材质的耐火混凝土。耐火可塑料的缺点是体积收缩大，常温下强度低。

耐火可塑料特别适用于各种加热炉、均热炉及热处理炉。耐火可塑料制成的炉子具有整体性、密封性好，热导率小，热损失少，抗热震性好，炉体不易剥落，耐高温，有良好的抗蚀性，炉子寿命较长等特点。目前国内耐火可塑料在炉底水管的包扎、加热炉炉顶、烧嘴砖、均热炉炉口和烟道拱顶等部位的使用都取得了满意的效果。

耐火捣打料是粒状和粉状的耐火材料加结合剂，经合理级配与混练而成干或半干的松散料，使用时靠临时强力捣打成形，并经加热使其硬化和烧结。材质有硅质、黏土质、高铝质、刚玉质、碳质、镁质和铬质等，其特点是在高温下有较高的稳定性和耐侵蚀性。工业炉除高温液体除渣加热炉的炉底及环形炉炉底可采用外，一般较少采用。

6.4.5 耐火纤维

耐火纤维是一种柔软的纤维状耐高温的保温材料。具有热导率低，绝热效果好，自重轻，且热容量小，热稳定性好，可快速升温，加热时间短等特点，可做成薄壁炉衬，提高炉窑的生产率。同时降低炉子的基础和钢结构的造价。使用耐火纤维材料施工方便。劳动强度低，能缩短烘炉时间，甚至不经烘炉即可使用。

耐火纤维材料的主要品种和使用温度为：

(1) 普通硅酸铝纤维，使用温度约为1000℃。

(2) 高纯硅酸铝、含铬硅酸铝和高铝纤维使用温度为1100～1300℃。

(3) 莫来石纤维和氧化铝纤维，使用温度为1300～1600℃。

耐火纤维所以得到很大发展，由于它具有一系列优点：

(1) 重量轻。耐火纤维制品的重量只及同体积轻质耐火砖的六分之一，一座由纤维制品筑的炉子其重量比不绝热的炉子轻90%～95%。重量与炉子蓄热成正比，由于重量减轻，炉子热容量小，蓄热减少。所以耐火纤维特别适合周期性作业的炉子，如某些热处理炉。

(2) 绝热性能好。与轻质黏土砖及硅藻土砖等绝热材料相比，导热率要低1/4～1/2，因此炉衬可以减薄。纤维的绝热性能与密度有关，但在400kg/m³以下，与一般耐火材料相反，密度越大导热率越低，超过400kg/m³又和耐火砖相仿，导热系数为0.05W/ (m·℃)。

(3) 热稳定性好。耐火纤维是一种有柔性和弹性的材料，所以高温下不必考虑热应力的问题。耐火纤维炉衬使用锚固件固定，炉子设计与施工发生重大变革。

(4) 化学稳定性好。除氟氢酸、磷酸和强碱外，能耐大多数化学品的侵蚀。只有在强还原气氛下，耐火纤维所含的TiO_2、Fe_2O_3等杂质有可能被CO还原，所以在退火炉上使用的纤维制品，希望其中杂质尽可能少些。

(5) 容易加工。耐火纤维可以剪切、裁割、弯曲成任意形状。安装耐火纤维炉衬相对简单，修理更换也容易，只是不耐碰撞和磨损。其施工方法有层铺法、粘贴法、叠砌法等。为了提高使用寿命和施工进度，可以将耐火纤维毯、毡（板）做成组合件预制装配。

最初耐火纤维只是作为充填料和绝热材料，现已发展到可以作为热处理炉和其他一些炉子的内衬，如用作均热炉炉盖、炉墙内衬、炉盖密封材料（用以代替砂封）；在加热炉上用于水管包扎、炉顶及炉墙的内衬；在热处理炉上用作罩式退火炉外罩材料及底座密封材料，还用于台车式炉一类间歇性作业的炉子上。在热风管道上还用以代替管内衬砖，施工方便，也减小了所用管径。耐火纤维还可以掺入耐火混凝土内制成复合材料。

6.4.6 耐火材料的选用原则

耐火材料的正确选用对炉子工作具有极重要的意义，能够延长炉子的寿命，提高炉子的生产率和热效率，降低生产成本等。相反，如果选择不好，会使炉子过早损坏而经常停炉，降低作业时间和产量，增加耐火材料的消耗和生产成本。随着科技的不断发展与进步，加热炉的设计思路发生了很大变化，节能、环保成为新炉型开发的主题，诸如蓄热式加热炉等新的炉型应运而生。随着加热炉结构的更新，作为加热炉主体材料——耐火材料的保温性能备受人们的关注。新型的加热炉不但要求耐火材料有良好的高温性能，而且要求耐火材料有较小的体积密度和导热系数。

选择耐火材料时应注意下述原则：

（1）满足工作条件中的主要要求。耐火材料使用时，必须考虑炉温的高低、变化情况、炉渣的性质、炉料、炉渣、熔融金属等的机械摩擦和冲刷等。但是，任何耐火材料都不可能全部满足炉子热工过程的各种条件，这就需要抓住主要矛盾，满足主要条件。例如，砌筑加热炉拱顶时，所选用的材料首先应考虑到有良好的高温结构强度，而就抗渣性来说却是次要的要求。反之，在高温段炉底上层的耐火材料则必须满足抗渣性这个要求。又如，对间歇性操作的炉子来说，除了考虑抗渣性等基本条件外还应选择热稳定性好的材料。总之，就一个炉子来说，各部位的耐火材料是不相同的。应根据各部位的技术条件要求来选取合适的耐火材料。

（2）经济上的合理性。冶金生产消耗的耐火材料数量很大，在选用耐火材料时除了满足技术条件上的要求外，还必须考虑耐火材料的成本和供应问题，某些高级耐火材料虽然具备比较全面的性能，但因价格昂贵而不能采用。当两种耐火材料都能满足要求的情况下应选择其中价格低廉，来源充足的那一种，即使该材料性能稍差，但能基本符合要求也同样可以选用。对于易耗或使用时间短的耐火制品更应考虑采用价格低，来源广的耐火料。此外，经济上的合理性，不仅表现在耐火材料的单位价格，同时还应考虑到其使用寿命。

总之，选择耐火材料，不仅技术上应该是合理的，经济上也必须是合算的。应本着就地取材，充分合理利用资源的原则，能用低一级的材料，就不用高一级的，当地有能满足要求的就不用外地的。

7 连续加热炉

连续加热炉是轧钢车间应用最普遍的炉子。料坯由炉尾装入，加热后由另一端排出推钢式连续加热炉，钢坯在炉内是靠推钢机的推力沿炉底滑道不断向前移运；机械化炉底连续加热炉，料坯则靠炉底的传动机械不停地在炉内向前运动。燃烧产生的炉气一般是对着被加热的料坯向炉尾流动，即逆流式流动。料坯移到出料端时，被加热到所需要的温度，经过出料口出炉，再沿辊道送往轧机。

连续加热炉的工作是连续性的，料坯不断地加入，加热后不断地排出。在炉子稳定工作的条件下，炉内各点的温度可以视为不随时间而变，属于稳态温度场，炉膛内传热可近似地当作稳态传热，金属内部热传导则属于非稳态导热。

具有连续加热炉热工特点的炉子很多，从结构、热工制度等方面看，连续加热炉可按下列特征进行分类：

（1）按温度制度可分为：两段式、三段式和强化加热式。

（2）按被加热金属的形状可分为：加热方坯的、加热板坯的、加热圆管坯的、加热异型坯的。

（3）按所用燃料种类可分为：使用固体燃料的、使用重油的、使用气体燃料的、使用混合燃料的。

（4）按空气和煤气的预热方式可分为：换热式的、蓄热式的、不预热的。

（5）按出料方式可分为：端出料的和侧出料的。

（6）按物料在炉内运动的方式可分为：推送式连续加热炉、步进式炉、辊底式炉、转底式炉、链式炉等。

7.1 推送式连续加热炉

推送式连续加热炉仍是应用最广泛的形式。根据炉温制度又可分为两段式加热炉、三段式加热炉、多点供热式加热炉。

7.1.1 两段式连续加热炉

图 7-1 是一座燃煤两段式连续加热炉的示意图。按炉温制度分为加热期和预热期，炉

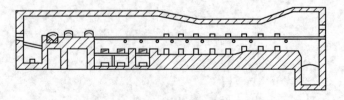

图 7-1 燃煤两段式连续加热炉

膛也相应地分为加热段和预热段。加热薄料坯的小炉子也有单面加热的，一般多为两面加热。烧煤时设有端部的燃烧室，称为头炉，下加热的燃烧室设在两侧，称为腰炉。烧重油或煤气的炉子，在上下部的端墙上安装烧嘴，有时侧墙上也安装烧嘴。

具有上下两面加热的两段式连续加热炉，其燃料分配比例上加热占30%~40%，下加热占60%~70%。因为下面的炉气要上浮，部分气体由两侧的空隙上来，使下部的热量感到不足；其次，料坯下面的冷却水要带走大量的热，这部分热几乎都要由下加热供给；此外，料坯与水管接触的地方要产生黑印，下加热不足时，黑印现象更严重，料坯到实炉底段以后，只有上部受热。因此，下加热应供给较多的燃料。

当料坯的厚度不大时（一般小于200mm），可以采用两段式炉。但当料坯断面较厚时，加热终了后内外上下温度差较大，为了消除温差，必须延长加热时间，但受到物料表面温度的限制，如果表面温度过高，就会产生加热缺陷。这时两段式连续加热炉就不能适应要求。

7.1.2　三段式连续加热炉

图7-2是一座推送式三段连续加热炉。

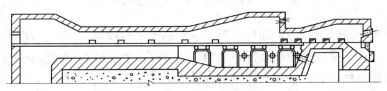

图7-2　推送式三段连续加热炉

7.1.2.1　三段式连续加热炉的温度制度

三段式连续加热炉采取预热期、加热期、均热期的三段温度制度。在炉子的结构上也相应地分为预热段、加热段和均热段。一般有三个供热点，即上加热、下加热与均热段供热。断面尺寸较大物料的加热，多采用三段连续加热炉。

料坯由炉尾推入后，先进入预热段缓慢升温，出炉烟气温度为850~950℃，最高不超过1050℃。料坯进入加热段后，强化加热，表面迅速升温到出炉所要求的温度，允许物料内外有较大温差。最后，物料进入温度稍低的均热段进行均热，表面温度不再升高，而是使断面上的温度逐渐趋于均匀。均热段的温度一般为1250~1300℃，即比物料出炉温度高约50℃。现在连续加热炉的加热段及均热段的温度有提高的趋势，加热段超过1400℃，烟气出炉温度也相应提高，同时也很重视温度分布的均匀性，各段温度可以分段自动调节。

近年来由于能源紧张，出现了一个新动向，即不强调炉子的生产能力，而强调节能，炉子由高产型向节能型演变。延长了预热段和整个炉长，降低烟气温度，炉底强度下降，热耗也降下来。

7.1.2.2　三段式连续加热炉的炉型

三段式炉型的变化很多，但结构上仍有一些共同的基本点。炉顶轮廓曲线的变化是很大的，它大致与炉温曲线相一致，即炉温高的区域炉顶也高，炉温低的区域炉顶也相应压低。在加热段与预热段之间，有一个比较明显的过渡，炉顶向预热段压下。这是为了避免加热段高温区域有许多热量向预热段的低温区域辐射，加热段是主要燃烧区间，空间较大，有利于辐射换热；预热段是余热利用的区域，压低炉顶缩小炉膛空间，有利于强化对流换热。但有的炉子也着眼于强化加热，使加热段相对延长，加热段与预热段之间的界限也不再明显。

在加热高合金钢和易脱碳钢时，预热段温度不允许太高，加热段不能太长，而预热段比一般情况下要长一些，才不致在钢内产生危险的温度应力。为了降低预热段的温度并延长预热带的长度，采用了在炉子中段加中间烟道的办法（见图7-3），以便从加热段后面引出一部分高温炉气。有的炉子还采取加中间扼流隔墙的措施，也是为了达到同样的目的。

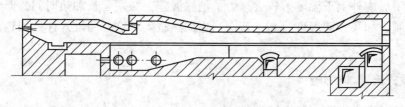

图 7-3　带中间烟道的三段式连续加热炉

在炉子的均热段和加热段之间将炉顶压下，是为了使端墙具有一定高度，以便于安装烧嘴。因此如果全部采用炉顶烧嘴及侧烧嘴，也可以使炉子结构更加简化，即炉顶完全是平的，上下加热都用安装在平顶和侧墙上的平焰烧嘴。炉温制度可以靠调节烧嘴的供热量来实现，根据供热的多寡可以相当严格地控制各段的温度分布。例如产量低时，可以关闭部分烧嘴，缩短加热段的长度。这种炉型如图7-4所示。

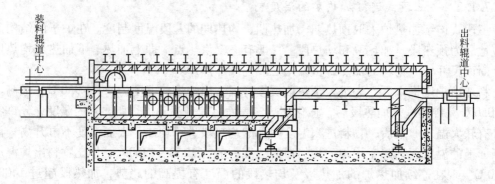

图 7-4　平顶式连续加热炉

多数推送式连续加热炉炉尾烟道是垂直向下的，这是为了让烟气在预热段能紧贴钢坯的表面流过，有利于对流换热。由于炉气的惯性作用，炉气经常会从装料门喷出炉外，出现冒黑烟或冒火现象，造成炉尾操作条件恶劣，污染车间环境，并容易使炉后设备变形。为了改变这种状况，采取使炉尾部的炉顶上翘并展宽该处炉墙的办法，其目的是使气流速度降低，部分动压头转变为静压头，也使垂直烟道的截面加大，便于烟气顺利向下流动，减少烟气的外逸。但近来连续加热炉使用金属换热器和余热锅炉的逐渐多起来，这些附属设备配置在炉顶上面，便于操作和维护，因此一些炉子采用上排烟的方案。上排烟可以减少大量的地下工程，在地下水位高的地方更为有利。

7.1.2.3 连续加热炉气流的组织

连续加热炉内火焰的组织与燃烧装置的形式、位置、角度、空气与燃料比例有关,也和炉内压力的大小和分布有关。

端部烧嘴供热的炉子主要依靠烧嘴角度组织炉内火焰。烧嘴下倾的角度大,则火焰直接冲向料坯的表面,容易使料坯的局部过热;如果烧嘴角度太小,火焰又向上飘,使对流换热减弱。一般在烧煤气的炉子上,上部端烧嘴下倾角度为 10°~15°,下加热端烧嘴上倾角度 8°~15°。油烧嘴的倾角小一些,有些炉子的烧嘴甚至没有倾角。

炉顶烧嘴和侧烧嘴的采用,改变了传统的组织火焰的概念。平焰烧嘴使火焰沿炉顶表面径向散开,轴向速度很小,火焰短而平,这种火焰是靠增大辐射面积,加强定向辐射,使整个加热区域温度更加均匀,避免了长火焰温度不均匀的现象。随着连续加热炉向大型化方向发展,炉子采用侧烧嘴的逐渐增多。侧烧嘴的布置可以根据炉子产量和材料的类别,组织不同的炉温制度,使整个加热段沿炉长方向上温度相近,炉膛前后压差也比较小,操作起来灵活方便。其缺点是在炉宽方向上温度不均匀,但如果采用火焰长度可调烧嘴,即使较宽的炉子也能保持炉宽方向上有合适的温度分布。采用端烧嘴或侧烧嘴要视具体情况而定,例如加热长板坯时,用轴向端烧嘴比横向侧烧嘴更有利于沿炉宽上温度的均匀分布,甚至要求出炉长板坯头尾有一定的温差,保证在出炉降温后,两端进入轧机时温度基本一致,这一点用侧烧嘴就难以调整。

国外从较早就出现过顺逆流式的连续加热炉,顺流指气流与料坯运动方向一致。金属由装料端入炉后用顺流方式加热,即在尾部端墙的上下部都设置烧嘴,供热能力远大于出料端。到了高温段又用逆流方式加热,烟道设在炉子的中部。对于薄料坯,这种炉子的产量比较高。但这种炉型并没有得到很大发展,因为金属在高温下,表面与炉气的温差比较小,加热速度低,快速加热正是要提高料在高温下的加热速度,顺流式炉子不能满足这一要求,而且这种炉子废气温度高,热效率低。

炉膛压力的分布对连续加热炉热工的影响很大,直接关系炉膛温度分布、料的加热速度和加热质量。由气体静力学原理可知,如果炉膛内保持正压,炉气又充满炉膛,对传热有利,但炉气将由装料门和出料门等处逸出,不仅污染操作环境,并造成热能的损失。反之,如果炉膛内为负压,冷空气将由炉门被吸入炉内,降低了炉温,对传热不利,并增加了炉气中的氧含量,加剧了料的烧损。所以对炉压的控制基本要求是在出料端炉底平面保持压力为零或 10~20Pa 的正压,这样炉气外逸和冷风漏入的危害可减到最低限度。炉压沿炉长的分布是由前向后递增,总压差一般为 20~40Pa(见图 7-5)。造成这种压力递增的原因,是由于烧嘴射入炉膛内的流股的动压头转变为静压头所致。炉膛内压力的调节手段,一是靠烧嘴的射流,射流的

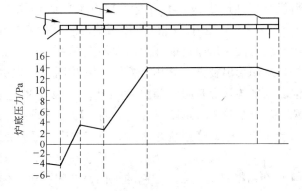

图 7-5 连续加热炉炉底压力曲线

动量越大,炉压越大。炉顶烧嘴轴向的动量很小,向下递增的压力分布又恰好抵消了热气

体造成的垂直方向的压差,这种炉子沿炉长的压力分布很均匀。炉压调节的另一手段是依靠烟道闸板,降低闸板时增加烟气在烟道内的阻力,炉内压力将升高,提起闸板时烟道阻力减小,抽力增大,炉内负压增加。由于炉子热负荷在不断变动,废气量也在相应地变化。要保持炉内压力稳定,就要及时调整烟道闸板。但在没有实现炉膛压力自动调节的炉子上,不能及时以压力为控制参数调整烟道闸门。炉压的波动也影响火焰的组织,抽力增大时,火焰被拉向炉尾,使加热段无异于增长;反之,炉尾温度则较低。所以炉压的波动造成炉内温度分布的波动,不能保证炉温制度的稳定。

7.1.2.4 三段连续加热炉的供热分配

连续加热炉的供热是根据加热工艺所要求的温度制度来分配的,它保证加热制度的实现和料坯加热温度的均匀性,并和炉子生产率有密切的关系。

三段连续加热炉一般是三个供热段,即均热段、上加热段和下加热段。各段燃料分配的比例大致是:均热段占20%~30%,上加热段占20%~40%下加热段占40%~60%,总和为100%。但为了使炉子在生产中有一定的调节余地,所以供热能力的配置比例应大于燃料分配的比例,即烧嘴能力的总和应为燃料消耗量的120%~130%。这样大体上均热段、上加热段、下加热段的供热能力分配比例是30:40:60。当炉底水管绝热包扎比较有效时,可以适当减少下加热段燃料的比例。

7.1.2.5 连续加热炉的装料与出料方式

连续加热炉装料与出料方式有:端进端出、端进侧出和侧进侧出几种,其中主要是前两种,侧进侧出的炉子较少见。

一般加热炉都是端进料,料坯的入炉和推移都是靠推送机构进行的。炉内料坯有单排放置的,也有双排放置的,要根据料坯的长度、生产能力和炉子长度来确定。

推送式加热炉的长度受到推送比的限制,所谓推送比是指料坯推移长度与料坯厚度之比,推送比太大会发生拱钢事故。其次,炉子太长,推料的压力大,高温下容易发生粘连现象。所以炉子的有效长度要根据允许推料比来确定,一般原料条件时方坯的允许推料比可取200~250,板坯取250~300。如果超过这个比值,就采用双排料或两座炉子。但如果料坯平直,圆角不大,摆放整齐,炉底清理及时,推料比也可以突破这个数值。

出料的方式分侧出料与端出料两种,两者各有利弊。端出料的优点是:(1)由炉尾推料机直接推送出料,不需要单独设出料机,侧出料需要有出料机;(2)如料坯较宽时(如板坯),只能用端出料,若用侧出料,出料门势必开得很大;料坯太长也不宜用侧出料,因为此时出料机推杆的行程很大,占用车间面积太大;(3)轧制车间往往有几座加热炉,采用端出料方式,几个炉子可以共用一个辊道,占用车间面积小,操作也比较方便。但端出料的缺点是出料门位置很低,一般均在炉子零压线以下,出料门宽度几乎等于炉宽,从这里吸入大量冷空气到炉内。冷空气密度大,贴近料表面对温度的影响大,并且增加金属的烧损,烧损量的增加又使实炉底上氧化铁皮增多,给操作带来困难。

为了克服端出料门吸入冷空气这一缺点,在出料口采取了一些封闭措施。常见的有:(1)在出料口安装自动控制的炉门,开闭由机械传动,不出料时炉门是封闭的,出料时自动随推料机一同联动而开启;(2)在均热段安装反向烧嘴,即在加热段与均热段间的端墙或侧墙上,安装向炉前倾斜的烧嘴,喷入煤气或重油形成不完全燃烧的火幕,一方面增加出料口附近的压力，一方面漏入的冷空气可以参加燃烧；（3）加大炉头端烧嘴向下的倾角，同压低均热段与加热段之间的炉顶，利用烧嘴的射流驱散料坯表面低温的气体，均热段气体进入加热段时的阻力加大，均热段内的炉压增加，对减少冷风吸入有一定作用；（4）在出料口挂满可以自由摆动的窄钢带或钢链，可以减少冷空气的吸入，并对向外的辐射散热起屏蔽作用。

目前只有加热小型料坯，或者加热质量要求较高的合金钢坯时，才采用侧出料方式。

7.1.2.6 推送式连续加热炉的炉底结构及出渣

推送式连续加热炉的炉底分为架空的水冷管部分和实炉底均热床（均热床也有架空或半架空的）两部分。

为了克服水冷滑道产生的黑印和上下面温差的问题，并使料坯表面与中心的温差达到要求，在均热段需要有一段实炉底均热床。均热床多用抗氧化铁侵蚀的镁砖砌筑。如果采用电熔刚玉-莫来石砖，寿命显著延长，而且有利于消除黑印。为了减少推料的阻力并保护炉底，在实炉底上铺有耐热钢的金属滑轨。过去认为实炉底段的长度不应小于加热炉有效长度的20%~25%，但现在有缩短实炉底段的趋势，并且用架空或半架空的结构来代替实炉底。这是因为实炉底段只是上面受热，如加热段下加热热量不够，本来就有阴阳面，事实炉底上停留时间过长，会使上下表面温度更加不均匀。均热段架空后，在下均热空间安装烧嘴补充供热（占总热量的6%~15%），可以减轻黑印。有一些炉子采取半架空的结构，在实炉底上面砌一些槽，以便于清渣。

氧化铁皮粘结在实炉底上，造成炉底结渣上涨，影响推料。所以连续加热炉都要定期清渣。当氧化铁皮数量不多时，大部分落在炉底上的槽内，可以定期从侧面把渣扒出，不必停炉。有的炉子采用液体出渣，让下加热升温使渣熔化，经渣口流出。

7.1.2.7 连续加热炉炉膛的基本尺寸

连续加热炉的基本尺寸是根据炉子的生产能力、钢坯尺寸、加热制度等确定的。没有严格的计算公式，一般是计算并参照经验数据来确定的。

A 炉宽

炉宽是根据钢坯的长度和料的排数来决定的，钢坯和炉墙以及钢坯和钢坯之间的间隔，通常取 $C = 0.2 \sim 0.25\text{m}$。则炉宽为

$$\left.\begin{array}{l} \text{单排料} \quad B = l + 2C \\ \text{双排料} \quad B = 2l + 3C \end{array}\right\} \tag{7-1}$$

式中，l 为钢坯长度，m。

B 炉长

由图7-6可见，炉子的长度分为全长和有效长度两个概念，有效长度是料坯在炉膛内所占的长度，而全长还包括了从出料口到端墙的一段距离。

炉子的有效长度是根据总加热能力计算出来的，公式为

$$L_{\text{效}} = \frac{Gb\tau}{ng} \tag{7-2}$$

式中　G——炉子的生产能力，kg/h；

　　　b——每根钢坯的宽度，m；

τ——加热时间，h；

n——料坯的排数；

g——每根钢坯的质量，kg。

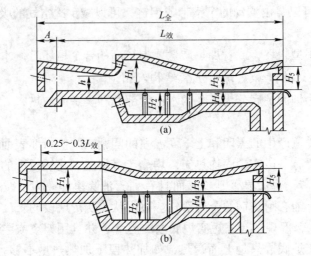

图 7-6 加热炉的基本尺寸

炉子全长等于有效长度加上出料口到端墙的距离 A，A 的长度决定于燃烧情况和出料方式。端出料的炉子要考虑出料斜坡滑道的长度，出料斜坡与水平的夹角（一般为 32° ～ 35°）。侧出料的炉子只要考虑能设置出料门即可，A 值在 1～3m。

由于受推料比的限制，并且炉子过长时推料压力太大，容易发生粘连，所以目前推送式加热炉的长度没有超过 40m 的。

连续加热炉各段的长度可以由加热时间计算出来，但计算往往和实际有出入，故还要参照经验数据来确定。三段式加热炉的均热段长度占炉子有效长度的 15%～30%，视料坯的厚薄而定。如断面尺寸小，均热时间短，均热段就短一些。加热段和预热段各占有效长度的 25%～40%。加热合金钢的炉子，需要缓慢预热，故预热段的长度要占 50%。

C 炉高

炉高难以从理论上计算，各段的高度都是根据经验数据确定的。决定炉膛高度要考虑两个因素：热工因素和结构因素。

炉子的设计要保证火焰能充满炉膛。烧煤的炉子不易组织火焰，炉高应低一些，否则火焰飘在上面，靠近料坯炉气温度较低，对传热很不利。但炉膛太低，炉墙辐射面积减少，气层减薄，也对热交换不利。炉膛高度要考虑到端墙有一定高度，以便安装烧嘴。

加热段供给的燃料量最多，应有较大的加热空间。大型加热炉的 H_1，可达 3m，甚至更高，如果用侧烧嘴高度可以降低一些。加热段下加热的高度 H_2 比上加热低一些，如果太深吸入冷风多，将使下加热工作条件恶化。

预热段的高度 H_3 和 H_4 对于中型炉子在 1m 左右，H_4 可稍大于 H_3，因为下部炉膛有支持炉底水管的墙或支柱，又受炉底结渣影响，使下部空间减少。适当加高可以减少气流的阻力。炉尾高度 H_5 抬高，是为减轻由于气流惯性大造成的装料门冒火现象。

均热段比加热段低，因为这里供热量少，还要保证炉膛正压和炉气充满炉膛，避免吸风现象发生。均热段和加热段之间，炉顶压下高度 h 在 $700\sim800mm$，越低越能保证正压，但必须至少比两倍料坯高 $200mm$。全炉顶平焰烧嘴的炉子，炉膛要低得多，各段高度都一样，至料面仅 $1\sim1.5m$。

7.1.3 多点供热的连续加热炉

由于轧机产量不断增加，要求炉子产量相应增加，原有三段式炉感到供热不足，于是出现了多点供热的连续加热炉。这种炉子的炉温制度仍属于三段式温度制度的特点。如五点供热式的供热点为：均热段、第一上加热、第二上加热、第一下加热、第二下加热。六点供热又多了一个下均热供热点。炉顶平焰烧嘴的使用，使供热点的布置与分配很方便，可以根据材料品种不同，灵活调整各段的供热分配。

如图 7-7 所示为一多点供热的连续加热炉。表 7-1 是一个多点供热炉子各段热量分配。

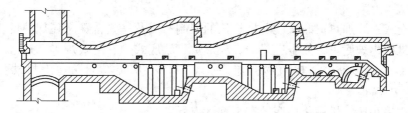

图 7-7 多点供热大型连续加热炉

表 7-1 多点供热加热炉的供热分配

供热点	上加热/%	下加热/%	合计/%
均热段	6.18	10.2	16.38
第一加热段	7.00	11.3	18.3
第二加热段	12.7	16.96	29.66
预热段	15.26	20.4	35.66
合　计	41.14	58.86	100.00

这类炉子的特点是在进料端的有限长度内，供给大部分热量，约占总供热量的 65%，而第一加热段和均热段供给的比例只有 35%。在某种意义上预热段已经不是传统的概念，料坯一入炉就以大的热流量供热，因为低碳钢允许快速加热，不致产生温度应力的破坏，加强预热段的给热就改变了传统炉子只有半截炉膛供热的观念。当需要在低生产率条件下工作时，可以减少预热段的供热量。在这种炉温制度下，废气带走的热量占总供热量的 60% 以上，必须有可靠的换热装置，才是合理的。目前这种大型炉子主要发展金属换热器，可以安置在炉子上方，即炉子采取上排烟的轻型结构。

多点供热连续加热炉由于炉温分布更加均匀，料坯所接受的热量大部分是来自后半段，此时料表面的温度还不致造成大量氧化，而在前半段高温区停留的时间相应缩短，烧损也因而下降，还减少了粘连的现象。所以多点供热的炉子加热质量也较好。

7.1.4 加热圆形料坯的斜底炉

加热断面为圆形的钢坯时，常用炉底倾斜的连续加热炉。圆坯在斜底上不断向前滚动，得到均匀的加热。炉底倾斜度在10%左右，视料坯的直径而定，圆坯直径越大则向下滚动的分力越大，倾斜角度可小些，有的斜底炉分为几段，各段有其不同的倾斜角度。

斜底炉省去了推钢设备，是它的优点。但是料坯的滚动并不如想象的那样，常常由于摩擦大而不易滚动，如果料坯粘结，滚动更加困难，而造成加热不均匀。为了克服这一缺点，经常需要人力从侧门去拨动，劳动强度大。斜底炉炉头与炉尾有一高度差，高温段在低处，往往是负压区，吸入的冷空气多，金属氧化多。料坯在滚动中，氧化皮较易脱落，使新的表面暴露，造成烧损增加，一般烧损率可达3.5%以上。由于斜底炉的上述缺点，目前已逐渐被步进式炉和转底式环形加热炉所代替，只有小型轧管车间还在使用斜底炉。

7.2　机械化炉底加热炉

由于推送式连续加热炉的长度受推料比的限制，以及一些特殊型坯加热的需要，陆续发展了多种机械化炉底炉，如步进式炉、环形炉、辊底式炉、链式炉等。这些炉型的共同点是炉底依靠机械传动，加热的物料随炉底而移动，从装料端送往出料端并完成加热过程。

和推送式炉相比，机械化炉底炉有下列优点：

（1）机械化操作基本上取代了繁重的体力劳动，不会发生拱料、粘连，因此也减少了处理这类事故的劳动。

（2）生产能力大，炉长不受推料比的限制，例如大型步进式炉长度可超过40m，小时产量超过400t。由于加热条件好，单位炉底面积的产量也比推送式炉高。

（3）加热质量好，物料在炉内的运行速度容易精确控制，可以避免过热和受热不均匀现象。水管黑印一般说来比推钢式炉为轻。如果轧机发生故障，步进式炉可以把料坯退出炉膛。一些要求高的特殊品种，还可以避免推料时的表面划伤引起的质量问题。

（4）可以加热一些推送式加热炉无法加热的异型的、极薄的和很小的料坯。也便于多品种、小批量产品的生产，炉子可以时开时停。

（5）自动化程度高，与现代化轧机的配合好。

这类炉子的缺点是：金属构件多，多数需用耐热钢制造，投资比较大，有些炉型单位热耗、冷却水耗、电耗均较大。

7.2.1　步进式加热炉

步进式炉是各种机械化炉底炉中使用最广发展最快的炉型。20世纪70年代以来，各国新建的大型轧机，几乎都配置了步进式炉，就是中小轧机也有不少采用这种炉型的。

7.2.1.1　步进式加热炉物料的运动

步进式加热炉的基本特征是料坯在炉底上的移动靠炉底可动的步进梁做矩形轨迹的往复运动，把放置在固定梁上的料坯一步一步地由进料端送到出料端。图7-8是步进式炉内料坯运动轨迹的示意图。

炉底由固定梁和移动梁（步进梁）两部分所组成。最初料坯放置在固定梁上，这时移动梁位于料坯下面的最低点1。开始动作时，移动梁由1点垂直上升到2点的位置，在到

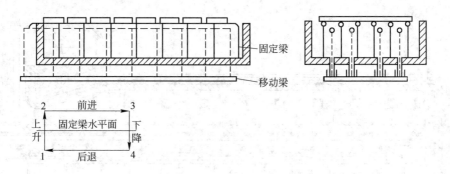

图7-8 步进式炉内料坯的运动

达固定梁平面时把料坯托起；接着移动梁载着料坯沿水平方向移动一段距离从2点到3点；然后移动梁再垂直下降到4点的位置，当经过固定梁水平面时又把料坯放到固定梁上，这时料坯实际已经前进到一个新的位置，相当于在固定梁上移动了从2点到3点这样一段距离；最后移动梁再由4点退回到1点的位置。这样移动梁经过上升—前进—下降—后退四个动作，完成了一个周期，料坯便前进（也可以后退）一步。然后又开始第二个周期，不断循环使炉料一步步前进。移动梁往复一个周期所需要的时间和升降进退的距离，是按设计或操作规程的要求确定的。可以根据不同金属和断面尺寸确定物料在炉内的加热时间，并按加热时间的需要，调整步进周期的时间和进退的行程。

移动梁的运动是可逆的，当轧机故障要停炉检修，或因其他情况需要将物料退出炉子时，移动梁可以逆向工作，把料坯由装料端退出炉外。移动梁还可以只做升降运动而没有前进或后退的动作，即在原地踏步，以此来延长物料的加热时间。

7.2.1.2 步进式加热炉的结构

从炉子的结构看，步进式加热炉分为上加热步进式炉、上下加热步进式炉、双步进梁步进式炉等。

上加热步进式炉也称步进底式炉，移动梁是耐热金属制作的，固定炉底是耐火材料砌筑的。这种炉子基本上没有水冷构件，所以热耗较低。但它只能单面加热，一般用于中小型料坯的加热，图7-9是上加热步进式炉的剖面图。

与推送式加热炉一样，由于加热大型钢坯的需要，步进式炉也逐步发展了下加热的方式，出现了上下加热的步进式加热炉。这种炉子相当于把推送式炉的炉底水管改成了固定梁和移动梁。其结构如图7-10所示，固定梁和移动梁都是用水冷立管支承的。梁也由水冷管构成，外面用耐火可塑料包扎，上面有耐热合金的鞍座式滑轨，类似推送式加热炉的炉底纵水管。炉底是架空的，可以实现双面加热（步进式炉料坯与料坯不是紧靠在一起的，中间有空隙，所以也可以认为是四面受热）。下加热一般只能用侧烧嘴，因为立柱挡住了端烧嘴火焰的方向，如果要采用端烧嘴，需要改变立柱的结构形式。上加热可以用轴向端烧嘴，也可以用侧烧嘴或炉顶烧嘴供热。考虑到轴向烧嘴火焰沿长度方向的温度分布和各段温度的控制，某些大型步进式炉在上加热各段之间的边界上有明显的炉顶压下，而下加热各段间设有段墙，以免各段之间温度的干扰。

图7-11是上下加热用于板坯加热的步进式炉。这种炉型主要用于大型热连轧和中厚板板坯的加热。

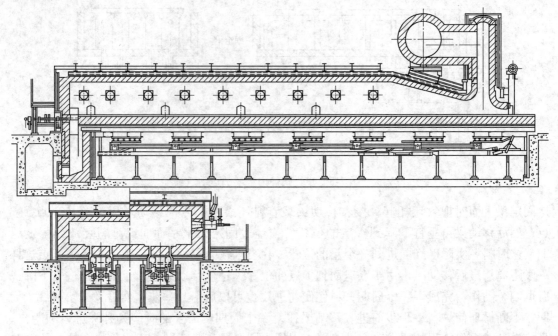

图 7-9   上加热步进式加热炉

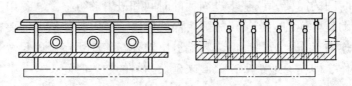

图 7-10   固定梁和移动梁结构

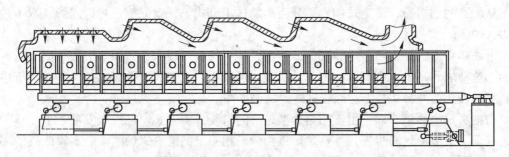

图 7-11   上下加热的步进式加热炉

还有一种不常见的双步进梁式加热炉，主要用于厚板的热处理。这种炉子没有固定梁，而有两组独立的移动梁，当第一组移动梁上升前进期间，第二组移动梁就开始上升，接过料坯，使其继续前进。两组梁交替使料坯前进，好像料坯在辊底炉上前进一样。

步进式炉的关键设备是移动梁的传动机构。传动方式分机械传动和油压传动两种，机械传动用于早期的小型加热炉上，梁的升降依靠偏心轮带动曲臂杠杆来完成，梁的水平移动由另一偏心轮带动曲柄拉杆来完成。这种方式现已很少采用，目前广泛采用油压传动的方式。现代大型加热炉的移动梁及上面的料坯重达数百吨，甚至有重达两千吨的，使用油压传动机构运行稳定，结构简单，运行速度的控制比较准确，占地面积小，设备重量轻，比机械传动有明显的优点。

为了避免升降过程中的振动和冲击，在上升和下降及接受钢料时，步进梁应该中间减速。水平进退时开始与停止也应该考虑缓冲减速，以保证梁的运动平稳，避免物料在梁上擦动。其办法是用变速油泵改变供油量来调整步进梁的运行速度。

由于步进式炉很长，上下两面温度差过大，线膨胀的不同会造成大梁的弯曲和隆起。为了解决这个问题，目前一些炉子将大梁分成若干段，各段间留有一定的膨胀间隙，变形虽不能根本避免，但弯曲的程度大为减轻，不致影响炉子的正常工作。

7.2.1.3 步进式加热炉的优缺点

和推送式连续加热炉相比，步进式炉具有以下优点：

（1）可以加热各种形状的料坯，特别适合推送式炉不便加热的大板坯和异型坯。

（2）生产能力大，炉底强度可以达到 $800 \sim 1000 kg/(m^2 \cdot h)$，与推送式炉相比，加热等量的料坯，炉子长度可以缩短 $10\% \sim 15\%$。

（3）炉子长度不受推送比的限制，不会产生拱料、粘连现象。

（4）炉子的灵活性大，在炉长不变的情况下，通过改变料坯之间的距离，就可以改变炉内料块的数目，适应产量变化的需要。而且步进周期也是可调的，如果加大每一周期前进的步距，就意味着料坯在炉内的时间缩短，从而可以适应不同金属加热的要求。

（5）单面加热的步进式炉没有水管黑印，不需要均热床。两面加热的情况比较复杂，对黑印的影响要看水管绝热良好与否而定。

（6）由于料坯不在炉底滑道上滑动，料坯的下面不会有划痕。推送式炉由于推力震动，使滑道及绝热材料经常损坏，而步进式炉不需要这些维修费用。

（7）轧机故障或停轧时，能踏步或将物料退出炉膛，以免料坯长期停留炉内造成氧化和脱碳。

（8）可以准确计算和控制加热时间，便于实现过程的自动化。

步进式炉存在的缺点是：和同样生产能力的推送式炉相比，造价高 $15\% \sim 20\%$；其次，步进式炉（两面加热的）炉底支承水管较多，水耗量和热耗量超过同样生产能力的推送式炉。经验数据表明，在同样小时产量下，步进式炉的热耗量比推送式炉高 160kJ（以每 1kg 钢计）。

7.2.2 转底式环形加热炉

转底式环形加热炉（简称环形加热炉）主要用来加热圆钢坯和其他异型钢坯（如车轮轮箍坯），也可以加热方坯。这种炉型也用于锻压车间。

7.2.2.1 环形加热炉的构造

环形加热炉的外观结构如图 7-12 所示。环形加热炉是借炉底的旋转，使放置在炉底上的料坯由装料口移到出料口的一种炉型。炉子用侧进料、侧出料的方式，并且用侧烧嘴加热。沿炉长也可分为预热段、加热段、均热段，所以按热工特点看，仍属于连续加热炉。

环形加热炉是由可以转动的炉底部分及固定的炉墙和炉顶部分构成的环形隧道所组成。圆形的炉顶是由若干个扇形组成的，可以采用拱顶，也可以采用吊顶。炉墙分为内环和外环，烧嘴装在侧墙上，烧嘴的数目和供热分配各段不同，正像一座全部侧烧嘴的连续

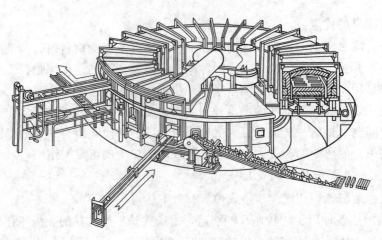

图 7-12 环形加热炉

加热炉弯过来首尾相连一样。当炉膛很窄时，炉子仅由外环墙一侧供热，当炉子宽度大于
4m 时，则为外环和内环两侧墙供热。烧嘴的安装角度有多种方式，有沿半径方向安装的，
但多数是成一定角度布置的，大炉子与炉膛中心线相切，小炉子则与内环墙相切。

　　环形加热炉结构上没有明显的分段，主要靠烧嘴的配置和供热强度来控制温度制度，
各段的长度并不固定，例如炉子在低负荷下工作时，就可以关闭一部分加热段的烧嘴，预
热段就相对延长。环形炉的温度制度与推送式加热炉一样，断面小的料坯加热用两段温度
制度，断面大的料坯适用三段式。为了使炉子温度的控制与调整有较大的灵活性，炉子分
为几个供热段，一般直径较大的炉子（平均直径为 15~25m），设 3~4 个供热段，直径较
小的炉子（平均直径为 8~15m），设 1~2 个供热段。每一段有单独的煤气管和空气管，
可以单独调节燃料供应量。各段燃料的分配比例大致为：均热段 20%~25%，加热段（又
分为 3~5 个小段）70%~80%，预热段 0~15%。总供热能力按燃料消耗量的 120% 配置。

　　为了使炉子各段的温度更符合加热工艺的要求，环形加热炉都设有水冷梁支托的吊挂
式隔墙。隔墙的数目和位置不一定，一般设有三道隔墙：（1）在加热段和预热段之间设一
道隔墙，减少加热段向预热段的热辐射；（2）在均热段和出料口之间设一道隔墙，防止因
出料口经常开启而降低均热段的温度，还防止均热段热气直接进入排烟道；（3）在装料口
与出料口之间也有一道隔墙（有时有两道），以避免装料口吸入冷风，对出料口的热料坯
造成不良影响，也防止均热段热气短路，直接进入排烟道。隔墙距离炉底的间隔高度，应
保证加热最大直径的料坯时能自由通过，还考虑到氧化铁皮在炉底上的堆积，故间隔高度
一般约为 140mm。

　　炉子的排烟口设在装料口附近，小炉子设在外环墙上，大炉子环内空间大，为了利用
环内空间，设在内环墙上，有的炉子还有中间排烟口，一至数个不等，用以在加热合金钢
锭时，更好地调节炉子的温度。各分烟道的烟气汇集到总烟道，通往换热器。

　　环形加热炉炉底的传动有两种方式，一种是机械传动，靠主动齿轮来传动炉底钢结构
下面固定的环形齿条；另一种是液压传动，利用液压缸驱动拨杆拨动炉底，每次使炉底转
动一个角度（约 5°左右），即一个工位，隔 60s 左右为一个工作周期。两种传动方式均应
有逆转的机构。炉底全部环形钢结构和砌在它上面的耐火材料的重量，由若干个支承辊支
撑。为了保证炉底的旋转不发生偏心位移，还设有若干定心辊。

为了防止冷空气从固定炉墙与旋转炉底之间的缝隙漏入炉内，要采用密封装置。密封可以用沙封，也可以用水封。

料坯的装炉和出炉是用专门的夹钳。每装一次料炉底转动一个角度，然后又加下一块料坯。装炉与出炉同时进行，并且可以与炉底传动装置联锁，实现装料出料的自动化。当装料出料的时间间隔较长时，则装料出料后可以关闭炉门，当装料出料比较频繁时，为了防止炉门吸入冷空气或冒火，可以在装料口及出料口设置汽幕或火封烧嘴。

7.2.2.2 环形加热炉的优缺点

环形加热炉具有以下的优点：

（1）炉子的转速和料坯之间的间隔距离可以准确地控制，各段的温度可以根据需要通过调整供热量及利用中间烟道实行控制。炉子的产量、热工制度等都有较大的灵活性。

（2）由于料坯之间有间隙，三面受热，温度均匀，没有水管黑印，加热质量好。

（3）可以加热推送式炉和步进式炉所不能加热的异型料坯。

（4）和斜底炉相比，加热圆坯时不需要翻料，沿炉长没有高差，漏入的空气少，甚至可以采取微正压操作，烧损率比推送式连续加热炉减少 1.5%~2%。

（5）炉子可以排空，避免停轧时料坯在炉内长期停留，便于更换料坯规格。

（6）由于几乎没有什么水冷件，热耗比较低。

环形加热炉的缺点有：

（1）机械设备复杂，占地面积大，投资费用高。

（2）料坯之间有间隙，炉底面积利用率低，炉底强度只及推送式炉的一半左右。

（3）装料门和出料门相距很近，送料与出料的区域很窄，操作不方便。

7.2.3 链式加热炉

链式加热炉的结构如图 7-13 所示。这种炉子用于叠轧薄板坯和板叠的加热或热处理。

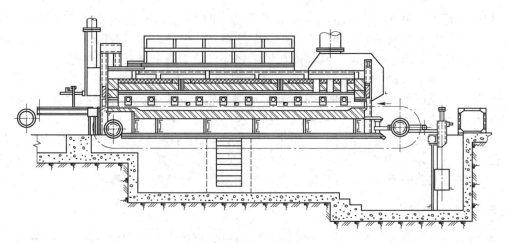

图 7-13 链式加热炉

这种炉子结构比较简单，是一种直通式的炉子。烧嘴安装在两侧墙上，略向上倾斜，以免火焰直接冲刷板坯表面。烟气由炉顶上方经排烟罩排出车间，很少采用下排烟的。

炉底有两条运输链带，薄板坯或叠轧薄板放在链带上，借链带的运动通过炉膛被加热。链带运行速度视料坯的厚度和品种而定，一般为每分钟 5~25m。

链带是一种片式牵引链，由传动链轮传动，每两个链节装有一个耐热铸钢的钢爪，它支承着被加热的板坯。钢爪的寿命是链式加热炉的薄弱环节，承受的负荷不能太大，因为它在高温和急冷急热下容易变形折断。链式加热炉的加热温度不同，薄板坯加热温度为 750~800℃，板叠 700~800℃，硅钢片稍高一些。

链式加热炉一般采用三段加热的炉温制度，通过控制各烧嘴的供热量调节温度分布。由于链式炉内加热的都是薄板坯，要尽可能避免氧化，所以要采用快速加热，低温轧制，并控制炉内为还原气氛。

7.2.4　辊底式加热炉

金属的快速加热，可以提高炉子产量，减少氧化与脱碳，轧钢厂有多种形式的辊底快速加热炉。近年由于连铸法和行星轧机的发展，出现了更多这类加热炉。行星轧机的压下量大，可以将较厚的板坯一次轧成很薄的带钢。由于行星轧机在轧制过程中钢坯的送进速度是缓慢的，在生产是连续的情况下，钢坯尾部最好留在炉子内，以免降温太多。分室式的快速加热炉可以满足这一要求。这种炉型也用于管坯穿孔前的加热、钢球轧机前棒材的加热和焊管坯的加热，还可以加热单个的大而长的钢坯。

图 7-14 是一个分室式快速加热炉的示意图。

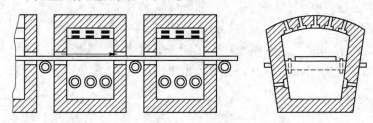

图 7-14　分室式快速加热炉

炉子由若干个单独的炉室组成（炉室可多达三四十个），室与室之间有输料辊，输料辊一般位于加热室之间的低温间室内。炉室温度很高，可达 1350~1500℃，采用无焰辐射烧嘴或高速烧嘴。出炉废气温度高，可在炉室顶部设置小型金属辐射换热器。

钢料在炉辊上快速传送，通过的速度视钢料加热制度的要求而定。炉辊一般是水冷的，加热平坯采用平辊，加热圆坯采用带 V 形槽的辊子。为避免钢料受热后发生弯曲，两个炉辊相距不能太远，即每个炉室不能太长，这一点对于高温区的炉室尤其重要。

快速加热炉的优点是：炉温高，加热速度快；氧化烧损少，一般低于 1%；每个炉室单独工作，便于调节和维护。缺点是：炉子热损失大，热耗高；炉子寿命短；由于加热快，容易出现加热的不均匀，为消除温差，炉子需要一定长度的均热段。

7.2.5　氧燃加热炉

随着国家对节能环保要求的提高，出现了氧燃加热炉，全部使用氧气助燃和部分使用氧气助燃的加热炉，如图 7-15 和图 7-16 所示。其技术核心是采用氧气代替助燃用的空气，该技术在节能和环保上均有显著效益，在节能方面，提高产能，减少氧化烧损，减少设备规模和投资，在环保方面，可以实现烟气最大减量 70%，缩小或不设脱硫脱硝设备，含碳烟气可以直接捕获二氧化碳。

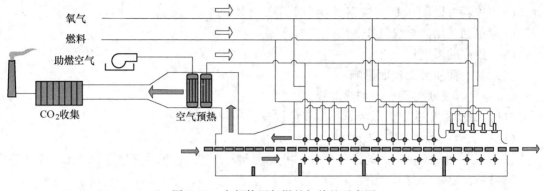

图 7-15 全部使用氧燃的加热炉示意图

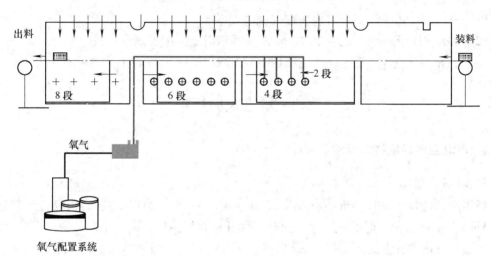

图 7-16 部分炉段使用氧燃的加热炉示意图

其优点包括:

(1) 显著节能,轧钢工序能耗能降低到 35kg(标煤)/吨钢。

(2) 显著减少加热炉排放的废气总量,最大可减少废气总量 75%,十分有利于环境保护。

(3) 炉子热效率可以从 60% 提高到 80% 以上,提高现有换热器的效率。

(4) 进一步提高产品质量,减少炉热惰性,减少板坯断面温差。

(5) 显著减少氮氧化物的排放量。

(6) 优化钢厂能源结构,用自产廉价的氧气代替昂贵的外购天然气,有望全烧劣质高炉煤气置换出宝贵的焦炉煤气。

(7) 碳排放成本减少 50%~70%。

其他优点还包括:

(1) 烧嘴更小、使用的数量更少。

(2) 可以取消换热器、减少风机的噪声。

(3) 火焰体积更大,供热量不变,温度降低。

(4) NO_x 排放最低可以下降到 70mg/MJ。

(5) 世界上最大的氧燃炉功率 40MW。

（6）单耗可以做到 1GJ/吨钢（相当于 33kg 标煤/吨钢）。

（7）单独使用高炉煤气作为燃气成为可能。

（8）更高的温度均匀性。

（9）对表面质量无负面影响。

（10）更容易获得理想的加热曲线。

（11）减少氧化铁皮，形成单一的氧化铁皮，易脱落。

（12）有效热可大 80% 以上。

（13）烟气中 CO_2/H_2O 的组分比大，可以增大辐射能力，增大热流，减少在炉时间。

（14）提高板坯温度均匀性。

其环保效益包括：

（1）SO_2 脱除 90% 以上，可省去烟气脱硫设备。

（2）NO_x 生成量减少，减少 25%~50%，可不用或少用脱硝设备减少费用。

（3）当富氧度为 100% 时，燃烧产物中 CO_2 浓度达到 95% 以上，可以直接分离。

7.3　蓄热式加热炉

7.3.1　高温空气燃烧技术概念及设计

7.3.1.1　技术由来

高风温燃烧技术（High temperature air combustion，简称 HTAC 技术）也称无焰燃烧技术（Flameless combustion），是 20 世纪 90 年代开始在发达国家研究推广的一种全新型燃烧技术。它具有高效烟气余热回收，排烟温度低于 150℃，高预热空气温度，空气温度在 1000℃ 左右，低 NO_x 排放等多重优越性。国外大量的实验研究表明，这种新的燃烧技术将在近期对世界各国以燃烧为基础的能源转换技术带来变革性的发展，给各种与燃烧有关的环境保护技术提供一个有效的手段，燃烧学本身也将获得一次空前完善的机会。该技术被国际公认为是 21 世纪核心工业技术之一。

高温空气燃烧技术是人类在利用所有种类的化学燃料、可替换物、废料和从工业过程能源转化和能源利用中节约了燃料的一次革命。在利用 HTAC 技术的过程中得到了非常重要的试验知识和来自实际装置的预测。传统的火焰定义是在反应物发生化学反应时要发出光和热，但是对一些燃料在特定的工况下，这种定义必须被修正。通过使用高温空气燃烧技术可以实现节能，减少设备尺寸和环境污染，包括 CO_2。利用预热超过 1000℃ 的助燃空气的燃烧技术吸引全世界许多应用领域的关注。基本的概念就是通过助燃空气和烟气在蓄热体中的循环来最大限度地回收热量产生均匀和温度较低的火焰。HTAC 技术已经被证明能够显著降低 CO_2 和 NO_x 的生成和能源的消耗。HTAC 能减少 30% 的能源消耗（同时也减少了 CO_2），50% 的污染物和减少 25% 的设备尺寸。多个试验都证明 HTAC 产生的 NO_x 要远低于目前的排放指标。高温空气燃烧技术燃烧火焰在热、化学和流体动力学方面存在本质上的差别。HTAC 技术在空气和燃料的混合物中产生了更高稳定性的火焰（包括很薄的燃料混合物，更高的传热效率和烟气中更少的热损失）。从 HTAC 基本原理来回顾气体、液体和固体燃料的基本原理。HTAC 具有的完全不同的火焰特性、火焰稳定性、更少的排放物和显著的节能效果。火焰的颜色和通常的蓝色或黄色完全不同。在燃烧通常的碳氢燃料时带蓝色的绿火焰或绿色的火焰隐约可见，而在 HTAC 中看到的无焰氧化物，在以前的文献中没有提到过这样的火焰特性。目前已经开发了高温空气燃烧和 HTAC 对工业炉性能的影响的模拟模型。实现了从更高的传热、更小的尺寸、更少的污染和更高的性能的角度，提供了的设计指导，提供了包括加热炉、热处理炉、熔化炉等高性能工业炉的设计指导。HTAC 在其他行业中也有广泛的应用前景，包括将煤、生物燃料和固体非燃料转化为清洁燃料、燃料改善、固定汽轮机、内燃机和其他许多的先进的能源转化系统。

7.3.1.2 国内外高风温燃烧技术的发展应用情况

1981 年英国 Hotwork 公司和 British Gas 公司合作研制成功了最早的蓄热式烧嘴，体现了在烧嘴上进行热交换分散式余热回收的思路。两公司合作改造了不锈带钢退火生产线，在其加热段设置了 9 对蓄热式烧嘴，取得了良好的效果。之后该技术在欧洲、美国推广应用。

日本考察了该技术的应用情况之后，决定引进优化，降低 NO_x 的排放量，以达到日本国标，一个"高性能工业炉"项目于 1993 年启动。1993～1999 年日本政府投资 150 亿日元用于该技术研究，其目的要达到节能 30%，CO_2 排放量降低 30%，NO_x、SO_2 排放量降低 30%。目前日本政府确定 2000～2004 年为"高效工业炉工业规模示范年"，仅日本工业炉株式会社在 1992～1999 年的 7 年间，已在近 150 台工业炉上应用高风温燃烧器近 900台（套）。

我国在蓄热式高风温燃烧技术的研究应用方面尚处于起步阶段，但该技术独特的优越性已经引起我国冶金企业界和热工学术界的极大兴趣。20 世纪 80 年代末，我国开始研究开发适合中国国情的蓄热式燃烧器，以液体、气体为燃料，蓄热体为片状、微小方格砖、球体等系列的新型蓄热燃烧器，适用于冶金、石化、建材、机械等行业中的各种工业炉窑。

7.3.1.3 高温空气燃烧系统主要组成部分及特点

蓄热式高风温燃烧系统主要组成部分有蓄热体和换向阀等，如图 7-17 所示。

传统的蓄热室采用格子砖作蓄热体，传热效率低，蓄热室体积庞大，换向周期长，限制了它在其他工业炉上的应用。新型蓄热室采用陶瓷小球或蜂窝体作为蓄热体，其比表面积高达 $200～1000m^2/m^3$，比老式的格子砖大几十倍至几百倍。因此极大地提高了传热系数，使蓄热室的体积可以大为缩小。由于蓄热体是用耐火材料制成，所以耐腐蚀、耐高温、使用寿命长。换向装置集空气、燃料换向于一体，结构独特。空气换向、燃料换向同步且平稳，空气、燃料、烟气绝无混合的可能，彻底解决了以往换向阀在换向过程中气路暂时相通的弊病。由于换向装置和控制技术的提高，使换向时间大为缩短，传统蓄热室的换向时间一般为 20～30min，而新型蓄热室的换向时间仅为 0.5～3min。新型蓄热室传热效率高和换向时间短，带来的效果是排烟温度低（150℃以下），被预热介质的预热温度高（只比炉温低 80～150℃）。因此，废气余热得到接近极限的回收，蓄热室的热效率可达到85% 以上，热回收率达 70% 以上。

蓄热式燃烧技术的主要特点是：（1）采用蓄热式烟气余热回收装置，交替切换空气与烟气，使之流经蓄热体，能够最大限度地回收高温烟气的物理热，从而达到大幅度节约能

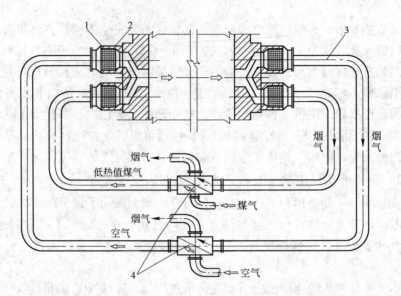

图 7-17　蓄热式加热炉结构图
1—蓄热式烧嘴；2—蓄热体；3—管道；4—集成换向阀

源（一般节能 10%~70%），提高热工设备的热效率，同时减少了对大气的温室气体排放（CO_2 减少 10%~70%）；（2）通过组织贫氧燃烧，扩展了火焰燃烧区域，火焰边界几乎扩展到炉膛边界，使得炉内温度分布均匀；（3）通过组织贫氧燃烧，大大降低了烟气中 NO_x 的排放（NO_x 排放减少 40% 以上）；（4）炉内平均温度增加，加强了炉内的传热，导致相同尺寸的热工设备，其产量可以提高 20% 以上，大大降低了设备的造价；（5）低发热量的燃料（如高炉煤气、发生炉煤气、低发热量的固体燃料、低发热量的液体燃料等）借助高温预热的空气或高温预热的燃气可获得较高的炉温，扩展了低发热量燃料的应用范围。

7.3.1.4　高温空气燃烧系统加热炉设计方法

在全面应用蓄热燃烧技术时，必须解决一些关键的问题，主要包括：

（1）烧嘴结构个性化设计。

（2）加热炉的形状和烧嘴位置的最佳化。

（3）多烧嘴的燃烧控制及数学模型建立。

（4）炉子挡火墙的影响评估。

（5）水印点温度的分布预测。

蓄热燃烧火焰具有如下的一些特性：

（1）自发着火。

（2）不需要固定火焰的机械装置。

（3）火焰方式本质上的不同取决于空气和燃料的混合方式。

（4）尽管使用高温预热空气，瞬间火焰的最高温度还是较低的。

（5）火焰的温度变化很小。

（6）由循环燃烧过的煤气引起稀释燃烧。

（7）在低氧燃烧的情况下反应区变厚。

由于蓄热燃烧存在的以上特点，同时板坯加热炉又具有更大的炉型和更高的温度均匀性要求等特点，所以蓄热式板坯加热炉在设备配置和设计及控制方面有其独特性，在设备配置方面，首先是烧嘴的优化问题，主要包括：（1）空气和煤气喷嘴的配置及空气和燃料管道；（2）空气和煤气喷嘴的角度；（3）空气和煤气喷嘴的数量和形状；（4）空气和煤气的出口流速。然后扩展到与炉子相关的部分包括：（1）烧嘴的配置和间距及挡墙结构；（2）加热炉内炉底总括热吸收系数 φ_{cg} 和屏蔽的改善措施；（3）炉内压力平衡和压力控制。

在设计及控制方面，主要包括：（1）总括热吸收系数 φ_{cg} 和热值配置；（2）最佳炉型（加热炉长度、宽度和高度）；（3）炉子余热回收和热平衡计算；（4）气体循环工况；（5）燃烧控制，区域控制，启动控制和加热炉压力控制。

A 烧嘴个性化设计的概念

以往加热炉使用的国内烧嘴结构多仿制于国外，但是由于燃料的不同，使用效果远不如国外，而且烧嘴均是按照烧嘴厂的系列生产，并不考虑炉子用户的具体需求，为了保证炉子的供热负荷，经常配置较大功率的烧嘴，导致能源消耗的增加。"烧嘴个性化设计"的含义就是首先考虑炉子用户的工艺特点，然后根据具体的炉子来进行烧嘴的单项设计。主要的手段是借助 CFD 技术的发展，在烧嘴使用前对其性能和使用的效果进行虚拟测试，并提供给炉子的用户作为选用和设计时的参考。目前国外的烧嘴公司如日本的中外炉公司、美国的 BLOOM 公司、HAUCK 公司在烧嘴出厂时均提供提供由 CFD 技术完成的温度分布特性图。另外对蓄热烧嘴的特性等仍在进行不断的测试，这说明蓄热烧嘴还是处于一个不断完善的过程中。

数字化燃烧实验台应用案例见下，应用数字化燃烧实验台测试的是某厂的一座大型蓄热式均热炉，使用的 CFD 工具是商业软件 FLUENT，测试的相关参数见表 7-2，测试的结果如图 7-18 ~ 图 7-20 所示。

表 7-2 烧嘴几何参数和运行参数

名 称	单 位	数 值
燃气喷口直径	m	0.3
空气喷口直径	m	0.3
喷口中心间距	m	0.63
空气入口速度	m/s	39.31
燃气入口速度	m/s	27.7
空气预热温度	℃	1000
燃气预热温度	℃	800
从空气入口排烟量	kg/s	1.25（占总烟气量62.7%）
从燃气入口排烟量	kg/s	0.46（占总烟气量22.5%）

在 $t = 90s$ 时，即换向前，喷口轴线上速度呈梯状分布，速度绝对值大小沿射流轴线方向递减。在截面 $z = 2m$ 至 $z = 6m$ 之间，速度大小为 2.36m/s 左右。在对面烧嘴出口处，速度分布有一个很高的梯度分布，这是因为在出口边界条件上给定了负压出口，相当于有引风机存在。

$t = 90.1s$ 时，即换向后 0.1s，原进口烧嘴轴线上的速度梯状分布没有完全消失，有一

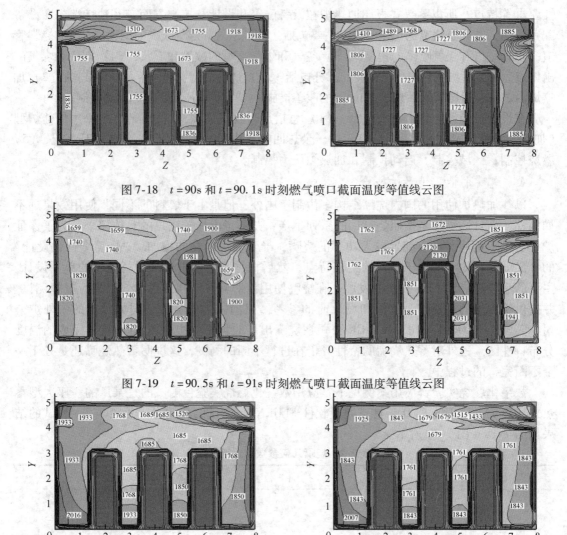

图 7-18 $t=90s$ 和 $t=90.1s$ 时刻燃气喷口截面温度等值线云图

图 7-19 $t=90.5s$ 和 $t=91s$ 时刻燃气喷口截面温度等值线云图

图 7-20 $t=100s$ 和 $t=120s$ 时刻燃气喷口截面温度等值线云图

个滞留现象。而对面烧嘴附近区域开始形成反向梯状速度分布。同时在截面中部大部分区域，速度绝对值开始降低，说明换向后由对面射入的气流与先前正向气流开始对撞，降低速度绝对值。

当 $t=90.5s$ 时，由反向射入的气流继续对原流场产生影响，导致截面中部速度绝对值再次降低，这一点从矢量图上也可以发现。同时，正向烧嘴轴线上速度由于受到反向气流冲击，速度再次降低，但仍然保持正向流动方向。说明此时反向气流的影响还没有促使整个流场发生根本性的方向变化。

在 $t=91s$ 时，整个流场与 $t=90.5s$ 时相差不大，但仍可发现轴线上的速度大小已明显较 $t=90.5s$ 时速度低。

到 $t=100s$ 时，整个流场已经彻底转向。分析矢量图可以发现，轴线上的速度方向已经完全由正向转为反向。

此后的 $t=110s$ 和 $t=120s$ 时刻上，截面上流场分布与换向前流场基本一致，说明已达到该换向周期内的稳态分布。

由上可见数字化燃烧实验台不仅可用于单个烧嘴的性能测试也能用于对整个炉子进行测试，不仅对稳态过程适用，也能揭示非稳态下的规律。

B 加热炉高度的最佳设计

在绝大多数情况下，加热炉的高度不是根据传热工况确定的，而是由加热炉的构造和设备尺寸的物理约束条件确定的。

但是实际上对应最高热效率的最佳加热炉高度是可以由气体厚度和热损失之间的平衡来确定的。加热炉高度越高，气体层变得越厚。结果，通过炉墙的热损失增加的同时气体的辐射率增加。只要由气体辐射率引起的热效率的增加保持高于通过炉墙散失的热损失，加热炉的热效率就会随着炉墙高度的增加而提高。

蓄热式加热炉具有高余热回收的特性，即使加热炉内煤气温度是上升的，也可以从废气中回收足够的热。随着煤气层的增厚，热效率并没有较大的改变，加热炉的最佳高度可以减小。这里使用一个和程序自由加热方式相同的基本传热模型来进行热传导分析，确定加热炉高度和单位燃料消耗之间的关系。根据从实际加热炉得到的面积比的数据设定热损失。根据上下部段的高度进行计算。

表 7-3 显示的是计算条件，其计算结果如图 7-21 所示。

表 7-3 计算条件

炉长/m	36
加热时间/h	2.5
燃料	混合煤气
加热温度/℃	20 ~ 1200
板厚/mm	220

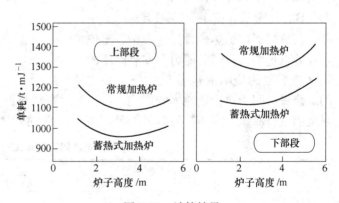

图 7-21 计算结果

关于加热炉高度和单位燃料消耗之间的关系，估计最佳炉高的上下部段侧墙的最佳高度大约减少 1m，并且单位燃料消耗最低值附近斜率小，预示着在一个较宽的炉高范围内可以得到高的热效率。然而，必须要注意的是在计算中考虑最适当的辐射传热总量。当由于对流产生的传热不能被忽略时，估计的最佳的炉高会更低，加热炉与热效率的关系如图 7-22 所示。

图 7-22 显示的是使用试验炉检测的总热效率的结果，以上的分析结果是基于加热炉的炉高范围为 2.5 ~ 3.0m，甚至是 3.5m 的情况。加热炉炉高越低，热效率变得越高。然而，在

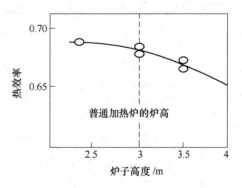

图 7-22 加热炉高度和热效率

2.5m 以下效率没有明显的增加。因此可以推断使热效率最大化的最佳炉高存在于这个炉高区域内。这个结果说明最佳的炉高比图 7-22 显示的结果低，大概是因为在图 7-22 的情况中没有考虑对流传热。总而言之，在同样燃烧量的情况下，炉子高度越低，由于对流产生的传热越多。

C　加热炉宽度的设计

高温空气燃烧具有在低氧状态下稀释缓慢燃烧特性，同时炉子宽度比完全燃烧所必需的燃烧空间更窄，通过排放烧嘴喷出未燃烧物质的问题产生。想得到期望的温度分布和传热量是不可能的。因此，明确的估计加热炉宽度和与之相配的烧嘴的燃烧能力之间的关系是很重要的。

图 7-23 将实际的计算结果和计算流体动力学（CFD）的分析结果进行了比较。

由图 7-23 可见加热炉内完全燃烧时加热炉宽度和烧嘴最大燃烧能力之间的关系，这个可作为定性检索，检测由热平衡模式推导出来的烧嘴能力。此外，图 7-23 中实际 3 的点，当选择比给定炉子宽度检索到的更大的烧嘴能力时，可采用反算的方法来避免像改变烧嘴初步设计一样的问题。

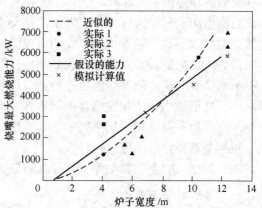

图 7-23　加热炉宽度和烧嘴最大燃烧
能力之间的关系

D　烧嘴最佳安装间距确定

蓄热式板坯加热炉设计过程中，不仅炉子尺寸很重要，烧嘴的能力和安装间距的关系（被安装的烧嘴的数量）也是至关重要的。烧嘴的间距对于热效率的影响，可以通过在加热炉长度方向上安装的间距加倍的每四对烧嘴进行测试，表 7-4 为测试工况，图 7-24 为对应烧嘴间距的炉宽方向温度分布。

表 7-4　烧嘴间距计算工况表　　　　　　　　　　　　　（kW）

条　件	第一段燃烧总量		第二段燃烧总量		
	第一对	第二对	第三对	第四对	热效率
1 倍间距	0	1175	0	1163	0.598
2 倍间距	0	1420	0	1420	0.590
常规间距	698	698	698	698	0.652

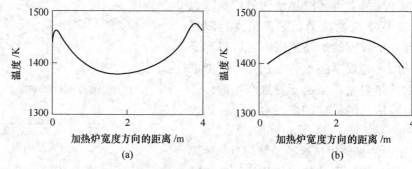

图 7-24　烧嘴的间距带来的气体温度分布的变化

（a）2 倍间距；（b）常规间距

由图 7-24 发现热效率和燃烧负荷没有相关性。大概是因为高温区域沿着加热炉宽度方向扩展，像燃烧负荷增加最终导致另一侧烧嘴墙附近区域温度增加一样。这也显示了最佳烧嘴能力与给定的加热炉宽度有关，因为当燃烧负荷很小和加热炉内中间位置温度变高时，热效率降低。在高温空气燃烧的情况下，加热炉内的温度分布比常温方式变平坦。然而，在烧嘴中心轴和烧嘴之间产生一个温度差也是真实的。因此有必要在确定烧嘴的能力时考虑发现的这些内容。根据计算的结果，可以估计最佳的烧嘴间距大约为加热炉宽度的 18%。

7.3.2　工业用高效蓄热式加热炉

目前资源和环境问题日益突出，市场竞争更加激烈，如何提高企业产品市场竞争力，确保企业可持续发展，已成为各企业必须考虑和解决的问题，而这些问题在冶金企业中显得尤为突出。冶金企业中，工业炉窑众多，它们既是企业的主要热工设备，又是企业的耗能大户，炉子热效率的高低直接关系到企业的产品生产成本和经济效益，因此节能降耗，提高炉子的热效率是工业炉窑的发展方向，而高效蓄热式工业炉便是这方面的代表。

7.3.2.1　高效蓄热式加热炉的原理及特点

A　高效蓄热式加热炉的工作原理

将工业炉窑的燃烧系统、排烟系统、高效蓄热室与炉体有机地结合于一体，并装备结构紧凑的换向系统，就组成了高效蓄热式工业炉，其工作原理如图 7-25 所示。

在 A 状态下来自鼓风机的助燃空气经换向系统进入左侧通道，而后由下向上通过蓄热室，预热后的空气从左侧喷口喷出并与煤气混合燃烧。燃烧产物对钢坯进行加热后进入右侧喷口，在蓄热

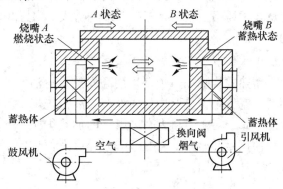

图 7-25　高效蓄热式加热炉的工作原理图
（图中未标示出煤气换向系统）

室进行热交换，将大部分热量留给蓄热体后，以小于 200℃ 的温度进入换向机构，然后经排烟机排入大气。经过一定的时间后控制系统发出指令，换向机构动作，空气换向将系统变为 B 状态，此时空气从右侧蓄热室进入经右侧喷口喷出与煤气混合燃烧，这时左侧喷口变为烟道。在排烟机的作用下，使高温烟气通过蓄热体排出，一个换向周期完成。

B　高效蓄热式工业炉的特点

高效蓄热式工业炉与传统工业炉相比，具有以下特点：

（1）炉温的均匀性好，加热质量高。该燃烧系统的燃烧产物温度高、速度快，火焰刚性强，加强了炉气的再循环和对流传热，从而有利于改善炉温的均匀性，提高加热质量。

（2）炉子热效率高，能耗低，排烟温度低。由于采用了高效蓄热技术，能将高温烟气中的余热最大限度地回收，用来预热空气或煤气，使空气或煤气温度被预热到烟气温度的 80%~90%，排烟温度降到 200℃ 以下，从而极大地提高了炉子热效率，节约燃料。

（3）减少污染，改善环境。炉子热效率的提高，减少了燃料消耗，同时减少空气消耗

量，也就使燃料燃烧生成的含氮氧化物的烟气量大大降低，有利于减少污染改善环境。

（4）可直接燃用低热值燃料。高效蓄热式工业炉可以将空气或煤气预热到800℃，甚至1000℃以上，使燃烧温度大大提高，因而即使燃用低热值燃料，也能满足工业炉加热坯料所要求的温度。这就为直接燃用高炉煤气等低热值燃料提供了有效途径，从而取代高热值燃料，极好地改善企业的能源结构，变废为宝。

（5）不需装设换热器。高温烟气经过蓄热室后，温度已降到200℃以下，这样可以完全取消烟道中的空气或煤气换热器，而且烟道和烟囱内衬也不用砌筑要求耐温较高的耐火材料。

（6）不需装设管道高温阀。空气或煤气经过蓄热室被预热到很高温度后就进入炉内燃烧，而不再经过管道，因此管道中就不需要装设价格昂贵的高温阀，以及包扎保温材料。

（7）需配备严密的换向系统。高效蓄热式工业炉的蓄热室是成对的，一个通过烟气，另一个则预热空气或煤气，换向后则正好相反。这样烟气和空气或煤气交替通过蓄热室的过程就由严密紧凑和安全的换向系统来完成。

7.3.2.2　高效蓄热式加热炉的类型

高效蓄热式燃烧技术在解决了蓄热体及换向系统的技术问题后，发展速度加快了，目前从技术风格上主要有三种，即烧嘴式、内置式、外置式。以下简述这三种蓄热式加热炉的区别。

A　蓄热式烧嘴加热炉

蓄热式烧嘴加热炉多采用高发热量清洁燃料，空气单预热形式，并没有脱离传统烧嘴的形式，对于燃料为高炉煤气的加热炉应避免使用蓄热烧嘴，如图7-26所示为蓄热式烧嘴加热炉图。

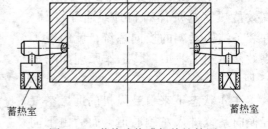

图7-26　蓄热式烧嘴加热炉简图

B　内置蓄热室加热炉

内置蓄热室加热炉是我国工程技术人员经过10年的研究实验，在充分掌握蓄热式烧嘴加热炉机理的前提下，结合我国的具体国情，开拓性地将空气、煤气蓄热室布置在炉底，将空气、煤气通道布置在炉墙内，既有效地利用了炉底和炉墙，又没有增加任何炉体散热面。这种炉型目前在国内成功使用的时间已经有10年，技术非常成熟，尤其适用于高炉煤气的加热炉。

内置蓄热室加热炉所特有的煤气流股贴近钢坯，煤气和空气在炉内分层扩散燃烧的混合燃烧方式，由于在钢坯表面形成的气氛氧化性较弱，从而抑制了钢坯表面氧化铁皮的生成趋势，使得钢坯的氧化烧损率大幅度降低（韶钢三轧厂加热炉加热连铸方坯实测的氧化烧损率仅为0.7%）。对于加热坯料较长和产量较大的加热炉，由于对加热钢坯宽度方向上温差要求较高，常规加热炉由于结构和设备成本的限制，烧嘴间距一般均在1160mm以上，造成炉长方向上温度不均而影响加热质量，而内置式蓄热式加热炉所特有的多点分散供热方式，喷口间距最小处达400mm，并且布置上随心所欲，不受钢结构柱距的限制，炉长方向上温度曲线几近平直，使得加热坯料的温度均匀性大大提高。内置蓄热室加热炉对设计和施工要求较高，施工周期相对较长，对现有的加热炉的改造几乎无法实现，但对新建加热炉非常适合，并且适用于任何发热量的燃料。

C　外置蓄热室加热炉

外置蓄热室加热炉，如图 7-27 所示，是介于内置蓄热室加热炉与蓄热式烧嘴加热炉之间的一种形式，将蓄热室全部放到炉墙外，体积庞大，占用车间面积大，检修维护非常不便。炉体散热量成倍增加，蓄热室与炉体连通的高温通道受钢结构柱距的限制，空气、煤气混合不好，燃烧不完全，燃料消耗高，更无法实现低氧化加热。它既没有蓄热式烧嘴的灵活性，又没有内置蓄热室加热炉的合理性，但适用于任何发热量燃料的老炉型改造。

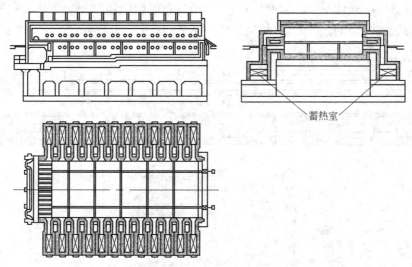

蓄热室

图 7-27　外置蓄热室加热炉

蓄热式加热炉目前在国内发展很快，但我们必须清醒地认识到还有许多有待完善的地方。例如，无论是使用何种燃料的蓄热式加热炉，在运行一段时间后，蓄热体很容易发生一些问题，采用小球作为蓄热体的蓄热式加热炉，小球会粘在一起，而使用蜂窝体作为蓄热体的蓄热式加热炉，蜂窝体堵塞比较严重，当蓄热体堵塞后，为了保证加热温度，不得不提高燃料和空气的供给量，从而造成能耗的升高。因此，如何解决蓄热体堵塞问题是今后需要研究的一个问题。另外，在检修时发现，蓄热体不仅发生堵塞现象，而且在拆换过程中特别容易破碎，特别是接近炉内的两层蓄热体，每次拆开就破裂，不能重复使用。这样每次检修更换大量蓄热体，造成了检修成本的大幅上升。这一现象，也是今后需要解决的问题。

我国高温空气燃烧技术的研究开发起步于 20 世纪 90 年代中期，近几年在该技术领域已开发出数种蓄热式烧嘴、燃烧器、辐射管及装置系统，并且成功应用于几十家企业近130 台套设备上，其中蓄热式连续加热炉 50 余座，蓄热式钢包烘炉装置 30 余套，蓄热式均热炉 40 余座。其技术经济效益巨大，环保性能优越。

7.3.2.3　蓄热式加热炉空气、煤气预热及换向

A　空气、煤气预热

我国多数轧钢加热炉使用发热值较低的混合煤气、转炉煤气甚至高炉煤气作为燃料。在燃用低热值煤气的情况下，如果单预热空气，对废气余热的回收是不充分的。研究表

明：如果只预热空气，仍有约34%的可回收热没有得到利用，这是很可惜的；如果燃用低热值煤气时，空气和煤气双预热，则会收到更好的效果。此外，燃用低热值煤气时空气和煤气双预热，炉子的烟气可以全部经空气蓄热室和煤气蓄热室排出，炉子无须设置排多余高温烟气的烟道和烟囱，使炉子的构造和布置简单化。另一方面，煤气和空气双预热，可以使高炉煤气达到足够高的燃烧温度，因而为加热炉单一使用发热值很低的高炉煤气创造了条件，这样可以使钢铁厂副产品——高炉煤气得到更充分的利用。空气、煤气双预热的加热炉，分别设置空气蓄热室和煤气蓄热室以及相应的空气换向阀和煤气换向阀，经空气换向阀排出的烟气和经煤气换向阀排出的烟气由各自的引风机抽出。蓄热式空气、煤气双预热的推钢式加热炉和蓄热式步进炉简图如图7-28和图7-29所示。

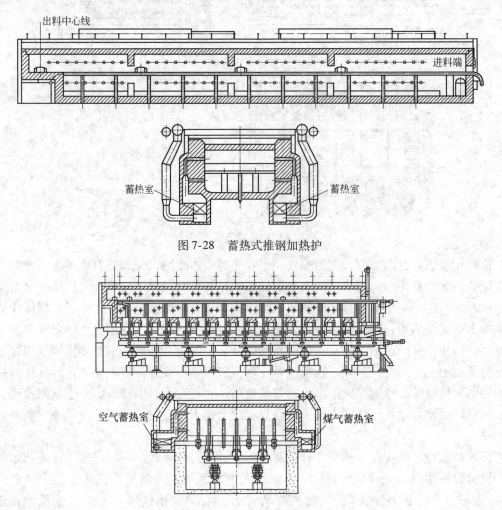

图 7-28　蓄热式推钢加热护

图 7-29　蓄热式步进加热炉

B　蓄热室的群合式配置

所谓蓄热室的群合式配置，即1个空气蓄热室以及1个煤气蓄热室对应一群烧嘴，而不是1个蓄热室对应1个烧嘴，其组合形式如图7-30所示。群合式布置方式可以简化管路系统和减少换向装置数量，燃烧自动控制系统也简化了，特别是在空气、煤气双预热的情况下,这些优点更显突出。蓄热室布置在炉子两侧,一般每侧分别设 4~6 个空气蓄热室和煤气蓄热室。推钢式连续加热炉将蓄热室直接放在炉底下面,而步进式加热炉则将蓄热室摆放在炉墙外侧。

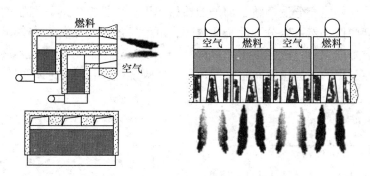

图 7-30 蓄热室群合布置的烧嘴结构

C 集中换向装置

在群合式配置蓄热室的基础上,换向阀的配置进一步集中,采取多个蓄热室配一个换向阀,其管路系统如图 7-31 所示。为开发蓄热式加热炉,我国还开发出了加热炉专用的升降开闭式四通换向阀,如图 7-32 所示。空气或煤气与烟气在阀内分流并定时换向,阀中采取特殊结构使每个阀板紧密关闭,保证可靠密封。采用气缸或液压缸驱动,均带有缓冲性能,以保证开关阀门稳定及减小冲击。阀门 4 个进出风口直径最大达 700mm。每个进出风口可有 3~4 个方向任意设置,因此在现场安装十分方便,可以安放在炉旁,也可以装在炉顶之上。

换向时间以定时控制为主,在出蓄热室的烟气温度超温的情况下,则根据温度信号强制换向,换向时间一般为 1.5~3.0min。

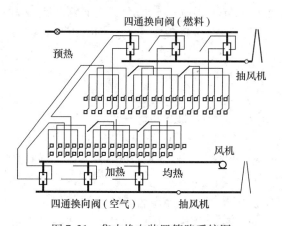

图 7-31 集中换向装置管路系统图

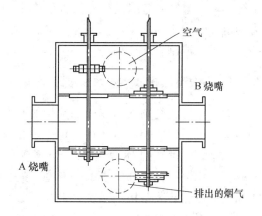

图 7-32 四通换向阀简图

D 燃烧器的布置

燃烧器布置在炉子的两侧,两侧的烧嘴交替进行燃烧和排烟。燃烧过程主要在炉内进行,高速气流使炉内气体产生很强的搅混作用,炉内气流的主导流向是从一侧到另一侧,并且不断的正反变向,这些特点都使得炉膛宽度方向温度均匀化,有利于提高钢坯长度方向加热均匀性，因此蓄热式燃烧器布置在侧墙上完全克服了一般侧烧嘴固有的缺点，尤其是炉膛宽度大的炉子，在炉子侧向布置蓄热式燃烧器的优点更加突出。

燃烧器几乎沿整个炉长均匀布置，取消了传统的推钢式和步进式连续加热炉的不安装烧嘴的预热段，这样能充分发挥整个炉子的加热作用。炉长方向的炉温制度不再是明显的三段式炉温制度，但仍然可以分为几个加热区，可根据加热的品种和产量灵活调整各段的温度。燃烧器设置的数量，根据炉子热负荷的分配以及适当的燃烧器间距来确定。为了起炉的需要，还在炉子的适当位置布置一定数量的常规烧嘴。蓄热式加热炉中烧嘴的布置方式如图 7-33 所示。

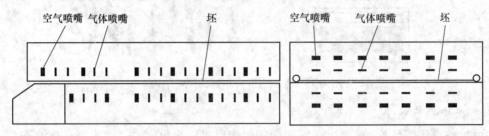

图 7-33 蓄热式烧嘴的布置方式

E 空气、煤气和排烟系统

空气和煤气总管连接各自的换向阀，换向阀后分两路连接到炉子两侧的蓄热室，从蓄热室出来再分若干路连接到各个燃烧器。空气、煤气管路系统设有流量测量和调节装置，流量分配调节装置和安全装置等。空气和煤气的供给压力，应考虑包括换向阀和蓄热室在内的整个系统的阻力损失，因此按可靠的依据确定换向阀和蓄热室的阻力损失十分重要。

烟气从蓄热室出来，温度已降至 200℃ 左右，所以可以直接经空气、煤气的金属管道流经换向阀，经过换向阀后的烟管、排烟机和烟囱排入大气。经煤气换向系统和空气换向系统的烟气分别有各自的排烟机抽引排出。排烟机的能力根据烟气量和烟气流路的系统阻力确定，所以正确确定烟气流经换向阀和蓄热室时的阻力也是很重要的。烟管上设置调节装置，用以控制炉膛压力。

7.3.3 高效蓄热式加热炉的发展及前景

近几年，我国高效蓄热式加热炉的开发应用取得了长足的发展，并且在国内已建成投产多座，包括室式炉、罩式炉、均热炉和连续加热炉，均取得了很好的节能效果和环保效益。如排烟温度降到 180℃ 以下，空气或煤气预热到 800℃ 以上，节能 30%~45%，而且还可减少氧化烧损，提高炉子的生产率，提高炉温的均匀性。与常规工业炉相比，高效蓄热式加热炉虽然要装备换向系统，但却没有空煤气换热器，没有高温管道和高温阀门，因此在建设投资方面与常规工业炉基本相当。另一方面，高效蓄热式加热炉具有很高的燃料节约率，可大幅度降低能耗成本和减少废气排放量，其投资回收期最短，经济效益显著。所以高效蓄热式加热炉有很好的发展前景。

7.3.4 高效蓄热式加热炉的应用及效果

HTAC 应用的领域包括：玻璃、钢铁行业、发电等，钢铁是其重要的应用领域之一。

以太钢为例,太钢现有热处理炉、加热炉等大小工业炉窑共 141 座,其中有 88 座运行,共消耗高炉煤气约 59000m³/h,焦炉煤气 34400m³/h,发生炉煤气 73500m³/h。现假设太钢运行的炉子有四分之一改造为高效蓄热式加热炉,改造后节约燃料 30%,年工作时间以 7000 小时计,则每年可节省高炉煤气 $3.098 \times 10^7 m^3$,焦炉煤气 $1.806 \times 10^7 m^3$,发生炉煤气 $3.859 \times 10^7 m^3$。按太钢内部煤气价格,每年可减少煤气费用支出分别为 123.2 万元、526.2 万元、302.4 万元,合计 951.8 万元。若再考虑减少氧化烧损,提高炉子生产率产生的效益,则更多。同时,由于减少了煤气消耗,又可极大地缓解太钢煤气供应紧张的局面。

荷兰荷格文钢厂对热轧的加热炉进行了改造,该炉子主要的技术参数如下:炉子功能:为轧制预热板坯;板坯尺寸:12m×1.5m×0.2m;装炉温度:20~300℃;出炉温度:1150~1250℃;燃料:天然气和焦炉煤气(100 MW);助燃空气:400~600℃。于 2006 年春天安装了 4 个烧嘴,夏天进行了试验运转。2006~2007 年一直进行现场生产试验检验效果。工业试验的效果证明:实现节能:27%;减少 NO_x 排放;稳定操作一年;准备推广该技术。

鉴于高效蓄热式加热炉的高效、低耗和低污染,又能直接燃用高炉煤气,因此是一种有发展前途的新技术,是工业炉节能的发展方向。它对于提高企业产品的市场竞争力,实现企业的清洁生产和可持续发展有着重要意义。

HTAC 目前在钢铁行业还有一个新的用途就是应用在高炉热风炉上,该技术首先于 1991 年由法液空立项研究,后联合西马克-德马克进行市场化推广,该技术的主要特征是:采用陶瓷小球作为换热体,其比表面积是格子砖的 9 倍;流动通过一个径向的床发生;更低的压力损失、更为致密的设计和更低的热损失;更剧烈的燃烧,燃烧空间更紧凑。

与常规的热风炉比较,其优点如下:(1)更紧凑的设计。小球换热床的体积比格子砖小 80%,投资少 25%~30%;(2)更好的热性能:节能 8%,可以完全不用高热值煤气,更低的污染物排放(NO_x、CO、CO_2),燃料的操作费用节约 25%(消耗更少的高热值煤气)。

在德国的 Neue Maxhuette 投产的一个使用 CH_4 作为燃料加热的,热风量为 10000m³/h 的示范装置,如图 7-34 所示。

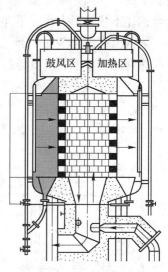

图 7-34 陶瓷小球热风炉
原理示意图

8 锻造室状炉

加热炉按炉内温度分布特征，可分为两大类：一类是炉膛内的温度分布沿炉长连续变化的，称为连续加热炉；一类是炉膛内各点温度基本一致的，称为室状加热炉。这一章主要介绍锻压车间常见的室状炉，其中某些炉子也见于热处理车间或机修车间。

被加热金属的品种、形状和尺寸的差异极大，锻造室状炉的形式也显著不同。有加热工件重量仅数千克的小型室状炉，也有加热重量达数百吨的特大钢锭用的台车式加热炉。它们的结构和尺寸相差很大，其共同的特点是炉膛内各点温度比较均匀一致，在温度分布特征上属于室状炉。

在火焰室状炉内，如何组织气流使炉膛温度均匀是关键的问题。决定气流运动方向的是烧嘴的布置、排烟口的布置和抽力大小等条件。

室状炉多是间歇式工作的，与连续加热炉相比，它的有效利用系数及热效率均较低。室状炉的废气出炉温度都很高（1100～1200℃），所以热损失很大。此外，某些高碳钢与合金钢坯不能升温太快，不允许立刻加入到高温的炉膛内，在连续生产时甚至要把炉子冷却，降低温度后再装料。因此，金属在炉内待轧、待锻停留时间长，金属的烧损大。为了提高热能的利用率，降低燃料消耗量，应提高热锭入炉比例，强化炉壁绝热，减少过剩空气量，利用废气余热预热空气或煤气。为此，炉子上应有换热器或蓄热室。

8.1 加热中小型料坯的室状炉

在锻压车间和热处理车间，常用室状炉加热中小型料坯，金属重量自数千克到1t。图8-1是一座固定式室状炉的结构图。四个煤气烧嘴分装在侧墙两边，烟气可以直接排入大气，也可以通过金属换热器。炉子是间歇式操作的，单位生产率为350～550kg/(m²·h)，当炉子用作热处理时，生产率更低，例如正火时生产率为100～120kg/(m²·h)，退火时为40～60kg/(m²·h)。表8-1是一些中小型室状炉的工作指标（加热温度1200℃时）。

由表中数据可以看到，带有换热器的炉子的工作指标比没有换热器的好。但是，室状炉废气出炉温度高，换热器容易烧坏。为

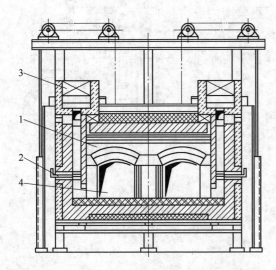

图 8-1　固定式室状炉

1—炉膛；2—烧嘴；3—换热器；4—炉门

表8-1 某些中小型室状炉的指标

炉膛内部尺寸 （长×宽×高） /mm×mm×mm	标准燃料消耗 /kg·h⁻¹		单位标准燃料 消耗量/kg·t⁻¹	炉子最大生产 率/kg·h⁻¹	炉底强度/kg· (m³·h)⁻¹	有效利用 系数/%
	装料时	空炉				
600×460×450	17.5	13	130	135	—	21
900×900×600	—	31	155	320	—	18
1200×1350×750	90	51	147	600	370	19
1500×1200×750	100	56	155	610	355	18.5
1500×1500×750	126	71	152	820	365	19
1100×1000×750	40	23	120	330	300	23
2500×1600×1000	120	83	100	1200	300	26

注：最后两行的数据是有换热器的炉子。

了克服室状炉工作周期性的缺点，可以利用废气余热预热金属。为此，发展了另一种室状炉型——双室炉，或称可逆式双室炉。图8-2是可逆双室炉的剖面图。

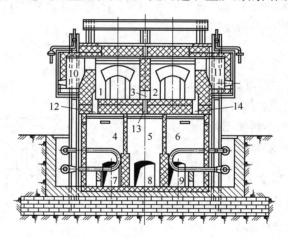

图8-2 可逆双室炉

两个独立的加热室彼此由通道3连通，炉底下面分别有4、5、6三个炉底室，烟气分别经由7、8、9三股烟道排出。这种炉子可以两个室同时工作，也可以一个室单独工作，这时只有一边的烧嘴（例如烧嘴10）供给燃料。火焰先进入加热室1，然后经过3进入加热室2。预热另一批炉料，再由烟道6排出烟气。此时只有烟道9的闸门是打开的，烟道7、8的闸门应当关闭。等到加热室1的料坯加热到所需的温度后，即开始出料。此时关闭烧嘴10，打开烧嘴11，并关闭烟道9的闸门，打开烟道7的闸门，2就成为加热室，1又成为预热室。12、13、14为上升道。也可以不用换向的办法，把物料在预热室预热后，转移到高温的加热室中去。在加热高碳钢或合金钢钢坯时，不允许直接进入高温区快速加热，因而采用这种炉子较适合。空气可以在炉底室4和6中的管式换热器中进行预热，温度可达200~250℃。

双室炉比单室炉生产率高30%~40%，燃料单耗可以降低30%~35%。

在锻压车间有时只需要加热料坯的端部，可以采用缝式加热炉。这种炉子在结构上与

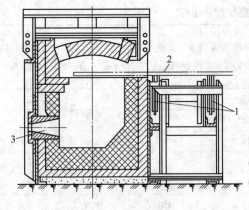

图 8-3　缝式加热炉
1—运输带；2—钢坯；3—烧嘴

一般室状炉相似，只是没有炉门，而在侧墙上开一条缝，被加热的坯料一部分留在炉外，可以放在运输带上缓缓向前移动，把加热的一端由狭缝伸进炉内进行加热。图 8-3 是缝式加热炉的剖面图。

不设炉门是为了减少通过炉门的热量。缝式加热炉的尺寸一般都比较小，有时不设烟道，燃烧产物直接由装料口排到车间里，为了不使喷出的火焰影响操作，炉前可安装绝热或水冷隔热板，板的下方可以采用压缩空气形成气封。

缝式加热炉主要用于模锻的加热，实行快速加热的缝式加热炉的生产率可达到 $350 \sim 400 kg/(m^2 \cdot h)$（只计算加热的部分），单位热耗约每 1kg 钢 6300kJ。

中小型室状炉炉膛的基本尺寸可由计算确定，主要是确定炉底面积。

先求同时存在于炉内的料坯数 N

$$N = \frac{n\tau}{60} \tag{8-1}$$

式中　n——每小时的生产率，根数/h；

　　　τ——每根料坯的加热时间，min。

设室状炉内钢坯的排列如图 8-4 所示。

由图可知炉底的有效宽度 a_a

$$a_a = \frac{N(d+k)}{c} - k = \frac{n\tau(d+k)}{60c} - k \tag{8-2}$$

式中　d——料坯直径或断面一边长，mm；

　　　k——料坯间距离，mm；

　　　c——料坯的排数。

同样，可知炉底的有效深度 b_a

$$b_a = cl + (c-1)\delta \tag{8-3}$$

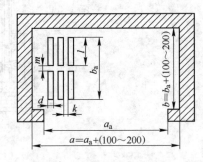

图 8-4　钢坯在炉底内的排列

式中　l——料坯的长度，mm；

　　　δ——两排钢坯间的间隙，mm。

所以炉底的有效面积 A_a 为

$$A_a = \frac{a_a b_a}{10^6} \tag{8-4}$$

炉子的实际宽度 a

$$a = a_a + (100 \sim 200) \tag{8-5}$$

对于小炉子可取 100mm，对于中型炉子可取 200mm。

炉子的实际深度 b

$$b = b_a + (100 \sim 200) \tag{8-6}$$

对于小炉子可取 100mm，对于中型炉子可取 200mm。

如果每根料坯的重量为 G，则炉底有效面积的小时单位生产率 P_a 为

$$P_a = \frac{nG}{A_a} \tag{8-7}$$

炉膛高度的准确计算是困难的，多数情况下是采用经验数据，或近似计算法。

锻压车间也有多种机械化炉底的炉子，如步进式炉、链式加热炉、转底式炉等，这些炉子也可以采取室状炉特点的炉温制度。

8.2　加热大型锭的室状炉

重量超过 1t 的钢锭，或大断面的铝锭，可使用大型室状炉进行加热，如台车式（或称车底式）加热炉。图 8-5 是台车式加热炉的剖面图。

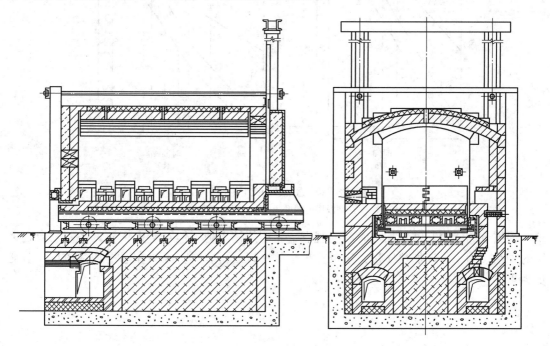

图 8-5　台车式加热炉

台车式炉的炉底是一个台车，依靠车轮在钢轨上滚动出入炉膛，台车的拖曳机构利用绞车或类似的其他设备。台车上面砌有耐火砖，通常锭子不直接放在耐火砖上，而是放在上面的特殊支架上，支架是金属制的，高 400～600mm，这样便于物料多面进行加热。

烧嘴位于两侧墙上，大炉子可装上下两排烧嘴，尽可能使炉膛各部分温度比较均匀。烧嘴应有一定角度，避免火焰直接喷到锭子上，造成局部过热。烟道位置有时位于炉底中央，由于上面钢锭及台车重量很大，烟道顶因重压强度发生问题，故现在多改在炉墙两侧，而将拖曳机构摆在中部。为了防止冷空气的漏入，台车式加热炉都有砂封装置。

台车式炉的热效率很低，因为台车本身要吸收大量的热，当它从炉内拖出来后，大量的热都损失了，无法利用。同时，这类炉子炉体蓄热造成的损失也很大，炉子砌体应多采

用轻质砖。现已有全耐火纤维炉衬的大型台车式炉，可节省燃料20%～30%。

加热大钢锭比加热中小钢坯复杂得多，因为尺寸加大以后，断面上的温度差也增加了，容易产生裂纹等缺陷。大钢锭中有缩孔、疏松、偏析，还有冷却与凝固过程中所产生的残余应力，所有这些都要求大钢锭的加热在选择加热时间、加热制度时，要比中小钢坯更加仔细。锻造前钢的加热温度稍低于轧制前的加热温度（低50～70℃），最高锻造温度可以比相图上固相线低150～200℃。对加热均匀性的要求比轧制可稍放宽些。

物料在室状炉内的加热制度，可以采取两段式，也可以采取三段式，视料的品种和尺寸而定。加热制度的炉温分布如图8-6所示。

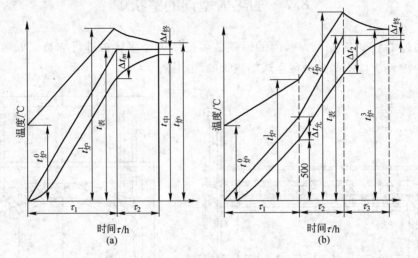

图 8-6　室状炉的加热制度
(a) 两段温度制度；(b) 三段温度制度

根据节约能源和缩短加热时间的观点，希望热锭入炉。但对于大钢锭，特别是合金钢锭的加热，为了保证加热质量，宁可在炉子放冷以后再装料，因为在这里加热质量比节能更为重要。

9 热 处 理 炉

热处理是冶金工厂的重要工序，热处理炉是实现热处理工艺的基本设备。热处理工艺的方法很多，如退火、淬火、回火、正火（常化）、调质处理、渗碳、渗氮、氰化等。

轧材厂轧制的型材，一部分可以直接作为成品材，还有一部分需要经过热处理，才能作为成品材。一般来说，对型材、板材、管材进行热处理的目的是：

（1）改变金属的物理性质和力学性能。

（2）消除压力加工产生的内应力。

（3）降低金属硬度，改善切削性能。

（4）提高金属的表面硬度。

（5）进行化学热处理，达到特殊的要求。

由于物料成分和用途不同，热处理工艺也不同。例如钢轨和某些合金结构钢为了防止白点的产生，在轧制以后需要进行缓冷；冷加工的薄板、带钢、钢丝需要进行再结晶退火，以改变变形后的结晶组织，消除加工硬化现象；某些钢（如镍铬高合金钢）在冷却后组织内有马氏体，使钢的硬度高到无法进行切削加工，为此需要进行高温回火；为了使滚珠轴承钢有高的硬度和韧性，使工具钢有好的切削性能，在热轧以后需要进行球化退火，使钢材具有粒状珠光体组织；某些钢材根据用户要求，需要以正火或调质状态等提供。这些过程除了利用轧制余热进行处理的以外，都要在热处理设备内重新进行加热。

9.1 热处理炉的分类和特点

9.1.1 热处理加热设备的分类

热处理的加热设备有两类：一类是直接加热，例如直接电热、高频感应加热等；一类是间接加热，各种热处理炉即属于这一类。热处理炉的分类如图 9-1 所示。

9.1.2 热处理炉的特点

热处理炉具有以下特点：

（1）热处理炉的温度范围大。主要目的是得到塑性好的奥氏体钢，其温度范围为 900 ~ 1200℃；热处理由于工艺要求不同，温度高的可达 1300℃，低的只有 100℃ 左右。温度相差如此之大，其炉子结构也有很大不同。炉温高于 650℃ 的叫高温热处理炉，热量的传递以辐射方式为主，对流为辅；炉温低于 650℃ 的叫低温热处理炉，热量的传递主要依靠对流方式。热处理要求炉膛温度均匀，避免局部温度过高，所以热处理炉的炉膛与燃烧室有时是分开的。

（2）热处理炉的炉温控制比较严格。压力加工前的加热，金属温度波动一二十度，一

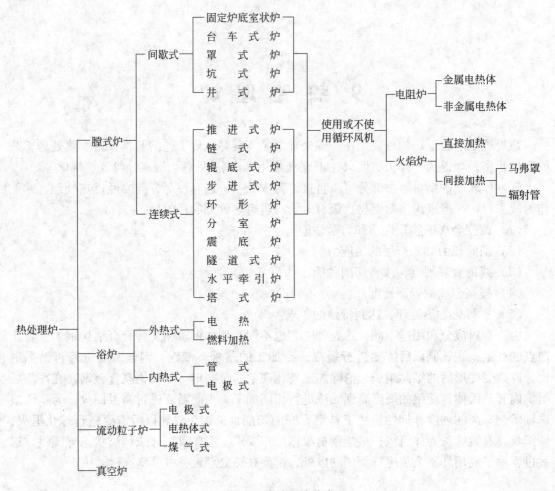

图 9-1　热处理炉分类

般对质量没有多大影响。但热处理炉能否保证热处理工艺所要求的温度，对产品质量有很大影响，一般上下不超过 3~10℃。被加热物断面上的温度分布应尽可能地均匀，温差不得超过 5~15℃。就控制炉温而言，电炉比较优越，其次是燃烧煤气或重油的炉子。为了达到准确控制温度的目的，最好采用均匀地布置功率小的无焰烧嘴、平焰烧嘴的办法，这样便于分段控制，烧嘴太少，过于集中，容易出现局部过热。同时，烧嘴或电热体的布置及炉子结构应有利于炉气的循环，使炉内温度趋于均匀，为此目的在炉内可采用风扇。

（3）热处理炉应尽量减少金属的氧化与脱碳。对钢材的热处理，不允许有表面的氧化与脱碳，应保持表面的光洁。热处理炉往往需要密封，以便控制炉气成分，有时还要保持炉膛内某种特定的气氛。例如冷加工钢材的光亮退火，多半在保护气体介质或在真空中进行，所以马弗罩和辐射管在热处理炉上应用很多。当工件或钢材进行化学热处理时，如渗碳、渗氮、氰化等，都要保持在一定成分的活性介质中加热，须用马弗炉或浴炉。

（4）热处理炉的生产率及热效率低。热处理时，为了使金属断面上温度均匀，使结晶组织转变得完全，需要使金属在炉内停留较长的时间，不论是哪一种热处理，材料在炉内都有一个或几个均热或保温阶段，冷却过程也往往在炉内进行。有些品种的热处理，甚至要进行多次加热、保温和冷却。许多热处理炉是周期性作业的。由于以上缘故，热处理炉的生产率和热效率比轧锻加热用炉低得多。表9-1是一些钢材热处理炉的工作指标。

表9-1 某些钢材热处理炉的工作指标

炉 型		单位热耗 /×10⁴kJ·t⁻¹		热效率/%		热处理温度/℃		能力: 连续式 /t·h⁻¹ 间歇式 /t·装料⁻¹	
		平均	范围	平均	范围	平均	范围	平均	范围
连续式	推进式炉	540	163~1336	11.2	4.6~37.4	875	560~970	1.19	0.125~9.5
	辊底式炉	177	84~330	33.4	19.7~50.7	863	700~1000	5.59	0.4~18.0
	链式炉	393	42~1097	11.1	4.2~48.0	724	400~1000	0.78	0.17~2.9
	车底式炉	520	130~946	12.7	7.4~25.0	937	580~1000	0.84	0.3~2.0
	步进式炉	206	75~419	30.1	3.5~55.8	890	570~1280	14.1	0.6~58.4
间歇式	台车式炉	747	88~3852	8.5	1.8~32.9	900	500~1200	42.8	0.3~350
	箱式炉	500	142~2550	12.3	2.5~34.4	886	600~1100	1.73	0.05~40
	坑式炉	727	200~2970	8.4	2.1~29.2	849	500~1100	10.5	0.03~80
	罩式炉	158	96~264	29.9	18.1~40.9	723	580~900	87.9	2.4~360

9.2 轧钢厂常见的热处理炉

9.2.1 中厚钢板热处理炉

钢板按厚度分为薄板和厚板，4mm以下属于薄板，厚板中又可分为中板（4~9mm）、厚板（9~60mm）、特厚板（60mm以上）。中厚板的热处理作业主要是正火、淬火和回火。淬火的加热温度为860~1000℃，正火的温度为860~900℃，回火的温度为600~720℃，高温淬火也有加热到1150℃的。

厚板的热处理加热大多采用辊底式炉，如图9-2所示。

这种炉子以前大多是明火直接加热，为了减少氧化，提高钢板表面质量和淬火钢板的淬透性，现逐渐采用辐射管进行间接加热，并通入氮气作为保护气氛。为使温度分布均匀，在炉内还可安装风扇进行强制循环。有时要适应加热速度的需要，炉子可分成多段，分段控制炉温。使用辐射管的炉子由于辐射管材料的限制，炉子温度不应超过1000℃，适于淬火和正火；回火的温度比较低，氧化较少，没有必要采用保护气氛，仍可用明火加热。

9.2.2 冷轧薄板热处理炉

冷轧薄板比热轧薄板表面光滑，厚度均匀，可以轧出质量优良的极薄带材。但冷轧薄板和带材在轧制过程中会产生加工硬化现象，塑性降低，伸长率降低，往往还在加工过程中就失掉了变形能力，使继续轧制非常困难。这时需进行中间退火，将钢加热到A_{c1}或A_{c3}以上，这样处理不仅延长了加热时间，还使钢的表面产生一层较厚的氧化铁皮，增加了金属烧损和酸洗时间。故一般不用上述中间热处理的方法，而是采用加热到700℃左右的高

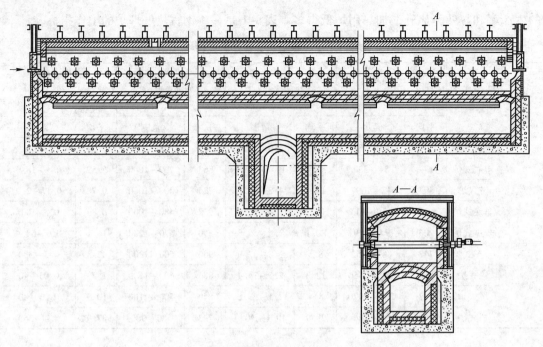

图 9-2　辊底式炉

温回火，同样可以保证继续冷加工所要求的塑性。此外，最后的成品钢材，为了改善性能，例如提高其深冲性能，或者如硅钢带为了获得晶粒取向的组织，并除去一部分有害的碳、硫、磷，以提高硅钢带的电磁性能，成品钢带也要进行热处理。

根据热处理作业的特点，冷轧带钢的退火炉分为以下几类：

$$\left\{\begin{array}{l}\text{间歇（分批）式炉} —— \text{罩式炉}\left\{\begin{array}{l}\text{紧卷退火}\\\text{松卷退火}\end{array}\right.\\\\\text{连续作业炉}\left\{\begin{array}{l}\text{牵引式炉}\\\text{辊底式炉}\\\text{推进式炉}\\\text{车底式炉}\end{array}\right\}\text{紧卷退火}\end{array}\right.$$

冷轧带钢的再结晶退火，不论采用间歇式炉或连续作业炉，必须应用保护气氛，使炉内保持无氧化性。

9.2.2.1　罩式退火炉

光亮退火的罩式炉由固定的基座、可移动的内罩和外罩三部分组成。炉罩分为圆形或矩形。一般叠轧板在矩形炉内退火，板卷在圆形炉内退火。罩式炉实质上也可以视为是连续工作的，它是把炉罩从一个基座移到另一个基座上。

图 9-3 是一个钢卷单垛罩式退火炉的结构图。

紧卷带钢沿轴向垂直堆放在基座上，每垛可堆三四层，堆好后扣上内罩（马弗罩），外面一层叫外罩（加热罩），上面装有加热器。加热方法有三种，即明火直接加热、辐射管间接加热、电阻加热。退火温度为 600～700℃。内罩里面通保护气体，主要是 N_2，适当配以 H_2、CO、CO_2（也有采用全氢气氛的），用强力风扇使保护气体强对流循环。钢卷的加热、均热和冷却都在罩内，而冷却所需的时间甚至超过加热时间。退火时间长，温

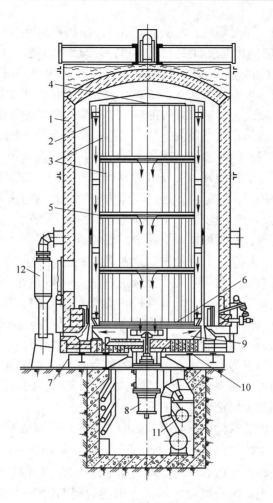

图 9-3　罩式炉

1—加热罩；2—马弗罩；3—带钢卷；4—盖；5—中间垫层；6—下部垫层；7—基座（炉台）；
8—风扇；9—定向装置；10—托圈；11—煤气及空气管道；12—喷射管

度更加均匀，产品质量更好，但影响生产率的提高。因此，总是力求缩短冷却时间，例如使用带循环风扇的冷却罩，用保护气体循环冷却，用耐热钢管通水冷却及水冷内罩等措施。

罩式炉的结构形式很多，带钢卷和单张薄板垛的退火都可以用罩式炉，基本可分为单垛多卷罩式退火炉和多垛罩式退火炉。前者是一个钢卷垛，堆几层钢卷，这种形式应用最普遍；后者是一个共用的炉台，上面有几个装料台，每个上面堆垛 2～4 个钢卷，每垛钢卷有一个马弗罩，外面共用一个加热罩。这种形式生产量大，随着卷重和装入量的增加，炉子向大型化发展，现在装入量已扩大到 120～150t，单位热耗也比单垛式炉子小，但不如单垛式操作灵活。

罩式炉最初是明火加热方式，烧嘴径向布置。这样火焰直接冲到内罩上，使内罩很容易损坏。以后设法在烧嘴与内罩之间加一块挡火板，但挡火板也很快烧坏或取罩时被碰掉。于是又把烧嘴改为切向布置，情况有所改善，但未根本解决。所以又改用辐射管加热，火焰不致直接喷到内罩上，避免了上述缺陷。但辐射管式炉的热效率低，废气温度高，必须设法回收余热，同时辐射管的设备费用高，在扣罩时罩与辐射管容易相撞而损坏，而且辐射管式炉的加热时间比直接加热方式长。自从出现平焰烧嘴以来，罩式炉又改用平焰烧嘴直接加热，这种烧嘴的火焰向四周扩散，不直接冲向内罩，而是平行于加热罩内壁，辐射面积大，避免了前两种方式的缺点。罩式炉也有用电热体作加热元件的电阻罩式炉。

罩式炉上另一项重要改进是耐火纤维的应用。过去炉罩的重量很大，一个炉罩的重量可达十几吨，起吊炉罩的吊车功率很大，厂房结构也必须十分坚固。由耐火纤维制成的轻型外罩，使炉子重量减轻，结构紧凑，减轻了吊车的负荷，降低了车间的基建费用。耐火纤维用作外罩内衬时，绝热性能好，可以节约燃料20%以上，还缩短了空炉的升温时间。耐火纤维不仅可以作为炉罩内衬材料，还可以作为密封材料。过去带钢罩式退火炉的内外罩，一般都是采用砂封，密封性较差，车间环境容易污染，若改用油封，油受热蒸发也污染环境。用耐火纤维密封，密封可靠，提高了钢板的退火质量。也不污染环境。

带钢的再结晶退火，早期一直都是采用紧卷罩式炉退火。但是紧卷的加热较慢，完全靠钢的传导传热，而且温度不均匀。为了克服这一缺点，20世纪60年代出现了松卷带钢罩式退火炉，它的特点是带钢卷不卷紧（实际上是把已卷紧的卷带放松），使其层与层之间保持0.5~2.5mm的间隙，高温保护性气体可以和更多的钢表面接触，加热时间能缩短，不到紧卷退火时间的一半，燃料消耗量降低，冷却时间相应缩短，带钢的性能均匀，表面质量也有所提高。但因为松卷罩式退火炉的炉台较大，废气温度较高，所以影响炉子的热效率。目前带钢的再结晶退火还是用紧卷罩式退火炉，国外只是在渗碳、脱碳、渗氮、渗铬等化学热处理时采用松卷退火。

薄板垛的罩式退火炉有煤气加热与电加热两种，内外罩都是矩形的。

9.2.2.2　连续退火炉

罩式炉不能满足某些钢种热处理的要求，如不锈钢带、硅钢带的热处理。同时，连续式轧机的发展对热处理也提出连续化的要求；钢卷的周期性退火的周期长，质量不均匀。因此，牵引式连续退火装置得到了迅速发展。

牵引式连续式钢带的热处理炉分为两种类型，即卧式和立式。卧式的又分为直通式和折叠式，立式也分为单程式和塔式。

图9-4是不锈钢带的连续热处理炉，称为悬索式炉，也称水平牵引式炉。炉子分成加热室和冷却室两部分。钢带在加热室加热到所需温度并保温一定时间后，进入冷却室，用喷水或空气等使之冷却。钢带呈悬索状通过炉子，在进出口处有石棉辊托着钢带。如果炉子产量很大时，可以把炉子分成若干段，如预热段、加热段、均热段，温度也分段控制。

图9-5是一个塔式连续退火装置。钢带在冷轧以后经过电解清洗，直接连续地通过退火炉内，加热到约700℃时，很快完成了再结晶过程，先缓冷再急冷，急冷是为了提高钢板的表面硬度。整个操作过程成一条连续的流水线，加热冷却都是在保护气氛下进行的。在退火炉的前面有一套松卷、碱洗、电解清洗、冲洗、烘干装置和若干张力辊，在退火炉后面还有一套检验、剪切、卷取装置，全部作业是连续的，钢带通过炉子的速度为305~570m/min，国外有高达850m/min以上的。这些基本上都是用辐射管加热，它的能耗比电加热低。在冷却带用空气管或水管冷却，缓冷带还要用电热供给部分热量，保证钢带以较低速度冷却，冷却至400~500℃时进入急冷带，最后出炉温度为50~60℃。为了保证钢带光亮，各带都通有保护性气体。塔式炉产量高，适合处理品种单一产量大的薄带钢。

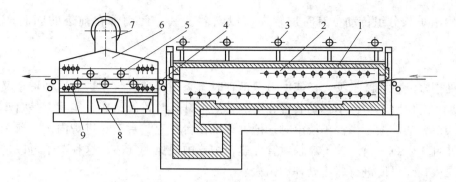

图 9-4 不锈钢带热处理用悬索式炉

1—加热室；2—燃烧器；3—炉顶托辊；4—炉外石棉辊；5—保护辊；

6—冷却室；7—排气管；8—铁皮车；9—喷头

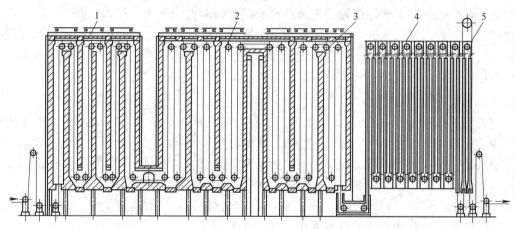

图 9-5 塔式连续退火装置

1—加热带；2—均热带；3—控制冷却器；4—快速冷却带；5—吹洗

连续退火炉与罩式炉相比有一系列特点：（1）设备造价低，占地面积小；（2）退火周期短，机组产量高，热利用率高；（3）操作简单，容易维护，易于实现生产的自动化；（4）产品质量好，表面光亮，缺陷少，钢带容易平整；（5）省去中间酸洗工序，消除了盐酸酸雾的污染。其缺点是产品规格单一，只能适应一定厚度和宽度范围的钢带。

9.2.3 钢管热处理炉

热轧或冷拔的钢管和某些型材，要进行各种热处理，如钢管的热处理工艺有退火、球化退火、淬火、回火、正火几种。

进行这些热处理工艺所使用的炉型有辊底式炉、步进式炉、台车式炉等。

9.2.3.1 辊底式炉

钢管热处理用的辊底式炉与钢坯加热和厚板热处理用的辊底式炉基本相同，但温度的控制要求更准确。为了确保钢管在辊道中沿轴向移送时能按预定温度曲线加热和冷却，实行分段控制，即沿炉长分为加热段、均热段、急冷段、缓冷段等。现在逐渐向连续式光亮退火炉的方向发展，炉子有从明火加热向辐射管加热发展的趋势，并通入保护性气体。炉辊沿炉长分组传动，有时炉辊还可以斜着安装，使钢管在前进的同时产生旋转运动。

9.2.3.2　带罩台车炉

当处理多品种而产量不大，或大口径钢管时，采用间歇式台车炉。这种炉子又称为升降台式炉，它由台车、台车移动装置、炉罩、炉罩升降装置等组成，实际上是台车式炉与罩式炉相结合的炉型。当台车拉出时，把钢管堆在台车上，台车送进炉内，炉罩下降到台车上，并且靠砂封密封。炉子靠辐射管加热，炉罩内通保护气体，这种炉子可以进行钢管的光亮退火，还可以进行球化处理和回火。

9.2.4　线材热处理炉

热轧 5~9mm 直径的线材，以及以此为原料经过冷态拉拔而成的各种钢丝，有些需要进行热处理。线材和钢丝的热处理工艺种类繁多，如退火、正火、淬火、回火、铅浴淬火韧化处理等，退火又可根据目的不同分为完全退火、球化退火、消除应力退火、光亮退火等。热处理工艺条件不同，所使用的热处理炉型也不相同。可采用的炉型有牵引式炉、马弗炉、推进式炉、罩式炉、坑式炉等。

9.2.4.1　牵引式炉

中碳钢及高碳钢钢丝在冷加工以后，金属的硬度增加，塑性和韧性降低，产生内应力。为了获得良好的力学性能和工艺性能，需要进行铅浴淬火韧化处理和再结晶退火，可用牵引式炉，钢丝入炉以后，在明火下加热到 900~950℃，保温一定时间，然后进入铅浴迅速冷却到 500℃，得到韧性好表面硬度高的索氏体组织。

牵引式炉还可以进行线材的发蓝处理，以提高钢丝的强度和防锈能力，这时要在水蒸气较多的气氛下短时加热，加热温度在 350~400℃。

9.2.4.2　马弗炉

马弗炉是钢丝热处理的主要设备，图 9-6 是一座马弗炉的纵剖面图。

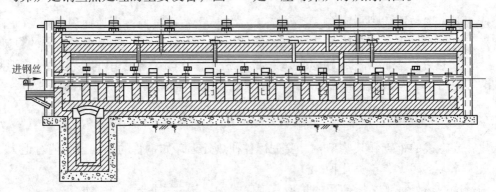

图 9-6　钢丝热处理马弗炉

钢丝通过炉内的马弗砖砖孔，砖是黏土质的，或用瓷管、耐热钢管代替马弗砖。炉子两侧墙的上下部均装有烧嘴，沿炉长分为预热段、加热段、均热段、温度分布比较均匀。钢丝加热到 A_{c3} 以上 30~50℃，使其奥氏体化，然后在铅浴中淬火或在空气中冷却（正火）。铅淬火以后获得索氏体组织；正火获得珠光体和铁素体组织，便于继续拉拔。

9.3 热处理炉技术发展趋势

在工艺控制技术方面，包括：

（1）开发适时过程控制技术，安装在炉中和淬火槽中测量气流、淬火烈度、碳、氮势的灵巧传感器。

（2）用多种传感器和技术按 AMS 规范（Aerospace Material Specification）鉴别炉子的更优化系统。

（3）更好的设备故障诊断、预防、维护方法，如烧嘴裂纹预测，防止炉内气氛恶化。

（4）建立标准/预见设备易变可行性的研究，例如不可能有两台完全一样的炉子。

（5）预测炉子几何尺寸、风扇速度、装炉量和装炉形状的模型。

在材料方面，包括：

（1）改进氧探头的抗炭黑能力——开发能用于700℃以下的氧探头。

（2）新的功能材料（如绝热材料）和结构材料（如在高温下工作的结构材料）。

（3）炉用经济耐热构件材料。

（4）提高炉子的耐热构件合金性能，包括抗渗碳合金夹具、料盘的廉价涂层。

在硬件方面，包括：

（1）高效（大于80%）燃烧器。

（2）高流速换热器，高转速风扇，增加传热面积等提高炉料受热条件的措施。

（3）减少散热的筑炉廉价绝热材料。

（4）节能、无内氧化渗碳气氛。

（5）单件流动和机加工同步热处理设备。

在能源与环境方面，包括：

（1）开发回收低级热的经济方法，废热的收集和利用，例如工业热和烟道热。

（2）高效热传导的加热技术和设备，例如能提高传热速度的等离子加热。

（3）高温热回收技术。

（4）进一步开发可提高热效率的富氧燃烧技术，例如流体薄膜技术。

（5）收集热处理设备能源利用底线数据，用于确立未来节能标准数字。

（6）控制加热炉气氛的方法。

（7）积累热、电与热处理协调的先进技术。

（8）开发高温气体循环系统，以改善加热炉效率，例如冲击加热法。

在环境方面，包括减少 CO、CO_2 和 NO_x 的燃烧技术和后处理技术。

10 电加热炉

电炉是一种利用电热效应将电能转换成热能，以实现预期的物理、化学变化的设备。与火焰炉相比，电炉具有加热速度快，炉内温度、气氛易于控制，热效率高，清洁生产，易实现生产过程的机械化和自动化等优点。

根据电能转换成热能的原理不同，电加热炉分为电阻加热炉与感应加热炉两种类型。电阻加热炉的原理是直接与电源连接的导体内流动的电流，受导体的电阻作用而把电能转变为热能。感应加热炉的原理是位于交变电磁场中的导体内，因电磁感应而产生感应电流，感应电流克服导体自身的电阻而产生热，把导体加热。

10.1 电阻加热炉

电阻加热炉的种类很多，按电流是否通过物料本身，可以分为间接加热电阻炉和直接加热电阻炉；按炉膛形状不同，可分为箱式、井式、直通式电阻炉等；按传热方式不同，可分为辐射传热为主的、对流传热为主的和传导传热为主的电阻炉。

10.1.1 直接加热电阻炉

如图 10-1 所示，将被加热的物料夹紧于两个接触夹头之间，当电流通过物料时，根据焦耳-楞茨定律，物料本身内部的电阻使电能转换为热能。

10.1.1.1 直接电热的优点

（1）没有加热元件，加热速度快，设备生产能力大。

（2）由于没有电热体，加热温度不受限制。

（3）热损失小，热效率高，在很多情况下即使不用炉衬都能有很高的热效率。

（4）金属的氧化脱碳也很少。

10.1.1.2 直接电热的缺点

（1）需要单独的降压变压器和短网。由于热量的产生取决于物料的电阻和通过的电流，一般金属物料的电阻较小，故必须采用变压器供给低电压大电流的电源。

（2）只适用于加热沿整个长度截面均匀的材料，如管材、棒材、带材等。对于沿长度截面变化的物料，必须用多接头供电的办法，在截面均匀的某一段进行直接加热，或逐段加热，但这样设备和操作都将很复杂。

（3）物料内外温度不均，需延长加热时间。交流电通过被加热的金属时，由于交流电

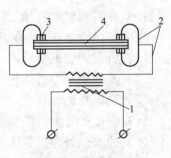

图 10-1　直接加热
电阻炉示意图
1—变压器；2—电缆；
3—接触夹头；4—物料

的集肤效应（趋表效应），造成金属横截面上的电流密度不均的现象，越靠近表层，电流密度越大，越靠近中心，电流密度越小。电流分布不均匀，引起金属断面上的温度也不均匀。开始加热阶段表层温度高，以后依靠传导传热，表面与中心的温差逐渐缩小。因此，需要延长加热时间来解决。

（4）需要较好的接触装置。由于接触加热必须向被加热物料输送很大的电流，若接触不良，会引起强烈的电弧，可能局部烧坏物料和接触装置。

10.1.2 间接加热电阻炉

电流通过炉内专门的电阻发热元件即电热体所产生的热量，借辐射、对流和传导传热传递给被处理物料，这种电炉称为间接加热电阻炉。这种炉子的特点是：可用不同的电热体，达到不同的最高温度；可用不同的电热体布置，实现各种形状和大小的炉子；热工制度易于控制。

虽然间接加热电阻炉在用途及结构上种类繁多，但从炉子的电热体向被加热物料传热过程的特点来看，可分为三种基本类型，即辐射传热型、对流传热型和传导传热型。

10.1.2.1 间接电阻炉的电热原理

A 以辐射传热为主的电阻炉

在辐射传热为主的电阻炉中（图10-2a），电热元件产生的热主要通过辐射的方式传递给被加热的金属。电热元件辐射的热流，一部分直接投射到金属上，另一部分投射到炉衬内表面上及邻近的电热元件和托挂电热元件的搁砖或挂钩上。其各部分的比例取决于相互之间的角系数。为了强化电热元件对金属的辐射传热，在炉子的结构设计上应注意以下原则：

（1）为增大电热元件对金属辐射的角系数，在不影响进出料操作的前提下，应尽可能缩短电热元件与金属之间的距离，一般为 50～100mm。

（2）减小电热元件相互之间对热辐射的遮蔽系数，让电热元件辐射出来的热能更多地直接投射到金属上。为此，在设计电热元件的结构尺寸时，丝状元件的螺距以及带状元件的间距，都不宜过小。

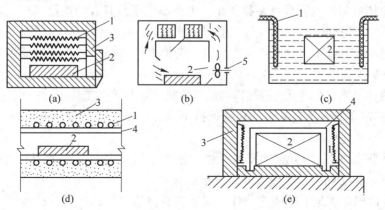

图 10-2　间接电热电阻炉的基本结构形式
1—电热元件；2—被加热金属；3—炉墙；4—隔离罩；5—搅拌器

（3）减小电热元件托挂部件对电热元件热辐射的遮蔽系数。如丝状元件的螺旋形结构若改为波纹形结构，改搁砖放置为用挂钩吊挂在炉墙上，则可使电热元件对金属的热辐射增强。

B　以对流传热为主的电阻炉

在对流传热为主的电阻炉（图 10-2b 和图10-2c）中，以循环的介质作为加热介质，当介质通过电热元件表面时，以对流方式将热量带走，再以对流方式把热量传给金属。要达到金属加热温度的均匀性，要求加热室和工作室内的介质分布要均匀，这与加热室的布置、导流板的安装以及金属的布置等有关。炉内循环介质的流量也影响金属温度的均匀性。因为介质在流动中将热量传给金属时，温度逐渐下降，造成在进口端与出口端的温差，温差的大小与介质的循环量有关。为了减小介质温差，要保证循环设备的流量达到一定的数值。此外，电热元件合理均匀的布置，也影响金属温度的均匀性。就这点而言，圆形截面的炉子较为有利，因为炉子横向的四周都可以安装电热元件。

连续式气垫炉是一种新型的气体循环加热炉，我国已用于铝带材的退火。循环风机将热风从炉子底部一系列喷嘴以 30m/s 左右的速度喷向连续移动的铝带，由于风的静压力，使带材悬浮于炉内，形成气垫。为保证温度的均匀性，上部也可以喷以热气流，不过压力较下部为低。气垫炉使金属不与任何机械传动部件接触，不存在表面擦伤现象，同时温度均匀。

C　以传导传热为主的电阻炉

在以传导传热为主的电阻炉（图 10-2d 和图10-2e），电热体不直接与加热物料接触，借助于隔离罩等进行传导传热。如盐浴炉，加热金属物料主要靠高温的盐浴熔液将热直接以传导方式传递来进行。与一般电阻炉相比，盐浴炉具有加热速度快（液态熔盐的导热系数大），加热均匀（物料的所有表面与熔盐接触），物料有熔盐的保护可减少氧化，以及炉子结构简单等优点。其缺点是热损失大，盐消耗量大及劳动条件差。近来有一部分盐浴炉已被新型的流动粒子炉所取代。

10.1.2.2　电热体材料及其性能

电热体是电阻炉的发热元件，选择电热体材料应满足下述要求：

（1）电热体材料应具有高的电阻率。当电压一定时，电热体的电阻率越大，发出同样功率所用的电热体材料越少，电热体在炉内所占的位置也越小。

（2）电热体材料的电阻温度系数要小。电阻温度系数具有的正值越小，电热体随温度的升高其功率的变化也越小；具有负值电阻温度系数的电热体，由于炉温升高会使炉子功率增加，特别是电阻温度系数变化大的材料，会把电热体烧坏，此时炉子要安装调压器供电，以便调整炉子的功率。

（3）电热体材料应有足够的耐热性与高温强度。电热体的工作温度一般比炉温高 100～200℃，要使其在高温下稳定工作，必须保持不氧化，不与炉气发生化学反应，并有足够的高温强度，不易变形。

（4）热膨胀系数小。电热体热膨胀系数大时，会随温度的升高而增长，可能造成短路。

（5）材料应易于加工、供应方便，价格低廉。

实际上难以同时满足上述所有条件，只能按具体情况选择合适的材料。

常用的电热体材料有金属材料与非金属材料两大类。金属电热体材料有合金和纯金属材料两种，其性能见表 10-1 和表 10-2。

表 10-1　常用合金电热体材料的性能

材料 / 性能	Cr20Ni80	Cr15Ni60	Cr13Al4	0Cr13Al6Mo2	0Cr25Al5	0Cr27Al7Mo2
密度/g·cm^{-3}	8.4	8.2	7.4	7.2	7.1	7.1
抗拉强度/kg·mm^{-2}	65~80	65~80	60~75	70~85	65~80	70~80
伸长率/%	≥20	≥20	≥12	≥12	≥12	≥10
电阻系数/Ω·mm^2·m^{-1}	1.11	1.10	1.26	1.40	1.40	1.50
电阻温度系数/10^{-5}·℃$^{-1}$	8.5 (20~1100℃)	14 (20~1000℃)	15 (20~850℃)	7.25 (20~1000℃)	3~4 (20~1200℃)	−0.65 (20~1200℃)
热膨胀系数/10^{-6}·℃$^{-1}$	14 (20~1000℃)	13 (20~1000℃)	15.4 (20~1000℃)	15.6 (20~1000℃)	16 (20~1000℃)	16.6 (20~1000℃)
导热系数/kJ·(m·h·℃)$^{-1}$	60.2	45.1	52.7	48.9	46	45.1
比热容/kJ·(kg·℃)$^{-1}$	0.4396	0.4605	0.4899	0.494	0.494	0.494
熔点/℃	约1400	约1390	约1450	约1500	约1500	约1520
工作温度/℃　正常值	1000~1050	900~950	900~950	1050~1200	1050~1200	1200~1300
工作温度/℃　最高值	1150	1050	1100	1300	1300	1400

表 10-2　纯金属电热体材料的性能

材料	密度/g·cm^{-3}	电阻系数/Ω·mm^2·m^{-1}	电阻温度系数/10^{-5}·℃$^{-1}$	导热系数/kJ·(m·h·℃)$^{-1}$	比热容/kJ·(kg·℃)$^{-1}$	熔点/℃	热膨胀系数/10^{-6}·℃$^{-1}$	最高工作温度/℃
铂	21.45	−0.094	399	248.7	0.1357	1769	8.9	1600
钼	10.22	0.052	471	512.5	2.7632	2625	4.9	1800
钨	19.30	0.051	482	598.3	0.1424	3380	4.6 (20℃)	2400
钽	16.67	0.131	385	195.9	0.1424	2980	6.55	2200

注：1. 表中电阻系数为0℃时的值；

　　2. 表中热膨胀系数除注明外，均为0~100℃的平均值；

　　3. 最高工作温度是指在真空中的数值。

非金属电热体材料分为硅碳系、碳系和硅钼系三种。材料性能见表10-3。

表 10-3　非金属电热体材料的性能

材料	密度/g·cm^{-3}	电阻系数/Ω·mm^2·m^{-1}	电阻温度系数/10^{-5}·℃$^{-1}$	导热系数/kJ·(m·h·℃)$^{-1}$	比热容/kJ·(kg·℃)$^{-1}$	熔点/℃	热膨胀系数/10^{-6}·℃$^{-1}$	最高工作温度/℃
碳化硅	3.12~2.18	1000~2000	<800℃为负值 >800℃为正值	83.7 (1000~1400℃)	0.7117		5	1450±50
炭	1.6	40~60	为负值	83.74~209.3	0.16~0.238 (0~224℃)	3500		3000
石墨	1.5~1.8	8~13		418.6~628	1.842 (827℃)	3500	4.55	3000
二硅化钼	3.5~5.5	0.25~4	随温度增加而增加			2000		1700

注：碳化硅使用60h以后，出现老化，电阻增加，需要有变压器调整功率。

10.1.3　电热体的寿命与表面负荷

电热体的寿命指电热体能正常使用的时间。但对不同的电热体各有不同的概念。如对一般金属电热体，是指在使用过程中逐渐氧化，电阻不断增大，功率随之下降，直到比额定功率减少15%~20%时所需的时间；而碳化硅电热体则指电阻值增大到原来电阻的四倍所需的时间。影响电热体寿命的因素很多，如工作温度过高、气氛的腐蚀作用、机械碰撞等，其中工作温度十分关键，超过额定的工作温度，电热体的寿命急剧下降。

在设计电热体时，常常用电热体的表面负荷来控制电热体的工作温度。所谓表面负荷，是指电热体单位表面积上所辐射的功率（W/cm^2）。表面负荷越高，辐射出来的热量就越多，但选用表面负荷过高，将使工作条件恶化，寿命降低。所以允许单位表面负荷是个非常重要的参数。如果在热交换过程中，电热体和金属之间没有屏蔽，所有功率全部成为有效热，则此时电热体的负荷为理想表面负荷（$W_{理}$）。但在实际电阻炉中，金属与电热体的角系数往往小于1，因此实际电热体的允许表面负荷（$W_{实}$）必然小于理想表面负荷。如仍以$W_{理}$来设计电热体的尺寸，则必然要升高其工作温度才能满足所要求的功率，这将影响电热体的寿命。

实际电热体的允许表面负荷与理想表面负荷之间有下列关系：

$$W_{实} = \varphi W_{理} \tag{10-1}$$

式中，φ为电热体的有效辐射系数，其值一般在0.33~0.60的范围内。

在选用允许表面负荷时，可考虑以下原则：（1）电热体温度高或应用保护气氛或腐蚀性气体时，$W_{实}$应取低值；（2）在封闭的工作条件下，$W_{实}$应取低值，反之在敞开或有气流循环时，可取高值；（3）被加热金属的黑度小，$W_{实}$应取低值；带状电热体的$W_{实}$可比线状电热体高些。

图10-3和图10-4是常见合金电热体的允许表面功率。图中上限表示敞露的工作条件，下限表示封闭的工作条件。

10.1.4　间接电阻炉的节能措施

间接电阻炉的节能措施有：

（1）采用耐火纤维、轻质砖等轻质、高效隔热材料作炉衬，减少炉壁的散热和蓄热损失。用经济厚度的概念来确定炉衬各层材料的厚度，综合考虑热损失费用和材料费用，取得最佳的经济效益。

（2）加强炉门、炉盖及热电偶插孔等处的密封，提高气密性；尽量避免从炉外壁直通炉内壁的金属构件，防止热"短路"；减少进出炉的输送装置的重量，以免带出过多热量。

（3）炉内壁涂以高温涂料，提高传热强度；炉外壳涂上铝粉漆等，降低黑度，减少热辐射。

（4）在可能的情况下，尽量采用大容量的炉子，减少单位产品的热损失；尽量采用连续式炉子，减少炉衬的蓄热损失。

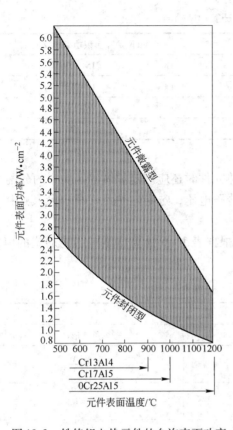

图 10-3 铁铬铝电热元件的允许表面功率

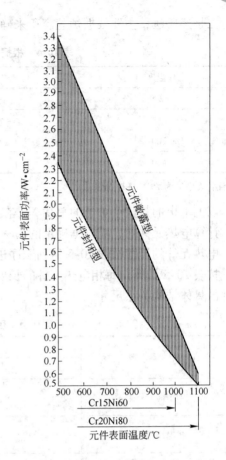

图 10-4 镍铬电热元件的允许表面功率

（5）盐浴炉加保温盖或在熔盐表面撒一层石墨粉，减少辐射热损失。

（6）尽可能采用能耗少的流动粒子炉、远红外加热等新型设备。

（7）选用合理的技术参数，如适宜的加热能力、升温速度、装料量等。

（8）精确控制炉温，提高成品率。

（9）改善炉内功率、温度分布，强化传热过程，提高生产率。

（10）改进操作，提高进、出料速度，减少炉门开启时间。

10.1.5 电阻炉功率的确定与电热元件的计算

设计电阻炉必须首先确定其功率，同时应考虑其电热效率和功率因数。确定功率的方法有两种。

一种是热平衡法，根据能量守恒定律，电阻炉消耗的总热量等于电热元件所发出的总热量，消耗的总热量包括加热金属的有效热，以及炉子的各项热损失。将总热量换算为总功率，并考虑到电热效率（一般是 0.7~0.85），再乘以功率储备系数，这个系数估计到炉子生产率可能提高及热损失可能增加等因素。功率储备系数对于连续作业的炉子可取 1.2~1.3，对间歇作业的炉子可取 1.4~1.5。

二是经验法，主要根据炉膛容积来确定炉子功率。它们的关系见表10-4。

表 10-4　根据炉膛容积计算炉子功率

工作温度/℃	功率/kW	单位炉膛面积功率/kW·m⁻²
1200	$P = 100 - 150 \sqrt[3]{V^2}$	15 ~ 20
1000	$P = 75 - 100 \sqrt[3]{V^2}$	10 ~ 15
700	$P = 50 - 75 \sqrt[3]{V^2}$	6 ~ 10
400	$P = 35 - 50 \sqrt[3]{V^2}$	4 ~ 7

注：表中 V 为炉膛容积，m^3。

以上求出的是整个炉子的总功率，在布置电热元件时还应确定炉内各区功率的分配。

计算电热元件前，应根据确定的功率、供电线路电压，选定电热元件材料及其连接方式。电热元件的尺寸按表10-5所列顺序进行计算。

按表10-5计算出每相电热元件的长度后，再根据表10-6计算出不同结构形式的电热元件的具体结构关系尺寸。

表 10-5　电热元件尺寸计算表

计 算 参 数	联 接 方 式	
	星 形 Y	三 角 形 △
相功率/kW	$N_x = \dfrac{N}{3}$	$N_x = \dfrac{N}{3}$
相电压/V	$U_x = \dfrac{U}{\sqrt{3}}$	$U_x = U$
相电流/A	$I_x = \dfrac{N_x}{U_x} = \dfrac{N}{\sqrt{3}U}$	$I_x = \dfrac{N_x}{U_x} = \dfrac{N}{3U}$
线电流/A	$I = I_x = \dfrac{N}{\sqrt{3}U}$	$I = \sqrt{3}I_x = \dfrac{N}{\sqrt{3}U}$
相电阻/Ω	$R_x = \dfrac{U_x^2}{10^3 N_x}$	$R_x = \dfrac{U_x^2}{10^3 N_x}$
20℃时相电阻/Ω	$R_{20} = \dfrac{\rho_{20}}{\rho_t} R_x$	$R_{20} = \dfrac{\rho_{20}}{\rho_t} R_x$
截面尺寸/mm	$d = 34.4 \sqrt[3]{N_x^2 \rho_t / (U_x^2 W_y)}$	$a = \sqrt[3]{10^5 \rho_t N_x^2 / p_t [1.88m(m+1)U_x^2 W_y]}$
每相长度/m	$L_x = R_x A / \rho_t$	$L_x = R_x A / \rho_t$
截面积/mm²	$A = \pi d^2 / 4$	$A = 0.94ab = 0.94ma^2$
每相元件质量/g	$G = gL_x$	$G = gL_x$
实际单位表面功率/W·cm⁻²	$W_b = 10^2 N_x / (\pi d L_x) < W_y$	$W_b = 10^2 N_x / [2(a+b)L_x] < W_y$

注：a—电阻带的宽度，mm；$m = \dfrac{b}{a} = 5 \sim 18$；$b$—电阻带的厚度，mm；$d$—电阻丝直径，mm；

$\qquad g$—每米电热元件质量，kg/m；U—线电压，V；W_y—元件的单位表面功率，W/cm²；

$\qquad N$—安装功率，kW；ρ_{20}，ρ_t—20℃及 t℃时电热元件的电阻系数，$\Omega \cdot mm^2/m$。

表 10-6 几种电热元件的结构关系尺寸

元件 类别	结 构 形 式	关 系 尺 寸/mm					
螺旋线	$s \geq 2d$	元件材料	不同工作温度（℃）时的 $\dfrac{D}{d}$ 值				
			1000	1100	1200	1300	
		铁铬铝	8	6	5	5	
		镍铬	8 ~ 10	6 ~ 8	5 ~ 6		
波形线		$h = \left(\dfrac{1}{4} \sim \dfrac{1}{6}\right)H,\ s > 6d,\ \theta = 10° \sim 20°$					
		镍铬合金	$H = 200 \sim 300\text{mm}$				
		铁铬铝合金	$H = 150 \sim 250\text{mm}$				

元件 类别	结 构 形 式	关 系 尺 寸/mm						
波形带	$s \geq 2b$ $r = (4 \sim 8)a$	安装 方式	电阻带宽度 b/mm	最大 H 值/mm				
				镍　　铬		铁 铬 铝		
				元件温度/℃		元件温度/℃		
				1100	1200	1100	1200	1300
		悬挂	10	300	200	250	150	130
			20	400	300	270	230	200
			30	450	350	420	280	250
		水平 放置	10	200	160	180	140	120
			20	270	220	250	175	150
			30	320	270	300	200	170

10.2 感应加热炉

感应炉是利用感应电流在物料内流动过程中产生的热把物料加热的一种电热设备。和其他电炉相比，感应炉的主要优点是：加热速度快，设备生产率高，氧化损失少；可加热物料的局部；易实现机械化和自动化；劳动条件好。其主要的缺点是：电气设备复杂（需变频设备）；感应器电效率不高，且技术要求较高。

10.2.1 感应加热炉工作原理

在感应加热炉内，被加热的工件4（见图10-5）置于感应器内，后者通常是由紫铜管绕制而成的感应线圈2，在线圈与工件间一般有耐火绝缘层隔开。当交流电源输入感应器时，在感应器中激发起交变磁通。它们穿过被加热的金属时，因电磁感应产生感应电流。这种涡状电流将由

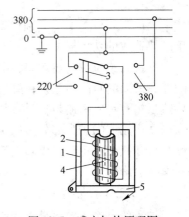

图 10-5 感应加热原理图
1—导磁体；2—感应线圈；3—开关；
4—被加热工件；5—轭铁

于工件自身的电阻而做功，把电能转化为热能从而加热工件。

由于交流电的集肤效应，感应电流在金属物料截面上的分布是不均匀的，表面电流密度最大，热量也主要产生于表面层内，通过传导传热逐渐向中心传递。所以从电工的角度看，无芯感应电热炉原理相当于次级只有一匝的空芯变压器。当电流密度由表面向中心逐渐减少，约减少到表面电流的 37% 的那点，此时到表面的距离 h 称为感应电流的透入深度。h 值可由式（10-2）求出：

$$h = 5030 \sqrt{\frac{\rho}{\mu_2 f}} \tag{10-2}$$

式中　ρ——被加热金属的电阻率，$\Omega \cdot cm$；

　　　μ_2——被加热金属的相对磁导率；

　　　f——供电频率，Hz。

10.2.2　感应加热炉的电热效率

10.2.2.1　电效率

这里所指的电效率是炉子本身即感应器与物料系统的电效率，不包括供电系统。按电效率的定义，应等于物料吸收的有功功率与输入感应器的功率的比值，其值可由式（10-3）求出：

$$\eta_{电} = \frac{1}{1 + \dfrac{d_1}{d_2} \sqrt{\dfrac{\rho_1}{\mu_2 \rho_2}}} \tag{10-3}$$

式中　d_1，d_2——分别为感应器的直径与物料的直径，cm；

　　　ρ_1，ρ_2——分别为感应线圈的电阻率与物料的电阻率，$\Omega \cdot cm$；

　　　μ_2——物料的相对磁导率。

10.2.2.2　热效率

感应加热炉的热效率指加热物料的有用功率与物料吸收的有功功率之比，即

$$\eta_{热} = \frac{P_{2用}}{P_{2有}} = 1 - \frac{P_{2损}}{P_{2有}} \tag{10-4}$$

式中，$P_{2有}$、$P_{2用}$、$P_{2损}$ 分别代表物料的有功功率、加热的有用功率（又称有效功率）、由于散热造成的功率损失。

欲提高感应炉的热效率，必须减少热损失。为此，应尽量减小线圈与物料之间的空气间隙和线圈的匝间缝隙；在感应器内径与物料外径的直径比不大时，散热主要是绝热层的导热损失；热效率还与物料直径 d_2 和其透入深度 h 之比有关，因为电热转换基本上是在透入深度内完成的，小部分热散失，大部分传给物料内部，如 d_2/h 的值越大，热效率则越低。故在直径一定时，提高电流频率会使集肤效应加强，物料表面温度高，热损失大，热效率将会降低。

10.2.2.3　电热总效率

炉子的电热总效率是电效率与热效率的乘积，即

$$\eta = \eta_{电} \cdot \eta_{热} \tag{10-5}$$

无芯感应加热炉的热效率较高，一般在 0.9 左右，电效率不高，只有 0.7 左右。工业

要求感应加热炉的电热总效率不低于0.5。电效率与热效率并不总是统一的，二者之间存在矛盾。如增加绝热层的厚度，有利于提高热效率，但降低了电效率，因为d_1/d_2增加了；提高供电频率，有利于提高电效率，但却降低了热效率。所以应分别视具体情况，抓住矛盾的主要方面。例如当加热导热系数大、加热温度较低、热损失相对较小、并且吸收功率能力低（由于电阻率及磁导率小）的物料（如铝锭）时，热效率较高。欲增大电热总效率，主要应提高电效率。

10.2.2.4　感应加热的最佳频率

如上所述，提高供电频率时，由于h与$\sqrt{f}$成反比，透入深度减小，热效率降低；但为了提高电效率，又不希望频率太低。电热效率η随频率f变化的曲线是驼峰形，其峰值就是感应加热的最佳频率。此时可以保证在尽量短的时间内能够深透加热。最佳频率的范围如式（10-6）所示：

$$\frac{3.13 \times 10^8 \rho_2}{\mu_2 d_2^2} \leqslant f \leqslant \frac{6.25 \times 10^8 \rho_2}{\mu_2 d_2^2} \tag{10-6}$$

式中，ρ_2、μ_2、d_2分别为物料的电阻率，$\Omega \cdot cm$；相对磁导率和直径，cm。

10.2.3　金属的感应加热过程

10.2.3.1　感应加热过程中金属物料物理参数的变化

金属物料的物理参数有：电阻率ρ、磁导率μ等。一般地说，金属的电阻率与温度成正比。材料根据其磁导性能可分为两大类：一类是铜、铝、钛、奥氏体不锈钢等，它们的磁导率与真空及空气的磁导率很接近，相对磁导率等于1，几乎与温度和磁场强度没有关系，这类材料称为非磁性材料；另一类材料如铸铁、钢、镍等，磁导率比真空及空气大得多，且随温度及磁场强度而变。磁性材料有一特性，就是当温度升高到某一临界值时，磁导率突然降低，相对磁导率下降为1，而且不再随温度的升高而变化。这一磁性转变温度称为居里点，如铁的居里点为770℃，中碳钢为724℃，镍为360℃。

金属在感应加热过程中，由于截面上表面与中心温度不同，故电阻率也不同，对于磁性材料，磁导率也有差别。其次感应加热时，磁场强度也是从表面向中心衰减的，所以各处的磁导率也不相同。

10.2.3.2　感应加热过程中金属物料电参数的变化

由式（10-2）可知，透入深度h随ρ与μ的大小而变，即与温度的增加成正比。加热磁性材料时，在温度低于居里点的阶段，由于ρ随温度的上升而增加，μ保持不变，故电流透入深度h随温度升高而略有增加。当温度上升到居里点时，μ下降到1，引起h猛烈增大到原来的7~9倍。如温度超过居里点后，μ保持不变，ρ继续增加，故h有所增加。

当通过感应器的电流、感应器单位长度的匝数、电流频率等参数恒定时，物料表面所吸收的有功功率与ρ和μ的乘积成正比。由此可知，加热非磁性材料时，随温度的上升ρ也升高，物料吸收的有功功率增加，加热速度加快。当加热磁性材料时，在居里点以下情况与上相同；但温度达到居里点时，由于μ的下降，使物料吸收的有功功率大幅度降低；当温度超过居里点后，物料吸收的有功功率随ρ的增大而略有增加，但幅度不大。故加热磁性材料时，在居里点以上应注意金属物料吸收的有功功率能否满足生产能力与加热速度要求。

10.2.3.3 感应加热过程中金属物料温度的变化

由于存在集肤效应，故物料的表面与中心存在一定的温度差。对于磁性材料，开始时由于磁导率 μ 大，吸收功率的能力强，表面温度升高得快，达到居里点后，μ 突然降低，升温速度变得缓慢。同时表层热量不断传向中心，使表面与中心的温差缩小。

压力加工工艺要求金属内部温度差不超过一定范围，例如圆柱形铸铝锭感应加热的径向温差允许在 $20 \sim 80℃$ 之间。影响温差的因素有锭的直径、表面功率、加热时间及导温系数等。为了既保证生产率，又要保证温差不超过允许范围，应有一最短加热时间 τ：

平板
$$\tau = \frac{(\delta - h)^2}{8a} \cdot \left(\frac{t_{终} - t_{始}}{\Delta t} - \frac{2}{3} \right) \quad (s) \tag{10-7}$$

圆柱
$$\tau = \frac{(d - h)^2}{16a} \cdot \left(\frac{t_{终} - t_{始}}{\Delta t} - \frac{1}{2} \right) \quad (s) \tag{10-8}$$

式中
δ——平板的厚度，cm；
d——圆柱的直径，cm；
a——导温系数（取非磁性加热期内的平均值），cm^2/s；
h——电流的透入深度，cm；
$t_{始}$——非磁性加热表层开始温度，℃；
$t_{终}$——非磁性加热表层终了温度，℃；
Δt——加热终了时允许的表面和中心的温度差，℃。

磁性材料加热，表面很快达到居里点，这段时间可以忽略不计。近似地只进行从居里点开始到终了的最短加热时间的计算，所得结果误差在 10% 以内。

10.2.4 炉型结构

10.2.4.1 炉型

感应加热炉的炉型有多种。按电源频率不同，可分为高频（10000Hz 以上）、中频（$150 \sim 10000Hz$）、工频（$50 \sim 60Hz$）。铜、铝等有色金属由于电阻率低，多采用工频炉。按料的加热深度不同，可分为表面加热与深透加热。前者用于零件的表面淬火前加热，后者用于金属锭在轧制、挤压、锻造前的加热及型材的退火，这类感应炉又称透热炉。

透热炉又分为间歇式和连续式。间歇式炉一批炉料装入后，加热到规定温度后整批取出，再进行下一批作业。连续式炉是由进料端不断送入冷料，加热好的物料连续由出料端取出。有色金属加工厂一般多采用连续式感应加热炉。

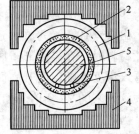

10.2.4.2 炉子的基本构件

感应加热炉的炉体由以下基本构件所组成：感应器、炉衬、滑轨、导磁体、炉架等。图 10-6 是工频炉结构示意图。

感应器通常是用紫铜管绕成的线圈，一般采用矩形截面的铜管，管内通水冷却。感应器与炉料间存在邻近效应，使电流集中于感应器内侧（靠炉料侧）。为减少有功功率损耗，内侧铜管壁厚应等于透入深度 h 的 $1 \sim 1.5$ 倍。工频炉（50Hz）时，$h = 9.5mm$，故电源为工频的情况下，线圈宜采

图 10-6   工频感应加热炉
炉体的横截面结构
1—感应中心线；2—耐火绝缘套；
3—滑轨；4—导磁体；
5—被加热的锭子

用异型铜管或内侧加厚的铜管，以减少功率损耗，提高电效率。

感应器的匝数由计算确定，匝间必须绝缘，一般是浸有绝缘的玻璃丝或布缠绕，其厚度约 $1.5 \sim 2.5mm$。线圈铜管内通水是为了带走感应器本身的焦耳热及炉料辐射过来的热，以确保绝缘层不致烧毁。

为保证电效率及功率因数，感应器内径与炉料直径之比 d_1/d_2 应尽可能小些。所以加热直径不同的物料，应制作相应直径的感应器。

感应器与炉料之间有炉衬隔热，保护感应器免受炉料辐射影响。但为保证电热效率及功率因数，炉衬应尽可能减薄。炉衬材料视加热温度而异，如铝锭加热温度在 600℃ 以下，不需耐火材料，可采用不锈钢（1Cr18Ni9Ti）作炉衬，壁厚 $2 \sim 4mm$，外加玻璃棉隔热材料，整个炉衬厚 10mm。钢锭加热温度如在 900℃ 以下，可用耐火黏土烧制成炉衬。加热钢锭温度高达 1250℃，炉衬需用矾土水泥作胶结剂的耐火混凝土。

卧式感应加热炉应有滑轨，用以支承被加热的金属，进出料时沿着滑轨移动。滑轨用耐热钢制成，若炉温高也需通水冷却。

在工频电流情况下，当感应器匝数一定时，为了在金属锭中感应出足够的电动势，从而产生足够的电流，必须设法增大磁通量。因此，在工频炉周围有必要设置用薄硅钢片叠成的导磁体，其磁导率远远大于空气，可大大减小磁阻，增加穿过金属锭的磁通量。同时还可削弱外围磁场，使钢架等的感应损失显著减少。

10.3 盐 浴 炉

盐浴炉是将低压交流电通过电极导入具有一定电阻系数的盐浴内（盐浴是发热体，又是加热工件的介质）的一种特殊的电阻炉。

工件浸在盐浴炉内以传导和对流方式进行加热。由于磁场的作用盐浴激烈翻动循环，不仅加热速度快，且温度也较均匀。由于工件始终在盐浴中加热，出炉时表面又附有一层盐膜，能防止氧化和脱碳。电极盐浴炉的工作温度范围很广，不同的温度要求可使用不同的盐种，$150 \sim 550℃$ 为低温炉；$550 \sim 1000℃$ 为中温炉，$1000 \sim 1350℃$ 称为高温盐浴炉。适用于钢材的正火、淬火、分级淬火、回火及局部加热等。

盐浴炉长期工作会产生氧化物，盐浴会蒸发，故需定期添加新盐，添加脱氧剂，定期清除残渣。盐浴蒸汽损害人体健康，需设置排烟装置，工件表面的盐膜也需要清理。由于炉子是敞口工作，热损失大，热效率低。

插入式电极盐浴炉结构如图 10-7 所示。启动时，借助启动电极使炉膛内电极间固态盐熔化。当一部分固态盐熔化并发热后，即将启动电极取出，通过调节电极的电压和电流以控制盐浴温度。

电极根据功率大小分单相及三相电极。电极截面可为圆形或矩形，一般用碳钢锻成，或用耐热钢制成。插入式电极盐浴炉结构简单，电极装卸方便，但电极寿命短，耗电量大，升温速度较慢。

盐浴炉已有系列产品，额定功率从 20kW 到 100kW，有若干种规格。

另外还有埋入式电极盐浴炉，是将电极埋在侧墙内或炉膛下部，电极不与空气接触，使用寿命较长，热能利用率也较高，耗电少，但电极结构较复杂，损坏后不易修理更换。

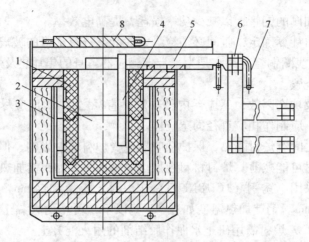

图 10-7　插入式电极盐浴炉

1—坩埚；2—炉膛；3—炉胆；4—电极；5—电极柄；
6—汇流板；7—冷却水管；8—炉盖

10.4　真空热处理炉

10.4.1　真空热处理工艺的原理

在金属冶炼和加工历史中，金属的退火、淬火、回火和正火的出现已经有几千年的历史，近几十年来，现代热处理技术得到了飞速发展，成为现代制造业中不可或缺的关键制造技术。真空热处理几乎可实现全部热处理工艺，具有无氧化、无脱碳、有脱脂、表面质量好，变形微小等优点，热处理零件综合性能优异、使用寿命长、无污染、自动化程度高，因此多年来成为国际热处理技术发展的热点。

10.4.1.1　真空防氧化

金属在真空条件下的固态相变现象和理论是真空热处理原理的核心，是指定真空热处理工艺规范、操作方法以及选择设备的重要依据。因为外压强所引起的晶体体积和结合能的变化将对伴随有体积、晶格常数变化的相变有促进或抑制作用。实践已证明，高压对金属的高温及中温扩散型相变具有抑制作用。

一般的金属材料在空气炉中加热，由于空气中存在氧气、水蒸气、二氧化碳等氧化性气体，这些气体与金属会发生氧化作用，使被加热的金属表面产生氧化膜或氧化皮，完全失去原有的金属光泽。同时这些气体还要与金属中的碳发生反应，使其表面脱碳。如果炉中含有一氧化碳或甲烷气体，还会使金属表面增碳。对于化学性质非常活泼的 Ti、Zr 以及难溶金属 W、Mo、Nb、Ta 等，在空气炉中加热，除了要生成氧化物、氢化物、氮化物外，还要吸收这些气体并向金属内部扩散，使金属材料的性能严重恶化。这些氧化、脱碳、增碳、吸气甚至产生腐蚀等弊病，在可控气氛炉或盐浴炉中加热，有时也难以避免。为解决这一问题，通常的做法是在工件热处理前留有加工余量，热处理后再加工去掉氧化、脱碳层等。

真空热处理实质上是在极稀薄的气氛中进行的热处理。根据气体分析，真空炉内残存的气体是 H_2O、O_2、CO_2 以及油脂等有机物蒸气。由于这些气体的实际含量非常少，即其分压力很低，不足以使被处理的金属材料产生氧化、还原、脱碳、增碳等反应，因此，金属表面的化学成分和原来的表面光亮度可保持不变。

10.4.1.2 真空脱气

采用真空熔炼难熔金属、活泼金属，达到充分去除 H_2、N_2、O_2 的目的。固态金属在真空下进行热处理，同样有脱气作用。金属的脱气可提高它的塑性和强度，真空度越高，温度越高，脱气时间越长，有利于金属的脱气。

真空脱气过程中通常分为两种类型：一种称为 A 型脱气，即在真空条件下，金属中的气体是以分子状态从金属表面释放出来，并随即被真空泵抽走；另一种称为 B 型脱气，气体是以与金属生成的化合物蒸气自金属表面挥发而被除去。

10.4.1.3 真空净化及脱脂作用

真空净化作用指的是，当金属表面带有氧化膜、轻微的锈蚀、氮化物、氢化物等，在真空加热时，这些化合物即被还原、分解或挥发而消失，从而使金属获得光洁的表面。金属的表面氧化物在真空中加热时，也可能从金属材料内部向外扩散至表面的 H_2 或 CO 发生反应，而使金属表面的氧化物还原。真空的净化作用，不仅对精密零件的热处理具有很重要的意义，而且给真空化学热处理创造了良好的条件。

此外，在上述氧化物分解过程中还伴随有清除油脂类的有机物质作用。由于这些油脂、润滑剂均属脂肪族，是碳、氢和氧的化合物，分解压力高，所以在真空中加热室很容易分解为氢、水蒸气和二氧化碳气体，立即就被真空泵抽走，因此不会导致在高温时与零件表面产生化学反应。在不是涂有大量润滑剂的情况下，真空热处理之间可以不另外进行特别的清除油脂的处理。

10.4.1.4 真空下元素的蒸发

在热处理温度范围内，常压下金属与合金的蒸发是微不足道的。然而，真空热处理时工件表面层中某些元素的蒸发有时很严重。根据相平衡理论，在不同的温度下，蒸气作用于金属表面的平衡压力是不同的。温度高蒸气压就高，固态金属的蒸发量就大；温度低蒸气压就低，如果温度一定，则蒸气压也就有一定的值。当外界的压力小于该温度下的蒸气压时，金属就会产生蒸发，即升华现象。外界压力越小，即真空度越高，就越容易蒸发。同理，蒸气压越高的金属也越容易蒸发。

因此，在真空热处理时，对蒸发问题应予以应有的重视，必须根据工件的种类，充分注意蒸发的问题。即根据被处理金属材料中合金元素在热处理时的蒸气压和加热温度，来选择合适的真空度，以防止合金元素蒸发逸出。

10.4.2 我国真空热处理炉发展概况

我国真空热处理炉的设计研制和生产从 20 世纪 70 年代开始，经过引进、消化吸收、仿制直到自主开发，现已能够设计制造高水平系列真空炉，并向国外出口。目前，我国现有真空热处理设备生产厂家 50 余家，主要产品有真空淬火炉、真空油气淬火炉、真空高压气淬火炉、真空高压高流率气淬火炉、真空退火炉、真空回火炉、真空渗碳炉、真空离子渗碳炉、真空渗氮炉等。在炉型上包括单室、双室、三室及半连续、连续真空热处理设备，形成了国产真空热处理系列产品，主要技术指标已达到或接近国际先进水平。

随着我国科研、生产技术的迅速发展，真空热处理技术的应用近些年来明显增加，为我国真空炉行业的发展提供了大好机遇。

10.4.3　真空热处理炉的基本类型

真空热处理炉通常按以下几种特征进行分类：

（1）按使用用途可以分为：真空退火炉、真空淬火炉、真空回火炉、真空渗碳炉、真空钎焊炉及真空烧结炉等。

（2）按真空度可分为：低真空炉（1333～1.33×10^{-1} Pa），高真空炉（1.33×10^{-2}～1.33×10^{-4} Pa）、超高真空炉（1.33×10^{-4} Pa 以上）。

（3）按工作温度可分为：低温炉（低于 700℃）、中温炉（700～1000℃）、高温炉（1000℃以上）。

（4）按作业性质可分为：周期式真空炉、半连续和连续式真空炉。

（5）按炉型结构形式可分为：立式真空炉和卧式真空炉。

（6）按热源可分为：电阻加热真空炉、感应加热真空炉、电子束加热真空炉、离子加热真空炉和燃气辐射管加热真空炉等。

（7）按炉子结构和加热方式可分为：外热式真空热处理炉（热壁式真空热处理炉）、内热式真空热处理炉（冷壁式真空热处理炉）。

10.4.4　外热式真空炉

外热式真空热处理炉是带密封罐（马弗罐）的真空炉，其结构与普通箱式电阻炉类似，只是需要将安放工件的炉罐抽成真空并严格密封。

常用的外热式真空热处理炉的结构示意图如图 10-8 所示。

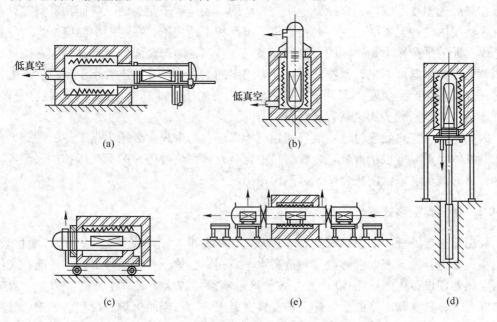

图 10-8　常用外热式真空热处理炉的结构

（a）箱式炉；（b）井式炉；（c）台车式炉；（d）升降式炉；（e）卧式半连续作业炉

这类炉子的炉罐大多为筒形，如图 10-8（c）、图 10-8（d）所示，加工和装配装修均较方便，通常以水平或垂直方向置于炉膛中，炉罐可全部置于炉膛之内，或部分伸出炉外，形成冷却室。为了提高炉温，降低炉罐内外压力差以减少炉罐变形，可采用双重真空设计，即将炉膛之外的空间用另一套真空装置抽成低真空，如图 10-8（b）所示。为提高生产率，可采用由装料室、加热室及冷却室三部分组成的半连续作业的真空炉，如图 10-8（e）所示，该炉各室有单独的真空系统，室与室之间有真空闸门，为了实行快速冷却，在冷却室内可以通入惰性气体，并与换热器相连接，进行强制循环冷却。

外热式真空热处理炉的优点是：（1）结构简单，易于制造；（2）真空室容积较小，排气量少，炉罐内除工件外，很少有其他需要去气的构件，因而放气量也少，容易达到高真空；（3）电热元件是外部加热，不存在真空放电问题；（4）炉子机械程序少，操作简单，故障少，维修方便；（5）工件与炉子不接触，在高温下不产生化学作用。

其缺点是：（1）炉子传热效率低，工件加热速度慢；（2）受炉罐材料所限，炉子工作温度一般只能维持在 1000~1100℃ 的范围内；（3）炉罐的一部分暴露在大气下，虽然可以设置隔热屏，但热损失仍很大；（4）炉子热容量的热惯性很大，控制较难；（5）炉罐使用寿命短。

外热式真空炉主要由加热炉、炉罐、炉盖、充气和冷却系统、真空泵（机组）和控制柜等组成，图10-9 为一台典型的外热式井式预抽真空炉结构示意图。

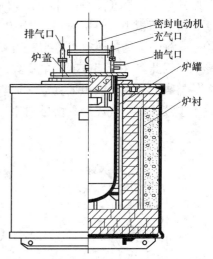

图 10-9 外热式井式预抽真空炉

目前，我国生产的外热式真空炉大多是带罐的，工件放入炉罐后，净抽真空和充入高纯 N₂，用一台空气下加热的井式炉、台车式炉或卧式炉，可以实现对碳钢、低合金结构钢、GCr15 轴承钢、65Mn 弹簧钢、高速工具钢等的少氧化或无氧化光亮退火、去应力回火，也可以进行渗碳、碳氮共渗、液体氮碳共渗等热处理；对紫铜丝、棒、管材及型材、黄铜丝和带等半成品的光亮退火，因而省去了处理后的酸洗、碱洗、水洗、烘干等工序。

外热式真空炉以低真空为多见，真空度一般为 10~100Pa，当罐内真空度为 13Pa 时，剩余气体的含氧量为 $(13/10^5) \times 21\% = 2.73 \times 10^{-5}$，相对露点 -50℃ 左右，相当于 99.99%~99.999% 高纯 N₂ 或 Ar 中氧杂质的含量。在一个密封的炉罐抽成这样的真空度是很容易达到的，只需一台机械泵抽 10min 即可实现。这与一般气氛炉相比（用保护气氛置换炉内空气需 5~6 次才可达到炉内气氛相同的含氧量），外热式预抽真空炉的用气量是很少的，为一般可控气氛炉的 1/7~1/5，并缩短了换气时间。

与内热式真空炉相比，外热式真空炉结构简单，同等装载量下，其造价仅是内热式真空炉的 1/3~1/2，从维护、使用寿命和可靠性上评价，更具有实用性。这类炉型的额定温度受到炉罐材质的限制，目前生产的外热式真空炉多为 550~750℃ 和 750~950℃ 两类。

10.4.5　内热式真空炉

内热式真空热处理炉与外热式真空热处理相比，结构和控制系统比较复杂，制造、安装精度要求高，调试难度大，造价较贵。但是内热式真空热处理炉热惯性小，热效率高，可以实现快速加热和快速冷却，使用温度高（可达到2200～2500℃以上）。同时内热式真空炉可以大型化，便于连续作业，自动化程度高，生产效率高。内热式真空炉已经迅速发展为当前真空热处理炉的主流炉型。

10.4.5.1　真空退火炉

真空退火炉应用最早，应用范围广泛。早期的外热式真空炉主要用于真空退火、消除内应力、固溶处理等，后来发展到用于其他热处理。内热式真空炉中，自冷式炉主要用于各类金属和磁性合金的退火、不锈钢等材质的钎焊、真空除去等处理。

10.4.5.2　真空淬火炉

真空淬火炉是真空热处理炉的主要类型，品种多、数量大、结构复杂、发展迅速。

各种类型的真空气淬炉的结构如图10-10所示。图10-10（a）、图10-10（b）是立式和卧式单室真空气淬炉，单室炉加热和冷却在同一炉室中进行，结构简单，操作维修方便，占地面积小，应用较多。图10-10（c）、图10-10（d）是立式和卧式双室真空气淬炉，这种炉子的加热室与冷却室由真空闸阀隔开，工件在冷却室进行冷却时，加热室不受影响，因此工件冷却速度较单室真空气淬炉快。由于双室炉冷却气体只充入冷却室，加热室保持真空，因而缩短抽真空、加热等时间，使生产效率得到了提高。图10-10（e）是三室半连续式真空气淬炉，由进料室、加热室和冷却室组成，相邻两室间由真空闸阀隔开，

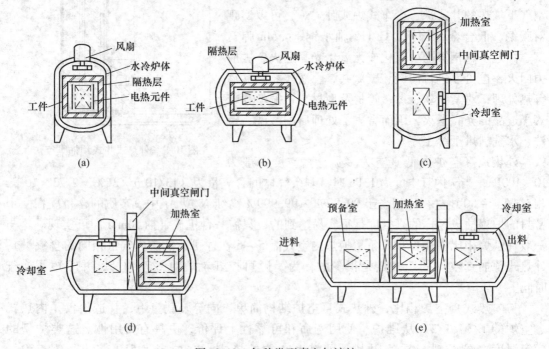

图 10-10　各种类型真空气淬炉

（a）立式单室炉；（b）卧式单室炉；（c）立式双室炉；（d）卧式双室炉；（e）卧式三室炉

连续式真空热处理生产效率高，节约能源，降低成本，是今后真空热处理炉的发展方向。

10.4.5.3　真空回火炉

真空回火炉是真空淬火炉的孪生兄弟，真空回火的目的是将真空淬火的优势（产品不氧化、不脱碳、表面光亮、无腐蚀污染等）保持下来，如果真空淬火后采用常规回火，上述要求则无法达到。

10.4.5.4　真空渗碳炉

目前，各国使用的真空渗碳炉均是以真空淬火为主体的通用型真空炉附加渗碳，属于冷壁型，目前仍是真空渗碳的主要设备。

真空渗碳时，气氛碳氢化合物裂解后直接渗碳，炉内产生炭黑无法避免，因而真空渗碳炉要求能够排除或烧掉炭黑，无论从工艺或装备上实现排除炭黑都是十分必要的。

真空渗碳炉研制技术的关键有：（1）使用不因氧化而消耗的陶瓷纤维；（2）发热体在氧化气氛、还原气氛和真空条件下均可使用；（3）为了减少炉壳上焦油的冷凝，炉壳不采用水冷；（4）炉胆和炉壳间没有空间，防止气体回转，确保渗碳均匀性；（5）防止炭黑沉积在发热体上造成电阻值下降，将发热体置于辐射管内。基于上述技术要点，近年来出现了热壁式真空渗碳炉。热壁式真空渗碳炉不仅解决了炭黑问题，而且使用范围广，是一种真空可控气氛炉，适用于范围更广的热处理。

11　加热炉相关新技术

随着材料和控制技术的进步，在加热炉上的应用也产生了一些新技术，主要可以分为三个方面：燃烧新技术、测控新技术、余热回收新技术。燃烧新技术主要包括多孔介质燃烧技术、氧燃技术；测控新技术主要包括燃烧优化控制技术；余热回收新技术主要热电发电技术、烟气余热发电技术等。

11.1　氧燃技术（FLOX 技术，Flameless Oxy-Fuel Combustion）

11.1.1　氧燃技术简介

目前现有的加热技术通常是采用 Air Combustion（AC）-Conventional（常规空气助燃技术）。该技术的主要缺点为：最大有效热只能达到 60%，烧损量大且成分复杂（氧化亚铁、三氧化二铁、四氧化三铁），炉子的热惰性较大，NO_x 排放量仍较大，0.00008% 为较好水平（目前工业炉国标为 0.00011%），烟气排放量大。

随着时代的要求，在加热工艺方面，以相同炉底面积上更高的产能，更好的加热均匀性，进一步提升有效热，生成易脱除单一氧化铁皮为目标，在环保方面，以近"零"排放为目标，"零" NO_x 排放，特别是要求烟气要脱碳，而目前对现有烟气的尾端脱碳成本太高（国外为每吨 10 美元），需要大幅度提高烟气中的 CO_2 浓度（目前的碳捕获技术需要原料气的 CO_2 含量至少在 20% 以上），甚至做到超低成本直接捕获 CO_2，成为目前国际上研究的热点。要实现以上目标，无焰氧燃技术（Flameless Oxy-Fuel Combustion）成为其中的代表技术。

目前，氧气助燃燃烧作为高效燃烧技术和碳减排技术被广泛关注。氧气助燃燃烧技术是用比通常的空气中含氧浓度（21%）高的氧气助燃空气进行燃烧。氧气助燃燃烧的极限状态（助燃气体氧含量 100%）是纯氧燃烧。氧气助燃燃烧与普通燃烧相比，有以下优点：

（1）提高火焰温度和黑度。

（2）加快燃烧速度，促进完全燃烧。

（3）降低燃料的着火温度和燃尽时间。

（4）降低空气过剩系数和烟气量，减少热损失。

从 20 世纪 40~50 年代起，国外就开始研究氧气助燃燃烧技术。目前，氧气助燃燃烧被广泛应用于浮法玻璃行业、电力生产行业，有色冶金行业以及钢铁冶金行业等。

在有色行业，氧气助燃燃烧技术也得到广泛应用。目前在国外铜冶炼大部分炉都采用氧气助燃燃烧方式。2009 年，普莱克斯稀氧燃烧技术在中国首次成功应用于华东地区安徽省的金隆铜业；2011 年 1 月 5 日"稀氧燃烧"应用于中国西北部甘肃省金昌市金川集团有限公司的两台铜熔炼炉上，并投入运行。通过降低燃料消耗并减少二氧化碳排放达 50%

以上，氮氧化物排放也大大减少。普莱克斯公司的"稀氧燃烧"技术（Dilute Oxygen Combustion，DOC）也比较具有代表性，被美国能源部选为工业应用推荐技术。

在玻璃行业，在国内从 20 世纪 90 年代起，氧气助燃燃烧作为一种新的节能减排燃烧技术开始得到关注。在玻璃行业的浮法玻璃工业炉上氧气助燃燃烧有了一些成功的应用，节能效果在 10% 以上，比较有代表性的是：北京玻璃六厂与大连化物所合作开发的薄膜氧气助燃燃烧在玻璃炉窑上的应用。但由于氧气助燃氧源的经济性、氧气助燃燃烧温度高等原因的限制，氧气助燃燃烧技术并未在其他领域的工业炉上得到大面积的推广。

在钢铁行业，林德公司的氧气助燃燃烧设备（REBOX burner）得到成功应用。其中在推钢式加热炉（德国 Edelstahlwerke）、锻造炉（北美 Forgemasters）、步进加热炉（奥托昆普不锈钢公司，宽厚板厂）、环形炉（安赛乐米塔尔谢尔比，管状产品事业部）、加热炉（Ovako Steel AB，Hofors works，Sweden）上都有成功的应用案例，节能效果均在 10% 以上。国际上氧气助燃燃烧应用见表 11-1。

表 11-1　目前国际上氧气助燃燃烧技术应用表

序号	炉型	氧气来源	氧气助燃烧嘴功率	应用效果	应用时间及地点
1	推钢式加热炉	管道	功率：6MW 燃料：天然气	产能提高 11%，节能 8.7%	Edelstahlwerke Buderus AG，2000
2	锻造炉	PVSA 制氧（每天生产 105t 工业级氧气（90% 纯度））	功率：不详 燃料：天然气	加热效率提高 10%，减少 56% 燃料消耗，减少 50% NO_x 排放	北美 Forgemasters，1999
3	步进式加热炉	管道	功率：16MW 燃料：液化石油气	产能提高 30%，减少 25% 燃料消耗，NO_x 排放低于 70mg/MJ	奥托昆普不锈钢公司宽厚板厂，2003
4	环形炉	管道	功率：17.9MW 燃料：天然气	减少 65% 燃料消耗；提高产能 25%；减少 75% NO_x 排放	安赛乐米塔尔谢尔比，管状产品事业部，2007
5	环形炉	不详	功率：7.5MW 燃料：液化石油气	最大产能：22t/h；燃料消耗：235kW/t；	Ovako Steel AB，Hofors，Sweden
6	辊底炉	管道	功率：16.5MW 燃料：丙烷	最大产能：23.5t/h；燃料消耗：235kW/t；减少烟气量 75%	AvestaPolarit AB，Hot Rolled Plate Division，Sweden. 1998
7	加热炉	管道	功率：2.6MW 燃料：天然气	能源消耗减少 25%~40%；减少烟气量 75%；减少 NO_x 排放	Reiner Brach GmbH & Co. KG 1998

11.1.2　氧燃技术的主要方式及特点

总结目前国际上氧燃技术的研究，可以分为四种组合方式，分别为：微富氧技术、空-氧燃烧技术、氧气喷枪技术、纯氧燃烧技术。这四种技术在行业中再结合具体的炉型（是均热炉、加热炉还是热处理炉）进行优化组合，实现工业应用。

11.1.2.1　微富氧燃烧技术

微富氧燃烧技术是指直接将氧气和空气先混合，使之呈现微富氧状态（大于 21%），然后经过烧嘴组织后送入炉内燃烧，如图 11-1 所示。

其主要特点如下：

（1）花费较少成本即可拥有富氧燃烧特性的优点。

（2）若氧浓度超过一定范围，则烧嘴可能因燃烧温度过高而损坏，或是火焰太短而不满足燃烧要求。

11.1.2.2　纯氧燃烧技术

纯氧燃烧技术指利用氧气直接取代空气进行燃烧，同时为考虑安全性问题，纯氧燃烧均采用扩散火焰方式，即氧气和燃料只在烧嘴出口处，燃气和氧气进入炉膛后才进行混合燃烧，如图 11-2 所示。

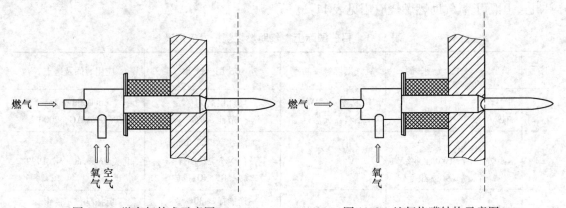

图 11-1　微富氧技术示意图　　　　图 11-2　纯氧烧嘴结构示意图

纯氧燃烧的特点是：

（1）NO_x 排放量非常低。

（2）火焰温度相当高。

（3）烧嘴需要配置专用纯氧烧嘴，耐火材料可能因高温而缩短使用年限。

11.1.2.3　氧气喷枪技术

氧气喷枪技术是指将氧气通过专用的喷枪，从炉窑的一定部位注入燃烧室进行助燃的技术，如图 11-3 所示。

其主要特点如下：

（1）烧嘴不容易因高温而损坏。

（2）烧嘴不需要大幅度变更，改装费用不高。

11.1.2.4　空-氧燃烧技术

空-氧燃烧技术是指将空气和氧气同时通入燃烧器助燃，如图 11-4 所示。

其主要特点为：

（1）与微富氧燃烧技术比较，可在较高的氧气浓度下操作，提高节能效率。

（2）操作费用比纯氧燃烧低。

（3）火焰长度及传热分布可由调整氧气流量来加以控制。

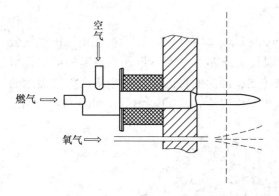

图 11-3　氧气喷枪技术示意图

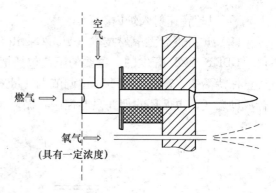

图 11-4　空-氧燃烧示意图

11.1.3　氧燃技术的工业应用

在工业应用中主要有两种代表技术：

（1）炉内混合氧燃技术（High Level Lanc，简称 HLL 技术）原理图见图 11-5，是由瑞典林德气体公司下属的 AGA 公司开发，代表案例为在瑞典 SSAB Borlange 厂 302 号加热炉上（见图 11-6）的使用。

图 11-5　HLL 原理示意图

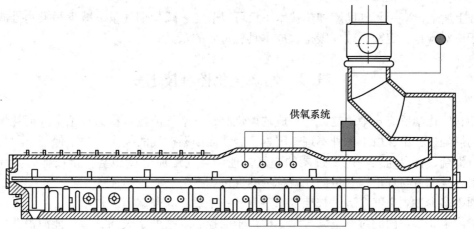

图 11-6　瑞典 SSAB Borlange 厂 302 号氧燃 HLL 型加热炉

其改造效果为：

1）总共能耗减少 15%。

2）产能提高 15%。

3）NO_x 排放减少 30%（kg/t）。

4）改善板坯温度均匀性。

5）炉温和 L2 加热曲线吻合一致。

6）对炉压和助燃空气流量无影响。

7）行车操作工体会到从炉顶散发的烟气和热量更少了。

采用不足量的空气与单独的氧气（燃烧需要的氧气最多 75% 由单独的氧气喷枪加

入），可以超音速射入炉内。

（2）炉外混合型氧燃技术（Flue Gas Recirculation，简称 FGR 技术），是由法国燃气公司（GDF SUEZ）开发的。主要的工艺包括把烟气从外部通过管道带入到烧嘴的喷口，氧气量保持不变，富氧度主要通过调节烟气量来控制，回路的目的主要是用来产生烧嘴用的合成助燃气，再循环的烟气只能控制在循环风机工作温度（250℃之下），如图 11-7 所示。

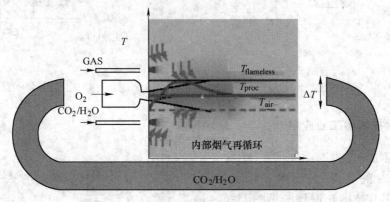

图 11-7　FGR 原理示意图

FGR 有两种混合方式，方式一为使用燃烧风机吸入烟气然后与新鲜空气混合，方式二为使用单独的风机将烟气喷入火焰中。

综上所述，应用氧气助燃加热技术不仅可以节能、减少烟气量、减少污染物排放，而且对于应对碳排放定额，减少碳排放成本具有重要的意义。

11.2　燃烧优化控制技术

燃料以化学反应式中的空气量完成的燃烧时，其空气消耗量称为理论空气消耗量。在实际的燃烧过程中，由于各种不理想因素，会造成助燃空气的损失，为了保证空气与燃料的充分混合，都要通入一定量过剩的空气，理论空气量加上过剩空气量被称为实际空气量，实际空气量与理论空气量的比就称为空气过剩系数。

通入多少过剩空气合适，长期以来一直是一个靠经验来掌握的技术活，由于无法通过定量检测来获取炉内的过剩空气含量，使炉子的控制水平处于波动，造成能源浪费，过去常用的两种燃烧管理技术为：

（1）入口空煤气量计算确定法。通过送入炉子的空气、煤气流量或热值推算过剩空气量及残氧量，由于缺乏炉内实际残氧量的反馈值，造成误差较大。

（2）烟道气残氧分析法。通过检测烟道气残氧量来推测各段的对应氧含量，但该方法的主要问题为，取样点距抽风机入口较近，该处负压大，烟气取出困难，并且烟气杂质多，采用抽气泵取样存在容易堵塞且不易清除的问题。而且如果抽取烟气长时间断流会影响烟气残氧量的检测。

11.2.1　燃烧优化控制技术的原理

燃烧优化控制技术（Remote Oxygen Minitor Technology，简称 ROMT 技术）基本原理为

采用最新的直插型高温氧气、可燃物检测探头，直接获取检测点所在炉段高温炉气的残氧量，通过操作人员手动调节或燃烧控制系统的自动调节，实现空气过剩系数的高精度运行，提高了燃烧效率，大大缓解了加热炉由于使用高炉煤气导致的空气过剩系数控制偏差大，炉内断氧比例高的问题，如图 11-8 所示。

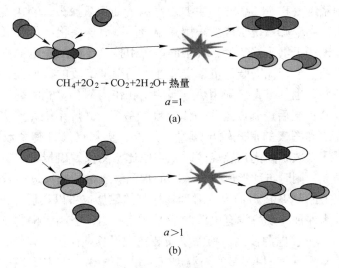

$$CH_4+2O_2 \rightarrow CO_2+2H_2O+ 热量$$

$a=1$

(a)

$a>1$

(b)

图 11-8　燃烧优化控制原理示意图
（a 为空气过剩系数）

图 11-8（a）中在良好的燃烧条件下，氧气和燃料以理想的配比结合，燃烧后的氧气和燃料都不会有残留，燃烧产物主要是二氧化碳和水。

图 11-8（b）中燃烧过程中使用的空气是氧气的主要来源，其中含78%的氮气，氮气对燃烧过程没有任何贡献，反而会大量吸收燃料和氧气反应生成的热量，并生成氮氧化物。加入过多的氧气会造成热量的损失、增加氮氧化物排放，同时还会增加氧化烧损，耐火砖的寿命也缩短。

燃烧区残氧量实时反映了煤气压力波动、助燃空气温度等对空气过剩系数的影响，因此对于手动操作的炉子，可以供操作人员用于对燃烧系统的空气量、煤气量进行调节，使空气过剩系数保持在最优范围，实现最佳燃烧，对于配置有燃烧自动控制的炉窑也可以作为输入量加入控制系统，作为各炉段空燃比控制的反馈量，实现优化燃烧。具体方案为在一座对工业炉窑上不同炉段分别安装氧探头，氧探头必须带有耐高温的保护套管，能保证在炉温 1400～1600℃下使用，氧探头的安装位置可以是炉子上原有的热电偶检测孔或另外开孔，但要保证具体的位置没有明火焰，燃烧基本完成，以高温烟气为主的区域，根据烧嘴的布置情况，对于炉宽较长，炉段内气体分布不均的炉窑，可以在同一个炉段内安装不止一个直插氧探头，氧探头采用陶瓷保护管，通过特殊的结构设计，解决了以往的技术由于测氧仪器的不耐高温，无法在超过 1000℃的高温炉气中使用，导致无法监控炉内的气氛。直插式结构，参比用气通过泵吸入，信号通过变送器送出。

测得的各炉段残氧量送往计算模块，同时输出各炉段的燃气量和空气量，计算模块中安装有对应不同燃料的残氧量-空气过剩系数对应图表，知道烟气含氧量后可以从图表中查出空气过剩系数，也可由常规公式计算获得，此即为实际空气过剩系数，模块中安装有判断模块，可以根据该空气过剩系数判断出炉子是中性还是氧化性气氛，是否处于最佳燃烧区，如果不在最佳燃烧区就报警，并由计算机输出实际空气过剩系数，操作人员或控制系统对空气，燃气量进行调整，再次对各炉段的残氧量进行检测，形成系统的闭环控制，使系统能始终保持在最佳燃烧控制区。

燃烧优化控制系统（ROMT 系统）主要由高温直插型氧探头、变送器、A/D 模数转换器、嵌入式触屏系统和电源系统组成。采用高温直插型氧探头检测氧量和炉温，参比气由气泵提供，不需要现场提供压缩空气，气泵的电源由检测仪内的蓄电池提供。氧探头的安装，根据工业炉窑的炉型开孔安装，可以安装在不同温度炉段的分界处，避免直接接触火焰，如没有开孔条件，也可以直接采用热电偶测温孔作为测孔。氧的毫伏信号使用电缆线送到变送器、A/D 转换器后送到嵌入式一体化触屏系统，触屏系统完成实际空气过剩系数的计算，并可以曲线和图表的形式输出氧量、炉温、实际空气过剩系数随加热时间的变化。当实际空气过剩系数脱离优化燃烧区时，空燃比检测仪发出报警，报警由安装在面板上的声光报警器完成，同时自动形成报警区间的炉温、氧量和空气过剩系数（空燃比）图表，并可由检测仪上的 USB 接口输出，对现场检测的数据也可以实现远程监控，由控制室的电脑查看数据。为保证在现场没有电源的情况下能使用，空燃比检测仪自带蓄电池，也安装 UPS 电源，可以外接电源使用。检测仪安装在现场长期使用或佩带有把手用于在现场的巡检。可以直接检测 600 ~ 1400℃ 的高温炉气氧量和炉温，可以安装在炉段的任意部位，检测过程无须提供电源和压缩空气等其他介质，电源和参比气均由系统自己供应；可以实时获得实际空气过剩系数，随时反应燃气压力、助燃空气温度等对空气过剩系数的影响，当加热偏离最佳加热区间时立刻报警，通过人工或自动调节使加热过程能随时保持在最优加热区间，减少了能耗和烟气量。

11.2.2   ROMT 技术应用案例

一个适当的空气/燃料气体比例将使得加热炉实现最优的性能。同样，一个合适的比例可以防止加热炉产生过多的烟气，会导致对环境的损害。通过对空气/燃料比是否合适进行监控，可以实现燃烧工况最优的加热炉。

推荐的比例为 3.0% 的氧气对应 15% 的过剩空气。建议建立一个操作规程，每周使用 ROMT 分析仪对加热炉进行一次检查和调整。

【案例分析】

假设一个工厂的锅炉为 62.5kW，产生蒸汽率为 10.5t/h，蒸汽温度为 100℃，锅炉的能耗为 3688MJ，ROMT 用于检测当前空燃比。从锅炉烟气可知，氧气含量是 10.1%，烟气温度 132℃，过量空气 82.7%，锅炉效率 81.3%。通过减少过剩空气以减少不必要的能源消耗。在炉气中最优的 O_2 含量是过剩空气在 2.0% ~ 10% 之间。但维持这样的最佳水平对于大多数加热炉都太困难。推荐的过量空气为 15%。从锅炉效率表 11-2 看，15% 的过剩空气对应的是 3.0% 的氧含量，被提议的推荐标准的效率为 83.5%。对于 62.5kW 的 Mohawk 加热炉，蒸汽产量 10.5t/h，压力为 0.1MPa，燃料消耗约为 3688MJ。因此，可以计算出节能量（E_S）：

$$E_S = I_G \times H \times (1 - (E_1/E_2))$$

式中，I_G 为加热炉的输入能量，MJ/a；H 为每年的运行时间，h；E_1 为目前锅炉的燃烧效率；E_2 为最优的锅炉燃烧效率。

可得 $E_s = 3.5 \times (24 \times 6 \times 52) \times (1 - (0.813/0.835)) = 690.51$ MJ/a

能源的成本为$7.44/MJ

$$E_{CS} = E_s \times Ug$$

最后得 $$E_{CS} = 690.51 \times 7.44 = \$5137.39/a$$

ROMT 可以用来在工厂通过监测加热炉的氧量，过量空气、温度和效率，进而调整燃料/空气比率处于正确的部分。

表 11-2　锅炉残氧量、过剩空气系数、效率对应表　　　　　　（%）

过剩空气	氧含量	二氧化碳含量	烟道温度/K						
			220	230	240	246	250	260	270
0.0	0.0	11.8	85.3	85.1	84.9	84.8	84.7	84.5	84.2
2.2	0.5	11.5	85.2	85.0	84.8	84.7	84.6	84.4	84.1
4.5	1.0	11.2	85.1	84.9	84.7	84.6	84.5	84.2	84.0
6.9	1.5	11.0	85.0	84.8	84.6	84.5	84.4	84.1	83.9
9.5	2.0	10.7	84.9	84.7	84.5	84.3	84.2	84.0	83.8
12.1	2.5	10.4	84.8	84.6	84.4	84.2	84.1	83.9	83.7
15.0	3.0	10.1	84.7	84.5	84.2	84.1	84.0	83.8	83.5
18.0	3.5	9.8	84.6	84.4	84.1	84.0	83.9	83.6	83.4
21.1	4.0	9.6	84.5	84.2	84.0	83.8	83.7	83.5	83.2
24.5	4.5	9.3	84.3	84.1	83.8	83.7	83.6	83.3	83.1
28.1	5.0	9.0	84.2	83.9	83.7	83.5	83.4	83.2	82.9
31.9	5.5	8.7	84.1	83.8	83.5	83.4	83.3	83.0	82.7
35.9	6.0	8.4	83.9	83.6	83.3	83.2	83.1	82.8	82.5
40.3	6.5	8.2	83.7	83.4	83.2	83.0	82.9	82.6	82.3
44.9	7.0	7.9	83.5	83.3	83.0	82.8	82.7	82.4	82.1
49.9	7.5	7.6	83.4	83.1	82.8	82.6	82.5	82.2	81.9
55.3	8.0	7.3	83.1	82.8	82.5	82.3	82.2	81.9	81.6
61.1	8.5	7.0	82.9	82.6	82.3	82.1	82.0	81.6	81.3
67.3	9.0	6.7	82.7	82.3	82.0	81.8	81.7	81.4	81.0
74.2	9.5	6.5	82.4	82.1	81.7	81.5	81.4	81.0	80.7
81.6	10.0	6.2	82.1	81.8	81.4	81.2	81.1	80.7	80.3
89.6	10.5	5.9	81.8	81.4	81.1	80.9	80.7	80.3	79.9
98.7	11.0	5.6	81.5	81.1	80.7	80.5	80.3	79.9	79.5
108.7	11.5	5.3	81.1	80.7	80.3	80.1	79.7	79.4	79.0
119.7	12.0	5.1	80.6	80.2	79.8	79.4	79.4	78.9	78.5

11.3　加热炉烟气余热回收技术

据统计，我国轧钢加热炉烟气余热回收率平均为 20%~25%。

加热炉烟道 650~800℃ 的高温烟气，一般通过换热器预热空气或煤气，换热器后小于或等于 400℃ 较难回收的低温烟气排入大气。

采用低温余热发电技术将这部分低温烟气回收利用，计算表明，在烟气温度为 400℃

时，每 10000m³ 的烟气具有 200kW 的发电能力，以 100t/h 的加热炉为例，其烟气量约为 37500m³/h（标态），具有 750kW 的发电能力。

11.3.1   烟气余热发电的原理

通过余热锅炉先将余热吸收，加热水变成过热蒸汽后去带动汽轮机，然后再带动发电机发电。中间要经过几次转换过程，即：余热传递给锅炉——锅炉加热水变成过热蒸汽具备做功能力——在汽轮机里将热能转换成机械能——通过发电机将机械能再转化成电能——送往用能对象。这种转换过程是目前最经济实用的技术，如图 11-9 所示。

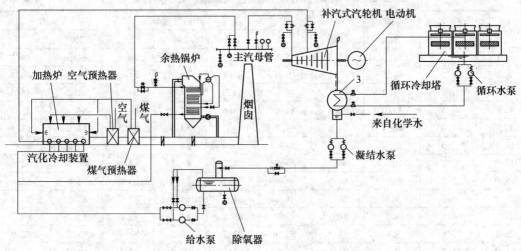

图 11-9   轧钢加热炉低温烟气余热发电系统流程图

11.3.2   烟气余热发电的效益

从国内冶金企业轧钢加热炉情况来看，大部分冶金企业普遍存在单台加热炉容量偏小，但数量较多的特点，从技术经济比较和投资收益平衡分析来看，单座电站装机容量在 3000kW 以上时，由于发电能力较大，经济效益较高，投资回收期较短。因此首选的方案显然是多台加热炉的联合发电。根据工程设计和理论测算，工程建设投资额一般约为 6000 ~ 8000 元/kW，投资回收期为 2.5 ~ 3.5 年。

11.4   少（无）氧化加热技术

钢板在加热过程中遇到助燃空气中的氧气会生成氧化铁皮，称为氧化烧损，其结构如图 11-10 所示。

钢板的氧化顺序为：

$$Fe \rightarrow FeO \rightarrow Fe_3O_4 \rightarrow Fe_2O_3$$

少（无）氧化加热技术（Scale Free Heating，简称 SFH 技术）可以实现在火焰炉中的氧化烧损大幅度减少 97% 的效果，实现加热炉的氧化烧损最低可达 0.07%，同时实现大幅度降低能源消耗，改进钢铁质量，增强企业成本优势。早在 20 世

钢板表面	
①	①—Fe₂O₃
②	②—Fe₃O₄
③	③—FeO
钢板内部	

图 11-10   钢板氧化烧损结构

纪80年代，已有学者展开了加热炉氧化烧损的研究。但是，由于气氛浓度检测或燃烧器的原因，无氧化加热的研究一直停留在理论研究和实验室研究的状态，近年来该技术由美国能源部联合美国钢铁协会、美国铸造协会以及炉子Danieli公司、烧嘴公司BLOOM公司一起开发完成。

11.4.1 无氧化加热的原理

11.4.1.1 传统加热模式

传统的加热模式下，加热钢铁产品至轧制温度，在一个加热炉内燃烧器工作在等于或略高于理论化学空燃比的条件下。100%的化学空燃比定义为空气与燃气比例能够使燃料完全燃烧，生成的烟道气体仅由 N_2、CO_2 及 H_2O 组成。空燃比略高于100%化学空燃比的燃烧将会导致烟道气体中有少量的 O_2。

所有炉区的燃烧器工作在等于或略高于100%化学空燃比下，钢坯通过炉子时的时间，温度及燃烧化学空燃曲线，如图11-11所示。在钢铁表面温度超过约760℃时，烟道气体的成分中的 CO_2、H_2O，O_2，都会与钢铁发生氧化反应。

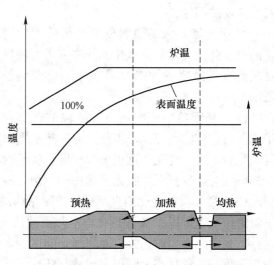

图11-11　传统模式下的加热时间、温度和燃烧气氛曲线

11.4.1.2 无氧化加热模式

CO 和 H_2 可以用于还原钢铁。燃烧气氛是氧化性的还是还原性的，取决于钢坯不同表面温度下 CO/CO_2 及 H_2/H_2O 的比例，如图11-12（a）所示。由于 CO/CO_2 及 H_2/H_2O 的比例与可燃物的百分化学燃烧比成反比，所以氧化/还原界限和百分化学计量空燃比，如图11-12（b）所示。该图确定了无氧化加热的燃烧状况，按该条件加热钢铁至轧制温度，可以实现无氧化烧损加热。

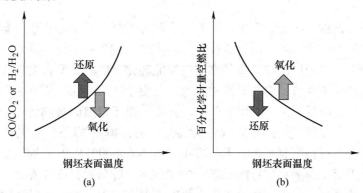

(a)　　　　　　　　　　(b)

图11-12　温度、气氛与百分化学空燃比对钢坯氧化的影响

实现无氧化烧损加热，钢坯通过炉子时的时间，温度及燃烧化学空燃曲线如图11-13

所示。在这样的化学空燃比条件下，炉子的出料端处于缺氧燃烧状态，产生了大量的可燃物气体（CO 与 H_2），所以在炉子的进料端需增加空气供给，以便燃烧掉可燃物气体。

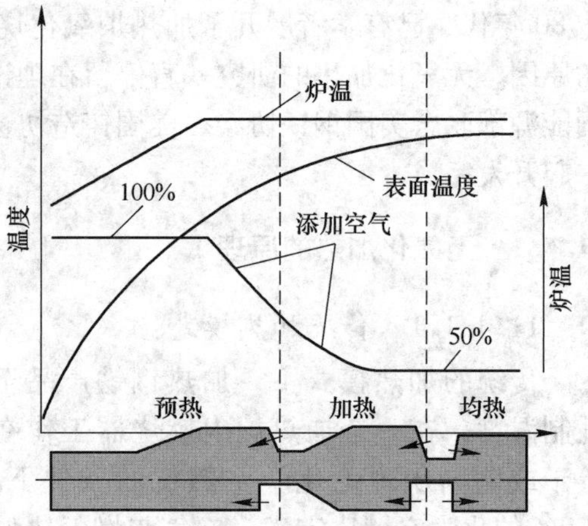

11.4.2 无氧化加热关键技术

当然，开发无氧化加热技术，必须要解决几个主要的问题：

（1）满足从保温到满负荷运行范围内可调的燃烧器的开发。无氧化加热烧嘴需要能保证满足缺氧燃烧的性能要求和加热负荷调节范围。

（2）基于热平衡确定不同区段的燃气供

图 11-13   无氧化加热模式下的加热时间、温度和燃烧气氛曲线

给比例与相应的空燃比。当然，通过热平衡原理得到的控制规程，需要通过实际加热效果与氧化烧损进行优化，这里可以借助于实验设计的方法，在尽可能少的实验条件下，以较少的钢坯与燃气损耗，找到最优的不同炉区控制规程。

（3）考虑负荷变化的自动燃烧控制系统的开发。现有燃烧器技术不能保证在低负荷或保温工作状态下以 50% 理论化学空燃比的缺氧条件下正常燃烧，所以为了保证加热炉稳定运行，自动燃烧控制系统应能保证不同区的燃烧器的燃烧状态可以在低负荷或保温工作状态与满负荷工作状态之间稳定过渡与切换。

（4）燃烧气氛中几种关键气体浓度的实时有效测量。没有实时精确可靠的气氛检测，无氧化加热技术就无法实施。目前，燃烧气氛中各种气体（CO，CO_2，H_2，H_2O）浓度的实时测量也成为可能（如基于 TDLAS 技术的气氛分析仪），但该类测量设备目前更多地被应用于锅炉系统燃料的完全燃烧，完全也可以应用于轧钢加热炉内的燃气的不完全燃烧控制。

11.5   热电材料工业废热发电技术

在工业过程如钢铁、陶瓷、有色、玻璃、水泥等生产过程中会产生大量的废热，废热发电是近年来出现的一种废热利用的新技术，其主要工艺为利用余热锅炉将废热的热能转化为蒸汽的机械能，再利用汽轮机将蒸汽的机械能转化为电能，所做的工作主要是通过设备和工艺改进，产生更大量、更高温度的蒸汽，但由于"两步法"在热能和电能之间多了一个机械能的环节，降低了余热利用的效率。此外，由于目前的余热转化为在蒸汽的过程均是以水为工质，所以烟气的温度范围受到很大影响，400℃ 以下的烟气由于无法直接得到饱和蒸汽，经济不可行限制了该技术的应用。所以在 400℃ 以下的烟气余热回收基本还是个空白。而对于分布在加热物料的显热、炉壁散热、冷却物料或废弃物的冷却水中的余热等有限空间处的废热，由于采用汽轮机余热发电要求较大空间，所以采用"一步法"几乎不可能。

针对这一情况，近年随着材料技术的发展，出现的热电技术可以将低温烟气余热、加

热物料的显热、冷却物料或废弃物的冷却水中的余热等，以往"两步法"无法回收的废热转化为电能，生成的电能配置新能源在线调控系统，变间歇发电为连续稳定输出供电，可就地使用，也可以通过压缩空气储能的办法实现电能送到需要的地方，摆脱了上网输送的限制，实现了废热是最好的新能源，同时也解决了以往新能源发电由于不能上网而导致"窝电"等浪费电能的问题。以下就余热热电发电技术做具体介绍。

热电材料又叫温差电材料，具有交叉耦合的热电输送性质，是一类具有热效应和电效应相互转换作用的新型功能材料，利用热电材料这种性质，可将热能与电能进行直接相互转化。用不同组成的 N 型和 P 型半导体，通过电气连接可组成温差发电器件。

与传统发电机和制冷设备相比，半导体温差发电器具有结构简单、不需要使用传动部件、工作时无噪声、无排弃物，和太阳能、风能、水能等二次能源的应用一样，对环境没有污染，并且这种材料性能可靠，使用寿命长，是一种具有广泛应用前景的环境友好材料。

塞贝克（Seebeck）效应，即：

$$\Delta V = k\Delta T = k(T_2 - T_1)$$

式中　T_2——热端温度；

　　　T_1——冷端温度；

　　　ΔV——电压；

　　　k——塞贝克系数。

Seebeck 电压 ΔV 与热冷两端的温度差 ΔT 成正比，由材料本身的电子能带结构决定。

热电系统示意图如图 11-14 所示。

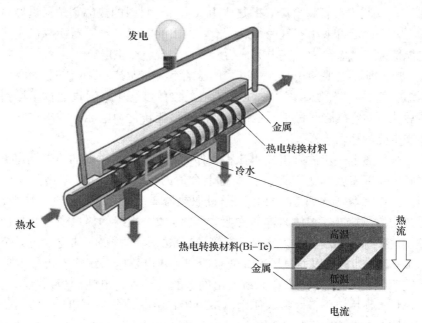

图 11-14　热电系统示意图

热电材料选取，首先根据废热点的温度范围选择合适材质的热电材料晶片。热电材料材质选择主要根据废热的温度，可以在如下的五种典型热电材料中选取，主要包括：

（1）BiTe：0～300℃；

（2）MgSi：200～500℃；

（3）ZnSb：250～500℃；

（4）方钴矿：300～650℃；

（5）氧化物类：250～1000℃。

气体废热主要为各类中低温烟气废热，如轧钢加热炉、陶瓷窑、玻璃窑等的烟气，温度范围为150～400℃。固体废热主要为加热物料在输送过程中的高温辐射显热，温度范围为～1000℃，炉子壁面的散热温度范围为20～100℃。液体废热为物料冷却后的废水中的废热，如高炉冲渣水等，温度范围为20～80℃。

在以上热电材料的材质确定后，通过配料、混料、熔炼、热压、切片等工艺后得到热电晶片，对热电晶片切割后进行表面处理，然后通过专用的结合材料进行模组的组装，低温、中温和高温的模组可以单独组成模块，也可以组合组成模块，最后完成模组的可靠性测试。

针对不同的废热源设计不同的取热装置，并配置冷却装置。具体分气、固、液三种。

（1）气体。在烟道上开设取气孔，将烟气通过高温引风机引出，将热电材料的热端布置在管道内侧和热烟气接触，然后热烟气返回原烟道排出，热电材料冷端布置在烟道外侧，可采用空气冷却或水冷。发出的电能接入"新能源在线调控系统"，将间歇性电能储存在蓄电池中，充电完成后就可以实现连续供电。

（2）固体。将热电材料的热端布置在热壁面上，冷端对外，冷端可采用空气冷却或水冷。发出的电能接入"新能源在线调控系统"，将间歇性电能储存在蓄电池中，充电完成后就可以实现连续供电。

（3）液体。安装道流管将含废热的热水引入，热电材料的热端紧贴通过导热性强的水管壁，冷端对外，冷端可采用空气冷却或水冷。发出的电能接入"新能源在线调控系统"，将间歇性电能储存在蓄电池中，充电完成后就可以实现连续供电。

当出发的电本地不需要使用时，可以采用压缩空气储能技术，用电驱动空压机，将电能转化为压缩空气的能量，压缩空气可以储存在特制的气罐中，通过运输车运到需要电力的地方，然后让压缩空气膨胀做工，压缩的空气机械能转化为电能，放出空气，通过以上方案可以实现电能的移动输送。

工业废热采用热电一步法发电技术流程，如图11-15所示。以加热炉烟道1排出的中低温烟气（150～400℃）作为热源，在烟道上合适的位置开孔，将取热器2与烟道孔连接，通过引风机4将烟气从烟道中抽出，通过取热器2后再回到烟道1，从烟道1排出，热电发电系统5的热端（高温侧）布置在紧靠取热器2，烟气的热量通过导热板3直接与取热器中的烟气接触，导热板可以选取铜板等导热系数高的材料，热电发电系统5的低温侧配置冷却板6，冷却板可以通过风冷或通水冷却，热电发电系统5发出的电送到新能源在线调控系统7，在该系统热电发电系统发出的电能被存入蓄电池，当系统7显示蓄电池充满电后，可将本地用电设备8接入使用，系统7和用电设备8可以同时工作，当系统7显示电量不足时会自动将电源切换到电网供电系统，保持用电设备8的正常使用。如果系统7附件没有合适的用电设备，则将空压机9与系统7对接，空压机9使用系统7提供的电力将压缩空气源源不断地送入压缩空气储存罐10，电能被转化为压缩空气的能量，压缩空气储存罐10装满后，可以通过专用车运送到远程用电设备12处，然后将压缩空气储存罐 10 与发电机 11 连接，输出电能带动远程用电设备 12 运行。

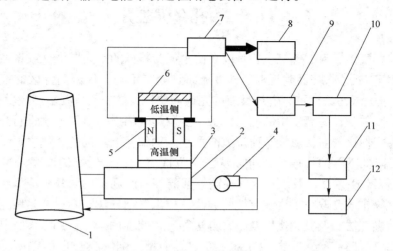

图 11-15 工业废热采用热电一步法发电技术流程图

1—烟道；2—取热器；3—导热板；4—引风机；5—热电发电系统；6—冷却板；7—新能源在线调控系统；
8—本地用电设备；9—空压机；10—压缩空气储存罐；11—发电机；12—远程用电设备

下面结合具体的炉子工艺，再进行说明。

案例 1 在回收钢铁厂加热炉中低温烟气余热上的应用。

以加热炉烟道气为热源，烟气在 150～400℃之间，首先要在烟道上选择合适的开孔位置，并合理设计取热器，做到不影响炉子的排烟能力，烟气通过取热器后，通过引风机再送入烟道，热电材料可以选择方钴矿系列的，使用温度范围在 300～650℃之间为最佳，热电系统高温侧（热端）可以用铜等导热系数高的材料，紧贴烟道管壁面布置，烟气的热通过烟道壁、铜导热板直接传到热电系统的热端，使得热端可以保持持续的高温，热电系统的冷端可以采用风机冷却，或设计冷却水冷系统使之保持在常温。热电发电系统发出的电送到新能源在线调控系统，由于加热炉的烟气是波动的，该电量也是不稳定的，通过新能源在线调控系统将电能存入蓄电池，当新能源在线调控系统充满后，可作为稳定电源使用，接入用电设备，同时还可以将电网电源也接入新能源在线调控系统，新能源在线调控系统上有切换开关，用电设备可以选择是用电网电还是用热电系统的电，当新能源在线调控系统中的蓄电池被充满了，本地又没有合适的用电设备时，可以采用压缩空气储能技术，以压缩空气为载体将多余的电以压缩空气的形式运送到需要的地方，压缩空气储能的原理为电能通过空压机转化为压缩空气的能量，压缩空气通过专用交通工具可以运送到需要用电的远程用电设备处，然后压缩空气再通过膨胀做功系统带动发电机，将压缩空气的能量再转化为电能，为保持用电的稳定性，发电机发出的电也可以再送入新能源在线调控系统，用电设备通过在线调控系统用电。

案例 2 在回收加热炉炉壁散热上应用。

加热炉的炉子壁面的散热温度范围在 20～100℃之间。取热器中导热板选择紧贴在炉子表面上布置，冷却端选择水冷，热电材料的材质选择 BiTe 系列，温度范围为 0～300℃，热电系统发电后的使用同上，由于该类型的余热发电发出的电量有限，也可以不介入新能源调控系统，直接作为厂区照明使用。

11.6　多孔介质燃烧

截至目前，气体燃料的燃烧主要是以自由火焰为特征的空间燃烧（或者叫直流燃烧技术）。该种燃烧方式，火焰面附近温度梯度陡而且分布不均，局部高温区的存在使得大量 NO_x 生成，造成大气污染严重；燃烧反应的完成需要较大的空间，要求燃烧设备体积庞大，其应用受到空间限制；配套使用的换热设备主要以烟气辐射和对流冲刷进行热交换，热效率低；燃烧稳定性比较差，燃烧负荷调节能力小。例如，天然气的燃烧主要生成的是热力型 NO_x。为了降低 NO_x 的排放量，可以从三个方面着手：降低燃烧温度（特别是局部高温）、降低燃烧区 O_2 浓度以及缩短烟气在高温区的停留时间。国内外对降低工业固定燃烧装置的氮氧化物排放已取得了许多有效的方法，如烟气循环法、两段或多段燃烧法、浓淡燃烧法、对向燃烧法、低氧燃烧以及组合方法等。目前国内外已采用了多种新型低 NO_x 燃气燃烧器，如自身回流型、混合促进型、分割火焰型、烟气自身再循环型、空气（或燃气）分段供给的阶段燃烧型、浓淡型以及组合型燃烧器等。这些燃烧器都具有各自独特的优点，能有效地降低污染物 NO_x 的排放，但同时也存在着结构复杂、燃烧效率低、燃烧器体积大的缺点，极大地限制了它们在工业及民用中的应用。理论和实践证明，在降低烟气中 NO_x 含量的同时，往往会导致烟气中 CO 含量增加和热效率降低，这是研究低 NO_x 燃烧器的难度所在。

相对于以自由火焰为特征的传统燃烧方式来说，多孔介质中的预混燃烧是一项新型、洁净、主动有效的技术。它能够实现低热值，甚至超低热值气体的稳定燃烧，具有燃烧稳定、燃烧速率高、可燃极限宽和污染物排放低等显著优点。这项燃烧技术在提高燃烧效率、扩展可燃极限、节约燃料、改善环境及处理各类垃圾和废弃物方面具有优越性，可广泛应用于冶金、化工、能源、建材、食品加工等各种领域。这是一种与传统燃烧完全不同，且新颖独特的燃烧方式。

11.6.1　多孔介质特性及其作用

相对于密实介质（材料），多孔介质具有大的比表面积，能大大强化燃烧时的对流换热，提高多孔介质的温度。燃烧析热立即由燃烧产物的对流热焓转变成多孔介质辐射能，而辐射能的传递是瞬间完成的。同时高温多孔介质对上游预混燃料的辐射加热可以实现超绝热（super-adiabatic）燃烧，起到均匀温度和稳定火焰的作用，因而可以燃烧低热值的燃料。多孔介质材料在优化、强化燃烧，及燃烧控制方面的基础与应用研究受到了广泛关注与重视，各种介质材料和各种功能的多孔介质燃烧器也不断出现。多孔介质燃烧技术中可以利用的多孔介质，属于孔隙材料类型，平均孔径在 $0.5 \sim 3mm$ 之间。为了减小流动阻力，孔隙率一般要求达到 40% 以上。由于燃烧在多孔介质的孔隙中发生，多孔介质材料长时间处于较恶劣的环境下，经受着热力学及化学方面的双重考验，比如，化学腐蚀、高温、大温度梯度等。所以，能适用于这方面应用的多孔介质，需具有较好的热力学和化学特性，良好的传热特性，耐热脆性，耐化学腐蚀及一定的力学强度。此外，还应该具有较高的孔隙率，以减小压力损失。

国内外针对多孔介质燃烧研究采用的材料，按照其外形可以分为以下几类：颗粒堆积型、管束型、多孔板型、多孔陶瓷、多孔纤维层等。涉及的多孔介质固体材质有不锈钢、合金、玻璃、陶瓷等，堆积颗粒包括球体或其他结构体。多孔介质燃烧器中的最高温度一般在 1200～1500℃之间，甚至可达到 1700℃，金属材料由于耐热性不足（比如镍基合金和铁铬铝合金的最高极限温度大约为 1400℃），限制了其在多孔介质燃烧器中的广泛使用。而且，金属材料比热容较小，所以蓄热能力较差。多孔陶瓷由于具有透过性高、比表面积大以及耐高温和耐腐蚀等优点而受到普遍青睐。

用于燃烧器的多孔陶瓷主要包括蜂窝陶瓷和泡沫陶瓷两种。蜂窝陶瓷孔的形状一般为方形，孔隙率为 20%～60% 左右，可以采用热压注工艺、注浆、注凝成型或挤出方法生产。泡沫陶瓷的制造方法一般为前驱体法（有机泡沫浸渍工艺），制成的泡沫陶瓷一般为通孔，孔径为 100μm～5mm，孔隙率可以达到 70%～90%，体积密度较小，而比表面积很大。此外德国 Erlangen-Nuremberg 大学的 Pickencker 等还用到了多孔陶瓷纤维结构体。

泡沫陶瓷是一种造型上像泡沫的多孔陶瓷，它是继颗粒堆积型陶瓷、蜂窝多孔陶瓷之后，最近发展起来的第三代多孔陶瓷产品。这种高技术陶瓷具有三维连通孔道，同时对其形状、孔尺寸、渗透性、比表面积及化学性能均可进行适度调整变化，制品就像是"被钢化了的泡沫塑料"或"被瓷化了的海绵体"。典型的市场上可提供的网状多孔泡沫陶瓷是一种开孔结构，具有任意类似十二面体的几何形状。多孔材料里面的孔是由互相联通的支柱或丝网配制的泡沫产生的。典型的多孔泡沫陶瓷孔隙率为 85% 左右。多孔泡沫陶瓷的外形和轮廓可以根据需要，制作成任意的形状和尺寸。

目前可以提供很多种材料制造多孔泡沫陶瓷，它们的成分为一种母体材料和另一种作为黏结剂的材料混合而成。母体材料有：碳化硅、氮化硅、莫来石、堇青石、氧化锆以及氧化铣；黏结材料有镁土和钇等。材料的类型对于燃烧器抗高温及抗高温疲劳破坏能力有举足轻重的作用。一些陶瓷材料在稳定工况下运行时也会裂解，这是因为陶瓷表面的材料逐渐损失的缘故。而泡沫陶瓷致命的缺点是其抗热震性能较差，这也限制了它的大力发展和应用。

用作多孔介质燃烧的还有金属或者陶瓷纤维。

11.6.2 超绝热燃烧原理与多孔介质燃烧

预混气体在多孔介质中的超绝热燃烧，或者过焓预混燃烧（excess enthalpy premixed combustion），是指预混气体在多孔介质中燃烧时，由于多孔介质的存在而导致的部分反应热通过固体的导热和辐射，通过自身组织的热回流，使得反应物在未达到反应区域就得到了有效的预热。因此，在反应区域，气体的温度可高于相应燃料的绝热火焰温度。图 11-16 通过比较混合气在不同燃烧系统中焓值的变化来描述超绝热燃烧的概念，虚线表示没有预热的自由空间燃烧系统中焓值的变化，实线表示预混气体多孔介质中燃烧时焓值的变化。在没有预热的燃烧系统中，由于存在热损失，温度难以达到绝热火焰温度，尾气温度较高，尾气余热无法通过燃烧器本身回收。而在实线表示的燃烧系统中，由于有蓄热和传热能力较好的多孔介质的存在，使得蓄积在火焰区下游多孔介质中的部分热量，通过多孔介质的辐射和导热，产生了向上游的热回流，使混合气在到达反应区前已被充分预热，温度迅速提升，混合气到达反应区后发生燃烧反应，预热量叠加燃烧热，产生超绝热现象，热损失也大大降低。

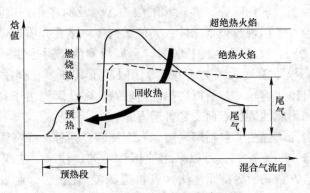

图 11-16   超绝热火焰的形成机理

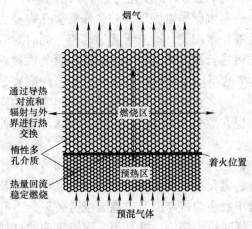

图 11-17   惰性多孔介质中预混燃烧机理

图 11-17 是基于超绝热燃烧原理组织的多孔介质燃烧示意图。以预混气体燃料燃烧为例，多孔介质沿气流来流方向分小孔和大孔两个区域布置。大小孔之间的界面起到防止回火的作用。小孔的孔径必须小到一定程度才能有效防止回火。燃烧在大孔区进行，燃烧析热除了向下游传递外，还通过导热和辐射向上游回流到小孔区从而预热来流，使预混气在进入燃烧大孔区之前就已经被加热到较高的温度（可以达到 800℃甚至更高）。高温的预混气进入大孔区后马上进行快速燃烧。

多孔介质燃烧又称为淹没燃烧或过滤燃烧。根据燃料种类不同、燃烧强度要求不同，以及多孔材质材料不同，小孔区和大孔区的孔径、空隙率和厚度等必须精确设计。如果燃烧强度不太大，调节比要求不高，小孔区可以省略，只需要燃料附着燃烧的一个薄层，同样可以预热来流混合气。这时多孔介质燃烧器又称为表面燃烧器，如图 11-18 所示。

11.6.3   多孔介质燃烧器的发展现状和趋势

多孔介质燃烧装置的系统研究与开发始于 20 世纪 90 年代。先后在德国、美国、日本等国家形成系列工业产品。我国的研究始于 21 世纪初。无论国内还是国外，多孔介质燃烧的研究以及多孔介质燃烧技术的开发，大多以实验和数值模拟为主。相对于发达国家，我国至今没有一家生产（截至 2015 年 7 月）多孔介质燃烧器的厂家。主要瓶颈在于用作燃烧的多孔介质材料不能满足要求。泡沫陶瓷材料不同于实体陶瓷材料，其耐高温性能和抗热震性能大大降低。鉴于多孔介质燃烧器可以应用于很广范围的各种加热炉和热处理炉，可以从中低温开始研发，例如可以首先使燃烧器温度不超过 1000℃，从而降低对材质耐高温和抗热震的要求。随着材料科学和技术的发展，大规模制造高性能（例如耐高温达到 1500℃，即冷即热上千次）陶瓷泡沫材料终将成为可能。

图 11-18　各种表面燃烧器

11.7　CFD 在加热炉中的应用

　　本书前面章节少量涉及了用数值方法求解传热问题。本节结合例子再次对数值计算方法的应用进行介绍。这里特别引用 CFD 作为对象并不代表仅仅涉及计算流体力学。因为数值计算在流体力学领域最先得到重视和发展，目前 CFD 几乎成了数值计算的别名。

11.7.1　CFD 的发展历史和应用介绍

　　在流体力学领域，法国和英国于 17 世纪引领了实验流体力学。还是欧洲，于 18、19 世纪见证了理论流体力学的发展。进入 20 世纪后，实验流体力学和理论流体力学成为研究流体力学的双翼。然而，始于 20 世纪 60 年代的快速计算机和精确数值方法及它们的高速发展，逐渐使计算流体力学（computational fluid dynamics，CFD）成为研究流体力学的重要方法。如今，实验、理论和数值计算已经成为研究包括流体力学、传热学在内的很多物理化学科学和工程问题的三个并行的方法。

　　举一个例子可以说明 CFD 的可行性和重要性。20 世纪 80～90 年代，以美国为首的多个发达国家试图采用冲压式喷气发动机（ramjet）研制超音速（supersonic）甚至极超音速（hypersonic）飞行器。该飞行器能突破第一宇宙速度（7.9km/s）从而可以自由往返于大气层和太空。然而，即使是当时最发达的美国，也无法完成陆地上的风洞实验，现有风洞不能达到如此高速度范围。由于发动机和飞行器本身的复杂设计，加上飞行过程中的高速、高温以及急剧变化的环境，使得理论研究方法也无能为力。幸而有了比较完善的 CFD 方法以及当时美国的超级计算机，使得极超音速的流动和传热数值模拟成为可能，并最终完成了飞行器本身及其发动机内的数值模拟，从而使美国的极超音速飞行器研发走在了世界前列。

11.7.2   数值计算的要素和步骤

数值计算基于电子计算机，因此，高性能的计算机是必要的硬件设备。计算对象（包括几何区域和现象本身）越复杂、结果精度要求越高，希望计算机性能越优异。此外，学习和掌握必要的数值方法对完成数值模拟非常重要。在热工领域，大多现象涉及传热学、流体力学、燃烧学等，而相应的计算传热学、计算流体力学和计算燃烧学所采用的数值方法以有限容积法、有限差分法为主。

完成数值计算的步骤主要包括：

（1）了解现象的本质；

（2）正确给出数学控制方程（数学描述）；

（3）边界条件和初始条件；

（4）网格生成（空间离散化）；

（5）方程离散；

（6）代数或者矩阵方程求解；

（7）数据处理与可视化；

（8）结果分析。

完成以上数值计算过程，必须用计算机编程，然后对程序进行调试和运行。目前常用的计算机语言有 Basic、Fortran、C++、Matlab 等，用户可以根据计算机性能以及结果的前后处理要求、数值模拟周期等进行选择学习。

随着数值计算突飞猛进的发展，现在已经有多种商业计算软件可供选择，这为不太了解数值计算知识和技术，或者不希望在数值计算方面花费太多精力的人员提供了方便，尤其为复杂现象的数值模拟，而且还希望短期取得结果提供了可能。目前热工领域应用比较多的商业软件有 Fluent 和 Comsol。

自主编程和利用商业软件各有优缺点。自主编程必须学习和了解数值模拟的每个细节，熟练掌握计算方法和编程技巧，因此工作量大且周期长。但自主编程能更加体现自主性，充分发挥创造力，研究和解决广泛、细微的科学和工程问题。商业软件的优点是不需要详细了解数值计算方法和技术，可以很快根据说明学会参数设定，进而完成数值模拟。因此利用商业软件工作量小、周期短，尤其适合解决紧迫的工程问题。

11.7.3   数值计算举例

例 11-1   如图 11-19 所示，断面为 $2m \times 2m$ 的钢坯在加热炉单面加热，钢坯表面温度分别是 $t_1 = 100℃$，$t_2 = 100℃$，$t_3 = 100℃$ 和 $t_4 = 700℃$，并假设热源项 $Q = 10t$。钢坯密度

$\rho = 7840\text{kg/m}^3$，导热系数 $\lambda = 49.8\text{W/(m·K)}$，比热容 $c_p = 465\text{J/(kg·K)}$。求钢坯截面的温度 t 的分布。

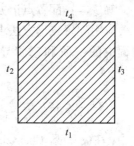

图 11-19　矩形截面钢坯

解　这里分别采用有限容积法和配置点谱方法数值求解这一问题。直角坐标系中二维稳态、常物性导热微分方程为：

$$\lambda \frac{\partial}{\partial x}\left(\frac{\partial t}{\partial x}\right) + \lambda \frac{\partial}{\partial y}\left(\frac{\partial t}{\partial y}\right) + \dot{Q} = 0 \qquad (11\text{-}1)$$

解法一：有限容积法

对图 11-20 所示控制容积 P 做积分，假设源项 $\dot{Q}$ 在任一控制容积中的值可以表示为温度的线性函数：$\dot{Q} = \dot{Q}_P t_P$ 的形式，其中 $\dot{Q}_P$ 为 $\dot{Q} = f(t)$ 的曲线在 P 点的斜率，且规定其恒取负值，t_P 为 P 点的温度。若物性参数为常数，可得：

$$\lambda \int_w^e \int_s^n \frac{\partial}{\partial x}\left(\frac{\partial t}{\partial x}\right)\text{d}x\text{d}y + \lambda \int_w^e \int_s^n \frac{\partial}{\partial y}\left(\frac{\partial t}{\partial y}\right)\text{d}x\text{d}y + \int_w^e \int_s^n \dot{Q}_P t_P \text{d}x\text{d}y = 0 \qquad (11\text{-}2)$$

$$\lambda\left[\left(\frac{\partial t}{\partial x}\right)_e - \left(\frac{\partial t}{\partial x}\right)_w\right]\Delta y + \lambda\left[\left(\frac{\partial t}{\partial y}\right)_n - \left(\frac{\partial t}{\partial y}\right)_s\right]\Delta x + \dot{Q}_P t_P \Delta x \Delta y = 0$$

$$\lambda\left[\frac{t_E - t_P}{(\delta x)_e} - \frac{t_P - t_W}{(\delta x)_w}\right]\Delta y + \lambda\left[\frac{t_N - t_P}{(\delta y)_n} - \frac{t_P - t_S}{(\delta y)_s}\right]\Delta x + \dot{Q}_P t_P \Delta x \Delta y = 0$$

最后可得：

$$\left[\frac{\lambda\Delta y}{(\delta x)_e} + \frac{\lambda\Delta y}{(\delta x)_w} + \frac{\lambda\Delta x}{(\delta y)_n} + \frac{\lambda\Delta x}{(\delta y)_s} - \dot{Q}_P \Delta x \Delta y\right]t_P = \frac{\lambda\Delta y}{(\delta x)_e}t_E + \frac{\lambda\Delta y}{(\delta x)_w}t_W + \frac{\lambda\Delta x}{(\delta y)_n}t_N + \frac{\lambda\Delta x}{(\delta y)_s}t_S$$

$$(11\text{-}3)$$

此式可简化成为：

$$a_P t_P = a_E t_E + a_W t_W + a_N t_N + a_S t_S \qquad (11\text{-}4)$$

式中，$a_E = \dfrac{\lambda\Delta y}{(\delta x)_e}$，$a_W = \dfrac{\lambda\Delta y}{(\delta x)_w}$，$a_N = \dfrac{\lambda\Delta x}{(\delta y)_n}$，$a_S = \dfrac{\lambda\Delta x}{(\delta y)_s}$，$a_P = a_E + a_W + a_N + a_S - \dot{Q}_P \Delta x \Delta y$。

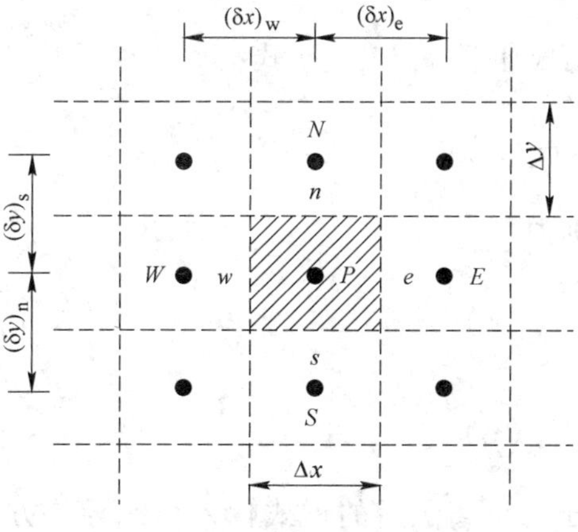

式（11-4）即为二维常物性稳态导热方程的离散形式。

针对控制方程离散后形成的代数方程组的求解，既可以采用直接求解法也可以采用迭代求解法。本算例采用简单、易理解的 Jacobi 点迭代法进行求解，在 Jacobi 点迭代法中任一点上未知值的更新是采用上一轮迭代中所获得的各邻点之值来计算的，即 $t_k^{(n)} = \sum\limits_{\substack{l=1 \\ l \neq k}} (a_l t_l^{(n-1)}/a_k)$。这里带括号的上角标表示迭代轮数。所谓"一轮"是指把求解区域中每一节点之值都更新一次的运算环节。

图 11-20　直角坐标网格划分

计算中，取节点数为 50×50，判断收敛标准为迭代的绝对误差小于 10^{-7}，结果如图 11-21 所示。

解法二：配置点谱方法

应用配置点谱方法求解热传导方程的过程中，方程中的一阶和二阶导数被离散的系数矩阵所代替。

假设 $u(\xi_j,\mathrm{g}) = \displaystyle\sum_{i=0}^{N} u_i(\mathrm{g}) C_i(\xi_j)$

式中，$C_i(\xi_j)$ 是 Chebyshev 多项式，$\xi_j = \cos\dfrac{\pi j}{N}$，$j = 0, 1, \cdots, N$。

相应的变量 $u(\xi,\mathrm{g})$ 对 ξ 的一阶导数用 Chebyshev 多项式离散的表达式为：

$$\frac{\partial u(\xi,\mathrm{g})}{\partial \xi} = \sum_{i=0}^{N} u'_i(\mathrm{g}) C_i(\xi)$$

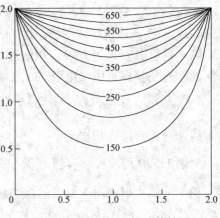

图 11-21　有限容积法计算结果

写成矩阵形式为：$\dfrac{\partial u(\xi,\mathrm{g})}{\partial \xi} = \displaystyle\sum_{j=0}^{N} (D_N)_{lj} u(\xi_j,\mathrm{g}), l = 0,\cdots,N$

其中一阶导数矩阵系数 $(D_N)_{lj}$ 为：

$$(D_N)_{lj} = \begin{cases} \dfrac{c_l(-1)^{l+j}}{c_j(\xi_l - \xi_j)}, & l \neq j \\[2mm] \dfrac{-\xi_j}{2(1-\xi_j^2)}, & 1 \leqslant l = j \leqslant N-1 \\[2mm] \dfrac{2N^2+1}{6}, & l = j = 1 \\[2mm] -\dfrac{2N^2+1}{6}, & l = j = N \end{cases}$$

而变量 $u(\xi,\mathrm{g})$ 对 ξ 的二阶导数有：

$$\frac{\partial^2 u(\xi,\mathrm{g})}{\partial \xi^2} = \sum_{j=0}^{N} (D_N)_{lj}^2 u(\xi_j,\mathrm{g}), l = 0,\cdots,N$$

根据上述原理现将热传导方程中温度的导数写成如下近似表达形式：

$$t_{N_x}^{(p)}(x_i) = \sum_{k=0}^{N_x} d_{i,j}^{(p)} t_{N_x}(x_j)$$

由上式得出其一阶导数、二阶导数的形式分别为：

$$t_{N_x}^{(1)}(x_i) = \sum_{k=0}^{N_x} d_{i,j}^{(1)} t_{N_x}(x_j)$$

$$t_{N_x}^{(2)}(x_i) = \sum_{k=0}^{N_x} d_{i,j}^{(2)} t_{N_x}(x_j)$$

在这里 $d_{i,j}^{(2)}$ 的表达式可由 $d_{i,j}^{(2)} = d_{i,j}^{(1)} d_{i,j}^{(1)}$ 得出。将离散后的形式代入稳态导热方程（11-1）后得到新的离散方程为：

$$\sum_{k=0}^{N_x} A_{ik} t_{kj} + \sum_{k=0}^{N_y} t_{ik} B_{kj} = F_{i,j} \tag{11-5}$$

式中，$A = \lambda Dxx + \dot{Q}_P$，$B = \lambda Dyy$，$F = 0$。

矩阵 $\boldsymbol{Dxx}$ 左乘 $t(x_k, y_j)$，$\boldsymbol{Dxx}$ 为系数在 x 方向上的导数矩阵，定义如下：

$$Dxx_{ik} = \left(\frac{2}{x_2 - x_1}\right)^2 d_{x,ik}^{(2)}$$

矩阵 $\boldsymbol{Dyy}$ 右乘 $\phi(x_k, y_j)$，$\boldsymbol{Dyy}$ 为系数在 y 方向上的导数矩阵，定义如下：

$$Dyy_{ik} = \left(\frac{2}{y_2 - y_1}\right)^2 d_{y,ik}^{(2)}$$

考虑到边界条件，将左侧的已知量 $F_{i,j}^{BC}$ 移到等式的右侧，转化为以下形式：

$$\sum_{k=1}^{N_x-1} A_{ik} t_{kj} + \sum_{k=1}^{N_y-1} t_{ik} B_{kj} = F_{i,j} - F_{i,j}^{BC} \tag{11-6}$$

式中，$F_{i,j}^{BC} = A_{i0} t_{0j} + A_{iN_x} t_{N_xj} + t_{i0} B_{0j} + t_{iN_y} B_{N_yj}$。

编程求解，图 11-22 是内部温度的分布曲线。

例 11-2 如图 11-19 所示，断面为 $2m \times 2m$ 的钢坯在加热炉单面加热，钢坯表面温度分别是 $t_1 = 100℃$，$t_2 = 100℃$，$t_3 = 100℃$ 和 $t_4 = 700℃$，并假设热源项 $\dot{Q} = 10t$。达到稳态后，增加上表面加热温度 $t_4 = 1200℃$。钢坯密度 $\rho = 7840 kg/m^3$，导热系数 $\lambda = 49.8 W/(m \cdot K)$，比热容 $c_p = 465 J/(kg \cdot K)$。求钢坯截面的温度 t 的分布。

解 直角坐标系中二维非稳态，常物性导热微分方程可以表示为：

$$\rho c \frac{\partial t}{\partial \tau} = \lambda \frac{\partial}{\partial x}\left(\frac{\partial t}{\partial x}\right) + \lambda \frac{\partial}{\partial y}\left(\frac{\partial t}{\partial y}\right) + \dot{Q} \tag{11-7}$$

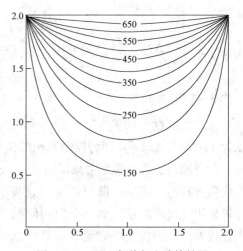

图 11-22 配置点谱方法计算结果

解法一：有限容积法

在时间间隔 $[\tau, \tau + \Delta\tau]$ 内，对图 11-20 中的控制容积 P 做积分，假定在控制容积的界面上热流密度是均匀的，且物性参数为常数，采用全隐格式，于是有：

$$\rho c \int_w^e \int_s^n \int_\tau^{\tau+\Delta\tau} \frac{\partial t}{\partial \tau} dx dy d\tau$$

$$= \lambda \int_w^e \int_s^n \int_\tau^{\tau+\Delta\tau} \frac{\partial}{\partial x}\left(\frac{\partial t}{\partial x}\right) dx dy d\tau + \lambda \int_w^e \int_s^n \int_\tau^{\tau+\Delta\tau} \frac{\partial}{\partial y}\left(\frac{\partial t}{\partial y}\right) dx dy d\tau +$$

$$\int_w^e \int_s^n \int_\tau^{\tau+\Delta\tau} \dot{Q}_P t_P dx dy d\tau \rho c \Delta x \Delta y (t_P^{\tau+\Delta\tau} - t_P^\tau)$$

$$= \lambda \left[\left(\frac{\partial t}{\partial x}\right)_e^{\tau+\Delta\tau} - \left(\frac{\partial t}{\partial x}\right)_w^{\tau+\Delta\tau}\right] \Delta y \Delta\tau + \lambda \left[\left(\frac{\partial t}{\partial y}\right)_n^{\tau+\Delta\tau} - \left(\frac{\partial t}{\partial y}\right)_s^{\tau+\Delta\tau}\right] \Delta x \Delta\tau +$$

$$\dot{Q}_P t_P^{\tau+\Delta\tau} \Delta x \Delta y \Delta\tau \frac{\rho c V_P (t_P^{\tau+\Delta\tau} - t_P^\tau)}{\Delta\tau}$$

$$= \lambda \left[\frac{t_{\mathrm{E}}^{\tau+\Delta\tau} - t_{\mathrm{P}}^{\tau+\Delta\tau}}{(\delta x)_{\mathrm{e}}} - \frac{t_{\mathrm{P}}^{\tau+\Delta\tau} - t_{\mathrm{W}}^{\tau+\Delta\tau}}{(\delta x)_{\mathrm{w}}} \right] \Delta y +$$

$$\lambda \left[\frac{t_{\mathrm{N}}^{\tau+\Delta\tau} - t_{\mathrm{P}}^{\tau+\Delta\tau}}{(\delta y)_{\mathrm{n}}} - \frac{t_{\mathrm{P}}^{\tau+\Delta\tau} - t_{\mathrm{S}}^{\tau+\Delta\tau}}{(\delta y)_{\mathrm{s}}} \right] \Delta x + \dot{Q}_{\mathrm{P}} t_{\mathrm{P}}^{\tau+\Delta\tau} V_{\mathrm{P}} \tag{11-8}$$

最后可得：

$$\left[\frac{\rho c V_{\mathrm{P}}}{\Delta\tau} + \frac{\lambda\Delta y}{(\delta x)_{\mathrm{e}}} + \frac{\lambda\Delta y}{(\delta x)_{\mathrm{w}}} + \frac{\lambda\Delta x}{(\delta y)_{\mathrm{n}}} + \frac{\lambda\Delta x}{(\delta y)_{\mathrm{s}}} - \dot{Q}_{\mathrm{P}} V_{\mathrm{P}} \right] t_{\mathrm{P}}^{\tau+\Delta\tau}$$

$$= \frac{\lambda\Delta y}{(\delta x)_{\mathrm{e}}} t_{\mathrm{E}}^{\tau+\Delta\tau} + \frac{\lambda\Delta y}{(\delta x)_{\mathrm{w}}} t_{\mathrm{W}}^{\tau+\Delta\tau} + \frac{\lambda\Delta x}{(\delta y)_{\mathrm{n}}} t_{\mathrm{N}}^{\tau+\Delta\tau} + \frac{\lambda\Delta x}{(\delta y)_{\mathrm{s}}} t_{\mathrm{S}}^{\tau+\Delta\tau} + \frac{\rho c V_{\mathrm{P}}}{\Delta\tau} t_{\mathrm{P}}^{\tau} \tag{11-9}$$

此式可简化成为：

$$a_{\mathrm{P}} t_{\mathrm{P}}^{\tau+\Delta\tau} = a_{\mathrm{E}} t_{\mathrm{E}}^{\tau+\Delta\tau} + a_{\mathrm{W}} t_{\mathrm{W}}^{\tau+\Delta\tau} + a_{\mathrm{N}} t_{\mathrm{N}}^{\tau+\Delta\tau} + a_{\mathrm{S}} t_{\mathrm{S}}^{\tau+\Delta\tau} + b \tag{11-10}$$

式中，$a_{\mathrm{E}} = \dfrac{\lambda\Delta y}{(\delta x)_{\mathrm{e}}}$，$a_{\mathrm{W}} = \dfrac{\lambda\Delta y}{(\delta x)_{\mathrm{w}}}$，$a_{\mathrm{N}} = \dfrac{\lambda\Delta x}{(\delta y)_{\mathrm{n}}}$，$a_{\mathrm{S}} = \dfrac{\lambda\Delta x}{(\delta y)_{\mathrm{s}}}$，$b = \dfrac{\rho c V_{\mathrm{P}}}{\Delta\tau} t_{\mathrm{P}}^{\tau}$，$V_{\mathrm{P}} = \Delta x \Delta y$，$a_{\mathrm{P}} =$

$a_{\mathrm{E}} + a_{\mathrm{W}} + a_{\mathrm{N}} + a_{\mathrm{S}} + a_{\mathrm{P}} = a_{\mathrm{E}} + a_{\mathrm{W}} + a_{\mathrm{N}} + a_{\mathrm{S}} + \dfrac{\rho c V_{\mathrm{P}}}{\Delta\tau} - \dot{Q}_{\mathrm{P}} V_{\mathrm{P}}$。

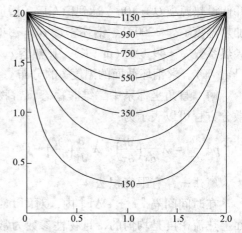

图 11-23　有限容积法计算结果

　　对二维问题，取垂直于 x，y 平面方向上的厚度为 1，故（$\Delta x \Delta y$）即为控制容积的体积。

　　针对控制方程离散后形成的（$\tau + \Delta\tau$）时层上代数方程组的求解，既可以采用直接求解法也可以采用迭代求解法。而每个时层间的步进则采用迭代处理，即将上一时层的计算结果带入方程（11-10）中，用于求解当前时层上的值。计算中，取节点数为 50×50，时间步长为 0.001，判断收敛的标准为相邻时间层的绝对误差小于 10^{-7}，结果如图 11-23 所示。

解法二：配置点谱方法

　　对于非稳态问题，非稳态项采用向前差分格式，扩散项采用全隐格式：

$$\rho c \frac{t^{\tau+\Delta\tau} - t^{\tau}}{\Delta\tau} = \lambda \frac{\partial^2 t^{\tau+\Delta\tau}}{\partial x^2} + \lambda \frac{\partial^2 t^{\tau+\Delta\tau}}{\partial y^2} + \dot{Q}_{\mathrm{P}} t^{\tau+\Delta\tau} \tag{11-11}$$

写成系数矩阵相乘的形式：

$$\sum_{k=0}^{N_x} A_{ik} t_{kj}^{\tau+\Delta\tau} + \sum_{k=0}^{N_y} t_{ik}^{\tau+\Delta\tau} B_{kj} = F_{i,j}$$

式中，$A = \lambda Dxx + \dot{Q}_{\mathrm{P}} + \dfrac{\rho c}{\Delta\tau}$，$B = \lambda Dyy$，$F = -\rho c \dfrac{t^{\tau}}{\Delta\tau}$。

引入边界条件，

$$\sum_{k=1}^{N_x-1} A_{ik} t_{kj}^{\tau+\Delta\tau} + \sum_{k=1}^{N_y-1} t_{ik}^{\tau+\Delta\tau} B_{kj} = F_{i,j} - F_{i,j}^{BC} \qquad (11-12)$$

式中，$F_{i,j}^{BC} = A_{i0} t_{0j}^{\tau} + A_{iN_x} t_{N_x j}^{\tau} + t_{i0}^{\tau} B_{0j} + t_{iN_y}^{\tau} t_i B_{N_y j}$。

节点数为 50×50，时间步长为 0.001，判断收敛的标准为相邻时间层的绝对误差小于 10^{-7}，结果如图 11-24 所示。

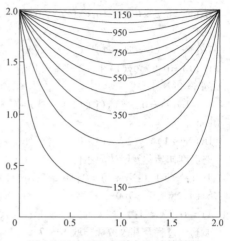

图 11-24　配置点谱方法计算结果

11.7.4　加热炉数值模拟

从数值模拟的角度来看，加热炉内热过程其实是非常复杂的，一般包含从燃烧器出口开始炉膛内的燃料燃烧、炉膛内非等温气体流动、炉膛内的热气体（炉气或燃烧产物）与被加热物料和炉墙之间的对流换热、炉气炉墙和物料三者之间的辐射换热、炉墙和被加热物料内部的传导传热。通常称其为燃烧、流动和传热的耦合。过程的复杂性不仅仅表现为多种物理化学现象的耦合，还表现在控制方程的强烈非线性性。首先，燃烧控制方程（以化学组分为自变量）包括化学反应、组分移动和扩散；流动控制方程（Navier-Stokes 方程，以速度为自变量）本身就是相互耦合且非线性，而且炉内非等温气体流动属于高温湍流；其次，能量控制方程（以温度为自变量）不仅和 N-S 方程一样包括对流项和扩散项，同时包括辐射源项；最后，加热炉一般属于高温设备，辐射换热占重要比例，而辐射传递方程（以辐射强度为自变量）更是积分-微分方程。唯有物料和炉墙内的导热稍微简单些，一般情况下可以简化成一维没有内热源的扩散问题。

加热炉内的数值模拟分离线和在线两种。所谓离线模拟就是针对已有炉子，按照实际结构参数和操作参数进行仿真计算。可以对已有炉子进行诊断以及操作参数优化；也可以对新建炉子根据生产要求进行变参数模拟，寻找最优的设计参数和操作参数，从而达到优化设计的目的。所谓在线模拟，就是根据实时采集的参数（如燃料供给量、供风量、炉内代表性位置温度等），建立简化的数学模型，及时计算出未知量（如钢坯温度分布、炉温等），然后用计算结果与工艺要求进行比对从而调整操作参数以便实现自动控制。在线模型的开发和应用对于减小劳动强度、优化操作、节约能源等都具有非常重要的意义。东北大学陈海耿教授、李国军博士在此方面取得了重要成绩，他们不仅在国内实现了多座加热炉的在线模拟与控制，而且还将其成果推广应用到了其他热处理炉。

附件：计算程序

程序 11-1　有限容积法稳态求解程序

```
function[Tc,x,y] = ConductionFDM(Nx,Ny,x1,x2,y1,y2,Sp)
Nx = 50;Ny = 50;  %  x,y 方向节点数目
x1 = 0;x2 = 2;y1 = 0;y2 = 2;  % 坐标尺寸
lmda = 49.8;Sp = - 10;  % 导热系数及源项系数
x = x1:(x2 - x1)/Nx:x2;y = y1:(y2 - y1)/Ny:y2;  % 节点坐标
% 控制容积尺寸
```

```
Dx = zeros(Nx + 1,1);Dy = zeros(Ny + 1,1);
Dx(1) = 0. 5 * (x(1) + x(2)) - x(1);
for i = 2:Nx
Dx(i) = 0. 5 * (x(i + 1) + x(i)) - 0. 5 * (x(i - 1) + x(i));
end
Dx(Nx + 1) = x(Nx + 1) - 0. 5 * (x(Nx) + x(Nx + 1));
Dy(1) = 0. 5 * (y(1) + y(2)) - y(1);
for j = 2:Ny
    Dy(j) = 0. 5 * (y(j + 1) + y(j)) - 0. 5 * (y(j - 1) + y(j));
end
Dy(Ny + 1) = y(Ny + 1) - 0. 5 * (y(Ny) + y(Ny + 1));
%温度初始化及赋边界条件
Ti(1:Nx + 1,1:Ny + 1) = 0;Ti(1,1:Ny + 1) = 100;Ti(Nx + 1,1:Ny + 1) = 100;Ti(1:Nx + 1,1) = 100;Ti
(1:Nx + 1,Ny + 1) = 700;
T1 = Ti;T2 = Ti;
%迭代过程及其收敛标准取 10 - 7
NN = 0;err = 1;epsr = 1. 0e - 7;
while( err > epsr)
    if( mod( NN,1) = = 0)
      disp( ['step:',num2str(NN),' err ',num2str( err) ]);
    end
    Xstart = 2;Xstep = 1;Xend = Nx;
    Ystart = 2;Ystep = 1;Yend = Ny;
    for i = Xstart:Xstep:Xend
      for j = Ystart:Ystep:Yend
        Ae = lmda * Dy(j)/(x(i + 1) - x(i));
        Aw = lmda * Dy(j)/(x(i) - x(i - 1));
        An = lmda * Dx(i)/(y(j + 1) - y(j));
        As = lmda * Dx(i)/(y(j) - y(j - 1));
        Ap = Ae + Aw + An + As - Sp * Dx(i) * Dy(j);
        b = Sc * Dx(i) * Dy(j);
        Vp = Dx(i) * Dy(j);
        T2(i,j) = (Ae * T1(i + 1,j) + Aw * T1(i - 1,j) + An * T1(i,j + 1) + As * T1(i,j - 1) + b)./Ap;
      end
    end
    T2(1,1:Ny + 1) = 100;T2(Nx + 1,1:Ny + 1) = 100;T2(1:Nx + 1,1) = 100;T2(1:Nx + 1,Ny + 1) = 700;
    NN = NN + 1;
    err = max( max( abs( ( T2(2:Nx,2:Ny) - T1(2:Nx,2:Ny)))));
    T1 = T2;
end
Tc = T2;
```

程序 11-2　谱方法稳态计算程序

```
function[ Tn] = SPM( Nx,Ny,x1,x2,y1,y2,Sp,Tx1,Tx2,Ty1,Ty2,lmda)
% Nx,Ny 为两个方向节点数分布;x1,x2,y1,y2 为计算区域;lmda 为导热系数,Sp 为热源项
```

```
Nx = 50;Ny = 50;x1 = 0;x2 = 2;y1 = 0;y2 = 2;lmda = 49.8;Sp = -10;
% Tx1,Tx2,Ty1,Ty2 为边界温度
Tx1 = 100;Tx2 = 700,Ty1 = 100,Ty2 = 100;
% 计算系数矩阵
NP1 = Nx + 1;NM1 = Nx - 1;NP2 = Ny + 1;NM2 = Ny - 1;
[Dx,x] = cheb(Nx);x = (x * (x2 - x1) + x2 + x1)/2;Dx = (2/(x2 - x1)) * Dx;Dx2 = Dx * Dx;
[Dy,y] = cheb(Ny);y = (y * (y2 - y1) + y2 + y1)/2;Dy = (2/(y2 - y1)) * Dy;
Dy2 = Dy * Dy;Dy = Dy';Dy2 = Dy2';
& 赋边界条件
Tn(1:NP1,1:NP2) = 0;
Tn(1,1:NP2) = Tx2;Tn(NP1,1:NP2) = Tx1;Tn(1:NP1,1) = Ty2;Tn(1:NP1,NP2) = Ty1;
% 引入边界条件,修正系数矩阵
Dxx = lmda * Dx2 + Sp * eye(NP1);
Dyy = lmda * Dy2;
A = Dxx(2:Nx,2:Nx);
B = Dyy(2:Ny,2:Ny);
[P1,RLMD1] = eig(A);RLMD1 = diag(RLMD1);RL1 = RLMD1 * ones(1,NM2);Pinv1 = inv(P1);
[P3,RLMD3] = eig(B);RLMD3 = diag(RLMD3);RL3 = ones(NM1,1) * RLMD3';Pinv3 = inv(P3);
REA1 = RL1 + RL3;
TTn(2:Nx,2:Ny) = -Dxx(2:Nx,1) * Tn(1,2:Ny) - Dxx(2:Nx,NP1) * Tn(NP1,2:Ny) - Tn(2:Nx,1)
* Dyy(1,2:Ny) - Tn(2:Nx,NP2) * Dyy(NP2,2:Ny);
Tn(2:Nx,2:Ny) = P1 * ((Pinv1 * TTn(2:Nx,2:Ny) * P3)./REA1) * Pinv3;
% 函数 cheb 确定系数矩阵
function[D,x] = cheb(N)
    if N = =0,D = 0;x = 1;return,end
    x = cos(pi * (0:N)/N)';
    c = [2;ones(N - 1,1);2]. * (-1). ^(0:N)';
    X = repmat(x,1,N + 1);
    dX = X - X';
    D = (c * (1./c)')./(dX + (eye(N + 1)));
    D = D - diag(sum(D'));
```

程序 11-3 有限容积法非稳态求解程序

```
function[Tc,x,y] = TransientFDM(Nx,Ny,x1,x2,y1,y2,dt,Sp)
Nx = 50;Ny = 50;%    x,y 方向节点数目
x1 = 0;x2 = 2;y1 = 0;y2 = 2;% 坐标尺寸
lmda = 49.8;Sp = -10;dt = 0.001;rou = 7840;c = 465;% 导热系数、源项系数、时间步长、密度及热容
x = x1:(x2 - x1)/Nx:x2;y = y1:(y2 - y1)/Ny:y2;% 节点坐标
% 控制容积尺寸
Dx = zeros(Nx + 1,1);Dy = zeros(Ny + 1,1);
Dx(1) = 0.5 * (x(1) + x(2)) - x(1);
for i = 2:Nx
     Dx(i) = 0.5 * (x(i + 1) + x(i)) - 0.5 * (x(i - 1) + x(i));
end
Dx(Nx + 1) = x(Nx + 1) - 0.5 * (x(Nx) + x(Nx + 1));
```

```
Dy(1) = 0. 5 * (y(1) + y(2)) - y(1);
for j = 2:Ny
    Dy(j) = 0. 5 * (y(j + 1) + y(j)) - 0. 5 * (y(j - 1) + y(j));
end
Dy(Ny + 1) = y(Ny + 1) - 0. 5 * (y(Ny) + y(Ny + 1));
% 温度初始化及赋边界条件
Ti(1:Nx + 1,1:Ny + 1) = 0;Ti(1,1:Ny + 1) = 100;Ti(Nx + 1,1:Ny + 1) = 100;Ti(1:Nx + 1,1) = 100;Ti
(1:Nx + 1,Ny + 1) = 1200;
% 导入原始稳态的温度场作为现在温度的初始场
load Tc;
T1(1:Nx + 1,1:Ny + 1) = Tc;
% 每一时层间的迭代过程及其达到稳态的收敛标准取 10-7
NN = 0;err = 1;epsr = 1. 0e - 7;
while( (err > epsr))
    if( mod( NN,1) = = 0)
disp([['step:',num2str(NN),' err ',num2str(err)]);
end
% 调用求解每一时层上温度场的子程序
    [T2] = Timestep( Nx,Ny,lmda,Dx,Dy,x,y,dt,T1,Ti,Sc,Sp,rou,c);
    T2(1,1:Ny + 1) = 100;T2(Nx + 1,1:Ny + 1) = 100;T2(1:Nx + 1,1) = 1200;T2(1:Nx + 1,Ny + 1)
= 100;
    err = max( max( abs( (T2(2:Nx,2:Ny) - T1(2:Nx,2:Ny)))));
    NN = NN + 1;
    T1 = T2;
end
Tc = T2;
end
% 迭代求解每一时层上的温度场的子程序
function[T2] = Timestep( Nx,Ny,lmda,Dx,Dy,x,y,dt,T1,Ti,Sc,Sp,rou,c)
T2 = zeros( Nx + 1,Ny + 1);
T2old = Ti;
err1 = 1;epsr1 = 1. 0e - 7;
while( err1 > epsr1)
Xstart = 2;Xstep = 1;Xend = Nx;
Ystart = 2;Ystep = 1;Yend = Ny;
    for i = Xstart:Xstep:Xend
        for j = Ystart:Ystep:Yend
            Ae = lmda * Dy(j)/(x(i + 1) - x(i));
            Aw = lmda * Dy(j)/(x(i) - x(i - 1));
            An = lmda * Dx(i)/(y(j + 1) - y(j));
            As = lmda * Dx(i)/(y(j) - y(j - 1));
            Ap = Ae + Aw + An + As - Sp * Dx(i) * Dy(j) + ( rou * c) * Dx(i) * Dy(j)/dt;
            b = Sc * Dx(i) * Dy(j) + ( rou * c/dt) * Dx(i) * Dy(j) * T1(i,j);
```

$$Vp = Dx(i) * Dy(j);$$

$$T2(i,j) = (Ae * T2old(i+1,j) + Aw * T2old(i-1,j) + An * T2old(i,j+1) + As * T2old(i,j-1) + b)./Ap;$$

```
            end
        end
        T2(1,1:Ny+1) = 100;T2(Nx+1,1:Ny+1) = 100;T2(1:Nx+1,1) = 1200;T2(1:Nx+1,Ny+1) = 100;
        err1 = max(max(abs((T2(2:Nx,2:Ny) - T2old(2:Nx,2:Ny)))));
        T2old = T2;
    end
end
```

程序 11-4　谱方法非稳态计算程序

```
function[Tn,T1] = SPMT(Nx,Ny,dt,x1,x2,y1,y2,Sc,Sp,Tx1,Tx2,Ty1,Ty2,lmda,rou,c)
% Nx,Ny 为两个方向节点数分布;x1,x2,y1,y2 为计算区域;lmda 为导热系数,Sp 为热源项
% rou 为密度;c 为热容
Nx = 50;Ny = 50;x1 = 0;x2 = 2;y1 = 0;y2 = 2;lmda = 49.8;Sp = -10;rou = 4780;c = 465
% Tx1,Tx2,Ty1,Ty2 为边界温度
Tx1 = 100;Tx2 = 700,Ty1 = 100,Ty2 = 100;
% 确定系数矩阵
NP1 = Nx+1;NM1 = Nx-1;NP2 = Ny+1;NM2 = Ny-1;
[Dx,x] = cheb(Nx);    x = (x*(x2-x1) + x2+x1)/2;    Dx = (2/(x2-x1))*Dx;    Dx2 = Dx*Dx;
[Dy,y] = cheb(Ny);    y = (y*(y2-y1) + y2+y1)/2;    Dy = (2/(y2-y1))*Dy;    Dy2 = Dy*Dy;
Dy = Dy';Dy2 = Dy2';
% a 是导温系数
a = lmda/rou*c;
% 引入边界条件,修正系数矩阵
Dxx = a*Dx2 + Sp/rou*c*eye(NP1) - 1/dt*eye(NP1);
Dyy = a*Dy2;
A = Dxx(2:Nx,2:Nx);
B = Dyy(2:Ny,2:Ny);
[P1,RLMD1] = eig(A);RLMD1 = diag(RLMD1);RL1 = RLMD1*ones(1,NM2);    Pinv1 = inv(P1);
[P3,RLMD3] = eig(B);RLMD3 = diag(RLMD3);RL3 = ones(NM1,1)*RLMD3';Pinv3 = inv(P3);
REA1 = RL1 + RL3;
load 700SPM;
% 导入稳态时稳态计算结果
T1(1:NP1,1:NP2) = Tn;
Tn(1:NP1,1:NP2) = 0;
% 设置边界条件
Tb(1,1:NP2) = Tx2;
Tb(NP1,1:NP2) = Tx1;
Tb(1:NP1,1) = Ty2;
Tb(1:NP1,NP2) = Ty1;
CC = 1e-7;% 收敛标准采用绝对误差
```

```
s = 1;
% 循环求解非稳态问题
while(s > CC)
TTn(2:Nx,2:Ny) = - Sc * eye(NM1)/rou * c + 1/dt * ( - T1(2:Nx,2:Ny)) - Dxx(2:Nx,1) * Tb(1,2:
Ny) - Dxx(2:Nx,NP1) * Tb(NP1,2:Ny) - Tb(2:Nx,1) * Dyy(1,2:Ny) - Tb(2:Nx,NP2) * Dyy(NP2,2:
Ny);
Tn(2:Nx,2:Ny) = P1 * ((Pinv1 * TTn(2:Nx,2:Ny) * P3)./REA1) * Pinv3;
Tn(1,1:NP2) = Tx2;
Tn(NP1,1:NP2) = Tx1;
Tn(1:NP1,1) = Ty2;
Tn(1:NP1,NP2) = Ty1;
% 判断相邻时间步长的温度绝对误差
s = max(max(abs(Tn - T1)/dt));
T1 = Tn;
end
% 函数 cheb 确定系数矩阵
function[D,x] = cheb(N)
if N = = 0,D = 0;x = 1;return,end
x = cos(pi * (0:N)/N)';
c = [2;ones(N - 1,1);2]. * ( - 1).^(0:N)';
X = repmat(x,1,N + 1);
dX = X - X';
D = (c * (1./c)')./(dX + (eye(N + 1)));
D = D - diag(sum(D'));
```

附　　录

附表1　常用单位换算表

物理量名称	符号	换算系数		
		国际单位制	工程单位制	
压　力	p	$10^5\,\text{Pa},10^5\,\text{N/m}^2$	大气压,kgf/cm^2	
		1	1.01972	
		0.980665	1	
运动黏度	ν	m^2/s	m^2/s	
		1	1	
		$1\,\text{cm}^2/\text{s}=10^{-4}\,\text{m}^2/\text{s}$		
动力黏度	μ	$\text{Pa}\cdot\text{s},(\text{N}\cdot\text{s})/\text{m}^2$	$\text{kgf}\cdot\text{s}/\text{m}^2$	
		1	0.101972	
		9.80665	1	
热　量	Q	kJ	kcal	
		1	0.238846	
		4.1868	1	
比热容	c	$\text{kJ}/(\text{kg}\cdot\text{℃})$	$\text{kcal}/(\text{kg}\cdot\text{℃})$	
		1	0.238846	
		4.1868	1	
热流密度	q	W/m^2	$\text{kcal}/(\text{m}^2\cdot\text{h})$	
		1	0.859845	
		1.163	1	
导热系数	λ	$\text{W}/(\text{m}\cdot\text{℃})$	$\text{kcal}/(\text{m}\cdot\text{h}\cdot\text{℃})$	
		1	0.859845	
		1.163	1	
换热系数	α	$\text{W}/(\text{m}^2\cdot\text{℃})$	$\text{kcal}/(\text{m}^2\cdot\text{h}\cdot\text{℃})$	
		1	0.859845	
		1.163	1	
功　率	N	W	kcal/h	$\text{kgf}\cdot\text{m/s}$
		1	0.859845	0.101972
		1.163	1	0.118583
		9.80665	8.433719	1

附表2　不同温度下的饱和水蒸气量

温度 /℃	饱和水蒸气分压 /Pa	每1m³含水汽量 /g	温度 /℃	饱和水蒸气分压 /Pa	每1m³含水汽量 /g
20	17.5 × 133.3	19.0	39	52.4 × 133.3	59.6
21	18.9 × 133.3	20.2	40	55.3 × 133.3	63.1
22	19.8 × 133.3	21.5	42	61.5 × 133.3	70.8
23	21.1 × 133.3	22.9	44	68.3 × 133.3	79.3
24	22.4 × 133.3	24.4	46	75.5 × 133.3	88.8
25	23.8 × 133.3	26.0	48	83.7 × 133.3	99.5
26	25.2 × 133.3	27.6	50	92.5 × 133.3	111
27	26.7 × 133.3	29.3	52	102.1 × 133.3	125
28	28.3 × 133.3	31.1	54	112.5 × 133.3	140
29	30.0 × 133.3	33.1	56	123.8 × 133.3	156
30	31.8 × 133.3	35.1	57	129.8 × 133.3	166
31	33.7 × 133.3	37.3	58	136.1 × 133.3	175
32	35.7 × 133.3	39.6	60	149.4 × 133.3	197
33	37.7 × 133.3	42.0	62	163.8 × 133.3	221
34	39.9 × 133.3	44.5	64	179.3 × 133.3	248
35	42.2 × 133.3	47.3	66	196.1 × 133.3	280
36	44.6 × 133.3	50.1	68	214.2 × 133.3	315
37	47.1 × 133.3	53.1	70	233.7 × 133.3	357
38	49.7 × 133.3	56.2	72	254.6 × 133.3	405

附表3　气体的平均热容量　　　　　　　　[kJ/(m³·℃)]

温度 /℃	O_2	N_2	CO	H_2	CO_2	H_2O	SO_2	CH_4	C_2H_4	空气	烟气
0	1.3063	1.2937	1.2979	1.2770	1.5994	1.4947	1.7233	1.5491	1.8255	1.2979	1.4235
100	1.3188	1.2979	1.3021	1.2895	1.7082	1.5073	1.8129	1.6412	2.0641	1.3021	
200	1.3356	1.3021	1.3063	1.2979	1.7878	1.5240	1.8883	1.7585	2.2818	1.3063	1.4235
300	1.3565	1.3063	1.3147	1.3000	1.8631	1.5407	1.9552	1.8883	2.4953	1.3147	
400	1.3775	1.3147	1.3272	1.3021	1.9301	1.5659	2.0180	2.0139	2.6879	1.3272	1.4570
500	1.3984	1.3272	1.3440	1.3063	1.9887	1.5910	2.0683	2.1395	2.8638	1.3440	
600	1.4151	1.3398	1.3565	1.3105	2.0432	1.6161	2.1143	2.2609	3.0271	1.3565	1.4905
700	1.4361	1.3523	1.3733	1.3147	2.0850	1.6412	2.1520	2.3781	3.1694	1.3691	
800	1.4486	1.3649	1.3858	1.3188	2.1311	1.6664	2.1813	2.4953	3.3076	1.3816	1.5198
900	1.4654	1.3775	1.3984	1.3230	2.1688	1.6957	2.2148	2.6000	3.4322	1.3984	
1000	1.4779	1.3900	1.4151	1.3314	2.2023	1.7250	2.2358	2.7005	3.5462	1.4110	1.5449
1100	1.4905	1.4026	1.4235	1.3356	2.2358	1.7501	2.2609	2.7884	3.6551	1.4235	
1200	1.5031	1.4151	1.4361	1.3440	2.2651	1.7752	2.2776	2.8638	3.7514	1.4319	1.5659
1300	1.5114	1.4235	1.4486	1.3523	2.2902	1.8045	2.2986	2.8889	3.7514	1.4445	
1400	1.5198	1.4361	1.4570	1.3606	2.3143	1.8296	2.3195	2.9601	—	1.4528	1.5910

温度/℃	O₂	N₂	CO	H₂	CO₂	H₂O	SO₂	CH₄	C₂H₄	空气	烟气
1500	1.5282	1.4445	1.4654	1.3691	2.3362	1.8548	2.3404	3.0312	—	1.4696	
1600	1.5366	1.4528	1.4738	1.3733	2.3572	1.8784	2.3614	—	—	1.4779	1.6161
1700	1.5449	1.4612	1.4831	1.3816	2.3739	1.9008	2.3823	—	—	1.4863	
1800	1.5533	1.4696	1.4905	1.3900	2.3907	1.9217	—	—	—	1.4947	1.6412
1900	1.5617	1.4738	1.4989	1.3984	2.4074	1.9427	—	—	—	1.4989	
2000	1.5701	1.4831	1.5031	1.4068	2.4242	1.9636	—	—	—	1.5073	1.6663

附表4　干空气的热物理性质

(10^5Pa)

温度/℃	ρ /kg·m⁻³	c_p /kJ·(kg·℃)⁻¹	$\lambda \times 10^2$ /W·(m·℃)⁻¹	$\lambda \times 10^2$ /kJ·(m·h·℃)⁻¹	a /m²·s⁻¹	μ /kg·(m·s)⁻¹	ν /m²·s⁻¹	Pr
0	1.293	1.005	2.44	2.10×4.18	18.8×10^{-6}	17.2×10^{-6}	13.28×10^{-6}	0.707
20	1.205	1.005	2.59	2.23×4.18	21.4×10^{-6}	18.1×10^{-6}	15.06×10^{-6}	0.703
40	1.128	1.005	2.76	2.37×4.18	24.3×10^{-6}	19.1×10^{-6}	16.96×10^{-6}	0.699
60	1.060	1.005	2.90	2.49×4.18	27.2×10^{-6}	20.1×10^{-6}	18.97×10^{-6}	0.696
80	1.000	1.009	3.05	2.62×4.18	30.2×10^{-6}	21.1×10^{-6}	21.09×10^{-6}	0.692
100	0.946	1.009	3.21	2.76×4.18	33.6×10^{-6}	21.9×10^{-6}	23.13×10^{-6}	0.688
120	0.898	1.009	3.34	2.87×4.18	36.8×10^{-6}	22.8×10^{-6}	25.45×10^{-6}	0.686
140	0.854	1.013	3.49	3.00×4.18	40.3×10^{-6}	23.7×10^{-6}	27.80×10^{-6}	0.684
160	0.815	1.017	3.64	3.13×4.18	43.9×10^{-6}	24.5×10^{-6}	30.09×10^{-6}	0.682
180	0.779	1.022	3.78	3.25×4.18	47.5×10^{-6}	25.3×10^{-6}	32.49×10^{-6}	0.681
200	0.746	1.026	3.93	3.38×4.18	51.4×10^{-6}	26.0×10^{-6}	34.85×10^{-6}	0.680
250	0.674	1.038	4.27	3.67×4.18	61.0×10^{-6}	27.4×10^{-6}	40.61×10^{-6}	0.677
300	0.615	1.047	4.60	3.96×4.18	71.6×10^{-6}	29.7×10^{-6}	48.33×10^{-6}	0.674
350	0.566	1.059	4.91	4.22×4.18	81.9×10^{-6}	31.4×10^{-6}	55.46×10^{-6}	0.676
400	0.524	1.068	5.21	4.48×4.18	93.1×10^{-6}	33.0×10^{-6}	63.09×10^{-6}	0.678
500	0.456	1.093	5.74	4.94×4.18	115.3×10^{-6}	36.2×10^{-6}	79.38×10^{-6}	0.687
600	0.404	1.114	6.22	5.35×4.18	138.3×10^{-6}	39.1×10^{-6}	96.89×10^{-6}	0.699
700	0.362	1.135	6.71	5.77×4.18	163.4×10^{-6}	41.8×10^{-6}	115.4×10^{-6}	0.706
800	0.329	1.156	7.18	6.17×4.18	188.8×10^{-6}	44.3×10^{-6}	134.8×10^{-6}	0.713
900	0.301	1.172	7.63	6.56×4.18	216.2×10^{-6}	46.7×10^{-6}	155.1×10^{-6}	0.717
1000	0.277	1.185	8.07	6.94×4.18	245.9×10^{-6}	49.0×10^{-6}	177.1×10^{-6}	0.719
1100	0.257	1.197	8.50	7.31×4.18	276.2×10^{-6}	51.2×10^{-6}	199.3×10^{-6}	0.722
1200	0.239	1.210	9.15	7.87×4.18	316.5×10^{-6}	53.5×10^{-6}	233.7×10^{-6}	0.724

附表5　在大气压力 $B = 760 \times 133.3\mathrm{Pa}$ 下烟气的物理参数

（烟气中组成气体的分压力 $p_{CO_2} = 0.13$；$p_{H_2O} = 0.11$；$p_{N_2} = 0.76$）

t /℃	ρ /kg·m^{-3}	c_p /kJ·(kg·℃)$^{-1}$	$\lambda \times 10^2$ /kJ·(m·h·℃)$^{-1}$	a /m^2·h^{-1}	μ /(kg·s)·m^{-2}	ν /m^2·s^{-1}	Pr
0	1.295	0.249×4.18	1.96×4.18	6.80×10^{-2}	1.609×10^{-6}	12.20×10^{-6}	0.72
100	0.950	0.255×4.18	2.69×4.18	11.10×10^{-2}	2.079×10^{-6}	21.54×10^{-6}	0.69
200	0.748	0.262×4.18	3.45×4.18	17.60×10^{-2}	2.497×10^{-6}	32.80×10^{-6}	0.67
300	0.617	0.268×4.18	4.16×4.18	25.16×10^{-2}	2.878×10^{-6}	45.81×10^{-6}	0.65
400	0.525	0.275×4.18	4.90×4.18	33.94×10^{-2}	3.230×10^{-6}	60.38×10^{-6}	0.64
500	0.457	0.283×4.18	5.64×4.18	43.61×10^{-2}	3.553×10^{-6}	76.30×10^{-6}	0.63
600	0.405	0.290×4.18	6.38×4.18	54.32×10^{-2}	3.860×10^{-6}	93.61×10^{-6}	0.62
700	0.363	0.296×4.18	7.11×4.18	66.17×10^{-2}	4.148×10^{-6}	112.1×10^{-6}	0.61
800	0.330	0.302×4.18	7.87×4.18	79.09×10^{-2}	4.422×10^{-6}	131.8×10^{-6}	0.60
900	0.301	0.308×4.18	8.61×4.18	92.87×10^{-2}	4.680×10^{-6}	152.5×10^{-6}	0.59
1000	0.275	0.312×4.18	9.37×4.18	109.21×10^{-2}	4.930×10^{-6}	174.3×10^{-6}	0.58
1100	0.257	0.316×4.18	10.10×4.18	124.37×10^{-2}	5.169×10^{-6}	197.1×10^{-6}	0.57
1200	0.240	0.320×4.18	10.85×4.18	141.27×10^{-2}	5.402×10^{-6}	221.0×10^{-6}	0.56

附表6　各种不同材料的密度、导热系数、热容量和导温系数

材料名称	ρ /kg·m^{-3}	t /℃	λ /kJ·(m^2·h·℃)$^{-1}$	c_p /kJ·(kg·℃)$^{-1}$	$a \times 10^3$ /m^2·h^{-1}
铝　箔	20	50	0.1675		
石棉板	770	30	0.4187	0.8164	0.712
石　棉	470	50	0.3977	0.8164	1.04
沥　青	2110	20	2.512	2.093	0.57
混凝土	2300	20	4.605	1.130	1.77
耐火生黏土	1845	450	3.726	1.088	1.855
干　土	1500	—	0.4982	—	—
湿　土	1700	—	2.366	2.10	0.693
煤	1400	20	0.670	1.306	0.37
绝热砖	550	100	0.5024	—	—
建筑用砖	800~1500	20	0.837~1.047		
硅　砖	1000		2.931	0.6783	6.0
焦炭粉	449	100	0.687	1.214	0.126
锅炉水锈（水垢）	—	65	4.731~11.304	—	
干　砂	1500	20	1.172	0.7955	9.85
湿　砂	1650	20	4.061	2.093	1.77
波特兰水泥	1900	30	1.088	1.130	0.506
云　母	290	—	2.093	0.8792	82.0
玻　璃	2500	20	2.680	0.670	1.6
矿渣混凝土块	2150	—	3.349	0.8792	1.78
矿渣棉	250	100	0.2512	—	—
铝	2670	0	733.0	0.9211	328.0
青　铜	8000	20	230.0	0.3810	75.0

材料名称	ρ /kg·m^{-3}	t /℃	λ /kJ·(m^2·h·℃)$^{-1}$	c_p /kJ·(kg·℃)$^{-1}$	$a \times 10^3$ /m^2·h^{-1}
黄　铜	8600	0	308.0	0.3768	95.0
铜	8800	0	1382.0	0.3810	412.0
镍	9000	20	209.0	0.4605	50.5
锡	7230	0	230.0	0.2261	141
汞（水银）	13600	0	31.40	0.1382	16.7
铅	11400	0	126.0	0.1298	85.0
银	10500	0	1650.0	0.2345	670.0
钢	7900	20	163.0	0.4605	45.0
锌	7000	20	419.0	0.3936	152.0
铸铁（生铁）	7220	20	226.0	0.5024	62.5

附表7　各种物体在室温时的黑度

材料名称	黑度 ε	材料名称	黑度 ε
［金属］		光面玻璃	0.94
磨光的金属	0.04 ~ 0.06	硬橡皮	0.95
旧的白铁皮	0.28	刨光的木材	0.8 ~ 0.9
钢板：		纸	0.8 ~ 0.9
无光镀镍钢板	0.11	耐火黏土砖	0.85
新压延的钢板	0.24	水、雪	0.96
镀锌钢板	0.28	湿的金属表面	0.98
生锈的钢板	0.69	灯烟	0.95
［其他材料］		抹灰砖砌体	0.94
石棉水泥板	0.96	没抹灰的砖	0.88
油毛毡	0.93	各种颜色的漆	0.8 ~ 0.9
石　膏	0.8 ~ 0.9		

附表8　各种物体在高温下的黑度

材料名称	温度/℃	黑度 ε
［金属］		
表面磨光的铝	300 ~ 600	0.04 ~ 0.057
表面磨光的铁	400 ~ 1000	0.14 ~ 0.38
氧化铁	500 ~ 1200	0.85 ~ 0.95
氧化铁	100	0.75 ~ 0.80
液体铸铁	1300	0.28
氧化铜	800 ~ 1100	0.54 ~ 0.66
氧化后的铅	200	0.63
液体铜	1200	0.15
钢	300	0.64
精密磨光的金	600	0.035
磨光的纯银	600	0.032

续附表 8

材　料　名　称	温　度/℃	黑　度 ε
［其他材料］		
耐火砖	800～1000	0.8～0.9
石棉纸	400	0.95
烟　灰	250	0.95

附表 9　$\left(\dfrac{t+273}{100}\right)^4=\left(\dfrac{T}{100}\right)^4$ 的值

$t/℃$	$\theta=\left(\dfrac{T}{100}\right)^4$	$t/℃$	$\theta=\left(\dfrac{T}{100}\right)^4$	$t/℃$	$\theta=\left(\dfrac{T}{100}\right)^4$	$t/℃$	$\theta=\left(\dfrac{T}{100}\right)^4$	$t/℃$	$\theta=\left(\dfrac{T}{100}\right)^4$
0	55.55	370	1709.4	740	10530	1110	36583	1480	94430
10	64.15	380	1818.2	750	10953	1120	37653	1490	96610
20	73.70	390	1932.2	760	11387	1130	38747	1500	98820
30	84.29	400	2052	770	11834	1140	39862	1510	101060
40	95.98	410	2176	780	12295	1150	41005	1520	103350
50	108.84	420	2306	790	12768	1160	42170	1530	105680
60	122.96	430	2443	800	13256	1170	43359	1540	108040
70	138.41	440	2584	810	13757	1180	44574	1550	110450
80	155.27	450	2733	820	14272	1190	45810	1560	112890
90	173.64	460	2887	830	14802	1200	47080	1570	115380
100	193.57	470	3048	840	15347	1210	48370	1580	117900
110	215.2	480	3215	850	15903	1220	49690	1590	120460
120	238.5	490	3389	860	16479	1230	51030	1600	123070
130	263.8	500	3570	870	17069	1240	52400	1610	125731
140	290.9	510	3759	880	17673	1250	53800	1620	128410
150	320.2	520	3954	890	18294	1260	55230	1630	131150
160	351.5	530	4158	900	18933	1270	56690	1640	133940
170	385.1	540	4369	910	19585	1280	58170	1650	136750
180	421.1	550	4588	920	20256	1290	59680	1660	139610
190	459.5	560	4815	930	20945	1300	61220	1670	142520
200	500.5	570	5040	940	21650	1310	62790	1680	145480
210	544.3	580	5294	950	22373	1320	64400	1690	148480
220	590.8	590	5547	960	23112	1330	66030	1700	151540
230	640.2	600	5808	970	23872	1340	67690	1710	154630
240	692.2	610	6079	980	24649	1350	69390	1720	157780
250	748.2	620	6359	990	25445	1360	71120	1730	160960
260	807.1	630	6649	1000	26262	1370	72870	1740	164200
270	869.4	640	6948	1010	27097	1380	74660	1750	167500
280	935.2	650	7258	1020	27951	1390	76480	1760	170830
290	1004.4	660	7577	1030	28824	1400	78340	1770	174210
300	1078.0	670	7908	1040	29719	1410	80230	1780	177650
310	1155.3	680	8248	1050	30637	1420	82160	1790	181140
320	1236.5	690	8600	1060	31573	1430	84110	1800	184670
330	1322.1	700	8963	1070	32533	1440	86110		
340	1412.0	710	9337	1080	33512	1450	88140		
350	1506.5	720	9723	1090	34515	1460	90200		
360	1605.5	730	10120	1100	35537	1470	92300		

附表 10　碳钢和合金钢在 20℃时的密度　　　　（kg/m³）

钢　号	密　度	钢　号	密　度	钢　号	密　度
纯铁	7880	40CrSi	7753	Cr14Ni14W	8000
10	7830	50SiMn	7769	W18Cr4V	8690
20	7823	30CrNi	7869	40Mn-65Mn	7810
30	7817	30CrNi3	7830	30Cr-50Cr	7820
40	7815	18CrNiW	7940	40CrV	7810
50	7812	GCr15	7812	35-40CrSi	7140
60	7810	60Si2	7680	25-35Mn	7800
70	7810	Mn12	7975	12CrNi2	7880
T10	7810	1Cr13	7750	12CrNi3	7880
T12	7790	Cr17	7720	20CrNi3	7880
15Cr	7827	Cr25	7650	5CrNiW	7900
40Cr	7817	Cr18Ni	7960		

附表 11　碳钢和合金钢的线［膨］胀系数　　　［(mm/(m·℃))×10⁻⁶］

钢　号	不同温度范围的线［膨］胀系数 β						
	20~100	20~200	20~300	20~400	20~600	20~800	20~1000
纯　铁	11.5	11.7	—	11.8	12.0	—	—
10	11.6	12.6	13.0	13.6	14.6	14.6	13.3
20	11.7	12.1	12.8	13.4	14.4	12.9	13.2
30	12.1	13.9	—	15.0	15.6		
40	11.3	12.0	12.5	14.5	14.6	11.7	13.2
55	11.0	11.8	12.6	13.4	14.5	12.5	14.4
65	11.0	11.6	12.3	13.2	14.2	12.7	14.8
T8	11.0	11.6	12.4	13.2	14.2	—	15.7
T13	10.9	11.1	11.7	12.7	14.0	14.8	17.4
15Cr	11.7	12.7	—	14.0	14.8	—	—
30Cr	13.4	13.3	—	14.8	14.8	—	—
35SiMn	11.5	12.6		14.1	14.4		
10Ni	12.2	12.2		13.9	14.4		
40CrNi	11.8	12.3		13.4	14.0		
30CrNiW	11.6	13.2		13.4	13.5	—	—
GCr15	14.0	15.1		15.6	15.8		
Cr13	11.2	12.6	—	14.1	14.3		
Cr18Ni9	16.0	16.8	17.5	18.1	—	—	19.3
Cr10Ni25Si	14.2	17.5		19.3	19.3		
Mn12	18.0	—	—	—	—		
硅钢 C：0.09%，Si：3.7%	11.1	—	12.6	—	14.0	—	—
铜钢 C：0.14%，Cu：1.85%	11.2	—	12.7	—	14.3		
钨钢 C：0.4%，W：3.96%	11.1	—	12.5	—	14.2		
铬铝钢 Cr：38.6%，Al：7.9%							
铬铝钴钢 Co：2.0%， Cr：22.6%，Al：5.3%	11.7	12.6	12.4	12.9	13.9	14.7	15.8

附表 12　几种保温、耐火材料的导热系数与温度的关系

材　料	材料最高允许温度 /℃	密度 ρ /kg·m^{-3}	导热系数 λ /W·(m·℃)$^{-1}$
黏土砖	1350~1450	1800~2040	$(0.7~0.84) + 0.00058t$
轻质黏土砖	1250~1300	800~1300	$(0.29~0.41) + 0.00026t$
超轻质黏土砖	1150~1300	540~610	$0.093 + 0.00016t$
超轻质黏土砖	1100	270~330	$0.058 + 0.00017t$
硅　砖	1700	1900~1950	$0.93 + 0.0007t$
镁　砖	1600~1700	2300~2600	$4.1 - 0.00019t$
铬镁砖	1700	3120	$2.78 - 0.00087t$
硅藻土砖	900	500	$0.1 + 0.00023t$
粉煤灰泡沫砖	300	500	$0.099 + 0.0002t$

附表 13　碳素钢的热含量与温度的关系

温度 /℃	钢的含碳量 /%										
	0.090	0.234	0.300	0.540	0.610	0.795	0.920	0.994	1.235	1.410	1.575
100	11.1	11.1	11.2	11.3	11.4	11.5	12.0	11.6	11.8	11.6	12.0
200	22.8	22.9	22.9	22.9	23.0	23.1	24.0	23.7	23.9	23.6	24.1
300	35.4	35.8	36.0	36.2	36.5	36.9	37.2	36.9	37.0	36.9	37.5
400	49.0	49.2	49.3	49.9	50.1	50.2	51.0	50.4	50.9	50.3	51.1
500	63.4	63.7	63.9	64.1	64.3	64.8	65.9	65.0	65.5	65.0	66.1
600	81.0	81.2	81.4	82.0	82.1	82.3	83.5	82.7	83.0	82.5	83.9
700	100.1	100.2	100.5	101.0	101.2	101.4	102.1	101.0	102.2	101.6	103.0
800	127.0	129.6	131.5	130.8	129.5	131.4	131.4	130.0	131.0	130.0	132.3
900	150.3	150.8	150.0	148.1	147.3	145.9	144.0	144.5	144.0	144.7	146.6
1000	168.3	167.6	166.9	164.6	164.0	162.2	156.1	160.2	157.9	160.8	160.0
1100	186.5	184.5	183.5	181.7	180.9	179.0	173.1	177.0	174.9	177.9	172.0
1200	203.1	201.7	201.0	198.6	198.0	196.1	189.0	192.1	190.0	194.2	187.0
1250	211.5	210.2	209.6	207.5	206.9	204.5	197.0	201.0	199.0	202.9	195.3

参 考 文 献

[1] 北京钢铁学院冶金炉教研组编. 普通冶金炉 [M]. 北京：中国工业出版社，1961.

[2] 东北工学院冶金炉教研室著. 冶金炉理论基础 [M]. 北京：冶金工业出版社，1959.

[3] 东北工学院冶金炉教研室、北京钢铁学院冶金炉教研组合编. 冶金炉热工及构造 [M]. 北京：中国
工业出版社，1961.

[4] 北京钢铁设计院主编. 钢铁厂工业炉设计参考资料 [M]. 北京：冶金工业出版社，1979.

[5] 一机部第一设计院主编. 工业炉设计手册 [M]. 北京：机械工业出版社，1981.

[6] 刘人达主编. 冶金炉热工基础 [M]. 北京：冶金工业出版社，1980.

[7] 西北工业大学主编. 可控气氛原理及热处理炉设计 [M]. 北京：人民教育出版社，1978.

[8] 李诗久. 工程流体力学 [M]. 北京：机械工业出版社，1980.

[9] 盛敬超. 液压流体力学 [M]. 北京：机械工业出版社，1980.

[10] 钟声玉、王克光. 流体力学和热工理论基础 [M]. 北京：机械工业出版社，1980.

[11] 杨世铭，陶文铨. 传热学（第 3 版）[M]. 北京：高等教育出版社，1998.

[12] 盖格等著. 冶金中的传热传质现象 [M]. 北京：冶金工业出版社，1981.

[13] 杨守山. 有色金属塑性加工学 [M]. 北京：冶金工业出版社，1982.

[14] 曹乃光. 金属塑性加工原理 [M]. 北京：冶金工业出版社，1986.

[15] 汪大年. 金属塑性成型原理 [M]. 北京：机械工业出版社，1982.

[16] 陈鸿复主编. 冶金炉热工与构造（第 2 版）[M]. 北京：冶金工业出版社，1999.

[17] 陶文铨. 数值传热学（第 2 版）[M]. 西安：西安交通大学出版社，2001.

[18] J. D. Anderson, Jr., Computational Fluid Dynamics, the basics with applications [M]. 北京：清华大学
出版社 & McGraw-Hill，2002.

[19] Willibald Trinks etc. Industrial Furnaces [M]. Sixth Edition. Published by John Wiley & Sons, Inc.,
Hoboken, New Jersey. 2004.

[20] 郭茂先. 工业电炉 [M]. 北京：冶金工业出版社，2004.

[21] 戴永年，杨斌. 有色金属真空冶金 [M]. 北京：冶金工业出版社，2009.

[22] 程乐鸣，岑可法，周昊，等. 多孔介质燃烧理论与技术 [M]. 北京：化学工业出版社，2013.

冶金工业出版社部分图书推荐

书　名	作　者	定价(元)
中国冶金百科全书·金属塑性加工	编委会　编	248.00
楔横轧零件成型技术与模拟仿真	胡正寰　等著	48.00
带钢连续热处理炉内热过程数学模型及过程优化	温　治　等著	50.00
燃烧学理论与应用(本科教材)	李先春　主编	68.00
冶金热工基础(本科教材)	朱光俊　主编	30.00
冶金过程数值模拟基础(本科教材)	陈建斌　编著	28.00
金属学与热处理(本科教材)	陈惠芬　主编	39.00
金属塑性成形原理(本科教材)	徐　春　主编	28.00
轧制工程学(第2版)(本科教材)	康永林　主编	46.00
材料成形计算机辅助工程(本科教材)	洪慧平　主编	28.00
钢材的控制轧制与控制冷却(第2版)(本科教材)	王有铭　等编	32.00
型钢孔型设计(本科教材)	胡　彬　等编	45.00
轧钢加热炉课程设计实例(本科教材)	陈伟鹏　主编	25.00
轧钢厂设计原理(本科教材)	阳　辉　主编	46.00
材料成形实验技术(本科教材)	胡灶福　等编	18.00
金属压力加工原理及工艺实验教程(本科教材)	魏立群　主编	28.00
金属压力加工实习与实训教程(本科教材)	阳　辉　主编	26.00
金属压力加工概论(第3版)(本科教材)	李生智　主编	32.00
热处理车间设计(本科教材)	王　东　编	22.00
冶金设备及自动化(本科教材)	王立萍　主编	29.00
冶金企业环境保护(本科教材)	马红周　等编	23.00
能源与环境(本科教材)	冯俊小　主编	35.00
加热炉(高职高专教材)	戚翠芬　主编	26.00
金属材料及热处理(高职高专教材)	王悦祥　主编	35.00
冷轧带钢生产(高职高专教材)	夏翠莉　主编	41.00
金属热处理生产技术(高职高专规划教材)	张文莉　等编	35.00
金属塑性加工生产技术(高职高专规划教材)	胡　新　等编	32.00
金属材料热加工技术(高职高专教材)	甄丽萍　主编	26.00
轧钢工理论培训教程(职业技能培训教材)	任蜀焱　主编	49.00
加热炉基础知识与操作(职业技能培训教材)	戚翠芬　主编	29.00